KB034224

한국수산지 Ⅱ - 1

부경대학교 인문한국플러스사업단 해역인문학 아카이브자료총서 03

한국수산지 Ⅱ - 1

농상공부 수산국 편찬

이근우 · 서경순 옮김

발간사

부경대학교 '인문사회과학연구소'와 '해양인문학연구소'는 해양수산 인재 양성과 연구 중심인 대학의 오랜 전통을 기반으로 연구 역량을 키워 왔습니다. 대학이 위치한 부산이 가진 해양도시 인프라를 바탕으로 바다에 삶의 근거를 둔 해역민들의 삶과 그들이 엮어내는 사회의 역동성에 대한 연구를 꾸준히 해 왔습니다.

오랫동안 인간은 육지를 근거지로 살아온 탓에 바다의 중요성에 대해 간과한 부분이 없지 않습니다. 육지를 중심으로 연근해에서의 어업활동과 교역이 이루어지다가 원양을 가로질러 항해하게 되면서 바다는 비로소 연구의 대상이 되었습니다. 그래서 현재까지 바다에 대한 연구는 주로 조선, 해운, 항만과 같은 과학기술이나 해양산업 분야의 몫이었습니다. 하지만 수 세기 전부터 인간이 육지만큼이나 빈번히 바다를 건너 이동하게 되면서 바다는 육상의 실크로드처럼 지구적 규모의 '바닷길 네트워크'를 형성하게 되었습니다. 이 바닷길 네트워크인 해상실크로드를 따라 사람, 물자뿐만 아니라 사상, 종교, 정보, 동식물, 심지어 바이러스까지 교환되게 되었습니다.

바다와 인간의 관계를 인문학적으로 접근하여 성과를 내는 학문은 아직 완성 단계는 아니지만, 근대 이후 바다의 강력한 적이 바로 우리 인간인 지금, '바다 인문학'을 수립해야 할 시점이라고 생각합니다. 바다 인문학은 '해양문화'를 탐구하는 차원을 포함하면서도 현실적인 인문학적 문제에서 출발해야 합니다.

한반도 주변의 바다를 둘러싼 동북아 국제관계에서부터 국가, 사회, 개인 일상의 각 층위에서 심화되고 있는 갈등과 모순들이 우후죽순처럼 생겨나고 있습니다. 근대 이후 본격화된 바닷길 네트워크는 이질적 성격의 인간 집단과 문화의 접촉, 갈등, 교섭의 길이 되었고, 동양과 서양, 내셔널과 트랜스내셔널, 중앙과 지방의 대립 등이 해역(海域) 세계를 중심으로 발생하는 장이 되었기 때문입니다. 해역 내에서 각 집단이 자국의 이익을 위해 교류하면서 생성하는 사회문화의 양상과 변용을 해역의 역사라 할 수 있으며, 그 과정의 축적이 현재의 모습으로 축적되어 가고 있습니다.

따라서 해역의 관점에서 동북아를 고찰한다는 것은 동북아 현상의 역사적 과정을 규명하고, 접촉과 교섭의 경험을 발굴, 분석하여 갈등의 해결 방식을 모색하여, 향후 우리가 나아가야 할 방향을 제시해주는 방법이 우선 될 것입니다. 물론 이것은 해양 문화의 특징을 '개방성, 외향성, 교류성, 공존성 등'으로 보고 이를 인문학적 자산으로 확장하고자 하는 근본적인 과제를 수행하는 일이기도 합니다. 본 사업단은 해역과 육역의 결절 지점이며 동시에 동북아 지역 갈등의 현장이기도 한 바다를 연구의 대상으로 삼아 현재의 갈등과 대립을 해소하는 방안을 강구하고, 한 걸음 더 나아가 바다와 인간의 관계를 새롭게 규정하는 '해역인문학'을 정립하기 위해 노력하고 있습니다.

부경대 인문한국플러스사업단은 바다로 둘러싸인 육역(陸域)들의 느슨한 이음을 해역으로 상정하고, 황해와 동해, 동중국해가 모여 태평양과 이어지는 지점을 중심으로 동북아해역의 역사적 형성 과정과 그 의의를 모색하는 "동북아해역과 인문네트워크의 역동성 연구"를 수행하고 있습니다. 이를 통해 우리는 첫째, 육역의 개별 국가 단위로 논의되어 온 세계를 해역이라는 관점에서 다르게 사유하고 구상할 수 있는 학문적 방법과 둘째, 동북아 현상의 역사적 맥락과 그 과정에서 축적된 경험을 발판으로 현재의 문제를 해결하고 향후의 방향성을 제시하는 실천적 논의를 도출하고자 합니다.

부경대학교 인문한국플러스사업단이 추구하는 '해역인문학'은 새로운 학문을 창안하는 일이기 때문에 보이지 않는 길을 더듬어 가며 새로운 길을 만들어가고 있습니다. 2018년부터 간행된 '해역인문학' 총서 시리즈는 이와 관련된 연구성과를 집약해서 보여주고 있으며, 또 이 총서의 권수가 늘어가면서 '해역인문학'의 모습을 조금씩 드러내고 있습니다. 향후 지속적으로 출판할 '해역인문학총서'가 인문학의 발전에 기여할 수 있는 노둣돌이 되기를 희망하면서 독자들의 많은 격려와 질정을 기대합니다.

부경대 인문한국플러스사업단 단장 김창경

제1장 함경도

제2장 강원도

■ 범례

□ 2집은 전 연안의 지리를 집록할 예정이었으나 편찬의 형편에 따라 함경남 · 북도, 강원도 및 경상남 · 북도의 5개 도만을 다루고, 전라남 · 북도 및 충청남도의 3도를 3집으로 삼고, 경기도, 황해도 및 평안남 · 북도의 4도를 4집으로 간행하는 것으로 변경하였다.

□ 책 속의 지명은 가능한 한 조선 기록[成册]과 일치하도록 하기 위하여, 부윤 및 군수의 보고, 부군의 지도 또는 읍지에 의거하여 기재하였다. 그러나 군의 보고에 기재되지 않은 것 또는 분명하지 않은 것은 출장원의 보고서 또는 해도(海圖)에 의거하여 기록하였다. 단 해도에 의거한 것은 그때마다 그런 내용을 명기해 두었다.

□ 지명 아래에 기재한 언문은 모두 음독이다. 그러므로 자연히 지역에서 사용하는 호칭과 서로 통하지 않는 것도 많이 있을 것이다. 그렇지만 음독의 지명도 또한 적지 않으므로, 전혀 쓸모없지는 않다. 그리고 간간이 한자에 일본어로 음을 붙인 것은 그 지방에서 사용하는 호칭을 나타낸 것이다.

□ 해로는 해도에 의거하여 측정하였으며 그 거리는 영국 도량형을 사용하였다. 즉 1리(浬)는 1해리이고, 위도 1도의 1/60이며, 건(鏈)은 케이블로 1해리의 1/10이다.

□ 육로는 일본의 거리를 사용하였다. 즉 1리(里)는 36정(町)이다. 부록의 「어사일람표」에 보이는 어촌과 군읍 또는 시장 사이의 거리는 부군이 보고한 대로 실었으며 군이 계산하지 않았다. 실제 거리는 각지에서 다소 편차가 있지만 대개 한국의 10리를 일본의 1리로 간주할 수 있다(번역문에서는 1리는 10리로 옮겼다./역자주).

□ 삽입한 지도의 지형 중 해도에 의거한 것은 특히 난(欄) 바깥에 그 뜻을 부기하였다. 그리고 지명은 부군도(府郡圖)에 의거하여 기입하였으며, 또한 정정한 것도 적지 않다.

□ 어업 및 수산의 상황은 주로 출장원의 보고서에 의거하였지만, 각지의 작은 마을은 출장원이 가지 못한 곳도 대단히 많다. 그러므로 이러한 곳은 모두 관찰도 또는 부군의 보고 혹은 해당 업자의 전화통화에 의거하여 기재하였다.

□ 본문의 말미에 첨부한 「어사일람표」는 부군이 제출한 어업사항조사보고서에 의거하여 작성한 것이다. 표에 기입된 숫자는 정확하다고 보기 어려우며, 그렇지만 또한 이를 각지 어업의 개황을 관찰하는 한 가지 자료로 쓸 수 있을 것이다.

□ 지명을 찾을 때 편리하도록 권말에 색인을 첨부하였다. 단 색인은 실용을 위주로 하여 편찬한 것이므로 배열 순서는 이론의 여지가 있을 수 있다.

□ 2집은 융희 4년(1910)에 간행하지만 그 편찬은 융희 3년(1909) 12월에 완료된 것이다. 그러므로 그 기사가 종종 간행 연월과 맞지 않는 것이 있다.

□ 자료 및 참고문헌 등은 편찬 중에 입수한 것이 많다. 가능한 한 인용하여 기사의 참신성과 상밀함을 꾀하였다.

융희 4년(1910) 5월

편집주임

□ 조선해수산조합 기수 좌등주차랑(佐藤周次郞)이 제출한 함경북도 경흥 · 종성 · 부령 · 회령 · 경성 · 명천 · 길주 · 성진 2부 6군 연해수산사업조사복명서.

□ 농상공부 기수 허비병치(許斐兵治)가 제출한 함경북도 경흥 · 부령 · 회령 · 경성 1부 3군의 연해수산조사복명서.

□ 농상공부 기수 소도성오(小島省吾)가 제출한 함경북도 성진부 이동(梨洞)에서 종성군 어대진(漁大津)에 이르는 연해수산조사복명서.

□ 조선해수산조합 기수 대평흥일(大坪興一)이 제출한 함경남도 단천 · 북청 · 홍원 3군의 연해수산조사복명서.

□ 통감부 기수 중서남길(中西楠吉)이 제출한 두만강 · 용흥강 · 낭성강의 하천 어업조사복명서.

□ 농상공부 기수 소도재일(小島才一)이 제출한 용흥강 · 성천강의 연어어장조사복명서.

□ 농상공부 기수 소도재일(小島才一) 외 2명이 제출한 함경남도 영흥만 연해 출원어구조사복명서.

□ 농상공부 기수 정림영웅(正林英雄)이 제출한 강원도 강릉 · 양양 · 간성 · 고성 · 통천 각군 연해수산조사복명서.

□ 통감부 기수 중서남길(中西楠吉)이 제출한 강원도 간성군 거진(巨津)에서 평해군 지역에 이르는 수산조사복명서.

□ 강원도 관찰도청이 조사한 통천 · 고성 · 양양 · 삼척 · 울진 · 평해 각군의 어업조사보고.

□ 울진군수 유한용(劉漢容)이 제출한 강원도 울진군 여지약론(輿地略論).

□ 통감부 기사 임구생(林駒生)이 제출한 경상남도 동부 및 경상북도 수산조사복명서.

□ 농상공부 기수 부견항(富樫恒)이 제출한 경상남도 동안 정어리어업조사복명서.

□ 통감부 기수 목촌광삼랑(木村廣三郎)이 제출한 경상남도 낙동강 · 창원 · 거제 · 진해 · 용남 · 사천 · 고성 각부군 연해수산조사복명서.

□ 농상공부 기수 원산귀삼랑(遠山龜三郎)이 제출한 경상남도 남해 · 곤양 · 하동 3군 및 전라남도 광양 · 순천 · 여수 · 돌산 각 군의 수산조사복명서.

□ 연해 각 군수가 제출한 어촌포어업(漁村捕漁業) 사항 조사보고.

그 밖에 편집주임 웅전간지개(熊田幹之介)의 경상북도 장기군 구룡포에서 남쪽 및 서쪽 연안을 거쳐 압록강에 이른 순회기록.

■ 참고문헌

□ 『동국여지승람』

□ 『고려사』

□ 『삼국사』

□ 『대한지지(大韓地誌)』

□ 『동국문헌비고』

□ 『동국통감』

□ 『동국사략』

□ 『읍지』

□ 『일한교통사』

□ 『한해통어지침(韓海通漁指針)』

□ 『일용편람(日用便覽)』

□ 『조선해수로지(朝鮮海水路誌)』

□ 『한국토지농산조사서』

□ 『한국광업조사서』

□ 『거류민단사정요람』

□ 『한국연표』

□ 한국에 관한 조약 및 법령

□ 『한국기상보고』

□ 『통감부통계연보』

□ 『통감부시정연보』

□ 『탁지부통계연보』

□ 『한국무역연보』

□ 『한국재무경과보고』

□ 부군(府郡) 시장상황조사서
□ 『한국염업조사보고』
□ 한국금융사항참고서
□ 『경찰사무개요』
□ 『부산상업회의소보고』
□ 한성부 외 13도 행정구 일람표
□ 지방각부군면수 조사표
□ 『한국호구표』(내부 경무국 조사)
□ 동(정부재정고문본부 조사)
□ 『조선해수산조합보고』

■ **참고지도**

□ 『해도』
□ 『대한여지도』
□ 군도(郡圖)
□ 『통신선로도』
□ 『등대연보』 부도

□ 이 책은 1910년 대한제국 농상공부 수산국이 편찬한 자료이지만, 조사자들이 대부분 일본인들이었고 또한 일본인들이 읽을 것을 전제로 하였기 때문에 일본어로 간행되었다. 1910년경의 일본어는 현재 일본어와 상당히 다르고 한문투의 표현이 많다. 번역하는 과정에서 그 시대성을 살리기 위해서 현재로서는 다소 어색한 표현도 고치지 않고 그대로 둔 경우가 많다.

□ 이 책에는 많은 수산물 명칭이 등장하는데, 조선과 일본의 수산물 명칭의 범주가 일치하지 않는 경우가 적지 않다. 예를 들어 일본어의 '이와시'[鰮 · 鰯]는 멸치 · 보리멸 · 정어리 모두를 뜻하며, '타코'[鮹]는 문어 · 낙지 · 주꾸미 모두를 뜻한다. 조기와 민어의 경우도 나누는 기준이 다르다. 특히 멸치와 정어리를 구별하지 않았기 때문에 동해의 정어리와 남해의 멸치가 동일한 어종으로 파악되고 있다. 번역과정에 일일이 구별할 수 없어서 정어리(멸치)로 번역하였다.

□ 『한국수산지』의 도량형 표기는 기본적으로 일본이 명치시대에 정한 척관법을 쓰고 있다. 길이 단위는 1척(尺)은 30.3cm, 10척 1장(丈)은 3.03m인데, 6척을 1간(間, 또는 步)이라고 하여 1.818m, 360척 60간을 1정(町)이라고 하여 109.09m, 36정(町)을 1리(里)라고 하여 3927.27m이다. 넓이 단위는 1평(坪)은 6척(尺) 사방 즉 1보(步) 사방(1.818×1.818m)으로 약 3.3㎡이고, 30평이 1묘(畝)로 약 99.2㎡, 10묘가 1단보(段步, 反)로 991.7㎡, 10단보가 1정보(町步)로 약 9917.4㎡이다. 무게 단위는 1문(匁)이 3.75g이고 10문이 1량(兩)으로 37.5g, 16량이 1근(斤)으로 600g, 100량이 1관(貫)으로 3.75kg이다.

□ 해양 관련 단위는 영국 해군의 단위를 쓰고 있다. 1련(鏈, cable)은 영국 해군에서는 608피트(약 185m)이고 0.1해리이다. 이는 약 101심(尋, fathom)이고 1심은 6척(呎, feet)이고 1척(尺)은 30.48cm이다.

경성만 내 독진(獨津)의 사진

북한 청진항의 사진

울릉도 저동(苧洞)에서 죽도(竹島)를 바라보다

울릉도 동안 저동(苧洞, 모시개)의 사진

울릉도 남동안 도동(道洞)의 설경

울릉도 도동항 서쪽의 모습

오징어 어기의 도동항

울릉도 서안 남양동(南陽洞)[코우리켄コウリケン]

울릉도 북안 추산(錐山)[송곳산ソゴサン]

청진(淸津)은 융희 2년에 개방된 북한의 중요 항구로서, 서남쪽 나남(羅南)을 지나서 경성에 이르는 17마일 북쪽 유성(楡城)·부령(富寧)을 지나서 회령(會寧)에 이르는 66마일 모두 경편철도(輕便鐵道)가 있어서 육로의 교통이 상당히 편리하다. 이것이 본항이 가치가 있는 까닭이며 본항의 전도는 대단히 유망하다. 현재 거주 호구는 307호, 1218인으로, 그 대다수는 일본인이다. 원래 적막한 한 작은 어촌이었는데, 그 발전이 빠른 것은 진실로 놀라울 따름이다.

독진(獨津)은 청진의 남서쪽 경성만 내에 있는 한 항구이다. 수심이 얕아서 큰 배[巨船]가 들어오기 어렵고 특히 바람을 피하는 데 안전하지 않지만, 함경북도의 수부(首府)인 경성읍에서 가깝고 물산이 드나드는 곳이므로, 상선이 폭주하여 항상 끊이지 않는다.

울릉도는 동해[日本海]에 떠 있는 하나의 외딴 섬으로서, 숲이 빽빽하게 우거져 있다. 또 진귀한 나무가 풍부하므로, 예부터 그 이름이 알려져 있었다. 지금은 그 대부분은 베어 없어졌지만, 여전히 용재(用材)가 적지 않게 남아 있다. 섬의 사방 둘레는 대개 험한 벼랑[險崖]으로서, 올라갈 수 없다. 특히 섬 전체가 한결같이 배를 댈 만한 곳이 없지만, 매우 기이한 풍경이 많다. 해상에서 바라봐도 가장 현저한 것은 북안에 있는 추산(錐山)이다. 산 전체가 화강암으로 이루어져 있으며, 높이는 800피트이고, 원추형을 이룬다. 이것이 이러한 이름이 있는 까닭이며 사진은 즉 그 산의 일부를 촬영한 것이다. 기타 사방에 떠 있는 작은 섬도 모두 험한 벼랑이 직하하여 심저에 달해서 훌륭한 경치를 드러낸 곳이 자못 많다.

저동은 섬의 동안에 있는 자갈 해안[礫濱]이다. 도동(道洞)에서 멀리 떨어져 있지 않다. 사진에 보이는 것처럼 경치가 좋은 곳으로서 일본인 거주자가 있다.

도동항(道洞港)은 남동안의 한 작은 만으로, 유일한 정박지이다. 본섬의 주변은 급경사를 이루고, 수심이 깊어서 배를 묶어두거나 닻을 내릴 수 없는 것이 본 항구도 역시 마찬가지이지만, 소선(小船)은 사진에 보이는 것처럼 기슭에 배를 댈 수 있기 때문에 상당히 편리하다. 이 섬의 행정소재지이고, 동시에 역시 일본인의 집단지이다. 즉 사진에 보이는 인가는 모두 일본인 마을이고, 조선인 마을은 별도로 한 구역을 이룬다.

남양동(南陽洞)은 서쪽에 있으며 앞의 해안은 자갈 해안이다. 이 지역은 일찍이 러시아 사람들이 본섬의 수목을 베어서 많이 반출한 곳이다. 그리하여 그 이름이 일본인 사이에 알려지기에 이르렀다.

이 섬에 일본인들이 모이게 된 것은 원래 벌목을 목적으로 도래한 것에서 비롯되었지만, 지금은 일변해서 물고기를 잡는 것을 주로 하기에 이르렀다. 다만 그 어업은 오로지 오징어 어업으로서, 어기에 들어가면 모두 그 어획 또는 제조 매매 등에 종사하여 매우 번창하고 있다. 그 어획이 많은 것은 사진으로 보아도 일단을 충분히 엿볼 수 있다.

경북 장기군(長鬐郡) 구룡포만(九龍浦灣)의 전경

사진은 만(灣) 안쪽에 있는 구릉의 정상에서 촬영한 것인데, 아득하게 끝이 없이 펼쳐져 있다. 앞바다는 곧 일본해(日本海)[1]로 전망이 광대하다. 사진만 보아도 또한 가슴이 상쾌해지는 것을 느낄 수 있다. 이 근해는 유명한 삼치어장인데, 가을이 성어기로서 내외의 어선이 폭주해서 이 만에 근거하는 경우 역시 적지 않다. 이 만의 정박지는 우측, 즉 사진에서 보면 하나의 소선(小船)이 정박해 있는 곳 부근이 좋다고 한다. 이 배는 조선해수산조합(朝鮮海水產組合) 소속 순라선(巡邏船)인 황해환(黃海丸)으로, 편자(編者)를 태우고 도착한 것도 이 배이다. 우측 갑각(岬角)의 안쪽에 하나의 마을이 있는데, 하병(下柄)이라고 한다. 만 안쪽 우측의 시냇물을 따라서 약전(藥田)이라는 마을이 있다. 이 마을에서 골짜기의 서남쪽으로 가면 비교적 넓고 아름다운 밭이 펼쳐져 부근 마을 사람의 생활에 도움이 되고도 남는다.

1) 東海를 의미한다. 원문대로 표기하였다.

구룡포의 일출

만 안의 우측 작은 언덕가에 산재하는 마을은 창주(滄州)이고, 좌측 갑각의 안쪽에 위치하는 마을은 구룡포(九龍浦)이다. 이들 마을 중 마을 사람이 어업을 하는 자가 있는 곳은 오직 구룡포뿐으로, 다른 곳은 모두 농업에 종사하고 어업은 돌아보지 않는다. 두 갑각 부근의 암초에는 해조류가 많이 착생하여, 어업이 부진한 데 반해 채조(採藻)는 성행한다. 더 상세한 것을 보고자 한다면 『한국수산지』Ⅱ-2권 74쪽을 참조하기 바란다.

경북 동안(東岸) 장기(長鬐) 모포(牟浦)의 모습

모포(牟浦)는 구룡포와의 거리가 남쪽으로 약 4해리[2]이고, 만의 북동쪽에 위치한 하나의 어촌이다. 이 만 안쪽 일대는 평평한 사빈(沙濱)으로 지예(地曳)에 적합하지만, 만안의 수심이 얕아서 큰 배를 수용하기 어렵다. 그렇지만 이 포(浦)의 앞부분은 조금 깊어 대부분의 배를 정박시키기에 충분하다. 현재 정박한 소선(小船)은 황해환(黃海丸)으로, 편자가 편승한 배이다. 만 안에 하나의 마을이 있는데, 칠전(七田)이라고 한다. 사방으로 조금 넓은 경작지가 있다. 장기읍은 이곳에서 서쪽으로 약 10리(里) 남짓에 있다. 그 부근 명촌(明村)에 석탄갱이 있는데, 거기에서 채굴한 석탄은 이곳에서 반출된다.

칠전의 남쪽 해빈(海濱)에 미에현[三重縣] 어민이 정어리 지예(地曳)를 목적으로 작은 가건물[小舍掛]을 지은 자도 있다.(『한국수산지』Ⅱ-2권 77쪽 참조)

---

2) 기호 nmile. 자오선(子午線)의 위도(緯度) 1′의 평균거리를 말한다. 국제단위계(SI)와 함께 잠정적으로 사용이 허용된 단위이며, 1929년에 협정된 1국제해리는 1nmile=1,852m이다. 배의 속도를 나타내는 노트(kn)는 1시간에 1nmile를 진행하는 속도이며, 1kn=1nmile/h=(1,852/3,600) m/s이다.

경남 동안(東岸) 미포(尾浦)의 모습

미포만(尾浦灣)은 울산군(蔚山郡)의 동면(東面)에 속하며 만에 연하는 마을로, 미포(尾浦), 대변(大便), 전하(田下) 등이 있다. 이 사진은 만의 남안(南岸)으로, 완만한 경사지에 있는 인가(人家)는 전하포(田下浦)의 일부 모습이다. 만 안의 연안은 사빈(沙濱)이 약 20정(町)에 걸쳐 있는데, 지예어장(地曳漁場)으로 매우 적합하다. 이 곳은 시마네현[島根縣] 니마[邇摩] · 미노[美濃] 두 군(郡)의 어민 근거지이고, 사진 중 해빈의 인가는 그 일부이다. 역시 별도로 만 내에도 작은 집이 여러 채 있다. 미포만 내에서 정박이 가능한 곳은 편자의 편승선인 황해환(黃海丸)이 떠 있는 곳이다. 이 정박지 바깥에서 멀리 앞바다[沖合]로 돌출된 곳은 아남말(阿南末)의 일부로서 이 말을 남쪽으로 돌면 하나의 작은 만이 있는데, 전하포(田下浦)가 바로 이곳이다.(『한국수산지』Ⅱ-2권 87쪽 참조)

경북 동안(東岸) 울기등대(蔚埼燈臺)의 원경

울기등대(蔚埼燈臺)는 울산만구의 북동쪽에 있고, 부산에서 원산에 이르는 항로 중 맨 처음으로 보이는 등대[燈火]이다. 본 등대는 등간(燈竿)으로서 목조백색이다. 그 첫 점화는 명치 39년 3월로, 등불은 부동백색(不動白色)이며, 그 높이는 수면 위로 97척, 맑게 갠 날의 광달거리[光達]는 8해리이다. 사진에 보이는 것처럼 곶의 끝에는 거대한 암석이 높게[巍峩] 우뚝 솟아있어서 매우 기이한 경관[奇勝]이 많다. 그렇지만 연안 가까이에서 통행하는 경우에는 괴암(怪巖)이 푸른 바다에 비쳐서[掩映] 만드는 대단한 광경에 두려움을 느끼는 자도 있다.

울산만 내 방어진의 모습

방어진 서남단의 모습

방어진은 울산만의 동남 모퉁이에 위치하며, 경남 동안에 있어서 손에 꼽을 만한 좋은 항구이다. 특히 외해(外海)에 접해서 어선의 출입에 편리할 뿐 아니라, 마침 삼치어장의 중심에 해당되어 그 성어기에 들어서면 일본어선이 폭주하는 경우가 매우 많다. 요즘 이 지역의 발전이 현저하다. 다음 사진 중 위는 융희 3년 6월 말 편자(編者)가 순회할 당시에 촬영한 것이고, 아래 사진은 융희 4년 2월에 촬영한 것이다. 둘을 서로 대조해 보면 겨우 반년 사이지만 변화가 심한 것에 놀라지 않을 수 없다. 이 지역을 편자가 순회할 당시에는 아직 독립된 자치단체를 조직하는 데 이르지 못했는데 지금은 이미 단체를 조직하고, 특히 그 사업으로 방파제 건설을 계획하기에 이르렀다. 이와 같이 발전을 가져온 것은 전적으로 수산의 이익에 기인한 것으로서 근해에서 얻을 수 있는 어리(漁利)가 매우 큰 것을 알 수 있다. 아래 사진은 모여 있는 어선의 일부분으로 전체 경관을 보여주는 것은 아니다. 그렇지만 그 성황에는 놀랄 만하다. 삼치어선은 종래 가가와[香川], 오카야마[岡山] 두 현의 어선이 대부분이었지만 지금은 각지의 어선이 내집(來集)해서, 본항은 대부분 일본 각 현의 공동 근거지의 형태가 되었다. 근래 후쿠오카현[福岡縣]은 이주한 어민을 위한 사택[移住舍]을 건축했다. 현재 이주한 자는 10호이고, 만(灣) 안의 동쪽에 길게 지은 집[長家]이 즉 어민들의 사택[住舍]이다.(『한국수산지』Ⅱ-2권 89~90쪽 참조)

방어진에 일본어선이 귀항하는 아침풍경(융희 3년 6월 촬영)

방어진에 어선이 모여든 모습(융희 4년 2월 촬영)

울산만 내 장생포에서 포경 근거지를 바라봄

울산만 내[內海]와 울산 어시장

장생포(長生浦)는 장승포(長承浦)라고도 쓴다. 마을은 구정동(九井洞)이라고 하며, 세관감시소가 있다. 일본인 거주자가 적지 않다. 위의 사진은 장생포의 해안에서 마주한 언덕(對岸)에 있는 동양포경주식회사(東洋捕鯨株式會社)의 할절장(割截場, 해체장)[3]을 촬영한 것이다. 가까이 보이는 것은 원래 장기(長崎) 포경회사의 할절장이고, 만 내에서 멀리 보이는 것은 원래 동양어업주식회사의 할절장이었다. 사진은 융희 3년 여름에 촬영한 것으로 매우 적막하고 쓸쓸해 보이지만 포경계절에 들어서면, 갑자기 크게 활기를 띤다.

아래 사진의 내해는 장생포의 맞은 편 언덕(對岸)으로서 포경 할절장의 서쪽 즉 사진에서 보아 왼쪽에 있다. 용령동(用岭洞)[4]의 일부로서 내해[우쯔미ウツミ]라는 것은 일본어부들이 붙인 이름이다. 잠수기선, 기타 어선의 근거지로서 일본인 거주자가 적지 않고, 장생포 등의 거주자는 모두 일본인회를 조직하였다. 정박지는 사진에서 어시장의 오른쪽이다. 외해에 가깝지만, 파도가 잠잠하여 배를 매어 두기에 편리하고, 담성상회(淡盛商會)의 통조림제조소가 있다. 기타 일본 여관(旅店)이 있다.(『한국수산지』Ⅱ-2권의 92~93쪽 참조)

---

3) 고래를 해체하는 곳을 말한다.
4) 用連洞, 현 龍淵洞이다.

경남 동해안 성외동(城外洞)

경남 동해안 일본해녀(日本海女)

경남 동해안 달포(達浦)

경남 동해안 세죽포(細竹浦)의 전경(全景)

세죽포는 울산군 대현면(大峴面)에 속해있다. 울산만의 남쪽이며 깊이 들어간 만의 북동쪽에 있다. 만 내의 규모가 작고 또 수심이 낮아서, 큰 배를 들이기 어렵지만 어선이 바람을 피하기에 적합하다. 그러므로 매년 일본 활주모선(活洲母船), 가자미 수조망 및 외줄낚시, 도미 연승, 잠수기선, 나잠업자 등의 어선이 폭주하는 경우가 많다. 어민으로서 현재 정주하는 자는 10호, 69명이다. 사진은 만 안쪽에서 만 입구를 향해 촬영한 것이다. 마을의 전면에 떠있는 작은 배는 편자가 편승한 황해환(黃海丸)이다. 그 부근은 대체로 배의 정박에 지장이 없다. 작은 섬 부근은 파도가 잠잠하고, 바닷물의 흐름이 좋으므로 활주(活洲) 대나무통을 설치하기에 적합하다. 그러므로 도미, 가자미 등의 성어기에 들어서면 일시적으로 가두어두기 위해 이것을 설치하는 일이 매우 성행한다.(『한국수산지』Ⅱ-2권 95쪽 참조)

경남 동안(東岸) 서생강(西生江)의 모습

서생강(西生江)은 울산군 온산면 서생에서 바다로 흘러들어간다. 하구는 외양(外洋)에서 확인하기 어렵지만 강의 남쪽에 한 봉우리가 솟아있고 그 산 위에 석성이 둘러져 있어서 멀리서 바라보면 매우 두드러진다. 이것은 즉 옹성(甕城)으로 원래 서생진(西生鎭)을 두었던 곳이어서 일본 어부는 이것을 '가미노타이고[上の太閤]'라고 부른다. 하구는 좁지만 대체로 배의 출입에는 방해가 되지 않는다. 게다가 작은 배는 약 10리(里)의 상류까지 거슬러 올라갈 수 있다. 편자(編者)를 태우고 도착한 황해환(黃海丸)은 이 사진보다 더 상류에 정박해 있다. 강의 양 기슭은 사진에서 보이는 것처럼 경작지가 잘 개척되어 농산물이 풍부하다. 또 하구의 왼쪽 기슭은 암초가 산재해 있지만 오른쪽 기슭 일대에는 사빈(沙濱)이 이어져 있다. 이곳에 일본어부의 정어리 지예망 창고가 있다.(『한국수산지』Ⅱ-2권 97~98쪽 참조)

경남 동안(東岸) 대변만[太邊灣]의 전경

대변만[太邊灣]은 선두포(船頭浦)라고 칭하고 기장군에 속한다. 사진의 정면에 보이는 가옥은 후쿠오카현[福岡縣] 어민의 주거지이며, 그 오른쪽에 늘어서 있는 곳은 미에현[三重縣] 어민을 독립시켜 이주하게 한 곳이다. 그 오른쪽 즉 만의 북동쪽 모퉁이에 모여 있는 것은 조선인 마을이다. 이곳에 야마구치현[山口縣] 사람이 잡화를 파는 곳이 있다. 본만은 경남 동안(東岸)에서 저명한 양항(良港)이기 때문에 계절을 따라 고기를 잡으러 오는 어선의 출입이 항상 끊이지 않는다. 특히 삼치 계절에 들어서면 일본 어선이 모여드는 경우가 매우 많다.

경남 수영만 내 용호

절영도[牧島] 주비(洲鼻)에서 부산 서쪽 입구를 바라봄

부산 서쪽 해변에서 절영도[牧島]를 바라봄

부산수산주식회사 부속 어시장

동 어시장 앞 해변에서 선어(鮮魚)를 육지에 내리는 모습 (1)

동 어시장 앞 해변에서 선어(鮮魚)를 육지에 내리는 모습 (2)

구 마산 상설시장의 건염어점(乾鹽魚店) (1)

구 마산 상설시장의 건염어점(乾鹽魚店) (2)

마산항 전경

마산은 광무(光武) 3년 5월에 개방된 무역항이다. 만입이 너무 깊고, 또 부산과 가까워서 그 무역은 매우 부진하지만, 산수가 수려하며, 기후는 한서(寒暑)를 모두 견디어 내기 쉬워서 풍토가 양호하므로, 매우 건강에 적합한 땅이다. 그러므로 피서(避暑)를 하거나 피한(避寒)을 하는 경우가 많다. 사진 중에 일본풍의 가옥이 즐비한 곳은 각국 거류지이며, 그 배후의 산은 즉 무학산이다. 산허리에 백악(白堊)[5]이 드높이 솟은 것은 이사청(理事廳)이고 그 아래쪽에 수목이 무성하고 바다에 돌출한 작은 갑(岬)은 즉 월영대(月影臺)이다. 월영대의 오른쪽은 원래 월영동이라고 부르는 곳이고, 일본의 전관(專管) 거류지이다. 그 서쪽의 한 언덕을 넘어가면 율구미(栗九味)이고, 일찍이 러시아의 전관지로 선택된 곳이다. 지금은 그 일부에 지바현[千葉縣]이 경영하는 지바무라[千葉村]가 있다. 각국 거류지의 동쪽 끝 해안 근처에 한 무리를 이룬 것은 마산역이고, 그 동쪽 마을은 구마산이다. 구마산은 옛날 몽고가 일본을 침략하는 데 즈음해서 출사 준비를 한 곳이고, 당시 합포(合浦)라고 부른 곳은 즉 본포(本浦)이다. 그 지역 부근 사적 또는 경치가 좋은 구역은 적지 않아서 한가로이 노닐 만한 곳이다.

5) 원래 회백색의 무른 이회암을 뜻하지만, 건물의 흰 지붕을 가리킨다.

거제도 동안 옥포만 내 능포

거제도 동안 옥포만 입구 대부망 포설(布設) 광경

거제도 동안 옥포만 대부망을 올리는 광경

거제도 동안 장승포의 전경

장승포는 거제도 동안에 있는 한 작은 만이다. 사진 중에 왼쪽 근처에 인가가 즐비한 곳은 조선해 수산조합에서 경영하는 이리사촌[入佐村]이다. 그 왼쪽 대안(對岸)에 있는 장옥(長屋)은 후쿠오카현[福岡縣]이 경영에 관계하는 어민의 이주사(移住舍)이고, 융희 3년 여름부터 가을에 건축하였다. 항구 근처 좌안의 두출부(斗出部)[6]에 모여 있는 것은 즉 조선인 마을이며, 그 왼쪽 산기슭에 있는 눈에 띄는 건물은 세관 감시소이다. 동 감시소에서 후쿠오카현[福岡縣] 어민 이주사(移住舍)에 이르는 연안에 일본인이 각종 상업을 경영하는 곳이 늘어서 있어서 완연히 일본의 한 어촌을 보는 듯하며, 그 발전은 매우 현저하다.

6) 斗出은 산세가 유난히 바다 쪽으로 쑥 내민 형세를 말한다.

거제도 남동안 지세포만(知世浦灣)의 모습

지세포만은 장승포(長承浦)의 남쪽에 있는 만으로, 만 안이 넓어 크고 작은 선박을 정박하기에 적합하다. 만에 연하는 마을로는 옥림포(玉林浦), 대동(大洞), 회진(會珍), 교두(橋頭), 선창(船滄) 등이 있다. 이 사진은 만의 서쪽 안에 있는 언덕 위에서 촬영한 것이다. 앞의 언덕 기슭[丘麓]에 있는 마을은 선창마을이고, 언덕 위 석성(石城)으로 둘러져 있는 곳은 지난날 지세포영(知世浦營)을 설치했던 곳이다. 긴 모래사장의 중앙에 가가와현[香川縣]이 경영하는 어민이주사택이 있는데, 사진에서는 보이지 않는다. 황해환(黃海丸)이 있는 부근에 산재하는 인가는 에히메현[愛媛縣] 및 야마구치현[山口縣] 사람이 독립적으로 운영하는 정어리 지예망 창고이다. 이곳은 장승포와 구조라(舊助羅)의 중간에 위치하는데, 두 곳에 이르는 길은 육로로 각각 약 10리(里: 조선의 단위로는 4km)에 불과하다. 때문에 상호 간의 왕래가 용이해서 교통이 매우 빈번하다.(『한국수산지』Ⅱ-2권 183~184쪽 참조)

거제도 남동안(南東岸) 구조라만(舊助羅灣)의 전경

구조라만은 거제도의 남동안, 즉 지세포의 서쪽에 있는 큰 만이다. 도장만(陶藏灣)의 일부로 만에 연하는 마을로는 예구(曳九), 와현(臥峴), 항포리(項浦里), 망치(望峙) 등이 있다. 사진은 만의 배후(背後)인 언덕 위에서 촬영한 것이다. 인가가 밀집해 모여 있는 곳은 바로 항포리인데, 사진 속에서 가까이 두드러져 보이는 건물은 에히메현[愛媛縣] 사람이 독립적으로 경영하는 정어리 지예망 창고이다. 이 만은 좌우 모두 수심이 깊어서 크고 작은 선박을 정박하기에 적합하다. 특히 필자를 태우고 도착한 황해환이 있는 좌측 만 부근은 바람을 피하기에 적합해서 거제도 연안에서 몇 개의 좋은 정박지 중 하나이다. 반도의 동단에서는 석성의 일부를 볼 수 있는데, 이는 옛날 구조라영을 두었던 자리라고 한다.(『한국수산지』Ⅱ-2권 185~186쪽 참조)

통영항(統營港) 전경

갯장어 어기의 대호도(大虎島)

통영은 진해만(鎭海灣)의 서쪽 입구에 위치하는 양항(良港)으로, 옛날 충청·전라·경상 3도의 수군통제영(水軍統制營)이 위치했던 곳이다. 때문에 이러한 명칭이 생긴 것이다. 예부터 상선(商船)의 출입이 매우 빈번해서 시가가 번성한 것이 남해에서 손꼽을 만한 곳이었는데, 근래 일본인 거주자가 날로 증가하여 번영함이 마산을 능가하는 형세이다. 이곳은 반도의 한쪽 끝에 있지만 그 앞쪽은 거제(巨濟), 미륵(彌勒), 한산(閑山) 등의 여러 섬이 병풍처럼 둘러져 있기 때문에 항내 파도가 잔잔해서 마치 호수와 같다. 그리고 수심이 깊어서 대부분의 배가 정박하는 데 지장이 없다. 특히 연안의 사방을 둘러싼 구릉은 수목이 매우 무성해서 산수가 절묘하게 어울려 마치 한 폭의 그림을 보는 듯하여, 그 뛰어난 아름다움은 오히려 마산보다 더 월등한 것이다. 사진은 시가의 배후에서 촬영한 것이다. 사진 속 시가의 중앙에서 높이 우뚝 솟은 건물은 세병각(洗兵閣)이라고 하는데, 통제영(統制營) 당시를 기념한 것이다. 만의 좌측에 돌출한 반도(半島)는 난방산(蘭芳山)[7]이고, 우측은 동충갑(東忠岬)이다. 동충갑의 앞쪽에 가로놓인 것은 미륵도(彌勒島)이고, 난방산의 왼쪽에 희미하게 보이는 것은 거제도, 그 중간 앞바다[沖合][8]에 옅은 운무 속으로 흐릿하게 보이는 곳은 한산도라고 한다.

대호도(大虎島)는 통영의 서쪽 약 25해리에 떠 있으며, 사람이 살지 않는 작은 섬이다. 그렇지만 이 섬은 좋은 갯장어[鱧] 어장이므로 매년 7~8월경에 이르면 갯장어주낙어선[鱧繩漁船]이 매우 많이 모여든다. 때문에 이를 따라다니는 한 무리의 영업자도 또한 많이 와서, 해빈에 임시 창고를 설치해서 영업을 시작하면 갑자기 시끌벅적한 곳이 되어버리는 것이 옛날부터 있어온 사실이다. 사진은 무리들이 섬으로 와서 작은 창고를 건축하고 한결같이 개점 준비 중인 곳이다. 그 앞쪽에 떠 있는 두 척의 배는 그들의 모선[親船]이고, 또한 거점이다. 필요한 기구, 재료, 기타 음식품 등은 모두 이 모선에 싣고 온다.

---

7) 위치상 현재 통영시 동호동에 있는 남망산인 것으로 추측된다.
8) 충합(沖合)은 연안과 원양의 중간에 해당한다. 근해라고도 한다. 충합에서 행해지는 어업을 충합어업, 근해어업이라고 한다. 정확하게 알 수 없는 경우는 '충합'으로 그대로 두었고, '앞바다'로 옮기기도 하였다.

욕지도 동항(東港) 입구의 에히메현 사람들의 대부망(大敷網)

동항 입구로부터 항 안을 바라봄

동항 내의 좌부랑포(坐富浪浦)

욕지도는 일본 어부들이 녹도(鹿島, 시카시마)라고 부르는 곳이다. 통영과의 거리가 남서쪽으로 약 18해리인 앞바다에 있다. 섬의 중앙에는 한 봉우리가 높이 솟아있는데 그 산등성이가 사방으로 뻗어서 연안에 많은 만을 형성하였다. 특히 북측 동쪽 끝의 만은 가장 만입이 깊어서 바람을 피하기에 적합하며 이곳을 동항(東港)이라고 한다. 만 안에 읍동(邑洞), 좌부랑포(坐富浪浦), 노적구미(露積九味), 통포(桶浦), 단초포(丹草浦) 등의 마을이 있다. 만 안의 어업은 정어리 분기(焚寄)[9] 어업으로 읍동, 좌부랑포에서 꽤 성행한다. 각 마을 중 정박하기에 가장 편한 곳은 좌부랑포인데, 사진은 융희 3년 7월 중순 편자가 순회할 당시의 상황이다. 정박선 중 돛대 꼭대기에 선기(船旗)를 게양한 것은 조선해수산조합의 순라선 황해환이고 그 전안(前岸)을 향해서 왼쪽에 있는 길게 지은 가옥은 부산 가납조(加納組)의 도미 덴부[10] 통조림 제조소이다. 중앙에 있는 것은 도쿠시마현[德島縣]의 잠수기업자 도미우라 가쿠타로오[富浦覺太郎]의 창고이다. 가장 오른쪽에 있는 것은 동현의 정어리 어업자의 창고이고 그 위쪽 산중턱에 보이는 2채는 즉 어부를 고객으로 하는 임시 가옥이다. 당시는 아직 어선이 모여드는 시기보다 일러서 그 섬에 오는 사람이 적어 성황을 드러내는 데 이르지 못했지만 갯장어, 도미의 성어기에 들어가면 매우 시끌벅적해진다. 왼쪽에 있는 수목이 무성한 작은 언덕과 경사지 사이에 보이는 도로는 읍동(邑洞)으로 통하는 곳이고 그 곳을 올라가서 1정(町) 정도를 가면 읍동 마을이 있다. 읍동은 평지가 꽤 넓으며 이곳에도 일본어부 거주자가 있다. 또 도쿠시마현의 이주경영지가 있다.

9) 횃불로 정어리를 유인해서 잡는 어업이다.
10) 생선을 찐 다음 잘게 찢거나 으깨어 설탕 · 간장 등으로 조미한 음식.

삼천포(三千浦)의 전경

삼천포 또는 삼천리라고 칭한다. 문선면(文善面)에 속한 서호(西湖), 동호(東湖), 수남면(洙南面)에 속한 선지포(仙池浦), 구평(龜坪), 팔장포(八場浦) 등의 총칭이다. 경남의 수부(首府)인 진주로부터 80리 떨어져 있으며, 왕년부터 일찍이 해관(海關)을 설치하여 해세를 징수한 적이 있다. 사진은 융희 3년 7월 편자가 순회할 당시 그 배후인 언덕 위에서 촬영한 것이다. 시가의 우측에 있으며 수목이 울창한 앞 기슭은 즉 본포의 부두로서 대부분의 배는 이곳에 정박할 수 있다. 중앙의 작은 개천의 왼쪽 낮은 언덕이 해안에 돌출된 것을 볼 수 있다. 언덕은 삼천포과 팔장포를 경계 짓는 것으로서, 본포 제일의 경승지이다. 언덕의 한 끝에 마을이 있고, 온금동(溫錦洞)이라 부르며 팔장포에 속한다. 팔장포의 마을은 이 언덕으로부터 동쪽 해변을 따라서 늘어선 것, 즉 이것이다. 대안(對岸)의 오른쪽에 제법 높은 산악이 이어진 곳은 남해도(南海島)이고, 그 앞에 가로로 놓인 큰 섬은 창선도(昌善島), 그 동쪽 끝 즉 앞에 보이는 낮은 언덕의 전면에 가깝게 떠 있는 것은 신수도(新樹島)이다. 이 섬에 오이타현[大分縣] 어민의 근거 예정지가 있다. 신수도의 멀리 앞바다[沖合]에 떠있는 것은 사량도(蛇梁島)의 속도인 수우도(樹牛島), 그 왼쪽에 마주하여 일단(一端)을 보이는 것은 사량도, 이 두 섬의 중간에 멀리 앞바다에 희미하게 보이는 것은 즉 욕지도(欲知島)로서 본 포로부터 동도까지는 20해리가량 된다고 한다.

남해도 노량진(鷺粱津)

노량진(鷺粱津)은 남해도의 북안에 있다. 곤양군(昆陽郡)에 속한 노량진과 마주하여 그 거리는 겨우 4~5정(町)에 불과하다. 본토에 이르는 나루로서 진주만의 서쪽 입구 및 광양만의 동쪽 입구를 막고 있어 남해도에서 중요한 진의 하나이다. 그리고 이 부근은 본토와 해협 사이가 좁기 때문에 조석간만 때에 조류가 급하여 선박이 거슬러 올라가는 데 어려움이 있다. 그러므로 통행하는 배가 밀물을 기다리는 경우가 많다. 동안의 언덕 위에는 하나의 묘가 있다. 가운데에는 거대한 비석을 세웠는데, 이것은 즉 이순신의 훈공기념비이다.

삼천포

삼천포 온금동(溫錦洞) 소학생

제1장 함경도

개관

연혁

본도는 옛날 옥저(沃沮)의 땅으로, 전한(前漢) 시대에 군현(郡縣)으로 삼아 현도(玄菟)라고 불렀으나 고구려가 일어나서 이를 병합하였다. 고려시대에는 삭방도(朔方道)〈철령산맥 이북[嶺背] 일대 즉 동부 강원도를 포함해서 하나의 도(道)로 삼았다.〉, 또는 동계(東界)〈평안도를 북계라고 해서 함께 계(界)라고 하였다〉, 동북면(東北面)〈평안도와 합해서 칭하는 것이다.〉, 연해명주도(沿海溟州道)〈명주는 지금 강원도 강릉지역이다〉, 강릉도, 강릉삭방도, 삭방강릉도 등으로 불렀고, 그 치소(治所)는 지금의 강원도 강릉지역에 두었는데 함경도의 땅에는 그 다스림이 미치지 않았다. 또한 여진에게 오랫동안 침략을 받은 적이 있다〈문종 대부터 예종 대에 이르는 대략 60여년 간이다.〉. 원나라가 침략[來寇]해서는 지금의 영흥지역에 쌍성(雙城)이라고 하는 총관부를 두어서 오랫동안 이 땅을 다스린 적이 있다〈고종 45년부터 공민왕 5년에 이르는 99년 간이다〉. 조선 태조는 고려의 선양을 받아서 다스림을 도모하는 동시에 이에 강릉도를 분리해서 하나의 도(道)로 삼고 함경도라고 불렀다. 후에 극지(極地)를 개척하는 한편 남쪽 백성을 이주시켜서 개간을 권장하였기 때문에 백성이 점차 증가하였으나 지역이 멀어서 치소를 두기가 어려웠다. 마침내 자연적인 구획에 따라서 그것을 남북

2도(道)로 나누어 지금에 이르렀다.

위치와 경역

대륙의 동남연해에 위치한 좁고 긴 지역으로 북쪽은 백두산(白頭山)의 여러 봉우리 및 압록, 두만의 두 물줄기로 청국의 길림성과 구획된다. 동북 일부는 또한 두만강에 의해서 러시아 영토인 우수리주[烏蘇利洲]와 경계를 이룬다. 서쪽은 척량산맥(脊梁山脈)으로 평안, 황해 2도(道)와 구분되고, 남쪽은 일부가 철령산맥(鐵嶺山脈)에 의해서 강원도와 구분된다. 지역은 북위 38도 40분〈강원도의 경계 안변군 삼방관 부근〉에서 43도 2분〈청국 길림성을 구획하는 두만강 기슭 온성 부근〉에 이른다. 동경 126도 35분〈평안도 경계 영흥군 동문 밖 부근〉에서 130도 42분〈경흥군 두만강 부근〉에 이른다. 즉 위도로 4도 22분 간, 경도로 4도 7분 간에 걸쳐있다. 북쪽의 맨 끝인 두만강 기슭 온성 부근에서 가장 남쪽인 강원도 경계 삼방관(三防關)에 이르는 사이에 하나의 선을 그어서 그것을 측정하면 약 1,300리에 달한다. 즉 북동에서 남서를 가로지르는 최장 거리이다. 동서는 폭이 넓은 곳은 500여 리, 좁은 곳은 80~90리에 불과하다. 면적은 정밀하게 측정된 것은 없지만 종래 널리 채용한 바에 따르면 3,431방리(方里)〈북도 1,760방리 남도 1,671방리〉로 그 광대한 것이 여러 도의 으뜸이다.

지세

본도는 곧 철령산맥 이북 일부의 지역으로 그 지세는 이미 제1집에서 개설했던 것과 같이 큰 산맥이 종횡으로 나란히 뻗어있고, 지맥이 지역 내 일대에 계속 잇닿아 있기 때문에 평지나 구릉지가 적고 심히 험준하다. 횡단산맥은 북쪽 경계 백두산에서 시작해서 남동쪽으로 이어져 성진(城津) 부근의 마천령(摩天嶺)에 달하는데 그 최고봉은 두류산(頭流山)이고(해발 7,972피트), 그 다음은 영정령(靈頂嶺) · 남운령(南雲嶺)(모두 6,329피트)이다. 산세가 심히 웅대하다. 이 산맥 이북은 곧 북도로 이것을 북관(北關)이라고 칭하고, 산맥 남쪽[嶺南]은 남도로 남관(南關)이라고 부른다. 남북 양도 모두 마찬가지로 산악지이지만 횡단산맥 즉 마천령산맥 부근 일대의 지역은 현무암의 용암이 흘러내려 고원성(高原性)의 완경사지역을 드러내는 곳이 적지 않다. 산의 모습 또한 수려하고 끝없이 아득하게 이어져서 대단한 장관[偉觀]을 이룬다. 남도는 다소 광활해서 크고 작은 구릉지와 평야가 있지만 산이 우뚝 솟아 산골(山骨)을 노출한다. 특히 척량산맥(脊梁山脈)[1]의 부근은 함락(陷落)부분에 해당하기 때문에 경사가 급하고 단애절벽을 이루는 곳이 많다.

해안선 및 도서

해안은 산악이 바로 바다로 이어져서 험한 절벽을 이루는 곳이 많다. 또한 단조롭고 드나듦이 적지만 이를 강원도와 비교하면 훨씬 뛰어나다. 해안선의 연장은 북도 235해리, 남도 277해리, 합계 512해리로서 바다에 면한 지역이 장대한 것에 비해 그렇게 길지 않다. 요입이 큰 곳은 남도에서는 영흥만(永興灣), 북도에서는 조산만(造山灣)으로 모두 양호한 정박지를 가진 곳으로 저명하다. 도서는 많지 않다. 이를 열거하면 난도(卵島) · 비파항도(琵琶項島) · 적도(赤島)(이상은 조산만에 있다.) · 대초도(大草島) · 소초도(小草島)(이상은 나진만 하구에 있다.) · 양도(洋島)(무수단의 남쪽 사진(泗津)의 전면에 떠있다.) · 마양도(馬養島)(신포의 전면에 떠있다.) · 하도(河島)(함흥만에 떠있다.) · 여도(麗島) · 신도(薪島) · 모도(茅島) · 송도(松島)(영흥만 입구에 떠있다.) 등으로 그중 큰 것은 마양도와 대초도이다. 여도도 또한 다소 면적이 있다. 이 세 섬은 모두 저명하고 수산상으로도 또한 중요한 곳이다.

조석

조석에 관해서는 조선 전 연안을 통틀어 이미 제1집에서 서술했던 바이다. 그러나 각 항의 조석과 그 간만의 차이에 이르러서는 당시 기재가 누락되었던 것이 적지 않다. 따라서 『수로지(水路誌)』와 해도(海圖)를 참조하여 여기에 그것을 기록하고자 한다.

---

1) 어떤 지역에 있어서 가장 주요한 분수계를 이루는 산맥을 말하며 한국의 태백산맥과 낭림산맥, 북아메리카의 로키산맥, 남아메리카의 안데스산맥 등이 대표적인 예이다.

지명	삭망고조(朔望高潮)	대조승(大潮升)	소조승(小潮升)	소조차(小潮差)
포항(浦項)	3시 11분	1 1/4피트	3/4피트	1/4피트
웅기(雄基)	3시 15분	1 1/4피트	3/4피트	1/4피트
사진만(泗津灣)	3시 13분	1 1/4피트	3/4피트	1/4피트
용저만(龍渚灣)	3시 13분	1 1/4피트	3/4피트	1/4피트
쌍포(雙浦)	3시 13분	1 1/4피트	3/4피트	1/4피트
다진(茶津)	3시 11분	1 1/4피트	3/4피트	1/4피트
양화만(良化灣)	3시 11분	1 1/4피트	3/4피트	1/4피트
황진(黃津)	3시 11분	1 1/4피트	3/4피트	1/4피트
갈마포(葛麻浦)	3시 13분	1 1/4피트	3/4피트	1/4피트
양도(洋島)와 황암(黃岩)	3시 09분	1 1/4피트	3/4피트	1/4피트
성진(城津)	3시 09분	1 1/4피트	3/4피트	1/4피트
이원(利原)	2시 58분	1 1/4피트	3/4피트	1/4피트
차호(遮湖)	2시 58분	1 1/4피트	3/4피트	1/4피트
신창(新昌)	2시 58분	1 1/4피트	3/4피트	1/4피트
신포(新浦)	3시 06분	1 1/4피트	3/4피트	1/4피트
마양도(馬養島)	3시 06분	1 1/4피트	3/4피트	1/4피트
원산(元山)	3시 17분	1 1/2피트	1피트	1/4피트

기후

기후는 이미 제1집에서 상세하게 설명한 것과 같이 본방(本邦)의 일반적인 예에서 벗어나지 않아서 한서(寒暑)가 모두 혹독하고 심하다. 그러나 본도(本道) 지방은 서북 일대는 높은 산과 험준한 봉우리를 두르고 있고 동남 일대는 바다에 면하고 또한 한류와 난류 2갈래의 해류가 지나가기 때문에, 서쪽 황해에 면하는 같은 위도의 지방과 서로 비교하면 한서가 모두 온화하고 특히 겨울철 기후에서 현저하게 서로 다른 것을 보여준다. 본도에 측후소가 설치된 곳은 원산(元山)과 성진(城津)의 2곳에 그친다. 아래에 이 두 지방의 관측에 기초해서 대략적인 설명을 시도할 것이다.

기온

기온은 봄은 춥고 가을은 따뜻한 것이 본방을 통틀어 일반적이다. 그리고 겨울철 기후는 12~2월의 3개월이고 극한은 2월이다. 여름철 기후는 7~9월의 3개월이고 극서는 8월이다.

극한 2월 중에 평균 온도는 원산은 영하(섭씨를 사용하고 이하 모두 같다.) 4도 1분이고 성진은 영하 5도 3분이다. 이달에 서안(西岸) 용암포(龍岩浦)의 평균 온도는 영하 7도 3분이어서 본도의 온도가 서안에 비해 높은 것을 증명할 수 있다. 그러나 그것을 일본에서 같은 위도의 지방에 비교하면 매우 낮다. 원산의 추위는 북위 41도 46분에 위치하는 홋카이도[北海道] 하코다테[函館] 지방의 기온과 서로 비슷하다. 성진에 있어서는 그것보다도 훨씬 낮다.

극서 8월 중의 평균 온도는 원산은 23도 2분이고 성진은 22도 3분이다. 즉 원산의 온도는 이달의 용암포 평균 온도와 서로 비슷하다. 그러나 그것을 일본에서 같은 위도 지방에 비교하면 추위와 정반대임을 보여주고, 북위 37도 45분에 위치한 후쿠시마[福島] 지방의 기온과 서로 같다.

습도

습도가 높은 것은 6~8월의 3개월인데, 그중에서 가장 높은 것은 7월이다. 과거 수년간의 관측에 있어서 연평균은 성진(城津) 72, 원산(元山) 70으로 남해안과 서해안 및 일본 각지와의 비교는 제1집 1편 8장(129쪽)에서 밝혔다. 본도의 연안의 습도는 대체로 남해안보다 비교적 높고, 서해안 인천부근과 비슷하며, 목포(木浦) · 용암포(龍岩浦) 지방보다 아주 낮다. 또 일본 각지와 비교하면 훨씬 낮다.

우기

우기는 대체로 7~8월의 2개월이다. 해에 따라서는 9월 초순으로 이어지는 경우도 있다. 이 기간에 들어서면 하수가 범람하여 도로와 제방[堤塘]이 파괴되고, 교량이 유실되고, 저지대는 침수되어 여러 날에 이르는 경우가 있어 여행하기 곤란하다. 두만강의 경우는 불어난 물은 1장 5~6척에 이르며 도항은 완전히 두절되는 것이 일반적이다.

눈

첫눈은 대개 11월 초순이고, 종설(終雪)은 4월 초순이다. 해에 따라서는 하순에 이르는 경우도 있다. 그리고 강설량이 많은 것은 12~2월 3개월이고, 가장 많은 것은 2월이다. 눈은 자주 내리지만 그 양은 매우 적어서 적설량이 1척(尺)에 달하는 경우는 많지 않다. 단 서북방의 산지에 이르면 5~6척에 이르는 경우도 자주 있다. 일년 중의 강설일수는 원산 34~35회이며 많은 해에는 40회를 넘는다. 성진은 대체적으로 원산보다 10회 정도 많다.

서리

첫서리[初霜]는 10월 초순이고 끝서리[終霜]는 4월 하순이다. 때에 따라서는 5월 초순에도 또한 서리가 내리는 것을 볼 수 있는 경우도 있다.

안개

안개는 서남해 연안처럼 많지 않다. 가장 많은 것은 6~7월경으로 성진지방은 원산에 비해서 많지만, 그 무렵에 있어 최다 10회를 초과하는 일은 드물다. 원산에서는 3~4회에 그친다. 일년 중의 평균은 성진 22~23회, 원산 8~9회에 불과하다.

풍향

풍향은 대체로 6~8월의 3개월에는 동북풍 또는 동남풍이 많다. 그러므로 이 기간을 동풍의 계절이라고 칭한다. 다른 달에 있어서는 서남 또는 서북풍이 많다. 그러므로 전자에 대비해 서풍의 계절이라고 불러도 지장이 없다. 항해에 곤란을 느끼는 기간은 10월경부터 다음 해 2~3월 사이이지만, 이 기간의 강원도 연해의 항해에 비교하면 매우 쉽다. 게다가 본도 연안 일대는 동남에 면해 있어서 이 기간에는 각 항 모두 정박에 안전하다.

폭풍

폭풍이 많은 때는 서풍의 시기로서 과거 수년간의 관측 결과에 따르면 성진 근해는 3~5월 및 9~12월의 7개월에 걸쳐서 많고, 원산은 5~7월의 3개월 사이에 많다. 서풍철에 원산에 폭풍이 적은 것은 그 지방의 동쪽은 조선해만의 깊숙한 곳에 위치하여 서쪽 일대 척량산맥에 의해 둘러싸여 있기 때문이다. 폭풍의 횟수가 많은 때는 앞에서 언급한 기간이지만 풍속이 강한 것, 즉 태풍이 부는 때는 8~9월이 교차되는 시기로서 그 풍향은 북동 또는 북북동 또는 동풍이 많다.

다음으로 원산 및 성진측후소 창립 이후 재작년 융희 원년에 이르는 관측 결과를 평균으로 하여, 이것을 표시함으로써 이 지방 기상의 일반을 살피는 자료로 삼고자 한다.

관측지명		1월	2월	3월	4월	5월	6월	7월	8월	9월	10월	11월	12월	연중
평균 습도	성진	767.1	766.3	762.6	760.3	755.9	756.3	755.3	755.3	761.0	763.5	767.0	763.5	761.2
	원산	767.0	767.0	765.4	761.8	756.8	756.0	753.7	755.9	760.8	764.1	767.9	766.0	761.9
평균 최고 기온	성진	-0.2	-0.6	6.8	3.9	18.2	19.7	23.2	25.7	22.9	17.3	6.5	1.8	12.9
	원산	4.4	2.2	10.5	18.2	24.9	24.5	26.8	29.1	25.1	20.8	11.1	5.5	17.0
평균 최저 기온	성진	-8.7	-10.1	-2.6	3.0	8.2	12.0	16.9	19.3	13.3	6.8	-3.0	-8.5	3.9
	원산	-6.6	-3.1	-1.7	4.6	10.6	14.7	18.9	19.9	14.8	8.6	-0.2	-4.7	5.6
평균 온도	성진	66	66	62	71	77	85	90	86	73	69	64	56	72
	원산	65	66	60	65	66	81	88	82	76	71	62	56	70
평균 우설량	성진	13.9	18.5	8.4	36.7	86.9	50.8	75.0	105.5	24.8	36.9	46.3	45.1	549.1
	원산	56.9	47.7	26.6	119.5	117.7	147.6	250.3	284.6	226.3	80.2	61.8	38.2	1,557.5
우설 일수	성진	9.5	11.5	5.5	5.0	11.0	11.0	13.5	11.5	5.5	6.0	9.5	7.5	107.0
	원산	8.7	8.3	6.7	9.3	10.3	16.3	20.7	19.3	12.0	13.7	9.7	7.3	142.3
무일수	성진	0	0	1.0	3.0	3.5	4.5	8.5	1.5	0	0	0	0	22.0
	원산	0	0	1.0	0.3	0.7	3.0	2.0	1.0	0	0.3	0.3	0	8.6
폭풍 일수	성진	6.5	8.0	16.0	16.0	14.0	5.0	4.0	6.0	12.0	3.5	10.0	15.5	129.5
	원산	1.0	1.0	1.3	2.7	4.7	4.7	4.7	2.0	4.0	2.3	0.3	1.0	29.7

풍속도 · 강수량 · 습도의 극도

지명	최대 풍속도			최대 우설량 (24시간)		최대 증발량 (24시간)		최소 습도	
	속도 (m/s)	방향	연월일	우설량 (㎜)	연월일	증발량 (㎜)	연월일	습도 (㎜)	연월일
성진	35.0	북북동	37.9.3	86.5	37.7.25	11.7	39.5.19	12	40.1.8
원산	31.0	북동	38.9.3	243.0	38.9.3	10.5	40.6.1	3	39.11.1

해류 및 수온

해류는 난류 즉 대마해류(對馬海流)가 북류하는 것과 한류 즉 리만[來滿] 해류가 남류하는 것이 통과하는데, 계절에 따라서 서로 교대로 줄어들고 늘어나는 것은 제1집에서 개설했던 바이다. 그래서 겨울 한류와 난류의 교차점은 본도(本道) 근해에 있다고 종래에 주장한 사람도 있지만, 아직 세밀하게 측정하지 않았으므로, 이를 명시할 수 없다. 그렇지만, 이 계절에 있어서 본도(本道) 연해의 수온과, 일본 오우(奧羽) 근해의 수온을 비교해서 살펴보면, 한류는 본도(本道) 연해를 남하하고, 난류는 동쪽을 북상하는 것이야말로 의심할 여지가 없다.

수온에 관해서는 이미 제1집에 세밀하게 그림으로 나타낸 바이다. 그래서 수산을 강구하는 사람에게 있어서는 극히 중요한 사항에 속하기 때문에 다소 번거롭지만 개의치 않고, 거듭 개요를 서술하고자 한다.

1년 중 매월에 있어서 수온은 1월 및 2월의 2개월분 본도(本道) 연해에 있어서 조사가 빠졌다. 3월에 10도선은 동조선해만(東朝鮮海灣)에 나타나고, 일본 노토[能登] 근해 및 남해에서 청국(淸國) 항주만(杭州灣)에 이르는 동온선(同溫線)이 형성된다. 그러므로 서황해(西黃海)에 비해서 대개 온도가 높다. 4월에 있어서는 서해 및 남해의 온도가 오르지만, 본도(本道) 근해는 2월과 현저한 차이를 보이지 않는다. 단 이달 두만강 근해는 3도로, 동온선은 홋카이도[北海道] 천염국(天鹽國)[2] 종곡갑(宗谷岬)의 서쪽에 미친다. 5월에 있어서는 강원도 이북의 동온선이 규칙적이어서 두만강구 근해는

2) 현재의 北海道 留萌郡을 말한다.

6도를 나타내고, 러시아령 블라디보스톡 근해 및 종곡갑단(宗谷岬端) 근해 등에 동온선을 형성한다. 이달에 있어서는 서쪽 황해 및 발해 온도는 본도 근해에 비해서 훨씬 높다. 6월에 동조선해만은 16~17도에 달한다. 두만강구 근해는 12도를 나타낸다. 연안의 대략 중앙에 위치하는 무수단(舞水端) 부근에서는 15도를 나타낸다. 동온선은 무쯔[陸奥]의 노작기(艫作埼)[3] 부근으로 그려진다. 7월에 두만강구 근해는 18도, 동조선해만은 20도 내지 21도를 나타낸다. 서해 압록강외 근해와 같은 온도이다. 8월에 두만강구 근해는 20도 내지 21도이고, 동조선해만은 22~23도를 나타낸다.

수온 최고치

이것이 본도 연해 수온의 최고치이다. 9월에 온도가 하강하여 두만강구 근해는 18도 내지 19도이다. 동조선해만은 19~20도로, 7월의 온도와 대략 같다. 10월에 두만강구 근해는 15~16도, 동조선해만은 17도로, 5월의 온도보다도 조금 높다. 11월에 이르면, 두만강구 근해의 온도는 하강해서 8~9도를 나타낸다. 동조선해만은 12도 내외에 있다. 하지만 여전히 4월의 온도보다도 조금 높다. 12월에 두만강 근해는 5도, 무수단 근해는 10도, 동조선해만은 12도 내외이다. 이달에 서해의 온도는 현저하게 하강하여 강화만은 8~9도이고, 10도선은 군산의 남쪽에 있다(상세하게 살펴보려면, 제1집 제1편 제11장 및 첨부 그림을 참조할 것).

수산물

연해(沿海)의 수산물 중 알려진 것은 명태[明太魚]·대구[鱈]·청어[鰊][4]·작은 청어[小鰊, 솔치]·홍어[がんき鱝]·노랑가오리[赤鱝]·가자미[鰈]·쥐노래미(あいなめ[5]·지방명[土名]은 이면수[6]))·방어[鰤]·마래미(새끼방어, 鰍[7], いなだ)·

3) 현재의 青森縣 동북쪽에 위치하며 해안으로 돌출하여 배 모양을 이루는 곳이다. 등대가 설치가 되어 있다.
4) 청어는 원래 鯖이라는 한자로 표기하지만, 일본에서는 鰊이라는 한자를 사용하여 표기한다.
5) 영어명은 greenling, 학명은 *Hexagrammos otakii*이다. 부산 경남지역에서는 흔히 쥐노래미라고 한다. 지역에 따라서 고래치 돌삼치라고도 한다.
6) 이면수, 임연수어는 쥐노래미과에 속하기는 하지만 다른 물고기이다. 일본어로는 ほっけ라고 한

삼치[鰆]·청새치[かじきまぐろ]·정어리[鰮]8)·고등어[鯖]9)·고도리[小鯖]·도미[鯛]·감성돔[黑鯛]10)·빙어[公魚]11)·농어[鱸]·상어[鱶]12)·숭어[鯔], 도루묵[鰰]·까나리[玉筋魚]·볼락(そい, 지방명은 우레기)·성대[魴鮄]·황어[いだ]·전어[鱅]·학꽁치[鱵, 공미리, 사요리]·연어[鮭]·송어[鱒]·은어[鮎]·잉어[鯉]·붕어[鮒]·고래[鯨]·돌고래[海豚]·바다표범[海豹]·해삼[海鼠]·문어[蛸]·굴[牡蠣]·가리비[海扇]·함박조개[ほっきがい]·홍합[貽貝]·백합[文蛤]·명주조개[ばかがい]·전복[鮑]·말조개[烏貝]·가시왕게[いばらがに]·게[冠蟹]·갯가재[蝦姑]·성게[海膽]·다시마[昆布]·미역[和布]·우뭇가사리[石花菜]·모자반[ほんだわら] 등이 있다.

이들 여러 종류 중에서 중요한 것을 열거하면, 첫 번째로 명태, 그다음으로는 대구·청어·연어·가자미·쥐노래미·볼락·정어리·방어·삼치·도미·농어·해삼·굴·미역·다시마·우뭇가사리 등이라고 한다. 그런데 연안이 길고 기후·수온·해저·기타 부분에서 남북이 서로 기호를 달리함에 따라 중요한 것 역시 다소 차이가 있다. 즉 함경북도에서는 명태·대구·청어·연어·쥐노래미·우럭·홍어·가오리·가자미·방어·해삼·미역·다시마·굴이고, 함경남도에서는 명태·청어·도미

다. 영명은 atka mackerel, 학명은 *Pleurogrammus azonus*이다. 『한국수산지』에서는 이면수가 쥐노래미라고 하였으나, 이는 잘못이다. 이면수는 측선이 5줄이고 꼬리 지느러미가 깊이 파인 점에서 쥐노래미와 다르다.

7) 미꾸라지 鰍를 뜻하는 글자이지만 일본에서는 새끼방어를 나타내는 한자로 쓴다.

8) 일본에서는 정어리, 눈퉁멸, 멸치를 모두 '정어리'라고 하며 한자로는 鰮·鰯으로 표기하기도 한다. 그래서 정확하게 우리말로 어떤 어종인지 구별하기 힘든 경우가 있다. 정어리와 눈퉁멸은 청어과에 속하고, 멸치는 멸치과에 속하며, 영어로는 각각 sardine, herring, anchovy라고 한다.

9) 鯖은 원래 청어를 뜻하는 한자이지만, 일본어에서는 고등어를 뜻한다.

10) 학명은 *Acanthopagrus schlegeli*이다.

11) 바다에 사는 빙어(*Hypomesus olidus*:わかさぎ)로 풍어, 나루메, 약노(若鷺), 약(鰙)이라고도 한다. 공어(公魚)는 빙어의 중국식 이름이다. 우리나라 동해에서는 두만강 하류에서부터 고성 연안까지 분포되어 있다. 우리나라에서는 각 지방에 따라 공어, 메르치, 멸치, 방아, 뱅어, 보리붕어, 병어, 핑어 등 부르는 명칭이 다양하다.

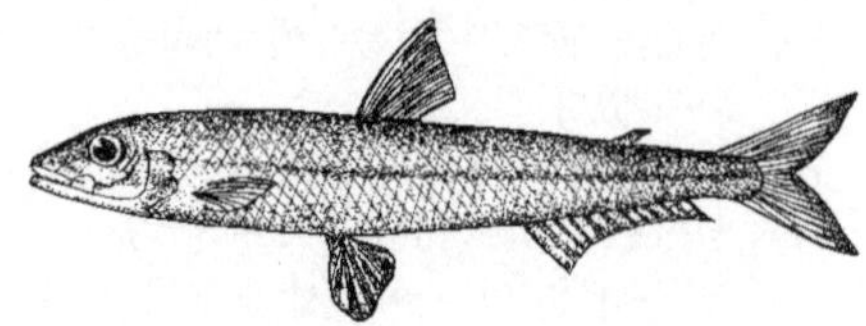

12) 鱶은 어포나 가조기 등을 뜻하는 한자이지만, 일본어에서는 상어를 뜻한다.

· 가자미 · 노랑가오리 · 정어리 · 삼치 · 연어 · 해삼 · 미역 · 굴 등이라고 한다.

명태

명태는 함경도의 특산물이며, 또 조선 수산물 중 가장 중요한 것에 속하는데, 그 어업이 성하고, 어획이 매우 많아서 실로 조선 3대 어업 중 첫째에 위치한다. 함경도 연해 도처에서 어획되지만 융성한 곳은 홍원(洪原) · 북청(北靑) · 이원(利原) · 단천(端川) 4군의 연해로, 그 중심을 신포(新浦)라고 한다. 성어기에 들어가면 이곳 근해에 어선이 폭주하여 1,500~1,600척을 헤아린다. 신포 혹은 그 앞의 마양도(馬養島) 연안의 경우는 같은 곳은 모두 다 정박하는 어선으로 가득 차서, 빈틈을 찾을 수 없는 상태가 된다. ▲어기는 10월부터 다음 해 4월까지라고 하지만 11월 하순부터 12월 중을 성어기로 한다. 이 시기에는 함경북도 연해, 특히 북쪽 조산만(造山灣)에서는 거의 어획되지 않는다. 봄에는 전 연해 도처에서 어획되지만, 그중 함경북도에서 많이 잡힌다. 봄에 어획하는 것은 방언으로 '춘태(春太)'라고 하고, 그 처리도 또한 늦가을부터 겨울에 하는 것과는 다르다. ▲어구는 연승(延繩) · 거망(擧網)[13] · 자망(刺網) · 수조망(手繰網)을 사용하는데, 북도에서는 연승 혹은 거망을 사용하고, 남도에서는 네 종류를 함께 병행해서 사용한다. 그렇지만 연승은 남북을 불문하고 두루 사용하고, 자망 및 수조망을 사용하는 곳은 주로 홍원 동북에서 단천에 이르는 연해라고 하며, 수조망을 특히 많이 사용한다. 이 그물은 원래 일본 어부가 사용하는 그물을 응용한 것으로 이것을 이용하게 된 것은 근래의 일이다. 이는 명태 어업이 한 걸음 진보하였음을 보여준다. 일본 어부는 아직 이 어업에 종사하는 자가 많지 않다. 그래서 이 어업을 하는 자는 모두 각망(角網)[14]을 사용한다. ▲처리는 봄에는 날생선인 채로, 혹은 염장해서 판매하고, 동건하는 것은 늦가을부터 겨울에 한다. 이 물고기를 동건품으로 제조하는 것은 조선의 독특한 처리법으로, 단지 오랫동안 저장하고 운반에 편리한 것뿐 아니라 외관도

13) 들망, 덤장, 덤장그물이라고도 한다. 물고기가 다니는 길목에 막대를 박아 그물을 울타리처럼 쳐 두고 물고기를 통그물 안으로 몰아넣어 잡는 그물이다.

14) 정치망의 한 종류로 장방형의 길그물과 이에 직각으로 설치한 통그물을 설치하여, 주로 청어와 연어를 잡는 데 사용하였다. 조선의 거망과 비슷한 일본의 정치망으로 생각된다.

아주 훌륭해서 각종 수산물 제품 중 가장 가치있는 것이다. 이 제품은 이 나라의 관혼상제(冠婚喪祭)에 빠지지 않는 것이라고 한다. 때문에 전국 도처에 널리 퍼져있으므로 판로가 매우 넓다.

대구

대구는 연해 도처에서 어획되지만 그중에서도 북도(北道)에서 왕성하다. ▲어기(漁期)는 대개 봄가을의 2계절로 나누어지는데 봄은 3~5월의 3개월이고, 가을은 10~12월의 3개월이다. ▲어구(漁具)는 연승(延繩)을 사용하는 것은 남북 모두 같고, 단지 일본인은 각망(角網)을 사용한다.

청어

청어 역시 도처에서 어획되지만 빽빽하게 무리를 이루어[濃群] 내유(來遊)하는 곳은 남도에서는 영흥만(永興灣), 북도에서는 나진만(羅津灣)이며, 그중에서 영흥만에서 어획이 매우 왕성하다. ▲어기(漁期)는 대개 3월에 시작해서 5월에 끝난다. 즉 그 시작 시점은 부산 또는 영일만 지방의 끝나는 시기와 서로 일치한다. 남북 양도에서의 어기는 크게 차이가 나지는 않지만, 나진만과 조산만 지방은 영흥만에 비해서 다소 늦은 경향이 있다. 크기가 큰 것은 5월로서 끝나지만 작은 청어는 여름내내 자주 군래(群來)하고, 북부에 있어서는 가을 10월에 이르기까지 계속해서 어획된다. ▲어구는 거망(擧網)·방렴(防簾)·지예망(地曳網)이며 일본어부는 각망(角網)을 사용한다.

연어

연어는 연안에서 대개 하천으로 거슬러 올라가는데, 북쪽 경계에 있는 두만강을 제외하면 모두 소류(小流)에 불과하기 때문에, 어획량이 많지는 않다. 종래 연어의 산지로서 유명한 곳은 두만강 및 하구 부근·용흥강·덕지탄(德池灘)〈영흥평지를 감돌아 흐른 다음 공동하구를 이루며 영흥만에 유입〉·성천강〈함흥평지를 지나서 함흥만에 유입〉·유성강〈북도에서 유성의 동쪽을 흘러 청진의 서쪽 경성만에 유입〉·낭성강〈안변평지를 흘러 원산의 동쪽에서 개구(開口)한다〉 등이다. ▲두만강은 강구(江口)에서 경흥 부근에 이르기까지 어획되지만 왕성한 곳은 하구에서 상토리(上土里)에 이르는 약 5리[半里] 사이이다. 특히 하구 중주(中洲)의 어장이 가장 유망하다. ▲용흥강과 덕지탄은 공동강구(共同江口)를 이룰 뿐만 아니라 다수의 지류(枝流)가 있어서 또한 서로 통하고, 하구에서 20리(里) 또는 30리 사이의 도처에 어장이 많다. ▲성천강도 역시 두 갈래를 이루며, 그 어장은 하구에서 함흥 부근까지 30리 정도의 사이에 걸쳐있지만 용흥강에 비해서 어장은 적고 어획 역시 많지 않다. ▲낭성강에 있어서는 하구에서 거리 약 30리의 상류 안변 부근에 어장이 많다. ▲유성강은 하구에서 140~150리 사이에 좋은 어장이 있을 뿐이며, 게다가 본강은 사출(瀉出)되는 토사로 인해서 하구가 폐쇄되는 경우가 자주 있다. ▲어기(漁期)는 두만강은 8~10월의 3개월로서 9월이 성어기이다. 그 밖에 여러 강도 대개 이와 같지만, 용흥강의 경우에는 결빙기에 이르기까지 어업을 계속한다〈결빙기는 두만강은 양력 11월 상순에서 다음 해 3월이고, 그 밖에 여러 강에서는 그 시작시기가 조금 늦다. 범람기는 각 강[15]이 모두 대개 7~9월, 3개월로 8월이 가장 심해서 평균 수위 이상 1장(丈) 5~6척(尺)에서 많으면 2장(丈)에 달하는 경우도 있다.〉. ▲어구(漁具)는 건망(建網)[16] · 거망(擧網) · 방렴(防簾) · 지예망(地曳網)을 이용하지만 두만강에서는 지예(地曳)가 많고, 거망(擧網)은 단지 강구에 시설되는 데 그친다. 그 밖에 여러 지류에는 대부분 방렴(防簾)을 사용한다.

가오리

가오리[鱝]는 연해 일대에서 어획되지만 북도에는 홍어가 많고 남도에는 노랑가오리가 많다. 어기(漁期)는 대개 5월 하순부터 7월에 이르며 7월경을 성어기로 한다. 단 북도 근해는 남도에 비해 초기가 다소 느린 경향이 있다. 어구는 연승을 보통으로 하지만 청진 근해에서는 홍어를 잡는 데 자망을 사용하는 경우도 적지 않다.

---

15) 원문은 港으로 되어 있으나 江으로 수정하였다.
16) 정치망(定置網)의 일본식 표현이다.

가자미

가자미[鰈]는 남도 연해에서는 어획이 성한 것이 가오리보다 뛰어나지만 북도에서는 이와 상반된다. 어기는 봄 · 가을철로 여름철에는 어획되지 않는다. 어구는 자망이나 수조망을 이용하는데 수조망을 사용하는 경우는 많지 않다.

쥐노래미

쥐노래미[17][鮎魚女]는 현지에서 이면수라고 부르고 북도 연해 일대에서 이를 어획하지만 그중 번성한 곳은 길주군 연해이다(무수단 이남 정호井湖 부근에 이르는 사이). 이 물고기는 강원도 이서 · 경상 · 전라 · 충청 · 경기 · 황해 · 평안 각도의 연해에 그 서식의 유무를 분명하게 알 수는 없고, 아직 어획이 된 사실을 들은 적이 없지만, 여기에서 또한 잠정적으로 본도 특산물의 하나로 열거해도 잘못이 없을 것이다.

어기는 겨울철 11~12월의 사이로 한다. 어구는 길주 연해에서는 자망을 사용하지만 그 밖에는 하나같이 연승으로 한다. 일본어부는 각망(角網)을 응용한다.

우럭

우럭[そい][18]은 현지에서 "우레기"[19]라고 부르는데 이것 또한 북도 연해 도처에서 어획되지만 남도에서는 많지 않다. 어기는 여름철 6~7월경으로 한다. 어구는 자망 혹은 연승이다.

---

17) 『자산어보(玆山魚譜)』에는 노래미로 기록되어 있다. 서해안에서는 노래미, 부산에서는 쥐노래미, 동해안 강릉 지역에서는 돌삼치, 평안남도에서는 석반어로 불린다. 몸길이 40cm이다. 몸높이는 낮고 옆으로 납작하며, 생김새는 노래미와 비슷하다. 서식장소에 따라 몸빛깔이 다르게 나타나며, 노란색, 적갈색, 자갈색, 흑갈색 등으로 다양하다. 배 부분은 회색이다. 1줄의 옆줄을 가지고 있는 대부분의 물고기와는 달리 등쪽에 3줄, 배쪽에 2줄, 모두 5줄의 옆줄을 가지고 있다. 몸과 머리는 가시가 있는 빗모양의 작은 비늘로 덮여 있다. 산란기가 되면 수컷은 오렌지색으로 몸빛깔이 짙어지며, 산란기가 지나면 없어진다.

18) 볼락의 별명이다. 조피볼락을 흔히 우럭이라고 한다.

19) 몸은 열목어와 비슷하나 체폭이 넓고 기름지느러미가 작다. 꼬리지느러미의 끝은 열목어처럼 패지 않고 약간 패거나 가운데만 약간 패였다. 한국(압록강 상류), 중국 동북부, 시베리아의 바이칼호 등지에 분포한다. 여기에서는 우럭의 방언으로 생각된다.

정어리 · 멸치[鰮]

정어리 · 멸치는 연해 일대에 내유하지만 어획이 많은 것은 남도로 그중 번성한 지역은 영흥만으로 한다. 이번 융희 3년(1909)의 경우 근안 일대부터 구릉의 정상에 이르기까지 건조장[干場]으로 사용되어 한 치의 여지(餘地)도 없어서 크게 장관[盛觀]을 이룬다. 어기는 여름철 6월경이다. 어구는 지예 또는 방렴인데 그중 방렴이 많다. 특히 영흥만에 있어서는 방렴이 가장 번성해서 그 수가 320여 개에 달한다. 다만 이 방렴은 단지 정어리만을 목적으로 하는 것이 아니고 청어와 기타 각종 어류에 사용된다.

방어

방어[鰤]는 회유가 적지 않지만 아직 그 어획이 강원도에 비해 심히 떨어진다. 어기는 원산 근해는 8월이지만 북도에 이르면 더 빠르다. 조산만과 나진만 근해에서는 6~7월의 두 달이다. 어구는 건망(建網) 또는 거망(擧網)이다. 일본어부가 본 어업을 영위하는 경우는 극히 드물어서 손에 꼽을 정도이다. 최근 대부망(大敷網)을 출원하는 자가 다소 있지만 아직 그 어획이 어떠한지 알 수 없다.

삼치

삼치[鰆]는 연해 일대에 회유하는 무리가 아주 많다. 특히 7월경에는 떼를 이루어 통과해 연안으로 접근해 온다. 그래서 이때는 지예망으로써 어획하는 경우가 적지 않다. 어기는 6~7월경에서 10월에 이르는 사이로 북도가 빠르고 원산 근해는 10월을 종기(終期)로 한다. 강원도 장전 부근에서는 11월에 이르러 어획한다. 어구는 예승 또는 지예로 하고, 일본 어부는 유망(流網)을 사용한다.

도미

도미는 연해 일대에 내유(來遊)하고 그중 영흥만(永興灣) 입구에 떠있는 여도(麗島), 신도(薪島) 근해, 성진(城津) 및 청진(淸津) 부근 또는 나진만(羅津灣) 부근 등에서 많이 볼 수 있지만 조선인은 각지에서 일반적으로 그것을 즐겨 먹지 않으므로, 종래에는 어획하는 일이 없었다. 최근 일본인의 소비[需用]를 목적으로 점점 본업을 영위하는 데 이르렀지만, 여전히 원산 부근의 일부에 그치고 아직 그렇게 많지 않다. 일본 어부도 또한 그것을 영위하는 것은 오직 원산, 청진에서 거주하는 어부 및 어기에 출어하는 단독어선이 거류하는 동국인(同國人)의 소비에 충당하는 정도로 어획하는 데 그치고 다획하지 않는다. ▲어장은 조선인에 있어서는 여도 또는 호도반도(虎島半島) 등이고 일본인에 있어서는 영흥만 및 함흥만(咸興灣) 내외, 임명해(臨溟海) 및 경성만(鏡城灣) 앞바다 등이라고 한다. 어기는 대개 6월경이고 강원도 장전동(長箭洞) 근해보다 약 1개월 정도 늦다. ▲어구는 지예망이고 일본 어부는 연승을 사용한다.

도미의 회유(回遊)가 많다는 점은 지예망으로 어획하는 것을 통해서도 충분히 상상할 수 있는데 그 어획량이 적은 것은 판로가 열려 있지 않아서 가격이 매우 저렴한 데다가(본년 원산에서 시세는 무게 500~600목(目) 정도의 것이 1마리 평균 가격 3전 8리에 불과하다.), 다른 지방에는 때마침 고등어 및 정어리 또는 가오리 등의 어기에 해당하기 때문이다. 그렇지만 장래 수송 기관을 구비하거나 또는 적당한 처리를 강구해서 판로를 여는 시기가 도래하면 도미는 본도 주요 어업의 중요한 위치를 점하는 데 이를 것이라는 점은 무릇 의심할 수 없다.

고등어, 상어

그 밖에 고등어 · 상어의 경우도 또한 유망하며, 고등어는 북경(北境) 두만강 입구에 이르기까지 회유하지만 현재 다획되는 곳은 남도 영흥만 근해이다. ▲어기는 6~7월경이고 7월 말부터 고도리로 바뀐다. ▲어구는 권망(卷網)[20] 또는 지예망이고 올해의 경우는 영흥만 부근만 해도 조선인의 어획은 200만여 마리, 일본어부의 어획은 150~160만 마리에 달한다. ●상어는 일본어부도 또한 영위하지만 아직 활발히 어획하는 데 이르지는 않았다.

---

20) 건착망과 후릿그물을 통틀어 이르는 말. 한 척의 배로 조업하는 것과 두 척의 배로 하는 것이 있다.

도루묵

도루묵과 황어는 주요하지 않지만, 연해 도처에서 어획한다. 그리고 도루묵은 조선에서 '도루메기'라고 부르고, 또한 '은어(銀魚)'라고도 부른다. 이 명칭에 관해서 전해지는 바에 의하면 이 물고기는 원래 '메기'라고 불렀다. 어느 시대인지 왕이 북벌해서 싸워 이기지 못했다.[21] 그래서 달아나다가 길주(吉州) 부근의 해안에 이르자마자, 마을 사람이 물고기 한 마리를 잡아서 바쳤다. 왕은 이것을 먹었는데 맛이 매우 좋았다. 그 이름을 물었더니, '메기'라고 하였다. '메기'는 훈이 맥(麥)과 같았다. 왕이 말하기를, "이와 같이 맛있는 물고기가 맥(麥)이라는 이름이 붙은 것은 마땅치 않다. 은어(銀魚)라고 불러야 할 것이다."라고 하였다. 후에 왕이 거주하는 궁으로 돌아와서 그 물고기의 맛을 잊을 수 없었다. 하루는 신하에게 명해서 잡아와서 먹었는데, 맛이 전날과 같지 않았다. 그래서 말하기를, "어찌하여 이와 같이 맛이 없는가. 원래 이름인 '메기'야말로 적당하다."라고 하였다. 그래서 '도루'라는 말을 덧붙여서 '도루메기'라고 부르기에 이르렀다고 한다. 대개 '도루'는 조선말로 '돌아가다'로, '맥으로 돌아가다'라는 의미라고 한다. 이 물고기는 이 이야기와 더불어 본도에서 그 이름을 모르는 사람은 없다. ▲어기는 10~11월경이며, 사수망(四手網)[22]을 일반적으로 사용하지만, 성어지인 명천군의 연안에서는 길이 1장 정도, 둘레 5길[尋][23] 정도 크기인 통형대망(筒形袋網)[24]을 사용한다. 모두 연안 암초 사이 또 해초류가 무성하게 자라는 장소를 선택한다. 이처럼 대망을 사용하는데 7일 혹은 10일 정도 깊이 가라앉혀 두었다가 고기가 들어간 것을 살펴서 끌어올린다. 정치어구(定置漁具)와 거의 비슷한 것이다.

---

21) 흔히 선조가 임진왜란 때 피난하는 중에 있었던 일로 알려져 있다. 그러나 도루묵의 원형이 돌묵(돌목)이며 돌문어 등과 같이 물고기 이름에 돌이 붙은 것이고 도루 · 도로와 관계없는 것으로 보는 견해도 있다.

22) 사작형 자루형태의 그물 위에 미끼로 물고기를 유인하여 그물 위에 모여들면 신속하게 들어올리는 그물을 말한다.

23) 척관법의 길이 단위로, 메이지 시대에는 1심(尋)을 6尺(척)이라고 정하였다. 1尺(척)은 10/33미터로 1심은 약 1.818미터로 한다. 이하 우리말의 '길'로 옮겼다.

24) 자루 형태의 그물로 정치망이나 인망에 사용한다.

해삼

해삼은 근래 현저하게 생산이 감소하여 종전과 같지 않다〈원산에 게재된 해삼 수출액을 참조할 것〉. 현재 이의 보호에 대해서 강구 중이다. 만약 적당한 보호 방법을 시행한다면, 이 종류는 오랫동안 본도 중요 수산물로서의 가치를 잃는 일이 없을 것이다.

굴

굴도 역시 근래 현저하게 생산이 감소하여 황어포(黃魚浦)와 같은 곳은 거의 모두 잡은 것처럼 보인다. 송전만에서는 그 면적이 황어포에 비해서 훨씬 크므로, 지금도 여전히 상당량을 생산하지만, 앞으로 수년에 걸쳐서 현재 상황을 유지하는 것은 불가능하다. 만약 그 남획을 제한하고, 다른 한편으로는 양식을 장려한다면 얼마 지나지 않아 그 명맥을 지속할 수 있을 것으로 기대된다.

미역

해조류에 있어서는 미역이 가장 중요하다. 특히 그 착생하는 곳은 대부분은 명천군에 속하는 무수단(舞水端)에서 황진(黃津)에 이르는 약 20해리 사이이며, 그 착생의 장소에 의해서 공암(公岩)·사암(私岩)의 구별이 있다. 그 내용은 특별히 각 군별로 서술할 것이다.

이제 본도에 있어서의 중요 어업에 관해서 월별로 표시하면 대개 아래와 같다.

1월	명태	7월	정어리 · 고등어 · 고도리 · 삼치 · 가오리
2월	명태 · 가자미	8월	방어 · 삼치
3월	명태 · 가자미 · 청어	9월	방어 · 삼치
4월	청어	10월	명태 · 삼치
5월	청어	11월	명태 · 가자미
6월	솔치 · 가오리 · 고등어 · 정어리 · 도미	12월	명태 · 가자미

토지 및 미개간지

함경도는 산악지형이어서 광활한 평지가 있지는 않지만, 연해와 하천 유역에 여기저기 얼마간의 평지가 있다. 이것을 강원도 동쪽과 비교하면 훨씬 뛰어나다. 이에 도내 주요 지역을 열거하면 남도에 함흥읍 부근(함흥만구에 개구된 성천구城川口 유역에 넓게 이어지고, 하구에서 함흥에 이르는 일대에 걸쳐 있다. 그 넓이는 남북 약 60리 동서 40리 가량이 된다.), 영흥 부근(영흥만 내 송전만松田灣에 개구한 용흥강龍興江 유역에 넓게 퍼져 있는 것으로, 영흥 · 고원高原 2군에 걸쳐 있다. 그 넓이는 남북 약 40리 동서 45리 가량이 된다.), 안변읍 부근(영흥만을 감싸고 있는 갈마葛麻 반도의 서남쪽에 개구한 낭성강浪城江을 따라서 덕원德原 · 안변安邊 2군에 걸쳐 있다. 원산 거류지를 기점으로 남쪽 안변군 파발촌擺撥村 입구에 이르는 약 35리, 폭 15리에 달한다.), 북청읍(北青邑) 부근(신창만新昌灣에 개구한 남대천南大川을 따라 북쪽 북청읍 부근에 이르는 40리 32정町이다. 폭이 가장 넓은 곳은 해안부근에서 동서 약 30리에 달한다.), 단천읍(端川邑) 부근(북대천北大川과 남대천南大川 유역), 홍원읍(洪原邑) 부근(전진前津의 서쪽에 개구한 하천 유역)과 북도에는 길주읍(吉州邑) 부근, 수성읍(輸城邑) 부근, 회령읍(會寧邑) 부근 등이고, 이들은 모두 본 도의 중요 농경지에 속한다. 다만 회령 부근을 제외하면 모두 연해에 위치해서 운송교통이 편리한 곳에 속한다. 그밖에 이곳에 버금가는 곳을 들면 이원(利原) 부근(이원 정박지 군선君仙 근방에서 북서쪽 일대), 명천(明川) 부근, 웅기(雄基) 부근 등이다.

미개간지로서 넓고 또한 해안에 가까운 것은, 남도 안변군 남산역(南山驛) 부근 및 북도 경성만(鏡城灣)의 남쪽 즉, 어대진(魚大津)의 서쪽에 위치한 것이다. 전자는 연안에서 50리 정도 떨어져 있고, 후자는 10리 내지 20~30리 떨어져 있다. 그밖에 다소 면적이 넓은 초생지(草生地)가 연안 각지에 산재해 있지만, 대부분 사력토(砂礫土), 또는 저비지(低卑地)로서 이용이 곤란하다.[25] 만약 고원지를 가리지 않는다면 북도 무수단(舞水端)의 서남쪽에 해당하는 지역에 광대한 곳이 있다. 이 고원은 최고 2천

---

25) 초생지는 풀이 난 물가의 땅, 사력토는 모래와 자갈로 된 땅, 저비지는 낮은 땅이라는 뜻이다.

척(尺) 정도이며, 남서로 바다를 향해서 완만한 경사를 이루는데, 개간하여 밭으로 만들 수 있다. 현재 2천 척의 고지에 인가가 많이 들어서 있고, 농경에 종사하고 있는 것을 볼 수 있다. 이곳 주민의 말에 따르면 최근 남해 연안에서 이주해온 사람이라고 한다. 북도의 땅은 이러한 고원지가 많아서 개척할 여지가 많다. 다만 땅이 외지고 멀어 교통이 편리하지 않고, 게다가 추위가 혹독해서 한겨울에는 생업의 길이 없으니 어찌하겠는가.

소택(沼澤)

소택지[沼澤][26]는 크게는 남도 정평군(定平郡)에서 광호(廣湖), 북도 경흥군에서 동번포(東番浦)와 서번포(西番浦)이다. 이 두 포는 두만강 강변에 자리하고, 열린 방향이 같아서 조산만(造山灣)으로 통한다. 동번포는 굴산지로 그 이름이 알려져 있는데, 황어포(黃魚浦)가 그곳이다. 서번포의 서쪽에는 광활한 저비지(低卑地)가 있다.

주요 농산물

본도의 땅은 면적은 광대하나 평지가 아주 적고, 겨울철 기후가 춥고 가혹하여 농산물이 풍부하지 못하다. 특히 벼는 남도 함흥 부근, 북청 부근, 영흥 부근에서 재배할 뿐이고 북도에서 벼를 경작하는 경우는 극히 드물다. 주요 농산물로는 멥쌀[粳米]·조·기장·보리[大麥]·귀리[燕麥]·수수[蜀黍]·콩[大豆]·팥[小豆] 등이고, 북도에서는 모시[苧麻] 경작이 많으며, 삼베[麻布]를 방직하여 반출하는 경우가 적지 않았다.

광산(鑛産)

광물 생산으로는 사금(砂金)·구리[銅]·흑연(黑鉛)·운모(雲母) 등을 주로 하는데, 사금은 함경남북 양도의 각 하천 상류 연안 여러 곳에서 생산된다. 지금은 종전처럼 많은 양이 산출되는 것을 볼 수 없지만 여전히 함경도의 중요 생산물 중의 하나로 꼽을 수 있다. 구리는 갑산군(甲山郡)의 동산(銅山)이 나라 안에서 유명한 곳이지만, 아직

26) 늪과 연못으로 둘러싸인 습한 땅을 말한다.

그 생산량이 많지는 않다. 흑연은 요즈음 채굴에 착수하여 점차 기대할 만한 전망을 가지고 있다. 운모도 역시 요즘 계속해서 각지에서 발견되어 제법 유망하다.

삼림

함경도는 산악지인 동시에 나라 안에서 가장 삼림이 풍부하다고 알려진 곳이다. 그렇지만 숲이 울창한 곳을 보면, 압록강 및 두만강의 상류 연안 지역이고, 동해에 면한 부분에 있어서는 관서(關西) 일대의 지방과 마찬가지로 남벌로 인하여 민둥산이 많다. 본도의 종관산맥은 대관령산맥(大關嶺山脈)[27]의 낭림산(狼林山) 부근에서 시작해서 동북으로 달려서 두만강(豆滿江) 연안에 이르는 소위 함경산맥(咸鏡山脈)이다. 이 산맥은 본도의 등줄기가 됨과 동시에 또한 식물대(植物帶)의 경계선이 되는 곳으로서, 그 서북측에는 낙엽송(落葉松) · 전나무 · 백양수(白楊樹)[28] 등이 무성하고, 동남측에는 졸참나무[楢樹]가 많으며, 해안에 접근하면서 적송(赤松)이 많아진다.

교통

교통은 도로가 아직 정비되지 않았다. 경사가 매우 험하고, 또 하천에 가교(架橋)가 적어서 거마(車馬)가 통행할 수 없는 곳이 많다. 특히 우기(雨期)에 들어가면 하천이 범람해서 도로가 잠기고 교량이 떠내려가기 때문에, 교통이 두절되는 경우가 드물지 않다. 주요 도로로는 원산(元山)에서 함흥(咸興) · 성진(城津) · 함경 연해의 여러 읍(邑)을 거쳐서 북쪽 경계인 경흥(慶興)에 이른다. 두만강 연안을 북상해서는 경원(慶源) · 온성(穩城)에 이르고, 다시 회령(會寧) · 무산(茂山) · 갑산(甲山) · 삼수(三水) 등을 지나서 장진(長津)으로 나와서 평안북도 경계로 들어가는 것을 간선(幹線)으로 하며 이렇게 본도의 땅을 한 바퀴 돈다. 이 간선과 연결되는 다수의

27) 지금의 狼林山脈을 말한다.
28) 사시나무. 버드나뭇과에 딸린 낙엽 교목. 키는 보통 10m쯤이고, 지름이 30cm 정도이다. 잎은 달걀 모양이고, 물결 무늬의 톱니가 있으며, 어긋나기로 난다. 4월에 꽃이 피고 5월에 열매가 익는다. 우리나라, 중국, 시베리아 등지에 분포한다.

지선(支線) 중 주요한 것은 경성에서 회령에 이르는 것과 북청(北青)에서 갑산에 이르는 두 도로이다. 전자는 별도로 지도(支道)가 청진(淸津)까지 연결되고, 이곳에서 수성(輸城), 부령(富寧)을 거쳐 회령에 이르는 약 73마일[29]의 사이(310리가 조금 못 된다.)에 경편철로[輕便軌鐵]가 포설되어 여객 및 화물을 운송한다. 지금은 이 선로가 오히려 간선이 되고, 수성에서 경흥에 이르는 사이는 지선이 되기에 이르렀다. 본도 중 경철(輕鐵)이 포설된 곳은 이 외에 서호진(西湖津)을 기점으로 해서 함흥(咸興)에 이르는 10마일(40리)이 있다. 그런데 이 두 곳은 모두 러일전쟁[日露戰]의 결과물이라고 한다.

경원철도(京元鐵道)는 광무 8년(명치 37년, 1904) 9월에 양 끝[30]에서 수 마일 사이에 공사가 착공되었는데, 공사가 곤란한 데 비해서 군사상 · 경제상 모두 유리하지 않으므로 일단 공사가 중지되었지만 최근에 다시 이를 완성해야 한다는 결정이 내려졌다고 들었다. 아직 공사가 착수되지 않았지만 이 철도가 완전히 개통되는 날에는 본도의 발전이 현저해질 것으로 기대해 볼 만하다. 또 청진, 회령 사이의 경편철로를 개수해서 정식 철도로 삼아 청국(淸國) 길림(吉林) 방면으로 연장시킬 것이라는 의견이 있다. 단 이 문제와 같은 것은 청진 축항(築港) 문제와 함께 확정되어야 할 안건일 것이다.

하류

하류는 여러 줄기가 있지만 두만강을 제외하고는 교통운수에 이용될 수 없고, 오히려 교통을 방해한다고 해도 과언이 아니다. 게다가 두만강이라고 하더라도 하구(河口)가 얕아서 기선(汽船)이 들어가기에는 충분하지 않다. 그렇지만 강구(江口)를 지나면 다소 수심이 깊어서 100톤 미만의 기선(汽船)을 띄우는 데 지장이 없고, 하구(河口)에서 약 70리인 경흥(慶興)까지 거슬러 올라갈 수 있다. 본 강 연안의 마을로는 앞서 말한 경흥(慶興)에서 거슬러 올라가서 경원(慶源) · 온성(穩城) · 회령(會寧)

---

29) 1마일은 1,609.344m. 4.097867里. 73마일은 299.144267里이다.
30) 용산과 원산.

· 무산(茂山) 등이 있다. 또한 그 한 지류는 동간도(東間島)를 휘돌아 흐르고, 또 그 한 지류인 훈춘강의 강가[琿春河畔]에는 훈춘[琿春]이 있다. 따라서 하구(河口) 부근의 토리(土里)〈경흥군에 속하고 노령에 이르는 나루터[渡船場]이다.〉에서 조산만(造山灣)의 동남 모퉁이의 서수라(西水羅) 사이에 경편철도(輕便鐵道)를 부설하고, 서수라(西水羅)에서 일본 쓰루가항[敦賀港]을 연결하도록 하자는 이야기를 하는 사람이 있다. 단 이러한 주장은 본래 청진(淸津)과 쓰루가의 양 항구의 연락선에 대항해서 생긴 것으로, 원래 희망사항에 지나지 않지만 또한 이로써 본 강의 개세(槪勢)를 짐작하기에는 충분할 것이다.

해운

해운(海運)은 원산(元山) · 성진(城津) · 청진(淸津)의 3개의 개항장의 경우에는 일본 또는 러시아령 블라디보스톡에서 항행(航行)하는 기선(汽船)이 기항하는 경우도 있다. 그 밖에 정부의 보조항로로는 부산을 기점으로 하는 경우, 원산(元山)을 기점으로 하는 경우, 서호진(西湖津)을 기점으로 하는 경우가 있다. 그 기항지는 원산(元山) · 서호진(西湖津) · 전진(前津) · 신포(新浦) · 신창(新昌) · 단천(端川) · 성진(城津) · 명천(明川) · 어대진(魚大津) · 독진(獨津) · 청진(淸津) · 이진(梨津)의 여러 항이며 웅기(雄基)를 종점으로 한다. 해운에 관해서는 제1집 1편 14장에서 개설(槪說)하였지만, 각 항에 대해서 좀 더 상세하게 설명할 것이다.

통신

통신은 광무 9년(명치 39년) 4월에 처음으로 각 주요지에 우편사무소를 개시했지만 〈단 원산, 성진의 2곳에는 개항 당시부터 일본 우편국이 있었다.〉, 그 발달이 두드러지는데, 최근에 와서 그 방면의 보고에 따라 우편통신국소, 소재지를 표시하면 아래와 같다.

<table>
<tr><th></th><th>북도</th><th>남도</th></tr>
<tr><td>우편국</td><td>청진(郵,電,交,話) 성진(郵,電)
경성(郵,電,交,話) 회령(郵,電,話,國)
경흥(郵,電,國) 나남(郵,電,交,話)</td><td>원산(郵,電,交,話) 함흥(郵,電,交,話)
북청(郵,電,國)</td></tr>
<tr><td>우편전신취급소</td><td rowspan="2">웅기(郵,電) 명천(郵,電) 온성(郵,電)
북창평(郵,電) 무산(郵,電,話)
종성(郵,電) 경원(郵,電) 길주(郵,電)</td><td rowspan="2">송전(郵,電) 호도 · 갑산(郵,電)
영흥(郵,電,話), 장진(郵,電)
혜산진(郵,電) 단천(郵,電)</td></tr>
<tr><td>우편취급소</td></tr>
<tr><td>우편소</td><td></td><td>원산리(郵,電,話)
신포(郵,電) 서호진(郵,電,話)
원산신정(郵, 무집배)(電, 무집배)</td></tr>
<tr><td>우체소</td><td></td><td>안변, 문천, 고원, 정평, 홍원, 삼수, 이원</td></tr>
</table>

〈비고〉 부호 중 (郵)는 우편사무, (電)은 전신사무, (交)는 전화교환사무, (話)는 전화통화사무, (國)은 국고금 출납사무를 취급하는 것이다.

행정구획

행정구역은 자연 경계에 의해 남북 양도로 나누어진다. 북도는 다시 이를 2부 9군으로, 남도는 1부 13군으로 나누는데 다음과 같다.

함경북도

경흥부(慶興府) · 성진부(城津府) · 온성군(穩城郡) · 경원군(慶源郡) · 무산군(茂山郡) · 종성군(鍾城郡) · 회령군(會寧郡) · 부령군(富寧郡) · 길주군(吉州郡) · 명천군(明川郡) · 경성군(鏡城郡)

함경남도

덕원부(德源府) · 단천군(端川郡) · 북청군(北靑郡) · 이원군(利原郡) · 홍원군(洪原郡) · 정평군(定平郡) · 함흥군(咸興郡) · 영흥군(永興郡) · 고원군(高原郡) · 문천군(文川郡) · 안변군(安邊郡) · 갑산군(甲山郡) · 삼수군(三水郡) · 장진군(長津郡)

이 중에서 바다에 연해 있는 지역은 북도에서는 경흥, 성진의 2부와 종성 이하 경성에 이르는 6군[31]이다. 남도에서는 덕원부와 단천 이하 안변에 이르는 10군이다. 그리고 이들 각 부군을 관리하는 관찰도(觀察道)는 경성과 함흥에 있다.

이사청관할

통감부소속 이사청은 원산 · 성진 · 청진의 3개소가 있는데, 그 관할구역은 다음과 같다.

이사청관할구역

성진이사청	함경북도 서남부 일대의 지구
청진이사청	함경북도 북부 일대의 지구
원산이사청	함경남도 일대의 지구 및 강원도 동북부 일대의 지구

호구

호구는 가장 최근의 조사에 따르면 호수 200,001호 중에 북도 72,925호, 남도 127,076호이고, 인구는 972,508명 중에 북도 390,045명, 남도 582,463명을 헤아린다. 이 외 일본인 거주자는 통감부 연보에서 보면 광무 10년(1906)부터 지난 융희 2년(1908)에 이르기까지 각 이사청 별로 다음과 같다.

각 이사청 소관별 일본인 인구표						
	호 수			인 구		
	명치 41년 (1908)	동 40년 (1907)	동 39년 (1906)	동 41년	동 40년	동 39년
원산	1,666	1,593	1,328	6,261	6,042	6,086
청진	1,067	574	-	3,405	1,732	-
성진	128	117	208	391	359	651
계	2,861	2,284	1,536	10,057	8,133	6,737

〈비고〉 명치 41년은 6월 말일, 명치 40년과 동 39년은 각 연말 현재에 따르며, 명치 39년말 청진의 호구는 성진에 포함되어 있다.

31) 원문에는 7로 표기되어 있다.

일본인 집단지(集團地)

또한 도내에 일본인이 집단으로 거주하는 중요 지역을 열거하면 다음과 같다.

일본인 집단지 호구표					
도별	지명	관할 이사청	단체명	호구	인구
남도	원산(元山)	원산	민단(民團)	1,040	4,232
	함흥(咸興)	동	일본인회(日本人會)	257	836
	북청(北青)	동	동	69	182
	서호진(西湖津)	동		40	146
	혜산진(惠山鎭)	동		92	288
	신포(新浦)	동		17	67
	호도(虎島)	동		5	62
북도	청진(淸津)	청진	일본인회	358	1,351
	나남(羅南)	동	동	197	584
	경성(鏡城)	동		232	748
	회령(會寧)	동	일본인회	169	444
	성진(城津)	성진	일본인회	72	263
	계			2,548	9,203

재무서소재지

재무감독국은 원산에 위치하고 그 관장 지역은 본도 일원이다. 그 소관에 속하는 재무서는 종성(鍾城)(북도)·정평(定平)·고원(高原)(남도)의 3군(郡)을 제외한 기타 각 부와 군에 있고 다음과 같다.

종별	북도	남도
갑종	경성	함흥
을종	회령	북청
병종	온성(穩城)·경흥(慶興)·무산(茂山)·길주(吉州)·명천(明川)	영흥(永興)·덕원(德源)·홍원(洪原)·단천(端川)·갑산(甲山)
정종	성진·부령(富寧)·경원(慶源)	장진(長津)·문천(文川)·이원(利原)
무종		삼수(三水)·안변(安邊)

재판소

지방재판소는 함흥에 위치하고 이 또한 마찬가지로 남북 양도를 아울러 관할한다. 그 소속 구재판소(區裁判所)는 북도에서는 경성 · 성진 · 경흥의 3개 지역과 남도에서는 함흥, 덕원, 북청의 3개 지역에 있다.

경찰서

경찰서는 남북 양도에 각 5개, 합해서 10개 지역에 설치되었고 또한 그 소속 순사주재소가 22개 지역에 배치된 것이 다음과 같다.

북도		남도	
경찰서	소속 순사주재소	경찰서	소속 순사주재소
경흥	온성 · 경원 · 웅기(雄基)	혜산진	삼수 · 갑산
회령	종성	북청	단천 · 이원
청진	부령	함흥	홍원 · 서호진 · 장진 · 정평
경성	무산 · 나남	영흥	고원
성진	길주 · 명천	원산	문천 · 덕원 · 안변

세관서는 원산에 위치하고 성진 및 청진의 2개 지역에 그 지서를 두었다. 또 웅기, 경흥, 회령의 3개 곳에 감시서가 있다.

이하 연해 각 부, 군에 대해 일반 사항 및 수산 사항에 관한 대략적인 상황을 서술할 것이다.

함경북도(咸鏡北道)

제1절 경흥부(慶興府)

개관

연혁

원래 공주(孔州)로 목조(穆祖)가 처음 터를 잡은 곳이며, 본조(本朝) 세종 17년 군(郡)으로 삼고 경흥이라고 칭했다. 후에 부(府)로 고쳤으며, 지금에 이른다.

지역

북쪽은 경원군(慶源郡)에 접하며, 동쪽은 두만강의 러시아령[露領] 연해주와 경계를 이루고, 남쪽 일대는 바다에 임해 있으며, 서쪽은 종성군(鍾城郡)에 접해 있다. 본도(道)의 바다에 임해 있는 군(郡) 중 가장 북쪽에 위치하며 그 두만강구 연안의 지역은 실제로 나라의 동쪽 끝에 해당하는 곳이라고 한다.

구획

역내를 구획해서 상면(上面)·하면(下面)·신면(新面)·읍면(邑面)·고면(古面)·서면(西面)·노면(蘆面)·해면(海面)·신해면(新海面)·안화면(安和面) 10면으로 하였다. 상면은 북쪽 경원군계(慶源郡界)에 위치하고, 하면·신면·읍면은 순차적으로 동쪽에 늘어서있다. 읍면의 남동쪽에 고면·서면이 서로 이어져 있는데, 하면 이하 서면에 이르는 4면은 두만강에 연해 있다. 다만 서면은 강에 임해 있는 면 중 남단에 위치하는데, 반도이고 동쪽으로 흐르는 강에 연하며, 동시에 남쪽은 외양(外洋)에, 서쪽은 함호(鹹湖)[1] 및 조산만(造山灣)에 임해 있다. 노면은 함호를 사이에 두고 서면의 서쪽에 늘어서 있으며, 그 서쪽에 해면이 이어져 있는데, 모두 조산만의 정면에 위치한다. 신해면은 해면의 남쪽에 접하고 있으며, 한쪽 끝이 멀리 외양으로 두출(斗出)[2]해서 조산만의 서쪽을 이룬 동시에 그 반쪽 면은 나진만을 구성한다. 안화면은 서쪽으로 이어져서 나진만의 서쪽을 이루고, 서쪽 끝에는 다시 유진포(楡津浦)가 있는데 종성군 풍해면으로 이어진다.

지세

본 부(府)는 함경산맥의 종점에 위치하며, 송진(松眞)〈해발 3,770피트〉, 유현덕(劉玄德)〈2,881피트〉, 서광주(西光珠)〈2,355피트〉 등의 여러 봉우리가 동서로 늘어서 있고, 그 지맥이 가로·세로로 뻗어 있어 지세가 다소 험하다. 그렇지만, 동부 두만강 연안 부근의 늪과 못[沼澤] 주변은 넓은 저지가 많다. 경지는 경흥부 근처에서 그 서쪽에 걸친 곳이 가장 넓다. 그 외에는 웅기 및 조산만의 동북 모퉁이 굴포(屈浦) 부근이 다소 넓다. 경지는 대부분 밭으로 논은 보이지 않는다. 관개가 편리하지 않은 것은 아니며, 다만 수확을 예상해서 개척을 하지 않기 때문이다. 늪과 못의 주변과 두만강구의 서쪽 일대 저지는 모두 황무지이다. 이 지역은 비습지(卑濕地)로서 개척이 용이하지 않지만, 갈대밭[蘆田]으로 이용할 수 있다. 그 외 이 부근 곳곳에 개척할 만한 황지(荒地)가 산재하지만, 주민이 희소해서 개간을 하지 못하고, 그냥 버려둔 상태다.

물줄기는 모두 가늘고 작은 계류(溪流)에 지나지 않고, 큰 줄기를 이루지는 못한다. 대개 앞에서 나타낸 여러 봉우리는 지역 내의 분수령이지만 그 유역이 매우 협소하기 때문이다.

---

1) 두만강 남쪽에 형성된 동번포와 서번포를 일컫는다.
2) 산세(山勢)가 유난스럽고 바다 쪽으로 쑥 내민 형세(形勢)를 말한다.

호소(湖沼)

호수와 늪[湖沼]은 적지 않아서, 그중 큰 것은 조산만의 동북 모퉁이 쪽으로 열려있는 함호(鹹湖)이다. 중앙에 작은 언덕이 두출해서 남북으로 나뉜다. 북쪽에 있는 것은 서번포 또는 흑기포라고 부르며, 남쪽에 있는 것은 동번포 또는 황어포라고 부른다. 부(府) 지도에는 여수(餘水)라는 이름으로 기록하였다. 두 포 중 서번포〈면적 약 1,970여 정(町)〉가 크지만 물이 얕으며, 동번포는〈면적 약 160여 정〉 전자에 비해서 작지만 물이 깊다. 모두 담수가 흘러들어오는 경우가 적어서 완전히 바닷물이고 진흙 바닥이다. 동번포는 굴 산지로 나라 안에 손꼽히는 곳에 속하며, 황어포라는 이름은 일찍부터 세상에 널리 알려진 곳이다. 서번포도 옛날에는 동번포에 뒤지지 않는 굴 산지였다고 전해지지만, 이제는 겨우 그 흔적이 보일 뿐이다. 다만, 남획의 결과가 아니라 뻘이 쌓여서 매몰되었기 때문이라고 한다. 실제로 그런 것 같다. 서번포 서쪽에 있는 만포(晩浦)〈면적 약 160정보(町步)[3]〉도 역시 큰 것으로 포는 부 지도에 서호(西湖)라는 이름으로 기록했다. 적도(赤島)라는 섬의 동북쪽으로 열려있는데, 때때로 닫히는 경우도 있다. 호수 밑바닥이 높은 동시에 물이 얕다. 조수의 유입이 많지 않으므로 거의 담수호에 가깝다. 겨우 붕어를 생산하는 데 그치므로, 수산상 중요하지 않다. 그렇지만 오리 떼가 도래하는 곳으로 유명하다. 만포의 북동쪽, 고읍의 남동쪽 두만강 가까이에 적지(赤池)〈면적 약 140여 정보〉가 있다. 담수호로 말조개[烏貝]를 생산한다.

연안

해안은 굴곡이 많으며, 조산(造山)·나진(羅津) 두 만(灣)을 수용하고 나면 여유가 없다. 동쪽 두만강에서 조산만을 지나서 서쪽 나진만 서쪽 끝에 만입된 유진(楡津)에 이르는 사이는 곧 경흥부의 임해(臨海) 지역을 이룬다. 많은 양호한 정박지가 있다는 사실은 부도(附圖)를 보면 충분히 알 수 있다. 그러나 어선 정박지에 적당한 곳은 비교적 적다. 임해(臨海) 마을 중 주요 지역에 대해서 그 배열(配列)을 간략히 서술하면

---

3) 면적의 단위로서 1정(町)은 9917.36㎡ = 0.00991736㎢ = 3000平 = 100畝 이다.

다음과 같다.

임해 주요마을

두만강 서쪽 저지대의 서쪽 끝인 작은 언덕의 동쪽 기슭에 서수라(西水羅)가 있다. 그 서쪽 모서리 즉, 해도(海圖)에서 서수라각으로 기록한 곳을 돌아서, 조산만(造山灣) 안의 동쪽인 동만(東灣)의 북쪽 모퉁이, 즉 함호(鹹湖) 동번포(東番浦) 개구(開口)의 동쪽에 서포항(西浦項)이 있다. 동번포에 들어가서 그 동쪽에 황어포(黃魚浦)가 있다 〈이상은 서면(西面)에 속함〉. 함호 개구 안의 서쪽 서번포와 마주하여 굴포(屈浦)가 있다. 그 서쪽에 노구산(蘆邱山)·만항(晩項)·웅상(雄尙)·갈인단(葛仁端) 등이 늘어서 있다〈이상 노면(蘆面)에 속함〉. 갈인단(葛仁端)은 가은단(駕隱端)이라고도 쓰고, 대진항의 서남 모퉁이에 위치하며 또 웅기(雄基) 만구를 이룬다. 웅기만에 들어가면 그 정면에 웅기가 있다. 그 서쪽에 용수동(龍水洞)이 있고, 또 그 남쪽에 비파항(琵琶項)이 있다〈이상 해면(海面)에 속함〉. 남쪽 아래에 창진(蒼津)·가사대(駕似岱)·취진(鷲津) 등이 있다. 취진 이남은 나진만을 구성하는 반도 지역이며 그 갑각(岬角)[4]의 서쪽에 나진이 있고, 그 북쪽에는 간진동(間津洞)·이동(梨洞)이 있다〈이상 신해면(新海面)에 속함〉. 나진 이하는 나진만에 접한 마을로서 이 만의 서쪽에 나란히 늘어서 있는데·창진(倉津)·광현(廣峴)·송진(松津)·신진(新津)이 있다〈이상 안화면(安和面)에 속함〉. 앞에서 언급한 마을 중 웅기는 함경도[北關] 항행기선(航行汽船)의 종점이다. 또 경흥부의 관문에 위치하고, 경흥부까지 80리에 불과하다. 서수라는 조선의 종점 계선지(繫船地)[5]이면서, 러시아령과 교통하는 범선의 풍대소(風待所)[6]이다. 더불어 교통상 중요 지역에 속하고, 또 어업 근거지로서 주요 지역에 든다.

도서

도서(島嶼)로는 서수라 끝의 서남쪽에 난도(卵島)와 기타 작은 섬들이 있다. 조산만

4) 바다 쪽으로, 부리 모양으로 뾰족하게 뻗은 육지를 말한다.
5) 선박을 계류해두는 항만 내의 일정한 구역을 말한다.
6) 범선이 항해에 적합한 바람을 기다리는 장소를 말한다.

내 만항의 서남에 적도(赤島)가 있고, 조산만 서쪽 비파항의 동남에 비파항도(琵琶項島)가 있다. 이 섬은 서북에서 남동으로 뻗어서 비파항 정박지(해도에 마정만瑪丁灣으로 기록함)의 남쪽을 에워싸고 동시에 창진만의 북쪽을 막아준다. 나진만구를 에워싼 지역으로는 대초도(大草島)가 있고, 그 북쪽에 소초도(小草島)가 있다. 위의 여러 섬들 중에서 큰 것은 대초도로서 면적이 약 365정보(町步)에 이른다. 경지를 개척하여 마을이 있는데, 섬과 그 이름이 동일하다. 조산만구에 떠 있는 난도는 수산상 중요하지는 않으나, 사방의 험한 벼랑에는 새둥지가 곳곳에 널려있다. 그러나 아직 그 이용을 강구하는 데 이르지 않았다.

부치(府治)

부치(府治) 경흥(慶興)은 웅기(雄基)의 북동쪽으로 80리에 있으며, 두만강과 접한다. 원래 경흥도호부(慶興都護府)를 두었던 곳으로 다른 이름은 공성(孔城) 혹은 광성(匡城)이라고 한다. 인가는 300호 가량이고, 러시아령과 교통하는 요충지에 위치한다. 이 때문에 개국 493년(명치 17년, 1884) 러시아와의 사이에 경흥육로무역조약(慶興陸路貿易條約)[7]이 체결되었지만, 당시 교통이 편리하지 못한 사실로 인해 무역시장으로서 발전을 이루지 못하였다. 즉 러시아령으로 출가(出稼)[8]하는 사람들만 왕래하는 데 불과했다. 그런데 근래 부치 외에 구재판소(區裁判所)·재무서(財務署)·경찰서(警察署)·우편국(郵便局) 등이 설치되고, 또 경비기관으로 헌병분견소가 있다. 동시에 일본 상인도 거주하여 여관[旅舍]·음식점·목공소[大工]·이발소 등 대부분의 기관이 갖추어져 시가가 점차 번창하게 되었다.

---

7) 본문에서는 1884년 경흥육로무역조약이 체결된 것으로 나와 있지만, 1884년에는 조선측에서 러시아의 남하정책과 조선의 일본·청 견제정책과 맞물려 "조러통상조약"이 체결되었다. 이후 1888년에 이르러서야 함경북도 경흥에서 국경무역을 허락하는 육로통상조약을 체결하였는데, 이것이 본문에서 말한 "경흥육로무역조약"이며, "조러육로통상조약"이라고도 한다.

8) 일정기간 타향에서 돈벌이를 함.

육로교통

육로교통은 웅기에서 경흥에 이르고, 경흥에서 북쪽 경원(慶源)·훈융진(訓戎鎭)을 거쳐 최북단 온성(穩城)에 이르는 길, 또 경흥에서 덕명역(德明驛)·행영(行營)을 거쳐 북서쪽은 회령(會寧)으로, 북쪽은 온성에 이르는 길이 있다. 길은 험하지 않으며, 또한 폭도 좁지 않아서 거마(車馬)가 통하는 데 지장이 없다. 그중 웅기에서 경흥을 거쳐 북쪽 경원으로 이르는 길 및 경흥에서 서북쪽 회령에 이르는 길이 양호하다. 이 도로 중 우편선로에 속하는 곳은 웅기에서 경흥에 이르는 80리, 경흥에서 행영에 이르는 130리, 행영에서 회령에 이르는 50리 구간이다. 경흥·경원 사이는 강가를 따라 형성된 지름길을 이용하지 않고, 행영의 북쪽 북창평(北蒼坪)을 거쳐 우회한다. 행영·북창(北倉) 사이는 75리이고, 북창평과 경원 사이는 50리, 또 북창평에서 북쪽 온성에 이르는 50리가 모두 우편 교통 선로를 이룬다.

해로교통

해로교통(海路交通)은 연안에 양호한 정박지가 많지만, 웅기에 정박하는 것이 편리하다고 한다. 대개 웅기는 앞에서 한 번 언급한 것처럼 북관(北關)으로 통항(通航)하는 기선의 종점으로, 월 8회 내지 10회 부산 및 원산, 기타 연안 여러 항과 일본으로 가는 기선편이 있을 뿐 아니라 조산만(造山灣) 안에 위치해서 지역 내 각지로 가는 길이 멀지 않다. 하물며 부와의 사이가 80리이고, 길 또한 험하지 않음에랴. 웅기에 있는 해운에 관해서는 따로 상세하게 설명할 것이다. 러시아령과의 교통은 이 또한 앞서 한 번 언급하였듯이 서수라(西水羅)는 교통선이 바람을 기다리는 곳으로 배편이 자주 있다.

두만강의 도선장(渡船場)

이 외에도 역시 두만강에 연하는 경흥의 바깥 하류(下流)에 고읍(古邑)·옹촌(甕村)·용현(龍峴)·토리(土里) 등에 도선장(渡船場)이 있다. 부치 경흥에서 러시아령 얀치헤(ヤンチヘ)[9]까지 강을 건너서 70리라고 한다. 각 도선장 중 왕래가 가장 빈번한 곳은 용현이라고 한다.

통신기관

통신기관(通信機關)은 경흥 및 웅기의 2개 지역에 설치되었고, 모두 전보도 취급한다. 우편물은 웅기에 입진(入津)하는 정기편선(定期便船)마다 집배되는 것 외에 육송으로 하는 것이 있다. 때문에 이 두 곳에서는 북관에 소속됨에도 불구하고 우편 통신상 심한 불편함을 느끼지 않는다.

농산

농산(農産)은 주된 것으로 조[粟]・피[稗]・기장[黍]・귀리[燕麥]・콩[大豆]・모시풀[苧麻][10] 등이라고 하는데, 그 양이 많지는 않다. 쌀은 경작되지 않으며, 전적으로 수입에 의존한다.

수산물

해산물에 있어서 근해에 어패류가 서식하고 회유하는 것이 많다. 그 주요 어채물(漁採物)은 연어[鮭]・송어[鱒]・청어[鰊]・작은 청어[小鰊, 솔치]・대구[鱈]・명태[明太魚]・가자미[鰈]・홍어[がんぎゑい]・고도리[小鯖]・빨간대구[氷魚],[11] 전갱이[鰺]・황어[いだ]・볼락[目張]・문어・낙지[蛸]・해삼[海鼠]・굴[牡蠣]・가리비[海扇]・홍합[瀬戸貝][12]・함박조개[ほつきがい]・백합[蛤]・가시왕게[いばらが

9) 연해주 내에 있는 연추마을. 연추마을은 현재 얀치헤라 부른다. 연추하(延秋河)에서 비롯된 말이다.

10) 마의 종류는 대마와 저마가 있으며, 대마로 짠 것은 마포, 저마로 짠 것은 저포라 한다. 함경도 지역 에서 생산되는 마포는 北布, 강원도의 마포는 江布, 경상도지역의 마포는 嶺布라 부르고, 특히 안동에서 생산되는 마포는 따로 安東布라고 부른다. 마포는 일반적으로 베, 삼베라 부르는데, 습기의 흡수와 발산이 빠르며 빛깔이 희어 여름철 옷감으로 애용된다. 대마는 기후에 잘 적응하여 세계적으로 많이 재배되며 우리나라에서도 전국적으로 재배되어 왔으며, 모시는 순백색이고 비단 같은 광택이 나며 내수력(耐水力)과 내구력(耐久力)이 강하다. 여름철 옷감으로 많이 사용하며, 그 밖에 레이스, 커튼, 손수건, 탁상보 등에 사용되고 보통품질은 모기장, 낚시줄, 천막 등을 만든다.

11) 대구과의 물고기로 학명은 *Eleginus gracilis*이다. 은어의 치어를 뜻하는 경우도 있다.

12) 일본어로 いがい라고 하며 지역마다 다양한 호칭으로 불리고 있다. アカガイ、イースラ、イギャ

に]・다시마[昆布]・모자반[神馬草][13]・미역[和布] 등이고, 또한 연안 곳곳에서 식염(食鹽)을 제조한다.

연어는 두만강구의 근방인 서수라(西水羅) 부근에서 강을 거슬러 올라 상토리(上土里)에 이르는 사이에 어획이 많다. ▲청어는 웅기(雄基)와 나진(羅津)의 2만(灣). ▲대구·명태·가자미·홍어는 연안 일대의 지선(地先)에서 10~ 40리의 사이에 어획이 많다. ▲또한 굴[牡蠣]은 조산만(造山灣) 내의 황어포(黃淤浦)에서 많이 생산된다. ▲다시마는 서수라(西水羅) 근안에서 착생하고, 생산이 많지는 않지만 폭이 넓고 길이가 길고 품질이 양호한 것으로 유명하다. ▲미역은 비파항(琵琶項) 부근보다 이남에서 착생하지만, 좀 더 많은 곳은 나진(羅津)의 돌각(突角) 부근이다. ▲도미[鯛]는 지역 어민이 어획하는 경우는 적지만 현재 융희(隆熙) 3년 청진(淸津)에 사는 일본어부가 나진만(羅津灣)에 연승(延繩, 주낙)을 시험해 보았는데, 성적이 자못 양호하다. ▲방어[鰤]·삼치[鰆]는 여름부터 가을에 걸쳐 많은 무리를 지어서 앞바다[沖合]에 내유하지만, 아직 일정한 어업을 경영하는 데는 이르지 못했다. 다만 방어는 웅기(雄基)와 나진(羅津)의 두 만구(灣口)와 그 밖에 갑각(岬角) 부근을 택하여 자망(刺網)을 가지고 어획하는 자도 있지만, 규모가 작아서 그 수량이 많지는 않다. 근래에 어업법의 실시와 함께 그 어획을 목적으로 해서 대부망[大敷]를 출원하는 자도 나진만(羅津灣)에 한 사람이 있다. 만약 이와 같은 방식으로 좋은 성과를 얻는다면, 본 어업을 북관(北關)

ア、イゲー、イノカイ、イノケ、エエガイ、エガイ、エテガイ、エンガイ、オハグロガイ、オマンコガイ、オメコガイ、カラスガイ、カラスグチ、カラスゲエ、カラスノクチ、カラスダ、クロカイ、クロガイ、クロクチ、クロッカイ、ケガイ、ケカチガイ、コスクリガイ、サカバリ、サンバシガイ、シイリ、シイレ、イウリ、シュウリ、シュリケ、ジジガイ、シュリ、シルカイ、セトガイ（瀬戸貝）、センガワー、ゼンタイ、ソックリガイ、タチガイ、タチガイノコ、ツバクラガイ、ツボ、トウカイフジン（東海婦人）、トンビノクチ、トンビノクチバシ、ニタガイ、ニタリ、ニタリガイ、ニタリゲェー、ニナガイ、ネコノミミガイ、ハイガイ、ハガイ、ハサリガイ、ハシバシラ、ハシバシラガイ、ヒナノカイ、ヒメガイ、ヒヨリガイ、ヒルガイ、ホウジョウ、ボボガイ、マタガイ、ミミチョン、ミョウジョウ、ヤリガイ、ヨシワラガイ 등 실로 다양한 이칭이 존재한다.

13) 일본어로는 アカモク·赤藻屑·銀葉草(ぎんばそう)·神馬草(じんばそう) 등으로 불린다. 학명은 *Sargassum horneri*이다.

의 주요 어업의 하나로서 꼽게 될 것은 의심할 바가 없다.

그밖에 각종 상어[鱶] · 청새치[かじきまぐろ] 등이 연해에 내유하는 경우가 자주 있다. 지난 융희(隆熙) 2년 청진(淸津)에 사는 일본어부가 여러 척의 어선으로 상어잡이[鱶漁]를 시험한 결과가 좋지 않은 것으로 전해졌지만, 원래 어업조직과 의사소통을 하지 않은 점에 기인한 실패로서 어획이 적은 것은 아니다. 이후 다른 일본어부가 이에 종사해서 상당한 이익을 얻은 경우도 있다.

연해에서 어업의 일년 중 어획상황을 표시하면 아래와 같다.

小寒에서 大寒까지	함박조개 [ほつきがい]									
3월	청어[鰊]		명태 (明太魚)	가시왕게 [いばらがに]	대구 [鱈]	굴 [牡蠣]	빙어 [公魚]			
4월	청어		명태	가시왕게	대구	굴	빙어			전갱이 [鰺]
5월		솔치 [小鰊]			대구	굴	빙어		해삼 [海鼠]	
6월		솔치	가오리 [鱝]			굴	빙어	방어 [鰤]	해삼	미역 [和布]
7월		솔치			송어 [鱒]			방어		다시마 [昆布]
8월	도미[鯛]			연어[鮭]						
9월		솔치		연어		굴				
10월		솔치		연어	대구 [鱈]	굴		가리비 [海扇]	해삼	
11월	가자미[鰈]		도루묵 [鰰]	가시왕게	대구	굴		가리비	해삼	
12월	가자미				대구	굴				

염업

염업은 조산만(造山灣)에서는 서포항(西浦項)(서면) · 굴포(屈浦) · 노구산(蘆邱山)(이상 노면) · 이동(梨洞) · 가리대(加里坮) · 비파항(琵琶項)(이상 해면), 나진만(羅津灣)에서는 명진(明津) · 유동(楡洞)(이상 안화면)에서 경영한다. 그렇지만 대개 해수직자법(海水直煮法)이고 매우 유치하다. 다만 굴포의 염업은 다소 볼 만하여 본도 제일의 염업지로 내세우기에 충분하다. 염업 계절은 모두 전기(前期) 3~5월까지, 후기(後期) 10~12월까지이고 제염량은 전기에 많고 후기는 적다. 아래는 각지의 제염업자 · 종업자 · 가마수(釜數) 및 제염량[製鹽高] 등을 표시한 것이다.

지명	제염인원	종업자수	제조장	가마수(釜數)	1개소 제조량
서포항	8	44	8	8	12,896
굴포	14	84	14	14	22,050
노구산	6	27	6	6	7,675
비파항	3	6	3	3	10,400
가리대	1	2	1	1	1,100
이동	4	8	4	4	4,600
유동	1	2	1	1	3,150
명진	2	4	2	2	7,770
합계	39	182[14)]	39	39	12,896[15)]

이와 같이 제산(製產)이 매우 적고 품질도 또한 양호하지 않다. 대부분은 내륙에 보내서 농산물과 교환한다. 두만강에서 연어 어업자가 사용하는 식염(食鹽)은 본방인은 굴포 지방의 제염을 사용하지만 일본인은 모두 각자가 휴대해 온다. 사용하는 소금은 일본염 · 중국재제염[支那再製鹽] · 대만염 · 주안관염(朱安官鹽)이 있다. 이 중 많이 사용되는 것은 일본염이고 그다음은 중국재제염 · 대만염이며 주안염은 가장 적다.

서면(西面)

본면 위치는 이미 간단히 말했던 것과 같이 부의 동남단을 차지한다. 동쪽 일대는 두만강에 임하고 남쪽은 외해에 면한다. 서쪽의 돌각(突角) 즉 서수라각은 조산만의

14) 177이 옳다.
15) 69,641이 옳다.

동각(東角)을 형성하고 그 안쪽으로 포항(浦項) 정박지를 끼고 있다. 또한 함호(鹹湖) 동번과 서번의 두 포를 포함하여 좁고 긴 반도를 형성한다.

본 면의 땅은 이처럼 반도를 이루는 데도 불구하고 평지가 임해면 중에서 제일 많다. 그러나 대체로 땅이 낮고 습기가 많아 경작이 용이하지 않다. 또한 마을은 조산리(造山里) · 토리(土里) · 황어포(黃魚浦) · 서포항(西浦項) · 서수라(西水羅) 등에 그친다. 인구가 희소하여 개척에 이르지 않았으며 광활한 일대의 평지가 빈 황무지로 버려진 것을 볼 수 있다.

두만강

강의 형세는 이미 제1집 1편 6장에서 개설했던 것과 같이 강 내 상당한 수심을 가지고 있지만 강 하구에 토사가 퇴적되어 기선이 통과하기 어려우므로 항운하(航運河)로서 가치는 가지고 있지 않다. 그렇지만 강은 연어 · 송어 · 황어 · 붕어 · 숭어 등이 생산된다. 특히 연어의 어장으로서 저명하다.

연어는 강 하구에서 상류 경흥 부근에 이르는 사이에 어획되지만 다획되는 곳은 강 하구에서 상토리(上土里)까지의 사이라고 한다. ▲어기는 8월 하순에서 11월까지로 9~10월경이 성어기이다. ▲어구는 건망 · 각망 또는 지예망을 사용하는데 각망은 강 밖에 설치하고, 강 안에는 예망과 건망 두 종류로 한다. 건망은 대개 길이 10길, 폭 3길 정도, 그물코 3촌 5푼 정도로 이를 설치하는 데는 강안에 말뚝[杭木] 몇 기를 세우고 여기에 망을 친다. 규모는 작지만 그 수는 많다. 종전에는 오로지 이 그물을 사용하였고, 예망을 사용하기에 이른 것은 불과 3~4년 전이다. 원래 일본 어부에게 보고 배운 것이라고 한다. 지예망은 길이 200~250길, 폭은 1장 2척, 그물코 1촌 5푼에서 3촌 정도로 한다. 예망은 한쪽은 길게 150길 정도로 하고 다른 쪽은 짧게 50길 정도로 한다. 일본어부가 사용하는 것은 전부 면사로 짠[編製] 것이지만, 본방 어부가 사용하는 것은 마제(麻製)이다. 강에서 매년 사용되는 그물 수는 아직 정밀하게 조사한 것은 없지만 이번 융희 3년 어기에 설치된[稼行] 지예망은 강 하구 부근에서 조선인 8통, 일본인 5통, 러시아령 측에서 14통(강 하구 부근) 합계 27통이고, 중주(中洲)부터 상류 쪽으로 상토리 부근까지는 12~13통, 상토리에서 상류 경흥부근에 이르는 사이는 분명하지 않지만 어획이 많지 않으므로 5~6통 정도라고 한다. 때문에 그 망 수는 44~45통으로 보아도 큰 차이는 없을 것이다.

두만강의 연어 어획량

두만강의 연어의 어획량은 제1집에서 50만 마리라고 개산한 바 있다. 풍어기에는 1통 1어기 사이의 어획이 4만 마리를 헤아리고, 소규모로 불완전한 조선인의 그물이라고 하더라도 또한 2천 마리를 잡는다고 하기 때문에 추산하면 해에 따라서는 50만 마리 이상 70~80만 마리에 달하는 경우도 있을 것이다. 그렇지만 올해는 성적이 좋지 않아 지예 1통의 어획 2,500마리를 최대로 한다. 최소는 1,500마리이고 평균 2,000마리에 불과하므로, 강 하구에서의 각망 또는 강의 각 곳에 설치된 건망과 러시아측에서의 어획을 합산하더라도 또한 30만 마리를 넘지는 않을 것이다. 두만강의 연안은 하안단구[段落]를 형성해서 지예에 적합한 장소가 없다. 때문에 지예망대(地曳網代)는 모두 사주(沙洲)를 선택한다.

연어의 처리

처리는 조선인이 어획한 것은 대부분 날생선 그대로 판매된다. 일본 어부가 어획하는 경우는 대부분 염장하게 한다. 어기에 들어서면 부근 각지에서 출매(出買) 상인이 모여든다.

그 외 송어[鱒]는 5~6월 사이에 어획된다. ◀황어[いだ]는 5~6월 및 10월경이다. 다만, 5~6월 사이를 산란기로 한다. ◀붕어[鮒]는 1년 내내. ◀숭어[鯔]는 10월이다.

덧붙여서 말하자면, 두만강에서는 어업법(漁業法)에 따라서 어권(漁權)을 설정하는 것을 허락하지 않는다. 그렇지만, 면허어업에 속하는 어업은 절대적으로 금지하는 것은 아니다. 그러므로 어업의 종류에 따라서는 어떤 제한 하에 허가할 수 있다는 것을 알 수 있다.

서수라(西水羅)

본 면 서남쪽 돌각(突角)에서 동쪽 두만강 부근에 이르는 총칭이다. 일대는 저습한 평지인데, 서남쪽 돌각(突角)은 작은 언덕을 이룬다. 그러므로 멀리서 바라보면 마치 독립된 섬처럼 보인다. 마을은 이 작은 언덕의 동쪽 기슭에 위치하며, 그 호수는 45호, 인구는 273인이다. 동쪽 멀리 러시아령을 바라본다. 부근 일대에 평지가 많지만, 개척하지 않았다. 경지는 겨우 120경(하루갈이의 가격은 10원 내지 12원이라고 한다.)으로, 주로 보리 · 피 · 콩 등을 경작한다.

이 지역은 본 군의 종점에 위치하며, 정박지는 다소 양호하여 북풍 및 북서풍을 피하기에 충분하다. 그러므로 러시아령과 교통하는 범선이 바람을 기다리기 위해서 기항하는 경우가 많아, 그 이름이 알려져 있다. 이 지역은 반도의 한 모퉁이에 위치하지만, 식수가 풍부하여 기항하는 배의 급수에 지장이 없다. 육로로 부치(府治)인 경흥(慶興)에 이르는 것은 110리인데, 길이 두만강을 따라가는데 험하지 않다. 해로로 웅기에 이르는 것은 10해리 남짓이다. 기항하는 배가 많기 때문에 배편을 얻는 것이 어렵지 않다.

최근에 두만강을 운수(運輸)에 이용할 목적으로, 이 지역과 강안(江岸)인 토리(土里) 사이에 경철(輕鐵) 부설[布設]을 계획하는 자가 있다는 것은 이미 본 도(道)의 머리 부분에서 간단히 말한 바이다. 계획이 가능하지 않은 것은 아니지만, 과연 성공할 수 있을지.

해산

해산은 풍부해서 현재 어채물(漁採物) 중 주된 것에 연어 · 송어 · 대구 · 명태 · 청어 · 전갱이 · 홍어 · 가오리 · 가자미 · 다시마 등이 있다. 그리고 그 몇 종류 중에 가장 중요한 것은 연어 및 다시마이다.

거망 설치지역

거망(擧網) 설치지역이 4곳이 있다. 2곳은 서수라 동쪽 오갈각(烏碣角)의 남북쪽

양안(兩岸)이며, 연어를 목적으로 한다. 그 외 2곳은 마을의 배후인 배구미(ペクミ)와 혼구찌(ホングチ)이며, 모두 대구 · 명태 · 송어 · 청어 · 전갱이 등을 목적으로 한다. 4곳 모두 마을의 공유로, 마을 사람이 몇 명씩 모여서 해마다 순번 교대로 어업을 영위하는 것을 관행으로 한다.

어선 8척을 가지고 연승(延繩) 어업을 영위한다. 연승은 대구 · 명태 · 홍어 · 가자미 등을 목적으로 하는데, 모두 마을과 거리는 남쪽 약 20리, 수심 10~20길인 곳을 선택한다.

상어항(霜魚項)

연어는 이 지역의 중요 어업이고, 마을에서 동쪽 두만강에 이르는 일대는 정치어망 시설에 적합한 곳이 많다. 동쪽 1해리 정도에 상어항(霜魚項)의 경우는 종래 유명한 어장이고, 또한 어선을 묶어 둘 수 있다. 이번 어업법 실시에 따라 이 근처에서 두만강구에 이르는 사이에 연어를 목적으로 각망(角網) 설치를 출원하는 자가 많다.

서수라 다시마 착생지

다시마는 폭 4~5치(寸), 길이 5~6척에 달한다. 품질이 양호하고 풍미(風味)가 좋아 나라에서 제일이고, 예로부터 이 지역의 특산물로 알려져 있다. 다만 그 자생하는 장소가 넓지 않고, 생산액이 많지 않은 것이 애석하다. 장소는 오갈각(烏喝角)의 주위로서 수심 4길[尋] 내외에 이른다.

어채물(漁採物)은 다음과 같이 처리한다. 연어는 날생선 그대로, 대구는 날생선 그대로 하거나 그늘에 말리고, 가오리는 모두 건조해서 판매한다. 어기에 들어서면 부근 마을이나 경흥 · 회령 지방에서 어상인(魚商人)이 사러 온다.

서포항(西浦項)

서포항(西浦項)은 조산만 내의 동쪽 모퉁이에 있는 함호(鹹湖)의 개구부 남쪽에 위치한다. 동남으로는 산을 등지고, 북쪽으로는 함호의 좁은 수로를 끼고 굴포(屈浦)와 마주한다. 앞바다는 상당히 수심이 있고, 대부분의 배가 해안에 정박할 수 있으며, 바람이 불 때 정박해도 안전하다. 마을은 호수 36호, 인구 236명이 있다. 주민은 농업으로 생활을 영위하고, 또는 염업에 종사하기도 한다. 어업은 성하지 않고, 단지 자망(刺網)으로 청어를 잡는 데 불과하다. 그렇지만 어선 5척이 있는데, 거룻배를 겸한다. 식수는 풍부하여, 어선의 급수에 지장이 없다. 함호의 개구를 건너서 굴포에 이르는 18정, 북서쪽 웅기에 이르는 40리 도로는 험하지 않다.

해도(海圖)에 포항묘지(浦項錨地)라고 기록된 곳은 곧 본 포(浦)의 남쪽인 작은 만으로서, 이곳을 동만(東灣)이라고 칭한다. 북만(北灣)은 수심 10길 내지 14~15길에 이르고, 바닥은 모래와 진흙땅으로 되어 있다. 북풍이나 남동풍을 피하기에 충분하나, 남풍 또는 서풍이 일면, 거대한 파도와 물보라를 만나게 될 것이다. 게다가 작은 선박은 정박하기에 적합하지 않고, 만의 안은 사빈이고, 뒤쪽은 곧 서수라(西水羅)의 낮은 저지대를 이룬다.

황어포(黃魚浦)

황어포(黃魚浦)는 함호인 동번포의 동남쪽에 위치한다. 호수는 겨우 7호, 인구 21명에 불과한 작은 마을이다. 마을사람들은 굴 채취를 업으로 하여 생활을 영위한다. 또 부근 해안에 작은 거처를 마련하여 오로지 그 채취에 종사하는 6호, 21명이 있다. 본래 타지 사람인데 각자 처자와 함께 살고, 지금은 거의 거주민과 구별할 수 없다. 어선은 모두 10척인데, 모두 굴 채취를 위해 사용된다.

동번포(東番浦)

동번포(東番浦)는 혹은 황어포(黃魚浦)라고 한다. 그 둘레, 면적, 기타 개세는 이미 언급한 적이 있다. 포는 동북안(東北岸)에서 서북안까지 수심이 3길이고, 동남안 및 중앙의 얕은 곳은 수심 1길 내외에 불과하다. 사방은 구릉이고 모래사장은 보이지 않는다. 저질(底質)은 일대가 진흙인데, 얕은 곳은 조개껍질이 섞인 곳도 매우 많다. 수색(水色)은 대체로 담황색(淡黃色)을 보이지만 간간이 맑고 깨끗해서 바닥을 환히 볼 수 있는 날도 있다. 포는 한겨울이 되면 얼음이 언다. 결빙은 통상 11월 중순에서 다음해 3월 초순까지 약 3개월 남짓 사이라고 한다.

동번포의 굴

동번포에서 생산하는 굴은 긴굴[ナガガキ]과 참굴[マガキ]이 있다. 긴굴은 진흙바닥에서, 참굴은 조개껍질이 섞인 곳에서 생산한다. 채취 시기는 3~6월, 9~10월의 6개월이고, 7~8월 2개월은 산란기에 해당하여 건제(乾製)해도 얻을 수 있는 양이 많지 않기 때문에 채취하지 않는다. 11월부터 다음 해 2월 중에는 결빙 때문에 휴업하지만, 11~12월 2개월은 아직 얼음이 얇기 때문에 얼음 위에 구멍을 뚫어서 다소 굴 채취에 종사하기도 한다. 채취 도구는 굴갈퀴[熊手]와 집게[挾][16]인데, 『한국수산지』 제1집에 실은 그림 제36이 이것이다. 어선 한 척에 3~4인이 승선해서 채취한다.

동번포는 예로부터 굴 산지로 알려졌는데, 왕성하게 채취하기에 이른 것은 최근인 광무 8년(명치 37년, 1904)경이 시작이며, 가장 성황을 보인 것은 재작년 융희 원년(명치 40년, 1907)으로, 당시 채취 인부가 810여 명을 헤아릴 정도였다고 한다. 하지만 남획한 결과 이듬해에는 생산액이 갑자기 감소했기 때문에 폐업한 자가 많고, 지금은 앞에서 기록한 몇 명의 채취 인부가 잔류해서 겨우 채취를 계속하는 데 불과하다.

그 지역 사람은 대개 일본인에게 계약선수금[仕込]을 받아 채취해서 제품을 만들어 일정한 대가를 받고 넘겨주거나, 혹은 시가(時價)로 판매한다. 건제법[干製法]은 넓은 솥[平釜]에 맑은 물 2말 정도를 넣고, 여기에 소금 5되를 넣어 끓이는데, 굴살을 대체로 약 4관문(貫匁)[17]정도를 넣고 40분간 끓여 익힌 다음 말린다. 맑은 날이면 4~5일에 건조가 다 되지만, 비가 오면 1주일 이상이 걸린다. 제품을 얻을 수 있는 비율은 1할 5푼에 미치지 못한다. 즉 생굴 22항아리, 110관[貫目]으로 말린 굴 100근을 얻는 비율이라고 한다.

---

16) 현재 우리 나라에서는 굴을 채취할 때 '조새'(쪼시게)라는 갈고리를 사용하는데, 수산지에 나와 있는 굴 채취 도구와는 조금 다른 모양이다.

17) 무게의 단위로서 1貫匁은 3.75kg. 1貫匁=1000匁이다.

노면(蘆面)

서면(西面)의 북서쪽에 위치하고 북쪽으로 고면(古面)과 신면(新面)에 접한다. 동남쪽으로는 서번포(西番捕)에, 남쪽으로는 조산만에 연하며, 서쪽은 해면(海面)으로 이어진다. 면(面) 내에 주요 포구[津浦]로는 굴포(屈浦) · 노구산(蘆邱山) · 만항(晩項) · 웅상(雄尙) · 가은단(駕隱端)〈갈인단葛仁端이라고도 쓴다〉이 있다. 아래에 그 개요를 기록한다.

굴포(屈浦)

굴포(屈浦) 서포항(西浦項)에서 거리 약 18정(町), 함호(鹹糊) 개구부의 북쪽에 위치한다. 이 지역은 고려가 북벌[北征]할 때 조운해서 물자를 보관하거나 다른 지역으로 운송[漕轉委輸]하던 곳이라고 전해진다. 부근 일대가 낮아서[低卑] 갈대밭[蘆田]이 많고, 경지 또한 다소 넓지만 경작[耕耘]할 수 없다. 그렇지만 함호만의 서번포(西番浦)에 인접해서 염전이 개간되어 본도 제1의 제염지(製鹽地)이다. 염전은 입빈식유제염전(入濱式有堤鹽田)으로 토질(土質)은 사질점토이다. 대개 장방형으로 모든 염전의 면적은 대소(大小)가 같지 않지만 대개 1단보[反步]에서 4단보 사이이다. 제방은 낮아서 논두렁[畦畔]처럼 보이는 데 불과하다. 그래서 대조(大潮) 때에는 조수(潮水)가 침입하여 염전이 모두 잠기게 되고 작업할 수 없게 된다. 제염하는 기간은 봄 4~5월, 가을 10~11월이고, 여름과 겨울에는 작업하지 않는다. 현재의 염업자와 가마[釜] 수 등은 앞과 같고 1가마의 제염량은 약 20두(斗), 1일에 2가마를 구워낸다[焚出]. 이에 필요한 인부는 1인으로 1가마당 1년의 제염은 60석(石)에 불과하다고 한다. 판로는 회령(會寧) 지방으로 소달구지[牛車] 또는 말에 실어서[馬背] 수송한다. 가마니에 담는데 하나의 가마니의 용량은 10두(斗) 내지 13두이다. 이 지역의 대략적인 상황은 이와 같아서 어업으로서 생계를 영위하는 자는 없다.

노구산(蘆邱山)

노구산(蘆邱山)은 만포(晩浦) 개구부 부근에 위치하고 서쪽으로 바다를 마주한다.

만입(灣入)은 얕아도 수심은 3길 정도이며, 앞쪽으로는 적도(赤島)가 떠있고 어선을 매어둘 수 있다.

마을은 하나의 작은 언덕의 서록(西麓)에 있으며 호수는 38호 인구는 268명이다. 주로 농업과 염업을 경영하고 어업을 전업으로 하는 사람은 없다. 단 연해 수심이 1길 내외인 모래 바닥에는 함박조개가 생산된다. 마을 사람들은 그것을 캐서 부근의 농가와 경흥 지방에 판매하는 경우도 있다. 어기는 앞과 같이 소한(小寒)에서 대한(大寒)에 이르는 사이로 이에 종사하는 배는 2척이지만 1척당 하루에 채취하는 것은 많아도 200개에 불과하고, 그 기간에 채취하는 양도 또한 매우 적어서 계산할 정도가 못 된다. 게다가 가격은 60개에 20전 정도이기 때문에 겨우 일당을 얻는 데 그친다.

적도(赤島)는 마을의 연안에서 거리 15~16정 떨어져 있는데, 초맥(礁脈)으로 서로 이어져있다. 섬기슭에 짙은 적색의 험한 낭떠러지가 노출되어 있었기 때문에 이것으로 이름을 붙인 것이다. 이 섬은 경흥부 고적의 하나로서 유명하다.

이 지역에서 북쪽의 만포(晩浦)까지는 18정(町), 웅기(雄基)까지는 30리이다.

만항(晩項)

노구산(蘆邱山)의 북쪽 18정(町) 거리에 있고 북서쪽의 웅상(雄尙)에 이르는 20리는 사빈으로 이어져 있다. 일대는 구릉지이고 평지가 적다. 연안은 또한 급경사를 이루고 있고 암초가 많아 배를 정박하기에 불편하다. 호수는 34호, 인구는 221명이 있다. 대구[鱈] 연승, 방어[鰤] 자망을 경영하는 자가 있다. ▲방어 자망은 지금으로부터 9년 전 처음 사용하기 시작하였고 어장은 지선(地先)의 갑단(岬端)이다. 어기는 앞에 표시한 것과 같이 6~7월경이다. 현재 마을 사람 4명이 공동으로 경영하고 있는데 어획은 적어서 1어기에 겨우 100마리 이내 어획하는 데 그친다. 가격은 싸지 않아서 1마리에 2원 60전이라고 한다. ▲대구 연승을 경영하는 것은 1척에 불과하고 어획도 또한 매우 적어서 계산할 정도가 못 된다. 이 밖에 북서쪽 웅상 사이의 연안 수심 1~2길인 곳에서 함박조개가 생산되는데, 다소 채취하는 자가 있다.

웅상(雄尙)

웅기만을 에워싸는 가은단(駕隱端)의 동쪽에서 약 6정(町) 거리에 위치하고 대체로 오목하게 들어가 있는데 배후에 한 언덕을 등지고 입구는 동남에 면한다. 만 내 수심은 5~6길이고 대형어선을 수용하는 데 지장이 없고 바람이 불 때 제법 대피할 만하다. 만 안은 사빈이고 이를 따라서 마을이 있다. 호수는 17호, 인구는 117명이다. 어선은 4척이 있고 어업을 하는 자가 비교적 많다. 어채물(魚採物)은 대구[鱈]·가자미[鰈]·청어[鰊]·고도리[小鯖]·빙어[公魚]·가시왕게[いばらがに]·함박조개[ほつきがい] 등이고, 어기는 앞에 표시한 것과 같다. 이를 어획하는데 ▲대구는 연승 ▲청어는 거망 ▲빨간대구[氷魚] 및 고도리는 지예망 ▲가시왕게는 저자망(底刺網)을 사용한다. 이 지역에서 웅기에 이르는 10리는 험준한 길이 없어서 왕래하기에 편하다.

가은단(駕隱端)

웅기만 입구에 위치하며 작은 언덕을 사이에 두고 웅상진과 안과 밖을 이루면서 남쪽을 향한 하나의 작은 만을 형성하였다. 만의 주위는 구릉으로 둘러싸여 있고 연안은 경사가 급한데 그 정면의 일부는 대체로 사빈으로 이루어져 있다. 수심은 또한 3~4길에 달해서 십수 척의 어선을 정박하는 데 지장이 없다. 마을은 만 안에 있고 호수는 71호, 인구는 435명이 있어서 조산만의 큰 마을 중 하나로 헤아릴 만하다. 만 바깥은 즉 웅기만 입구에 면한 갑단(岬端)으로 방어 자망 어장이 있다. 5~6년 전에 창업해서 마을 사람 4명이 공동으로 경영한다. 지난 융희 2년 어기 중(명치 41년) 어획은 200마리이고 가격은 대소 평균 1마리에 2원 50전에 해당한다고 한다. 다만 그 판매지는 웅기이다.

해면(海面)

조산만 내의 정면에 위치하고 북쪽으로 상면에, 동쪽으로 신면(新面)과 노면(蘆面)에 접한다. 남쪽의 일부는 신해면(新海面)으로 이어지고, 서쪽은 안화면(安和面)과 접한다. 임해 마을로는 웅기 · 노물동 · 용수동 · 비파항 등이 있지만 그중에 주요한 곳은 웅기 · 용수동 · 비파항이다. 아래에 개요를 기록하고자 한다.

웅기(雄基)

웅기는 총칭으로, 마을은 이를 하송현동(下松峴洞)[18]이라고 부른다. 웅기만 내의 평지에 위치하고 부치(府治)인 경흥까지 대략 80리인데 왕래가 편리할 뿐만 아니라 웅기만은 북관 극지(極地)의 저명한 양항(良港)이다. 입구는 2해리, 만입은 3해리로 안쪽이 넓고, 수심은 9길 내지 12길에 달해 수 척의 함선과 큰 배[巨船]가 정박해도 지장이 없다. 그렇기 때문에 러시아인은 이 지역을 '코스치움스키'라고 이름을 붙였다. 작년에 이 지역을 그 영토 즉 경흥 대안(對岸)에 있는 일부의 땅과 교환하려고 한 일이 있었다. 이 하나의 일로도 이 지역의 가치를 상상하기에 충분할 것이다. 이 지역은 비단 부의 북관이 되는 것에 그치지 않고 실로 북관 극지 일대의 집산지고, 그 상업은 경흥 · 경원을 중계지로 삼아 두만강 유역의 일부와 청나라 훈춘지방에 미치는 상업항[商港]으로 또한 가치를 지닌다. 호구는 호수 46호, 인구 391명에 불과하지만 부근 평지에 2~3개의 마을이 가까이 접해있고, 또한 외국인이 거주하고 있다. 이를 융희 2년 6월 현재의 조사로 보면 일본인 21호, 72인, 청국인 4호, 15인이 있어 점점 번성하고 있다. 단 일본인은 만 내 동쪽의 해안에 한 구역을 선택해서 모여 완연히 작은 거류지를 형성하고 있다. 그리고 그 영업은 무역 · 해운운송[回漕] · 잡화 · 여관[旅店] · 음식점 및 기타이며 대부분의 기관(機關)이 구비되지 않은 것이 없다. 청국인은 잡화를 영위하고 또한 자국 훈춘 지방과 러시아령 사이에 출입하는 물화를 취급한다. 이 지역은 세관감시서가 있고 또한 우편전신취급소 · 순사주재소 · 헌병분견소가 있다. 교통은 북관 연안을 회항하는 기선의 종점으로 월 8~10회 발착편(發着便)이 있는 것은 이미 잠깐 언급했던 것과 같다. 정기적인 것은 부산 사이에 월 1회 왕복, 원산 사이에 월 3회 왕복하고 있는데 이는 (정부) 명령에 의해 운항하는 것이라고 한다. 기타 자유운항으로 월마다 대개 2회 왕복하고, 또한 이 지역에 일본 시모노세키를 기점으로 하는 것으로 월

18) 한자로는 하송현동이라고 읽히지만 한글로 하송견동이라고 적혀 있다.

1회 왕복하는 것이 있다. 그렇지만 전기(前記)한 연안회항기선은 기항지가 많기 때문에 원산에 이르는 데 5일, 부산에 이르는 데 8일이 걸리는 불편을 면할 수 없다. 그렇지만 또한 이와 동시에 연안 각 중요 진(津)에 이르는 데는 편리함이 없지 않다.

이 지역의 착주지(著舟地)[19]는 앞에서 언급한 일본인 거류지 부근이지만, 조금이라도 바람이 불면 파도가 심해 배를 대기에 편하지 않다. 서쪽 용수동은 함호의 입구에 위치해서 작은 배를 정박하기에 안전하다. 때문에 작은 범선은 모두 여기에 정박한다. 함호는 입구가 좁고 또한 얕아서 흘수 2피트까지의 소선은 통과할 수 있지만 때로는 선저가 닿아서 곤란을 겪는 경우도 있다. 호 안에 들어가면 다소 깊어 바람을 피해 정박해도 아주 안전하다. 호는 남북 약 1해리, 동서 5케이블 정도에 달하지만 수산상 가치는 적다.

부근은 본 부(府) 중 주요한 평지에 속하며 경지가 넓지만, 모두 밭으로 논은 전혀 볼 수 없다. 그 매매 가격은 하루갈이가 100원 내지 150원이다. 부근에 개간하기에 적당한 미간지가 많다.

이출품(移出品) 중 주요한 것은 콩 · 삼베[麻布] · 말린 굴 · 연어 · 목탄 등이며, 이입품(移入品)은 옥양목[金巾] · 면포(綿布) · 목화[棉花] · 백미 · 석유 · 성냥[燐寸] · 도자기 · 종이류 · 철제품 · 청주(清酒) 등이다. 이출품(移出品)에 있어서는 삼베가 으뜸이고 콩이 이에 버금간다. 이입품(移入品)에 있어서는 옥양목 · 면포(綿布)가 많으며, 이 두 물품은 총 이입고(移入高)의 약 2/3에 해당한다. 공급지(혹은 그 생산지)는 원산이며, 이것들은 다시 부근 마을에서 경흥 · 경원 · 그 외 두만강 연안 일대로 보낸다. 본 지역은 세관감시서의 조사에 의하면, 지난 융희 2년 1월부터 7월에 이르는 이출입품(移出入品) 가액의 총계는 다음과 같다. 아래에 이를 표시한다.

단위: 円

구별	1월	2월	3월	4월	5월	6월	7월	계
移出	10,047	5,595	5,264	3,099	6,811	1,323	959	33,098
移入	4,838	3,267	8,617	7,776	4,804	3,469	14,068	46,839

19) 소선(小船)을 정박하는 곳을 말한다.

이 지역 어업은 방렴 · 거망을 설치하는 것 외에 또 연승 · 지예망을 운영한다. 방렴 · 거망은 모두 만 안의 서쪽 모퉁이 · 함호 입구 밖에 설치되는데, 그 수는 방렴 2곳, 거망 3곳이다. 다만, 거망 3곳 중에 2곳은 일본식 각망(角網)과 같다. 모두 마을 사람이 경영하는 것이며, 어채물(漁採物)은 청어 · 작은 청어 · 대구 · 명태 등이다. 웅기만은 좌우 양쪽이 모두 산악으로 둘러싸여 있어서, 마치 병풍을 둘러 세운 것 같다. 따라서 연안도 역시 험한 벼랑이 많아서, 지예를 운영할 수 있는 곳은 다만 만 안의 일부에 지나지 않는다.

용수동(龍水洞, 룡슈)

웅기만 안의 북서 모퉁이에 위치하며, 웅기(雄基) 및 비파항(琵琶項)에 이르는 각 18정(町)은 그 일대가 구릉지로 되어 있다. 인가는 그 동쪽 기슭에 흩어져 있으며, 호수는 35호, 인구는 216명이다. 만 내의 어업으로 생계를 영위하는 자가 4호가 있다. 연안에 배를 대기에 편하고, 소선을 정박하기에 좋다. 그러므로 웅기에 오는 작은 범선 및 어선 등은 모두 이 지역에 기박(寄泊)한다.

어선은 3척이 있다. 어채물은 청어 · 작은 청어 · 가자미 · 대구 · 명태 등이며, 청어는 거망, 솔치[小鰊]는 지예, 가자미는 자망, 대구 · 명태는 연승으로 어획한다. 청어 거망은 마을의 지선(地先) 2곳에 설치되어 마을 사람 4명이 공유하고 있는데, 작년 융희 2년에 처음 설치되었다. ◀솔치 지예는 본 동 연안에 적당한 장소가 없어서 그 망대(網代)는 웅기의 지선(地先)을 사용한다. ◀가자미 자망을 포설하는 데는 마을의 지선으로부터 만 안에 이르는 수심 1길 내외의 곳을 선택한다. 연승은 앞에 이미 각 지역에서 서술한 것과 마찬가지로 대개 조산만구에 출어한다.

비파항(琵琶項)

비파항(琵琶項)은 웅기만의 강(江) 서쪽에 위치하는데, 웅기에서 거리는 10리에 불과하다. 서쪽은 구릉이 둘러져있고, 남쪽은 비파항도가 떠있는데, 동서로 길게 걸쳐져서 이 지역 정박지의 남쪽을 막아준다. 동시에 또한 창진만(蒼津灣)의 북쪽을 에워싸고 있다. 본 포의 정박지는 해도(海圖)에서 마정만(瑪丁灣)이라고 기록하였다. 수심 4~5

길[尋]이고, 동풍과 동남풍을 제외한 그 외의 많은 바람은 모두 피할 수 있다. 연안은 완만한 경사를 이루고, 사빈이 많다. 호수는 45호, 인구 327명, 어선 5척이 있다. 주민은 러시아령에 출가(出嫁)해서 생활을 영위하는 자가 많고, 어업에 종사하는 자는 적다. 근해에는 미역이 착생하는데, 마을 사람들은 이것을 채취하여 다소 생산한다. 또 염업을 영위하는 자가 있다. 그 생산액 등은 앞에서 이미 표시했던 것과 같다.

이 지역은 종래 일본 잠수기선의 중요한 근거지였다. 장래 각종 어업의 발달과 함께 더욱 중요해져서 주목받기에 이를 것이다.

신해면(新海面)

북쪽으로는 해면에 접해 있고, 남서쪽으로 툭 튀어나와 서쪽에 깊은 만이 형성되어 있는데, 이곳을 나진만이라고 한다. 신해면의 임해(臨海) 마을은 동쪽으로는 조산만과 마주하고 있는데 창진(蒼津) · 가사대(駕似岱) · 취진(鷲津)이 있다. 서쪽으로는 나진만을 따라서 나진(羅津) · 간진(間津) · 간동(間洞) · 이동(梨洞) 등이 있다. 아래에 그 주요한 곳에 대해서 개황을 기록한다.

창진(蒼津)

창진(蒼津)은 창진만의 남쪽 모퉁이에 위치하고 비파항과 마주하는데, 두 지역의 사이는 18정(町)에 불과하다. 만구는 동으로 열려있고, 폭은 약 1해리이다. 만 내 수심은 9길 내지 12길에 이른다. 조산만 내의 대표적인 정박지[錨地]이다. 만은 3면이 구릉으로 둘러싸여 바람이 불 때 제법 대피할 만하지만, 편동풍이 불면 정박할 수 없다. 작은 배는 마을 앞의 해안에 정박할 수 있다. 또 만 안에 사빈이 많아서 강풍이 불면 예양하기 쉽다. 마을은 2개로 나누어져있고, 호수는 모두 30호 가량이다. 어업은 가정에서 먹기 위해 사수망으로 볼락을 잡거나 또는 미역을 채취하는 데 그친다.

이 지역은 이전에는 해삼을 포획할 목적으로 일본 잠수기선이 매년 봄가을 두 계절에 왔었다. 해안에 작은 막사를 짓고 근해를 다니며 어업하는 자가 적지 않았으나, 난획한

결과 그 생산이 감소하여 지금은 가끔 기항하는 배를 보는 정도에 불과한 상태가 되었다. 창진은 식수가 풍부하고 기항하는 배의 급수에 지장이 없다.

가사대(駕似岱)

가사대(駕似岱)는 창진만(蒼津灣)의 남쪽과 남동쪽에 형성되어 있는 하나의 만, 즉 가사대만의 북서쪽 귀퉁이에 위치한다. 남쪽은 취진(鷲津)까지 18정(町)에 불과하다. 마을의 앞쪽은 다시 요입(凹入)하고, 남쪽에 하나의 작은 섬이 떠 있어서 풍파(風波)를 차단한다. 어선이 머물러 정박하기에 적당하며, 호수는 38호, 인구는 263명이다. 어업을 영위하는 자가 있으며, 어채물은 가오리 · 도루묵 · 볼락[目張] · 해삼 · 미역 등이다. 가오리는 만 바깥으로 출어(出漁)해서 연승(延縄)을 사용한다. ▲도루묵 · 볼락은 만 바깥 갑각(岬角) 부근에서 사수망(四ツ手)을 사용한다. ▲미역은 만 바깥 연안에 착생하는데 생산이 많지는 않다.

취진(鷲津)

취진(鷲津)은 가사대만의 남쪽 각(角), 즉 취진단(鷲津端)이 남동쪽으로 연하여 점차 서쪽으로 굴곡을 이루고, 다시 하나의 작은 만을 이루는데, 바로 이곳에 위치한다. 만구(灣口)는 남동쪽으로 열려있어 (안전을) 보장하지 못하지만, 만 안의 서쪽 부근은 남쪽을 제외하고 각종 바람을 피할 수 있다. 마을은 바로 이곳에 위치하며, 호수 13호, 인구 68명이다. 어선 6척을 소유하고 있는데, 거의 대부분은 어업으로 생업을 삼는다. 어채물은 청어 · 대구 · 명태 · 가오리 · 도루묵 · 미역 등이다. ▲청어는 자망(刺網). ▲대구 · 명태는 연승(延縄). ▲도루묵은 사수망으로 어획한다. 그리고 청어는 염장(鹽藏), 다른 것들은 그늘에서 건조하여 내지 농가에 판매한다. 이곳에서 남서쪽 나진(羅津)까지는 15리, 북쪽 웅기(雄基)까지는 30리라고 한다.

나진(羅津)

나진(羅津)은 신해면에서 툭 튀어나온 곳의 남쪽 끝 가까이에 위치하여 나진만에 연한다. 나진만은 북관(北關)의 이름난 요항(要港)으로, 북동쪽으로 만입한 곳이 6해리이며, 만구에 대초도(大草島)가 가로놓여 있다. 그 안쪽에 소초도(小草島)가 떠 있어서 남동쪽을 안전하게 보호해 준다. 만 안은 수심이 깊고, 그 주변에 마을이 적지 않지만, 일대에 굴곡이 많지 않으므로 어선 정박지로는 양호하지 않다. 게다가 모두 하나의 작은 한촌(寒村)에 지나지 않아서 물화의 집산을 지배할 만한 곳이 못 된다. 나진 또한 하나의 어촌이고, 선박의 정박에 편하지 않다. 그렇지만 해안은 사빈(沙濱)으로 비교적 만의 형태를 갖추었고, 경사가 완만하므로 어선의 예양장으로 이로움이 있다. 호구는 호수 48호, 인구 194명이다. 갑(岬) 끝에 위치해서 토지가 협소하므로 경작지가 적다. 농업생산으로는 반년을 버티기에도 충분하지 못하기 때문에 주민은 어업에 의하여 생활을 영위하는 자가 많다. 어선은 19척이 있고, 어채물은 청어 · 대구 · 명태 · 빙어[公魚] · 도루묵 · 가오리 · 해삼 · 미역 등이다. ▲청어는 만 안 창평(倉坪) 지선(地先). ▲대구 · 명태 · 가오리는 만 바깥 30~40리 앞바다[沖合]. ▲빙어 · 도루묵은 마을의 지선 부근. ▲해삼은 만 안 일대를 어장으로 한다. ● 어구는 연승 8척(이 중 5척은 대구 · 가오리에 사용하고, 3척은 명태에 사용한다.) · 청어 자망 25망 · 사수망 5통(統) · 해삼망 3조(組)가 있다. 늦가을부터 겨울에 들어서면 명태를 목적으로 함남 이진(梨津) 지방으로 출어하는 자가 있다. 어부는 급료를 받고 고용되는데 한 어획기(음력 10월부터 다음 해 정월까지)에 10관문(貫文)이고, 출선할 때 일부분을 미리 준다. 이곳에서 북쪽 웅기까지 40리 남짓이라고 한다.

간진(間津)

간진(間津)은 나진의 북쪽 10리에 있고, 마찬가지로 나진만에 연해 있다. 동쪽에 구릉이 둘러싸고 있어서 인가가 그 기슭에 산재한다. 호수는 20호, 인구는 150명이라고 한다. 부근에 가늘고 작은 계류(溪流)가 약하게 흐르는데, 한겨울 결빙기를 제외하고는 1년 내내 마르지 않는다. 이곳 역시 경작지가 적고, 마을 사람이 어업을 주로 해서 생활을 영위한다. 어선은 12척을 사용하고, 해삼망 8조가 있다. 또 청어를 목적으로 방렴(防簾)을 2곳에 설치했다. 방렴은 지난 융희 2년(1908)에 처음 설치된 것이며 마을 사람 여러 명이 공유한다.

이동(梨洞)

이동(梨洞)은 간진의 서북쪽 17~18정(町)에 있고, 안화면(安和面)에 접한다. 연안이 사빈이고, 경사가 매우 완만하다. 게다가 앞바다 수심이 2~3길이어서 작은 배를 대는 데 지장이 없다. 마을은 호수 12호, 인구 81명이고, 어업을 생업으로 한다. 어선 2척, 거망(擧網) 1조, 해삼망 2조가 있다. 어채물은 청어, 해삼 등이고 거망은 작년에 처음 설치되었는데, 마을 사람 십여 명이 공동으로 그것을 운영한다.

안화면(安和面)

경흥부의 서남단으로 종성군(鍾城郡)과의 경계에 위치하며, 북쪽으로 상면(上面)에 접하고, 동쪽으로는 해면(海面)과 신해면(新海面)에 서로 맞닿아 있는데, 그 연안은 나진만(羅津灣)의 서측을 이룬다. 그래서 나진만구에 떠있는 대초도(大草島)와 소초도(小草島)는 안화면이 관할하는 데 속한다. 안화면의 임해(臨海) 마을을 열거하면 창평(倉坪) · 광현(廣峴) · 유동(踰洞) · 신호(新湖) · 명진(明津) · 수좌진(水坐津) · 송진(松津) · 신진(新津) · 신동(新洞) 등으로 모두 웅기를 지나 경흥에 이르는 큰 도로에 연한다. 아래에 주요한 것에 관한 개요를 서술한다.

창평(倉坪)

창평(倉坪)은 나진만 안의 거의 중앙에 위치하고, 신해면에 속하는 이동(梨洞)까지 18정(町), 웅기까지 40리라고 한다. 부근이 평탄하고 배후에 낮은 구릉이 있다. 연안은 사빈으로 다소 활모양을 이룬다. 호수(戶數)는 33호, 인구는 329명이다. 부근의 평지는 다소 넓지만 개척되지 않았다. 어업은 청어가 중심으로 방렴(防簾) 10곳[座]이 있는데, 재작년 융희 원년에 처음 설치되었으며, 마을 사람들의 공동 사업에 속한다.

이 지역은 만(灣)의 깊숙한 곳에 위치하여 바다의 파도가 잠잠하기 때문에 염전을 개척해서 제염에 종사하는 자도 있다. 염전은 입빈식유제염전(入濱式有堤鹽田)으로 지반은 모래와 흙[沙土]으로 되어있는데 모래[砂質]가 많다. 형태는 대개 방형이지만 다양한 형태로 이루어져 있어서 일정하지는 않다. 면적은 3단보[反步] 이상에 달하는 것이 대부분이지만 간혹 6무보(畝步)[20] 정도의 것도 있어서, 이 역시 각기 달라서 일정하지 않다.

염정(鹽井)은 원형으로 그 구조는 보통의 것과 다르지 않다. 모두 부옥(釜屋) 근처에 설치되는데 한 부옥에 대개 4~7개가 있다. 부옥과 염전 사이는 가깝게는 1정(町) 멀게는 몇 정의 거리가 있다. 제염시기는 3~5월까지, 10~12월까지로 전후를 합하여 6개월이다. 제염량은 봄이 많고 보통 5월경에 이르면 회령 · 종성 · 경흥지방으로부터 매수자가 온다. 대개는 조[粟] · 피[稗] 등과 교환한다. 그 표준은 조 1두(斗)에 대해 소금 2두(斗)의 비율이라고 한다.

광현(廣峴)

광현(廣峴)은 창평의 서쪽에 위치하고 나진만을 마주한다. 부근은 낮은 구릉으로 이루어졌으나 또한 어느 정도의 평지가 있다. 연안은 사빈(砂濱)으로 다소 활모양[弓狀]을 이루지만 배를 매어두기는 편리하지 않다. 마을은 낮은 구릉에 산재하고 호수는 15호, 인구는 106명이다. 방렴(防簾) 3곳이 있는데, 이것 역시 재작년 융희 원년에 처음 설치되었으며 마을 사람들이 함께 공유하는 것이다. 그 어획물은 청어이고, 또한 해삼 채취를 영위하는 자도 있다. 마을 내에는 모두 어선 3척이 있다.

신진(新津)

신진(新津)은 광현의 남쪽에 위치하고 남동으로 나진만을 마주한다. 연안은 사빈(砂濱)으로 굴곡은 적고, 또한 배를 매어두기에 편리하지 않다. 전면(前面)에 하나의 작은

20) 畝步는 30步에 해당한다. 步는 1평 즉 약 3.3㎡이고 畝步는 99.174㎡이다. 따라서 약 30평을 말한다.

바위섬이 있는데, 다소 조류(藻類)가 착생하고 있다. 마을은 작은 구릉의 남동쪽에 산재하고 호수 23호, 인구는 160명에 이른다. 어선은 6척, 청어 방렴(防簾) 5곳, 해삼망 6조(組), 볼락[目張] 사수망 3조(組)를 가지고 그 어획에 종사한다. 또한 전면(前面)의 초도(草島)에서 방어 자망(刺網)을 영위하는 자도 있다. 신진에서 북동의 웅기에 이르는 거리는 50리 남짓이다.

송진(松津)

송진(松津)은 신진의 남쪽 10정(町) 이내에 위치한다. 연안은 역빈(礫濱)[21]이며 그 전면(前面)에 하나의 작은 바위섬[岩嶼]이 떠있고, 또한 부근에는 암초가 많다. 마을은 작은 구릉을 등지고 남동쪽은 나진만을 마주한다. 호수는 약 10호 인구는 70명 정도에 불과하다. 마을 사람은 대개 어업을 생업으로 하는데, 어선은 5척, 연승(延繩) 2척 분량[22], 사수망 3조(組)를 가지고 대구 · 명태 · 볼락[目張] 등을 어획한다. 신진에서 웅기까지 거리는 60리에 못 미친다.

초도(草島)

초도(草島)는 마도(馬島)라고도 부른다. 전에 다룬 바와 같이 크고 작은 2개의 섬으로 이루어져 있다. 대초도(大草島)는 남북 2해리, 동서 1해리의 타원형으로 주위는 4해리 정도에 달한다. 섬의 최고(最高)는 763피트이고 다소 동남쪽으로 치우쳐 있다. 북서측 일대는 완만한 경사이고 다소 경지를 개척하였다. 주변은 대개 암초이고 사빈이 적다. 일대에 미역과 기타 조류가 착생(着生)한다. 인가는 서측 북방에서 호수 25호, 인구 180명이다. 그 어업은 방어[鰤] 자망 ▲대구[鱈] · 명태[明太魚] · 가오리[鱝] 연승 ▲볼락[目張] 사수망 어업 등이고, 방어 자망 어장은 섬의 남쪽 기슭에 2개소가 있는데 수십 년 동안 영위한 곳으로 자손들이 그것을 계승하고 또 전매(典賣)를 할 수 있는 관행이 있다고 한다. 현재는 본도 사람 1명, 맞은편 명진(明津) 사람 1명, 신진(新津)

---

21) 자갈로 이루어진 해안을 말한다.
22) 어선 2척에서 사용할 수 있는 분량의 연승이 있다는 뜻이다.

사람 4명 전체 6명이 공유한다. 본도에서 육지까지는 신진이 가장 가깝고 그 거리는 2해리에 불과하다.

기타 유동(踰洞)과 명진의 경우 그 정황은 대체로 같아서 그곳은 생략한다. 다만 유동 및 명진에서 염업을 영위하는 것은 전에 표시한 것과 같다. 나진만(羅津灣) 내의 주요 어업은 청어 어업이고 이것에 버금가는 것은 해삼 채취이다. 방어도 다소의 어획이 있지만 현재는 전에 보인 바와 같이 대초도의 남쪽 모서리에서 자망을 설치한 것이 2곳 있을 뿐이다. 최근 어업법 실시와 더불어 방어를 목적으로 해서 출원한 것은 대초도 동쪽의 한 작은 섬인 곽도(霍島)에 대부망이 유일하게 있을 뿐이다.

제2절 종성군(鍾城郡)

개관

연혁

본래 고구려의 옛 땅으로 여진이 빈 곳을 노리고 들어와서 수주(愁洲)라고 불렀다. 조선에 이르러서 군이라고 하고 종성으로 바꾸었다.

경역

동북쪽은 온성(穩城)·경원(慶源) 및 경흥(慶興)의 3군과 맞닿고 남쪽은 회령군(會寧郡)에 접한다. 서쪽은 두만강에 임해서 청국과 경계를 이룬다. 남동의 일부가 겨우 바다에 면한다. 연해에 조도(鳥島)·피도(避島) 2섬이 있다.

지세 하천

산악은 종횡으로 길게 연이어져 있는데 그중에서 높고 험준한 곳은 소백산(小白山)

· 광덕산(廣德山) · 나단산(羅端山) · 망후대(望候臺) · 녹야현(鹿野峴) · 증산(甑山) 등이다. 지세는 일반적으로 남동쪽은 높고 북동쪽은 낮기 때문에 이러한 여러 산 사이를 누비면서 흐르는 하천은 대부분 북쪽 두만강으로 흘러들어가고 남쪽 동해로 들어가는 것은 모두 가는 물줄기[細流]이다. 하천으로 큰 것은 오룡천(五龍川) · 동관천(潼關川) 및 서풍천(西豊川)이다.

연안

연안선은 겨우 10리 정도이고 낮은 구릉이 연이어져 있어서 좋은 항만은 부족하고 오직 유진만(楡津灣)이 있다. 만구(灣口)는 동쪽에 면해서 남서의 바람을 막을 만하지만 수심이 얕아서 작은 배를 수용하는 데 불과하다.

군읍

종성읍은 군의 서쪽 끝이라고 할 수 있는 두만강의 오른쪽 기슭에 있다. 회령에서 거리가 약 110리이고 간도(間島)와 서로 마주보는데 연해 지방과의 거리는 200여 리이다. 순사주재소 · 우편전신취급소 등이 있다. 일본인이 거주하는 곳은 헌병 · 순사 · 우편국원 외에 상인 몇 명이 있을 뿐이다. 삼베 · 벼루 등의 산물이 있다.

교통

해로의 교통은 연안에 기선의 기항지가 없기 때문에 인근 군 웅기항으로 나가지 않으면 안 된다. 육로는 대부분 험악하지만 연안 각 마을 사이로 통하는 길은 다소 평탄하다.

통신

군읍에 우편전신취급소가 있지만 우편은 1개월의 체송이 겨우 8회에 불과하다. 연안 각지에서는 군읍에서 멀리 떨어져 있기 때문에 오히려 북쪽으로 약 70리 떨어져 있는 인근 군 웅기와의 교통이 빈번하다.

호구 및 토지

전 군의 호수는 4,356호, 인구는 23,982명이다. 주민은 대개 농업을 주로 하고 어촌에서도 어업은 대부분 부업이다. 그렇지만 경지가 아주 적고 마을에서 멀리 떨어지지 않은 구릉에는 또한 아직 개간에 착수하지 않은 곳이 있음을 볼 수 있다. 해안 어촌의 부근에는 대개 평탄한 밭이 있다. 매매가격은 하루갈이가 10원 내지 20원이다. 어촌에서는 어업 외에 제염업도 겸하고 있어서 생계는 다소 여유가 있다.

물산

물산은 콩 · 기장 · 보리 · 피 · 포(布) · 어류 · 식염 등이고 수출하는 것은 콩 · 포 및 약간의 어류에 그친다. 수입품은 목면 · 옥양목 · 도기 · 성냥 · 기타 일용품이다. 수출품은 출하시기에 원산과 북관 사이를 통과하는 기선이 임시로 기항하는 것을 기다려 원산으로 보내 판매를 위탁한다. 수입품은 인근군인 이진(梨津) 지방을 거쳐 우마(牛馬)의 등에 실어 운반해 온다.

수산물 및 어장

수산물로 주요한 것은 명태 · 대구 · 청어 · 정어리 · 고도리 · 볼락 · 미역 등이다. ▲명태는 피도(避島)에서 근해 10리 정도, 수심 30~40길로 바닥이 모래와 진흙인 곳, ▲대구는 방진(防津) 근해에서 동쪽으로 50~60리, 수심 70길로 바닥이 진흙인 곳, ▲청어는 유진만 내 수심 3~4길로 바닥이 고운 모래인 곳, ▲정어리, 고도리 및 볼락은 연안 수심 2~3길로 바닥이 모래와 진흙인 곳, ▲문어는 피도에서 피호(避湖)까지의 사이, 수심 2길 내지 4길의 곳, ▲미역은 피도 부근과 유진 부근의 수심 2~3길의 곳에서 생산된다.

어획기

어획기는 명태는 음력 4~5월 ▲대구는 3~4월 ▲정어리와 청어는 4~5월 ▲고등어와 볼락은 8~9월 ▲문어는 봄철 4월, 가을철 9~10월까지 ▲미역은 7월 중이라고 한다.

미끼

미끼는 명태와 대구에는 절인 청어를 잘게 잘라서 사용한다. 가격은 20마리당 10~20전이다. 볼락에는 미끼를 뿌리는데 작은 새우에 가는 모래를 섞은 것을 사용하다.

제염

종성군 창평(蒼坪)에 제염장 3개소, 가마수는 3개, 종업자 12명이 있다. 1년 제염량은 13,560근이다. 그 방법은 매우 간단한데 해수를 퍼 올려 바로 끓이는 것에 불과하다. 아직 염전을 가진 것을 볼 수 없다. 종성군은 14면으로 나눠져 있다. 대부분은 내지에 있고 바다에 연해있는 것은 단지 풍해면(豊海面)뿐이다. 그 어촌의 상황은 다음과 같다.

풍해면(豊海面)

유진(楡津)

본 군의 남단에 있는 한 작은 만의 서남 모퉁이에 있다. 만 입구에는 암초가 많지만, 만안은 완만한 경사의 사빈이다. 수심은 4~5길이며, 저질(底質)은 모래와 진흙이 서로 섞여 있다. 편동풍 외에는 소선을 정박하기에 적당하다. 땔나무와 식수는 부족하지 않다. 인가 30여 호, 어선 3척, 청어 자망 5통, 사수망 3통이다. 청어, 볼락, 미역 등을 생산한다.

방진(防津)

유진의 남쪽으로 5~6정 떨어진 작은 만에 있다. 만구 부근은 암초가 많으며, 만안은 모래펄[平沙]이다. 수심은 3~5길이며, 소선을 정박하기에 적당하다. 연안은 작은 언덕이 완만하게 경사져있으며, 인가는 산의 중턱에 있다. 호수 15호, 어선 4척이다. 수산물은 대구 · 볼락 · 붉은 대구 · 미역 등이다.

피호(避湖)

방진의 남쪽에 있다. 회령군 낙산에서 북쪽으로 약 10정 떨어져 있고, 군읍에서 220리 떨어져 있다. 만 입구는 남동쪽으로 암초가 많다. 동쪽에 한 작은 섬이 있는데, 피도(避島)라고 부른다. 만 내는 수심이 6길이고, 서풍과 북풍을 막아서 소선을 정박하기에 적당하다. 만안은 사빈이며, 인가는 20호이다. 어선은 7척이고, 그중 2척은 오로지 명태 어업에 사용한다. 명태연승, 정어리 · 고도리 · 볼락 사수망 등을 쓴다.

제3절 회령군(會寧郡)

개관

연혁

본래 고구려의 옛 땅이며, 간목하(幹木河) 또는 오음회(吾音會)라고 불렀다. 본조(本朝) 세종 16년에 지금의 이름으로 고쳤다.

경역 및 지세 · 하천

북쪽은 종성군(鍾城郡), 남쪽은 부령(富寧)에 접한다. 서쪽은 두만강을 끼고 간도와 마주 보며, 동쪽으로 겨우 20리 사이에서 바다에 접한다. 군 내에는 산악이 중첩되어 평지가 적고, 겨우 두만강의 연안에 약간 넓은 평야를 볼 수 있을 뿐이다. 산악의 가장 높은 곳은 군의 서남 모퉁이에 우뚝 솟은 무산령(茂山嶺)이다. 이러한 산악 사이를 흘러

서쪽 두만강으로 흘러 동해로 들어가는 하천이 있는데, 모두 짧고 작다. 전체 호수 4,554호, 인구 22,491명이다.

군읍

회령읍은 군의 서쪽, 두만강의 오른쪽 기슭에 있다. 해안에서는 자못 멀리 떨어져 있다. 그렇지만 사면에 기름진 들판이 넓게 펼쳐져 있으며, 강을 건너면 간도에 들어갈 수 있다. 상류에는 무산이 있고, 하류에는 종성이 있다. 남쪽은 경편철도로 부령을 거쳐 청진과 이어진다. 실로 사통팔달(四通八達)의 요충지이다. 군아(郡衙) · 우편국(郵便局)〈우편전신전화(郵便電信電話)를 취급한다.〉 · 재무서(財務署) · 경찰서(警察署) · 소학교(小學校) · 농공은행지점(農工銀行支店) · 일본인회(日本人會) 등이 있다. 또 일본수비병 및 헌병대가 주둔하는 곳이다. 일본인이 거주하는 것은 약 170호, 400여 인이다. 주민은 농업을 영위하는 경우가 많지만, 또한 상업에 종사하는 자도 있다.

교통 및 통신

회령읍에서 부령을 지나 청진에 이르는 210여 리 사이는 경편(輕便)철도를 통해서 해로와 이어지고, 또 회령군 이진에는 원산을 기점으로 북쪽 웅기 사이를 왕복하는 기선이 기항하고 있다. 연해 각지에서 군읍과는 대체로 백여 리 떨어져있지만 도로는 다소 평탄하여 교통이 용이하다. 우편물은 회령읍에서 부산까지 8~12일, 경성까지 9~13일이면 도달한다.

시장

만항(晩項)에 시장이 있는데, 음력 매 1 · 6일에 개시한다.[23] 거의 우시장으로 볼 수 있고, 그 이외의 물화는 헤아릴 정도가 못된다. 집산(集散) 구역은 갑산 · 무산 · 길주 · 명천 · 간도 각지로 7월 중에 집산이 가장 많다.

23) 5일장으로 음력으로 1 · 6일, 11 · 16일, 21 · 26일에 시장이 열린다는 뜻이다.

물산

물산 중 중요한 것으로는 콩·조·기장·피·소·명태 등이다. 수출되는 것은 콩·명태가 주이고, 다음으로는 소이다. 수입품은 옥양목·목면·도기·성냥·그 외 잡화 등이다. 수출입의 집산지는 이진으로서 이진은 해로로 원산과 연결된다.

수산물

수산물은 명태 외에 정어리·볼락·방어·문어 등이다. 그 판로는 연안 지방뿐만 아니라 멀리 내륙의 벽촌에 이른다. 어구는 명태는 연승·방어는 자망·정어리와 볼락은 사수망 등을 행한다. 미끼는 정어리와 볼락, 사수망에는 작은 새우를 사용하고, 명태의 연승에는 염장한 고도리와 정어리를 사용한다.

제염

이진의 남쪽 소청(素淸) 바닷가에 제염장이 있다. 종사자는 29명이고 1년 생산량은 42,475근(斤)이다. 제조법은 바닷물을 직접 끓이는 정도에 불과하다.

구획 및 임해면

회령군은 16면으로 나누어져 있다. 바다에 접한 것은 관해면(觀海面)뿐이다. 주요 어촌의 상황은 다음과 같다.

관해면(觀海面)

낙산(洛山, 락산)

낙산(洛山)은 낙산(櫟山)[24]이라고도 쓴다. 피호(避湖)의 남쪽으로 약 10정(町), 간

24) 櫟은 상수리나무 력, 고을 이름 약 등의 뜻과 음을 가지고 있고, 낙(락)이라는 음가는 없다. 원문

진(澗津)의 북쪽에서 5~6정이며, 낙산만의 북동쪽 모퉁이에 있다. 뒤로는 작은 언덕을 등지고 있고, 앞쪽의 해안은 평평한 사빈으로 수심이 낮고, 작은 선박을 정박할 수 있다. 인가는 24호, 어선은 5척, 사수망은 5통이다. 어획물은 주로 볼락이다.

간진(澗津)

간진(澗津)은 낙산의 남쪽에서 5~6정이고, 낙산만의 서쪽 안에 있다. 낙산만은 혹은 간진만이라고 칭한다. 만구 남동쪽이 열려있고, 그 폭은 약 1해리이다. 중앙에 2개의 작은 섬과 이어져 사퇴(沙堆)가 만 안으로 향해서 넓게 이어져 있어 저절로 만 내를 남북으로 둘로 나눈다. 그 북부의 북쪽 모퉁이에 있는 것이 낙산이고, 남부의 서쪽 모퉁이에 있는 것은 간진이다. 수심은 10길이고, 바닥은 모래진흙[沙泥]이고, 연안은 고운 모래이다. 여름에 남동풍이 불어 거대한 풍랑이 만 입구를 침범하는 경우도 있지만 정박을 방해하지 않는다. 인가는 30호, 어선은 3척, 사수망은 3통이다. 어획물은 주로 명태와 볼락이다.

이진(梨津, 리진)

이진(梨津)은 간진의 남쪽 화단갑(花端岬)과 거리를 두고 그 안쪽에 있고, 앞쪽은 화단갑과 한소구말(寒所口末)과 마주하며 하나의 큰 만을 이룬다. 이진은 그 북동쪽 해안에 있다. 만구는 남동쪽으로 열려있고, 연안은 구릉이 에워싸고 있다. 부산-웅기 기선은 1개월에 1회, 원산-웅기 기선은 1개월 3회 이상 각각 왕복 기항한다.

의 기록을 표기해둔다.

제4절 부령군(富寧郡)

개관

연혁

원래 경성군(鏡城郡) 석막(石幕)[25]이다. 조선 세종 13년 영북진(寧北鎭)을 두고, 동 31년 부거현(富居縣)의 일부 및 회령부(會寧府)의 일부를 분할하여 여기에 소속시켜 지금의 이름으로 고쳤다.

경역

북쪽은 회령군으로, 남쪽은 유성강(楡城江)에 연하여 경성군을 경계로 하며, 서쪽은 무산령(茂山嶺) 연맥(聯脈)을 따라 무산군과 경계를 이루며, 동쪽은 바다에 면한다. 전체 군의 호수는 3,377호, 인구는 19,733명이다.

지세 및 연안

지세는 북부에는 약간의 평지가 있지만, 남부에 이르면서 산악이 중첩(重疊)한다. 연안은 굴곡이 많아서 양항(良港)이 풍부한데, 주요한 것은 사진(沙津) · 용저(龍渚) · 쌍포(雙浦) 및 청진(淸津)이라고 한다. 그렇지만 연천진(連川津)에서 청진에 이르는 약 50리 사이는 구릉과 깎아지른 절벽이 연이어지고 곳곳에 사빈(沙濱)으로 이루어진 작은 만(灣)은 있는 반면 연안에 두드러진 굴곡은 없다.

부령읍

부령읍은 부령군의 중앙에 있는데, 북쪽은 회령, 남쪽은 경성으로 국도가 통하고, 또 회령에서 시작하여 남동안(南東岸) 청진에 이르는 경편철도가 있다. 서쪽은 무산령

---

25) 석막이란, 석회암이 녹아서 막을 친 것처럼 흘러내려 굳어진 것을 일컫는 말로, 인근에 시멘트 공업지대가 있다. 조선전기 야인 침입을 방어하던 요해처이다.

을 넘어가는 산길이 있고, 북쪽 변경[北陲] 지방으로 왕래하는 요충지로 여객(旅客)이 항상 끊이지 않는다. 우편전신취급소(전화도 취급함.) · 재무서 · 순사주재소 등이 있다. 일본인이 약간 거주하며 여관 · 요리점 등을 경영하는 자가 있다.

교통

육지에서는 철도 및 도로가 열려, 청진항에는 일본우선회사(日本郵船會社) · 오사카상선회사[大阪商船會社] · 기타 여러 상회(商會)의 크고 작은 기선(汽船)이 많이 출입한다. 해륙(海陸)의 교통에 심한 불편을 느끼지 않는다. 연안 각지에서 군읍에 이르는 거리[里程]가 가깝게는 50~60리, 멀게는 100리이다. 연천진 · 청진 사이는 산악의 오르내림이 심하여 도로가 자못 험악하다.

연안 각지는 대개 왜소한 소나무 몇 그루가 성근 숲[疎林]을 이룬 구릉이고, 평지는 적다. 각 어촌 부근에는 다소 경지가 있지만 모두 밭이다. 매매 가격은 하루갈이 상등은 60원(圓), 중등은 40원, 하등은 20원이다.

물산

물산은 조 · 피 · 보리 · 콩 · 기장 · 어류 및 소금 등이고, 수출하는 것은 콩과 어류이다. 어류는 명태를 주로 하고, 기타 일본인을 대상으로 하는 것은 청진에서 임시 중매인이 각 어촌에 이르러서 매입하거나, 혹은 각 어촌 중매인의 손으로 사들인다. 이것을 청진으로 보내는 것이다. 청진에서 다시 원산, 부산 등으로 수송한다. 수입품은 옥양목[金巾] · 목면 · 도기(陶器) · 성냥[燐村] · 석유(石油) · 기타 잡화 등인데, 오사카 · 부산 · 원산 등에서 기선으로 청진에 수입해서 나남(羅南)[26] · 부령 지방으로 수송한다. 수산물 중 주요한 것은 명태 · 대구 · 청어 · 방어 · 삼치 · 도미 · 정어리 · 고도리[小鯖] · 우럭 · 쥐노래미 · 도루묵[鰰] · 전어[鱅] · 학꽁치[鱵 : 공미리] · 숭어 · 가오리 · 쑤기미[27] · 연어[鮭] · 송어[鱒] · 한치[柔魚] · 문어[蛸] · 전복 · 해삼 · 미역

26) 함경북도 나남.
27) 원문은 をろせ로 되어있으나 おこぜ의 잘못으로 생각된다.

등이다.

어기 및 어장

명태는 음력[舊曆] 2월에서 4월까지. ▲대구[鱈]는 음력 8~9월까지, 각각 앞바다[沖合] 10~20리 내지 30리로 수심 50길에서 70~80길의 바다이 모래진흙[沙泥]인 곳. ▲청어[鰊]는 양력 4~8월경까지. ▲방어[鰤]는 음력 4~6월까지와 8~9월까지, 갑각(岬角) 부근의 수심 8~9길 내지 15~16길. ▲삼치[鰆]는 음력 5~10월까지. 20~30리의 앞바다. ▲도미[鯛]는 음력 6~10월까지, 수심 12~13길 내지 35길의 곳. ▲정어리[鰮]는 음력 4~5월까지. ▲고도리[小鯖]는 음력 9월 중. ▲우럭[そい]은 3~7월까지. ▲쥐노래미[あいなめ]는 음력 5~6월경 갑각(岬角) 부근의 수심 10길 이내의 곳. ▲도루묵[鰰]은 음력 10월경 연안 암초 사이. ▲전어[鱅]는 음력 9월 중. ▲학꽁치[鱵]는 음력 8~9월경. ▲숭어[鯔]는 음력 3월경. ▲가오리[鱝]는 음력 5~6월경과 9~10월경 앞바다 10리 이내. 수심 20~30길의 곳. ▲쑤기미(をこせ)는 음력 1월 중. ▲연어[鮭]는 음력 9월 하순에서 11월까지 유성강(楡城江), 청진만 및 용저만(龍渚灣). ▲송어[鱒]는 양력 5~6월까지. ▲문어[蛸]는 음력 3~4월경에서 5~6월경까지 갑각(岬角) 부근의 암초 사이. ▲해삼[海鼠]은 양력 9~10월까지 청진 이북의 연안. ▲미역[和布]은 음력 4~5월까지 연안 도처에서 모두 채집한다[漁採].

어구

어구는 청어와 연어는 각망(角網) ▲연어와 정어리 등은 지예망 ▲방어는 자망 ▲가오리, 명태와 대구는 연승 ▲쥐노래미는 외줄낚시[一本釣] 등을 사용한다. 미끼[餌料]는 가오리는 볼락[目張] ▲명태는 소금에 절인 정어리 · 고도리 ▲대구는 청어 · 볼락 · 문어 ▲쥐노래미는 홍합[貽貝], 성게[海膽]를 사용한다. ●어장은 청어 각망 5곳, ▲연어 각망 4곳, ▲방어 자망 3곳으로 대부분은 모두 십수 년 전부터 계속 운영해왔다.

각망(角網)은 바닥이 있는 장방형의 통그물[魚取]과 길그물[垣網]로 이루어진다.

물가 가장자리에서 앞바다를 향해서 설치하는 정치망이다. 통그물은 면사(綿絲)를 사용하고, 그물눈[目]은 10매듭[節]에 2~3촌목(寸目)에 이른다. 전후의 폭은 25~40길. 횡폭은 전후 길이의 약 3분의 1, 그 뒤쪽에 바로 물가 가장자리와 접하는 부분의 중앙에 폭 5~12길 입구를 설치한다. 그 하부에 호립(戶立)이라고 하는 망을 붙여서 물고기를 끌어올리는데, 도망가는 것을 막기 위해 설치하는 것이다. 길그물은 이 입구의 중앙에서 물가 가장자리를 향해서 일직선으로 설치하는데, 5촌목(寸目)으로 새끼줄 또는 면사를 사용한다. 그 길이는 어장의 멀고 가까움에 따라 40~100길이고, 그 높이는 물의 깊고 얕음에 따라 일정하지 않다. 또한 통그물의 네 모퉁이와 뒷부분의 2군데에는 닻줄[錨網]을 부설해서 망을 고정시킨다. 어법은 한 척의 어선에 6인이 타고, 해가 지면 어장에 도착해서 망 부근에 매어두고, 통그물을 끌어올리기를 여러 번 반복해서 어획물을 선창에 던져넣고 해가 뜨면 마을로 돌아온다.

지예망 종업자는 자기 마을 안에서 고용하는 것이 보통이지만, 부족할 때는 함경남도 및 강원도 지방에서 고용하기도 한다. 고용 중의 식대는 망 주인이 대신 지불해 두고 해고할 때 그것을 공제해서 정산한다. 그 분할 방법은 어획물의 대금을 망 주인과 종업자가 절반으로 나누고 그 안에서 식료 등을 공제하는 것으로 한다. 금리는 10관문 이내는 1개월에 5푼[分], 10관문 이상은 2~3푼이다.

염업지

연천면(連川面)의 시원(柴院)·기진(基津)·창진(蒼津)·포항(浦項) ▲동면(東面)의 소삼포(小三浦)·삼일포(三日浦) ▲삼리면(三里面)의 남랑로동(南浪蘆洞)·수남(水南)·삼포동(三浦洞) ▲청하면(青下面)의 대서수라(大西水羅)·소서수라(小西水羅)·다탄(多灘)에 제염장이 있고, 입빈(入濱), 양빈(揚濱)을 모두 행한다. 가마솥 수는 34개, 종업자는 31명, 1년 산액은 10만근 내외이고 주로 회령(會寧) 및 무산(茂山) 지방으로 운송된다. 이들 지방으로부터 수요자 및 상인 등이 소, 말을 이용해서 곡류를 운반해 와서 교환하는 것이 일반적이고, 현금으로 거래하는 경우는 드물다.

구획

본 군은 12면으로 나누어진다. 그중 바다에 접하는 곳은 해면(海面) · 삼리면(三里面) · 동면(東面) · 연천면(連川面) 및 청하면(青下面)이고 각 어촌의 상황은 다음과 같다.

해면(海面)

본 면은 본 군의 북단에 있다. 남쪽은 삼리면에 접한다. 그 지역은 마치 북쪽은 화단(花端)과 남쪽은 사양단(沙洋端)이 서로 껴안듯이 이룬 한 큰 만의 중앙에 돌출해서 반도를 이루고 그 말단(末端)을 가린단(佳隣端)이라고 한다.

가린단(佳隣端)

이 지역의 인가는 24호, 어선은 3척, 지예망은 1통이 있다. 연안은 경사가 급하며 전면(前面)에 암초가 많고 물이 조금 깊음에도 어선을 정박하는 데 편리하지 않다. 또한 북풍은 비교적 피할 만하지만 남풍에는 가장 위험하다. 어선은 대개 기슭 위에 끌어 올려 둔다. 수산물은 정어리 · 고도리 · 쥐노래미 · 미역 등을 주로 한다.

삼리면(三里面)

본 면은 북쪽은 해면(海面)에, 남쪽은 동면(東面)에 접한다. 연안에 사진단(沙津端)이 돌출해서 사진만(沙津灣)을 형성한다.

사진만(沙津灣)

사진만은 남으로 서로 이웃한 용저(龍渚)와 쌍포(雙浦)의 두 만과 상대하며, 모두 이쪽 방면에서 주요한 항만이다. 사진만의 서측에 인가 40호가 있다. 만 입구는 남쪽으로 면하고 수심은 12길이며, 양 안은 높은 구릉으로 둘러싸여 있어 남풍을 제외하고는 모두 안전하게 피박할 수 있다. 혹 남풍이 불 때에는 대안인 용저로 피하는 것이 일반적이다. 어선 10척 · 쑤기미자망 30통 · 방어자망 1통이 있다. 방어자망의 어장은 사진단 서쪽의 근해에 있다. 주요한 수산물은 명태 · 방어 · 쑤기미 · 문어 등이다. 또한 음력 2~5월까지 러시아 연해에 이르러 가시왕게 자망어업 등에 종사하는 어선 4척이 있다. 어획물은 익혀서 고기를 벗겨 햇볕에 말려 그 지역에 재류하는 청국상인에게 판매한다.

동면(東面)

본 면은 북쪽으로 삼리면에, 남쪽은 연천면에 접한다. 연안에 용저와 쌍포의 두 만이 있다. 모두 본 군의 좋은 항만이다.

용저(龍渚, 룡져)

사진의 남쪽 20리에 있다. 군읍과 60리, 청진과 80리 떨어져 있고, 만 입구는 동남으로 열려 있으며 만 안쪽에 하나의 높은 구릉이 있다. 또한 그 서측에 작은 강이 있다. 강 하구는 수심이 깊고 또한 넓어 수십 척의 어선을 수용하기에 충분하다. 매년 일본 잠수기업자가 와서 창고를 만드는 곳이다. 그들은 이곳을 천항(川港)이라고 부른다. 수산물은 연어 · 쥐노래미 · 미역 등을 주로 한다. 매년 생산량은 연어가 약 250마리, 미역이 약 50태(駄)이다. 미역은 본 포와 쌍포의 갑각 부근에서 생산되는데, 두 마을이 공동으로 채취한다. 또한 본 포에서 북서쪽으로 수 정(町) 떨어진 하안(河岸)에 한 마을이 있는데, 삼일포(三日浦)라고 부른다. 인가는 30호이고 제염업이 매우 번성하다.

쌍포(雙浦)

용저의 남쪽 20리에 있다. 군읍과 60리, 청진과 70리 떨어져 있다. 좌우에 양 갑이 돌출하여 작은 만을 형성한다. 만 입구는 동쪽으로 열려 있고, 만 내의 수심은 4~5길 내지 12길로 선박이 정박하기에 적당하다. 인가 36호, 어선 4척이 있다. 어업은 명태연승을 주로 한다. 작년부터 해연단(海戀端) 부근에 방어자망을 설치하는 자가 있다. 그 밖에 가오리 · 쥐노래미 등을 어획한다.

연천면(連川面)

본 면은 북쪽 동면(東面)에, 남쪽 청하면(青下面)에 접한다. 연안에 갈단(葛端)이 돌출하며, 상당히 광활한 만을 형성한다.

연천진(連川津, 연젼진)

쌍포(雙浦)의 남쪽으로 20리에 있다. 군읍에서 60리 떨어져 있으며, 청진(淸津)에서 50리 떨어져 있다. 남동쪽을 향해서 바다 가운데로 돌출한 갈단(葛端)에 의해서 형성된 기동만(基洞灣)의 안에 있다. 만구는 남동쪽으로 열려 있고, 연안은 비교적 완만한 경사를 이룬다. 본 진(津)의 전면은 사빈이지만, 갈단(葛端)에 이르는 사이는 모래와 자갈[砂礫]이다. 인가는 42호, 어선은 5척, 방어 자망 1통 · 정어리 자망 1통이다. 방어 자망은 갈단을 어장으로 한다. 재작년부터 처음 시작했는데, 마을 사람 6명이 공동 영업하는 것이다. 수산물은 대구 · 정어리 · 방어 · 가오리 등이다. 매년 음력 10월 말부터 동 12월까지 1척의 어선에 6~7인이 승선하며, 함경남도 이원(利原) 지방으로 고용되어 나가는 것이 3척이다. 명태어업에 종사하며 1척에 100관문의 선금을 받고, 어획물은 모두 고용주에게 넘겨주기로 약정한 자가 있다. 고용 중의 식료는 일체를 고용주로부터 공급받는다.

기동(基洞, 긔동)

연천진의 남쪽 15리에 있다. 군읍에서 떨어진 것이 60리, 천진에서 떨어진 것이 40리이다. 만 입구의 남쪽으로 열려 있고, 북풍과 서풍을 피할 수 있다. 수심은 3~4길로서 소선을 정박하기에 적당하다. 인가는 25호, 어선 2척이다. 어업은 청어 자망을 주로 하고, 그 외 가오리 및 쥐노래미 등을 어획한다.

승원(勝源)

기동의 남쪽 18정에 있다. 군읍에서 60리 떨어져 있으며, 청진에서 40리 떨어져 있다. 연안은 가는 모래이고, 수심은 3~4길이다. 북풍 및 서풍을 피할 수 있으며, 소선을 정박할 수 있다. 인가는 25호이고 어선은 2척이 있다. 어업은 볼락 뜰망을 주로 하고, 청어 자망을 또한 행한다. 이 지역의 주민도 역시 명태 어기에는 경성군(鏡城郡) 양화(良化) 및 어대진(漁大津) 지방에 고용되어 출가(出稼)하는 자가 있다. 고용주에게 어선 1척에 대해서 60관문의 선금을 받고 또한 고용 중의 식료를 지급받는다. 어획물은 모두 고용주에게 넘겨주는 것으로 하므로, 연천진의 출가인과 다름이 없다.

청하면(青下面)

본 면은 북쪽으로 연천면에, 남쪽으로 경성군에 접한다. 북부에는 두드러진 항만이 없지만, 그 남단에 이르러서 청진이 있다. 북한의 저명한 요항이다.

소서수라(小西水羅, 소셔주라)

한편으로 소서호(小西湖)라고 부른다. 승원(勝源)의 남쪽 30리에 있다. 군읍에서 90리 떨어져 있으며, 양갑(兩岬)은 좌우로 돌출해서 하나의 작은 만을 형성하였다. 삼면이 구릉으로 둘러싸여 있으며, 수심이 7길이어서 배를 매는 데에 편리하다. 인가는 30호, 어선은 5척이다. 그중 2척은 오로지 명태어업에 종사한다. 주요 수산물은 명태 · 대구 · 가오리 · 쥐노래미 · 문어 · 미역 등이다. 미역은 만 바깥의 갑각 부근에서 난다. 음력 2월 하순부터 4월까지 채취한다. 1년 생산량은 15~20태이다.

대서수라(大西水羅, 딕셔주라)

어떤 경우에는 대서호(大西湖)라고도 칭한다. 소서수라의 남쪽 10리에 있는데, 만구는 남쪽으로 열려 있고, 그 부근에 바위섬이 있다. 뒤로는 구릉을 등지고, 해안은 평평한 사빈이며, 수심은 4~5길이다. 인가는 50호, 어선은 2척이다. 명태 · 대구 · 가오리 · 문어 등을 생산한다. 명태의 생산량[産額]은 약 14태, 가격[價額]은 140원이고 판로는 주로 청진이다. 그 외는 날생선인 채로 부근의 촌락에 판매한다.

청진(淸津, 청진)

대서수라의 남쪽 약 10리에 있고, 고말산단(高抹山端)이 멀리 남동쪽으로 돌출하여, 하나의 큰 만을 형성한다. 북동쪽과 남동쪽으로는 산을 등지고 있고 수심이 깊어 많은 함선을 정박하기에 적당하다. 러일전쟁[日露役] 때 6천톤급을 비롯하여 도합 36척의 군함이 일시에 정박한 적도 있다. 실제로 북한(北韓) 제1의 양항(良港)이다. 지난 융희 2년(1908)부터 개방되어서 통상항이 되었다. 이 지역은 호수 370호, 인구 1,218명이 되는 번성한 하나의 도시가 되었지만, 대부분 일본인의 이주로 이루어진 것이며 조선인은 거의 손에 꼽을 정도이다. 본래 인구가 희박한 작은 어촌에 불과하였지만, 러일전쟁 때 수송품 하역장[陸揚場]으로 본 항을 사용한 이후 일본인의 이주가 날이 갈수록 증가하여 마침내 현재와 같은 성황을 보기에 이르렀다.

현재 일본이사청 · 경찰서 · 우편국 · 소학교 · 세관지서 · 육군창고 · 헌병대 · 위수(衛戍)병원 분원 · 일본인회 등이 있다. 기타 소방, 위생 등 제반 시설도 약간은 정비되었다. 또 해면을 매축하고 방파제를 쌓아 그 내부 연안에는 하역장 · 창고 · 잔교 등을 설치할 계획으로 지금 현재 공사 중이다. 시내는 최근의 설계에 따라 길은 쭉 뻗어있고, 도로폭은 넓으며, 상가의 처마가 일렬로 늘어져 있어 대단히 번화하다.

육로는 부령 · 회령을 지나서 간도에 이르는 것과 나남을 지나서 경성에 도달하는 것이 있지만, 매우 황폐하다. 겨우 청진 · 회령 간 및 청진 · 나남 · 경성 간에 경편(輕便)철도가 있어 화물을 취급하는 사람[荷客]이 운송하는데 겨우 불편을 면하는 정도이다. 이에 반해 해운은 크게 열려있어 일본우선회사 및 오사카[大阪]상선회사 그 밖에 크고 작은 기선의 출입이 끊이지 않는다.

우편물은 부산까지 7일에서 11일, 경성까지 8일에서 12일에 도달한다.

물산 중 중요한 것은 삼베 · 소[生牛] · 사금 · 석탄 · 조 · 콩 기타 잡곡 및 수산물 등이고, 그중 수출되는 것은 콩 · 마포 · 수산물 등이다. 수입품은 면포 · 성냥 · 양산 · 설탕 · 연초(煙草) · 식염(食鹽) · 일본식 간장[醬油] · 청주 · 석유 · 소면 등이다. 무역액은 융희 3년(1909)에 수출 16,000원, 수입 1,024,000원이 되었다. 이와 같이 수입이 수출을 초과한 이유는 그 지역 이주 일본인이 격증하여 많은 잡화의 수요가 왕성하게 된 점과 육상 교통 기관이 아직 완비되지 않아 내륙의 물산을 운송하는 수단이 부족한 데 기인한다.

이곳 재류일본인으로 어업을 영위하는 자는 23인이 있고, 각망(角網) · 연어 지예망(地曳網) · 삼치 유망(流網) · 방어 자망(刺網) · 수조망(手繰網) · 잠수기(潛水器) 등에 종사한다. 각망은 연어와 명태를 주로 하는 것과 쥐노래미 · 가자미 · 청어 등을 부어업[副漁]으로 하는 것이 있다. 연어의 어기는 3월 중순부터 5~6월 경까지이고, 유성강구(楡城江口)를 어장으로 한다. 명태의 어기는 9~11월까지이고, 만구(灣口) 신암동(新岩洞) 부근을 어장으로 한다. 고말산단(古抹山端)의 서쪽에 조선인 소유의 각망 어장 한 곳이 있고, 수조망은 만의 안팎에서 독진(獨津) 및 온대진(溫大津) 부근의 앞바다[沖合]를 어장으로 하며, 가자미 · 게 등을 어획한다. 어획물은 이외에 대구 · 고도리[小鯖] · 오징어 · 빙어[公魚] 등이 있고, 총 어획액은 4,200원을 웃돈다.

종래 일본인 사이에 어류 판매에 종사하는 자가 있었지만, 명치 42년(융희 3년: 1909) 이사청(理事廳)에서 시장단속규칙이 발포됨과 동시에 그것을 시장조직으로 고쳤다. 그리고 장소를 시가의 서단(西端), 넓게 트인 공터를 선정하고 계속해서 영업하였다. 명치 42년(융희 3년) 중 취급한 어류 및 그 수량, 가격 등을 표시한 것은 다음과 같다.

월 종류	1월	2월	3월	4월	5월	6월	7월	8월	9월	10월	11월	12월	계
	수량 가액	수량 가액	수량 가액	수량 가액	수량 가액	수량 가액	수량 가액	수량 가액	수량 가액	수량 가액	수량 가액	수량 가액	수량 가액
명태	72,240 336	71,235 399	164,003 557	92,109 184	35,350 56								434,937 1,532
대구	27 6	4 2	738 62	1,958 99	1,844 94	675 16					3,943 162	1,492 74	10,681 515
연어						2 1	8 3	1 1	790 267	729 278	111 62		1,641 612
송어	2 1			27 24	304 129	354 111	185 51						872 316

청어			151 8	11,897 118	19,000 152	3,300 21							34,348 299
우럭				29,288 1,144	63,731 985	9,569 113	65 6	35 5			1,509 385	36 7	104,233[28)] 2,645
쥐노래미					29,194 657	19,431 366	3,183 67				3,065 104	1,558 93	56,431[29)] 1,287
농어				19 13	531 157	136 40	3,839 207	835 122	4 2	13 7			5,377 548
문어					31 20	159 125	325 198	31 22	20 21	22 30	116 115	45 37	749 568
전복		750 16	2,000 29	150 4	6,300 81	6,685 105	8,693 78	10,686 121	23,866 248	19,520 229	11,371 192	8,995 119	99,016 1,222
도미						2 2	1,621 834	2,364 1,075	2,065 1,169	155 164			6,207 3,244
방어						153 205	187 173	196 159	234 242	866 1,508	11 27		1,647 2,314
삼치						87 144	2,511 1,224	3,742 1,684	3,386 1,243	2,196 1,459	242 207		12,164 5,961
상어					27 86	25 24		3 4	19 23	9 8			83 145
고등어						4,926 323	56 7	121 20	307 41		2 1		5,412 392
참치[鮪]							3 53	6 14					9 67
가다랑어[鰹]									3 5				3 5
잡어	5	4	100	107	220	430	169	49	113	546	335	286	2,364
계	348	421	756	1,693	2,637	2,026	3,070	3,276	3,374	4,229	1,590	616	24,036

신암동(新岩洞)

청진의 북쪽에 있다. 만구가 서쪽으로 향하고, 삼면을 구릉이 둘러싸고 있다. 연안에 암초가 산재하지만 약간의 어선을 정박할 수 있다. 호수는 168호, 어선 3척, 오로세 자망 12통 · 가자미 자망 48통 · 거망 어장 1곳이 있다. 거망 어장은 청진갑(淸津岬)의 안쪽 마적단(馬跡端)에 있는데, 원래 명천군민(明川郡民)이 발견하였다. 이후 3년간 경영을 위임하였지만 현재는 신암동의 주민 3인이 공동으로 그 어장 및 어구를 100원에 물려받

28) 원문에는 105,233으로 되어 있다.
29) 원문에는 146,431로 기록되어 있다.

아서 계속 영업한다.

정장(井張, 정당)

청진의 남서쪽 18정, 유성강의 남안에 있다. 연안은 사빈이 일직선을 이루며, 배를 정박하기에 편리하지 않다. 지세는 평탄해서 경작지가 많다. 인가는 30호, 어선은 2척, 연어 지예망 · 잡어 지예망이 각각 1통이 있다. 지예망 어업은 5인이 공동으로 하고 출자금은 각자 동일하지 않다. 이익의 배당은 그 출자금에 따른다. 종업자는 함경남도 및 강원도 지방으로부터 고용해 들인다. 고용해 들일 때는 가족의 생활비 및 여비를 선금으로 주고 또한 어기 중의 식비를 지급하고 어기가 끝난 다음에 공제해서 계산한다. 망주(網主)와 종업자의 소득 비율은 절반으로 한다. 주요한 수산물은 연어 · 송어 · 청어 · 대구 · 정어리 · 고도리 · 전어[鱅] · 도미 · 학꽁치 · 숭어 · 쥐노래미 · 우럭 등이고 1년 생산액은 약 3,000원이다. 판로는 청진 및 나남을 주로 한다.

유성강(楡城江)

원래 유성 부근에서 발원하는 하나의 작은 강으로 강 입구는 폭 10간(間) 내외, 수심은 2~3척에 불과하다. 거슬러 올라가기를 30간 정도에 이르면 강폭이 오른쪽으로 넓어져서 마치 호수와 같고 수심은 1길 정도이다. 강 중간에 연어 및 송어가 난다. 그것을 어획하는 데는 강을 차단하여 1매의 그물을 펼쳐서 그 중앙에 구멍을 열고 이 그물의 상류에도 또한 1매의 그물을 펼쳐서 하류에 설치한 그물의 입구로부터 들어온 고기를 차단한다. 이 상하의 그물 사이에 고기가 들어오면 그물 입구를 막고 고기를 건져서 육지 위에 던진다. 어기는 9월 중순에서 11월까지로 한다. 어획량은 매년 다소 차이가 있지만 연어 3,000~4,000마리를 웃돈다. 그 어기에 이르면 중매인이 와서 매입하고 가공하지 않은 상태로 청진 · 유성 및 경성에 보낸다. 1마리의 가격은 30~40전 내지 60~70전이다.

제5절 경성군(鏡城郡)

개관

연혁

본래 궁롱이(弓籠耳)라고 불렀으며 여진이 거주하던 곳이었다. 고려 예종 2년 윤관(尹瓘)이 여진을 쫓아내고 이 지역을 수복했다. 조선 태종 7년에 처음으로 지금의 이름으로 불렀다.

경역 하천 및 호소

북쪽은 부령군에, 남쪽은 명천군에 접한다. 서쪽으로 장백산(長白山)이 높게 솟아있다. 동쪽은 바다에 면한다. 장백산에서 갈라져서 동쪽으로 달리는 여러 산줄기가 있다. 그 사이에 평야가 있는데 그중 유명한 것은 유성 및 수남(水南)의 두 평야이다. 평야를 관통하여 흘러 동쪽 바다로 유입되는 하천이 여러 개 있다. 그중 가장 큰 것은 장천(長川)으로 일명 어랑대천(漁郎大川)이라고 한다. 유역이 300여 리에 미친다. 이것에 버금가는 것은 수북대천(水北大川)·고성천(古城川)·남천(南川) 등이다. 기타 호소(湖沼)와 온천이 있다. 호소 중에 큰 것은 장연호(長淵湖)를 제일로 한다. 용호(龍湖)·무계택(無界澤)·연호(蓮湖)·북명호(北溟湖) 등이 그것에 버금간다. 온천은 2개소가 있는데 하나는 경성에서 서쪽으로 30여 리 떨어져 있는데 온보(溫堡)라고 부르며, 하나는 경성에서 남서쪽으로 130리 떨어져 있으며 이파(梨坡)라고 부른다.

호구

전 군의 호수는 15,374호이고 인구는 87,451명이다.

연안

연안은 그 북단 부령군 청진에서 염분(鹽盆)까지 약 20리 사이는 사빈이며 활모양으로 굽어져 있다. 염분에서 남쪽 온대진(溫大津)까지 약 60리 사이는 평야와 산악이 서로 섞여 있다. 온대진에서 남쪽 어대진(漁大津)까지 약 50리 사이 또한 다소 활모양으로 만입되어 있고 사빈이 길게 이어져 있다. 어대진에서 군의 남단 추호(楸湖)에 이르는 약 100리 사이는 산악 · 구릉이 바닷가까지 와있어서 굴곡과 만입이 많고 대량화만(大良化灣) · 이진(梨津) · 사진(泗津) · 어대진(漁大津) 등의 좋은 항이 있다.

연안의 산림은 부족하여 어대진의 남북에는 산악 · 구릉이 서로 이어져 있지만 남벌의 결과 숲을 거의 볼 수 없다. 논밭이 상당히 개간되어 있으며 산허리에도 또한 경작지를 볼 수 있지만 논은 매우 드물다. 경작지의 매매 가격은 다른 군에 비하면 다소 높고 하루갈이 상등(上等)은 70~80원 내지 200원이고 중등(中等)은 50~60원, 하등(下等)은 12~30원 정도이다. 아마 인구가 조밀하고 미간지가 부족하기 때문일 것이다.

군읍

경성읍은 군의 북동쪽에 있으며 해안과 멀리 떨어져 있지 않다. 관찰도와 군아의 소재지로 인가가 조밀하고 상업은 번성해 북한 제1의 도회지이다. 러일전쟁 후 일본이 여단사령부(旅團司令部)를 이 지역에 두자 일본인이 일시에 내주(來住)하여 갑자기 번성한 지역이 되었다. 그러나 병영이 청진[羅南]으로 이전하게 된 이래 다른 곳으로 옮겨가는 자가 속출하여 지금은 당시의 성황을 볼 수 없지만 아직 재류하는 자도 적지 않다. 구재판소(區裁判所) · 재무서 · 경찰서 · 헌병분대 · 우편국(전신, 전화 등을 취급) · 소학교 · 일본인회 · 농공은행 · 제일은행출장소 · 병원 등이 있다.

교통

육로는 원산, 경성 사이로 통하는 도로와 청진, 경성 사이로 통하는 경편철도가 있어 불완전하나마 그 편리함을 누리고 있지만, 그 밖의 교통은 아직 완전하지 않다. 해로는 북한을 항행하는 내외기선이 어대진(漁大津)과 독진(獨津)에 기항하는 것이 있어 그 출입이 다소 빈번하다. 우편물은 경성읍에서 부산까지 7~11일, 경성까지 8~12일이면 도달한다.

시장

유성(楡城)·주을온(朱乙溫)·주남(朱南)·천포(淺浦)·극동(極洞)·입석(立石)·경성(鏡城)의 7곳에 시장이 있다. ▲유성은 매년 음력 10월부터 다음 해 3월까지 매 4·9일 ▲주을온 매 5·10일 ▲주남 매 4·9일 ▲천포 매 2·7일 ▲극동 매 5·10일 ▲입석 매 3·8일 ▲경성 매 1·6일에 각각 개시한다. 집산화물은 모두 소·베와 비단[布帛]·어류 등이 가장 많다.

물산

물산은 조·피·콩·보리·기장·소금·어류 및 미역 등이며, 수출되는 것은 콩·명태·미역 등이고 수입품은 목면·옥양목·성냥·도기 및 잡화 등이다. 반입지와 반출지는 원산과 성진이다.

수산물

수산물 중 주요한 것은 명태·대구·방어·쥐노래미·정어리·가자미·까나리[玉筋魚]·가오리·연어·미역 등이다. ▲명태는 연안 각지 도처에서 어획된다. ▲쥐노래미는 어대진 이남 ▲가자미·까나리 및 가오리는 어대진 이북의 연해에 많다.

명태는 겨울철에는 근해 40~50리에서 100리, 수심 100~300길, 봄철은 근해 20~30리에서 70~80리, 수심 100~200길 ▲대구는 근해 10리에서 40~50리, 수심 70~80길 내지 200길 ▲쥐노래미는 만 내 수심 10길 내외 ▲가자미는 근해 10리에서 20리, 수심 20~200길 ▲정어리 및 까나리는 연안 수심 10길 내외 ▲가오리는 근해 10리 내외, 수심 100길 ▲방어는 갑각 부근 수심 10길 내외인 곳에서 어획된다. ●명태와 대구는 연승 ▲쥐노래미는 선예망(船曳網) ▲방어·가자미 및 가오리는 자망 ▲정어리와 까나리는 지예망을 사용한다. 방어자망의 어장은 본군의 북단인 염분단(鹽盆端)에 1개소가 있다. 미끼는 정어리·고도리·까나리·문어를 염장한 것 및 상어고기 등을 사용한다. 이들은 어업자가 스스로 재료를 매입해서 염장하거나 염장된 것을 구입하는 경우도 있다.

어업자는 각자 자금을 각출해서 공동영업을 하는 자가 많다. 이익의 분배는 어획물로 하고 어선소유자는 어선에 대해 1인분의 배당을 받는다. 종업자는 대부분 마을 내에서 고용하는 것이 일반적이지만, 명태의 성어기와 같은 경우에는 임시로 다른 마을에서 고용하는 경우도 있다. 한 어기 사이의 고용비는 10관문이고, 식료는 고용주가 지급한다. 미역채취장은 어대진 이남에 있는데 각각 정해진 권리자가 있다. 그 지역주민으로 하여금 자유로이 채취하도록 하고 채취액의 반을 징수한다.

어획물은 부근에서 곡물과 교환한다. 또 멀리 소나 말을 이용해서 내지의 벽촌에 운반한다. 수출하는 것은 기선편으로 원산으로 보낸다. 이 지역의 도매상에게 구전(口錢)을 내고 위탁판매한다.

제염

연안에 제염장 41개소가 있다. 그 방법은 해안의 파도가 잔잔한 곳에서 해수를 퍼서 통으로 멀리 떨어져 있지 않은 부옥(釜屋)으로 운반하고 바로 끓인다. 1년 제염 생산량은 80,865근이다.

구획 및 임해면

본 군은 9면으로 나누어진다. 서쪽은 장백산맥으로 막혀 있고 남북으로 길게 이어져서 바다에 연해있는 것은 용성(龍城)·오촌(梧村)·주을온(朱乙溫)·주북(朱北)·어랑(漁郎)·동서(東西)의 7면에 이른다. 그 주요 어촌을 들면 다음과 같다.

용성면(龍城面)

본 면(面)은 본 군(郡)의 북단(北端)에 있다. 남쪽은 오촌면에 접한다. 연안에 평지가 많고, 항만은 두드러지는 것이 없다.

염분(鹽盆)

달리 염구미(鹽久味)라고 부른다. 청진(淸津)의 남쪽 약 20리에 있으며, 경성(鏡城)에서 20리 떨어져 있다. 구릉은 바다 가운데로 돌출해서 청진과 서로 마주 보며 서풍을 막는다. 청진까지의 사이는 활모양의 만입을 이루는 사빈이다. 인가는 17호이며, 어선은 1척, 방어망 2통이 있다. 방어의 어장은 염분곶에 있다. 어획물은 주로 청진과 나남지방에 보낸다.

포항(浦項)

염분의 남쪽 약 10리에 있다. 경성에서 15리 떨어져 있고, 나남에서 10리 떨어져 있다. 장성천(長城川)을 사이에 두고 수남평야(水南平野)에 접한다. 하구는 계선장(繫船場)이지만 좁고 험하며, 또한 암석이 많아서 겨우 작은 배를 받아들일 수 있을 뿐이다. 어선은 2척이며, 지예망 1통이 있다. 수산물은 명태 · 대구 · 정어리 · 까나리 등을 주로 한다.

오류동(五柳洞)

달리 용암(龍岩)이라고 부른다. 포항의 남쪽 약 18정(町) 거리에 있다. 경성에서 10리 떨어져 있다. 동서쪽에 갑각이 돌출해서 북풍을 피할 수 있다. 인가는 46호이며, 어선은 3척이 있다. 명태 · 대구 · 가오리 등을 생산한다. 명태 연간 어획량은 60태(駄)이며, 가액은 960원이다.

오촌면(梧村面)

본 면은 북쪽의 용성면에, 남쪽의 주을온면에 접한다. 연안은 약간 만입해서 활모양을 이룬다. 기선의 기항지가 있는데, 독진(獨津)이라고 부른다.

장연(長淵, 쟝연)

오류동의 남쪽 7~8정에 있다. 배후로 구릉을 등지고 있고 연안은 약간 만의 형상을 이루고 있어서 북서풍을 피할 수 있지만, 계선(繫船)에 편리하지는 않다. 인가는 15호이며, 어선은 2척이다. 명태 · 대구 · 까나리 등을 생산한다. 1년 동안의 명태 어획량은 30태이며, 가액은 480원이다.

독진(獨津)

장연의 남쪽 5~6정에 있다. 경성에서 21정 떨어져 있으며, 연안은 겨우 활모양을 이루는데 지나지 않아서 항만을 이루지 못한다. 암초가 곳곳에 산재하며, 또한 물이 얕기 때문에 큰 배는 앞바다[冲合] 1해리 이상의 곳에 임시로 정박[假泊]하지 않을 수 없다. 소기선(小汽船)이더라도 역시 정박[繫泊]에 편리하지 않다. 또한 동남풍이 강할 때는 바로 청진으로 피난하지 않을 수 없다. 어선이라고 하더라도 시기에 따라서는 기슭 위에 인양할 필요가 있다. 그렇지만 부근에 경성을 가까이하고 있기 때문에, 부산 · 웅기를 왕래하는 기선이 1개월에 1회, 원산 · 웅기 사이를 왕래하는 기선이 1개월에 3회 이상 각각 왕복하며 기타 기선이 기항하는 경우가 있다. 연안의 언덕 지역 갑각에는 수목이 있는데, 매우 우거져서 사계절 무성하다. 인가는 72호이며, 어선은 6척, 정어리 지예망 4통, 가자미 자망 40통이 있다. 주요 수산물은 명태 · 대구 · 가자미 · 정어리 · 청어 · 연어 등이다. 1년 동안의 어획량이 명태는 약 600태이고, 대구는 약 300태라고 한다. 명태는 주로 부산 · 회령 · 경성 · 나남지방에 보낸다. 매년 도미 및 상어 어업에 종사하는 일본 어선이 기항하는 것은 6척이 있다. 또한 이 지역에 일본인 7호가 정주하고 있다.

남석진(南夕津, 남셕진)

독진의 남쪽 20리에 있다. 배후에 구릉을 등지고 있으며, 연안은 사빈이 일직선을 이룬다. 인가는 40호이며, 어선은 3척, 가오리 자망 16통 · 가자미 자망 31통이 있다. 주요 수산물은 명태 · 가자미 · 가오리 · 정어리 · 까나리 등이다. 명태 1년 동안의 어획량은 40태이며, 가액은 640원이다.

주을온면(朱乙溫面)

본 면은 북쪽으로 오촌면(梧村面)에 남쪽으로 주북면(朱北面)에 접한다. 연안은 대체로 일직선을 이루어 두드러진 만입이 없다.

온대진(溫大津, 은딕진)

남석진(南夕津)에서 남쪽으로 10리 떨어진 곳에 있다. 하나의 작은 만을 이루고 그 입구는 남동쪽을 향한다. 암초가 있어 선박의 출입이 곤란하고 정박지는 만의 북쪽 모퉁이에 있으며 수심은 3~4길이다. 인가 70호, 어선 4척, 지예망 1통 · 가자미 자망 60통이 있다. 명태 · 대구 · 가자미 · 고도리 · 까나리 등을 생산한다. 명태는 한 해의 어획량이 200태이고 가액은 3,200원이다.

집삼(執三)

온대진에서 남쪽으로 7~8정 떨어진 북대천의 하구에 있고 부근의 평야가 넓다. 인가는 16호, 어선 4척, 가자미 자망 40통이 있다. 한 해의 어획량은 명태는 280원이고 가자미는 80원이다.

염분진(鹽盆津)

집삼의 남쪽 15리에 있다. 하나의 작은 만을 이루고 그 입구는 동쪽으로 열려 있다. 암초가 곳곳에 산재하며 만 내에 이르면 모래와 자갈로 된 언덕이 있다.

정박지는 수심 2~3길인데 안쪽이 매우 좁고 험해서 수 척의 작은 선박을 수용하는 데 불과하다. 인가 30호, 어선 2척, 지예망 1통 · 가자미 자망 30통이 있다. 주요 수산물은 정어리 · 청어 · 가자미 등이다.

주북면(朱北面)

본 면은 북쪽으로 주을온면에 남쪽으로 어랑면(魚郎面)에 접한다. 연안은 평평한 사빈으로 일직선을 이루고 항만이 없다. 비교적 유명한 곳은 접수진이다.

접수진(接手津, 졉슈)

염분진의 남쪽으로 10리에 있다. 연안은 평평한 사빈이고 일직선이어서 풍파를 피할 방도가 없다. 어선은 대부분 사빈에 인양해 둔다. 인가 120호, 어선 3척이 있다. 주로 가자미 어업에 종사하고 어구는 자망을 사용하는데 그 수는 30통이다.

어랑면(漁郎面)

본 면은 북쪽으로 주북면(朱北面), 남쪽으로 동면(東面)에 접해있다. 그 북부는 평평한 사빈[平沙]으로 이어져있고, 중앙에는 어랑단(漁郎端)[30]이 돌출되어 있다. 그 남부는 산악(山嶽)이 연안(沿岸)에 가까이 있어서[迫] 굴곡(屈曲)된 만입(灣入)이 많다.

방어진(方魚津)

방어진(方魚津)은 접수진(接手津)[31]의 남쪽 약 20리, 어랑대천(漁郎大川)[32]의 서쪽에 있다. 연안(沿岸)은 평평한 사빈으로 수심이 2길 내지 5길이다. 부근에 광활(廣濶)한 경작지가 있다. 인가(人家)는 52호, 어선은 3척, 가자미 수조망(手繰網) 2통, 가자미 자망(刺網) 2통이 있다.

---

30) 漁郎端은 경성군 어랑면 북동단에 있는 곳으로 어대진의 동쪽 2km 지점에 위치한다.
31) 1872년 지방도의 경성경내전도에는 접수진이 접왕진(接王津)으로 되어 있다.
32) 길이 약 103km로 본류인 어랑천과 지류인 명간천이 합류하여 경성만으로 흘러든다. 하구 가까이에는 한반도의 자연호 중에서 가장 큰 장연호를 비롯하여 무계호 등이 있으며, 하구 가까이에는 어랑평야가 있다. 하구에서 동쪽으로 6km 거리의 해안에는 어항으로 발달한 어대진이 있다.

어대진(漁大津, 어ᄃᆡ진)

어대진(漁大津)은 방어진(方魚津)의 남쪽 약 15리에 있다. 어랑단 북동쪽에 돌출해서 하나의 작은 만(灣)을 형성한다. 만 입구는 북쪽을 바라보고 있고, 그 서안(西岸)은 평평한 사빈으로 얕고 길게 뻗어있다[遠淺]. 수심은 3~5길이다. 부산(釜山)-웅기(雄基)선 기선(汽船)이 1개월에 1회, 원산(元山)-웅기(雄基)선 기선이 1개월에 3회 이상 각각 왕복 · 기항한다. 인가는 55호, 어선은 5척, 정어리[鰮] 지예망(地曳網) 2통이 있다. 명태 · 대구[鱈] · 정어리 · 쥐노래미 등을 어획한다. 1년 어획고는 명태가 100태(駄)로 판매액[價額] 1600원(圓), 대구는 90원, 정어리는 30원이다.

사진(泗津, 샤진)

사진(泗津)[33]은 어대진의 남쪽 약 18정(町)이며, 어랑단 남측의 작은 만에 있다. 만 입구는 동쪽을 바라보고 있고, 북풍 및 서풍을 막아주어 소선(小船)을 정박시킬 수 있다. 만 내 남측에 인가가 있다. 호수(戶數)는 25호, 어선은 1척이 있다. 주로 명태 및 쥐노래미 어업에 종사한다. 명태 1년 어획량은 30태이며 판매액은 480원이다.

이진(梨津)

이진(梨津)은 사진의 남쪽 20리에 있다. 만 입구는 동쪽을 바라보고 만 내에 이르러서는 2개의 작은 만을 이루는데, 모두 계선(繫船)[34]하기에 적당하다. 인가는 49호, 어선은 3척이 있다. 명태 · 대구 · 정어리 · 쥐노래미 · 미역 등을 생산한다. 1년 생산액은 명태가 30태로 판매액 480원이고, 미역이 20태로 판매액 60원이다.

오상진(五常津)

오상진(五常津)은 이진의 남쪽 20리에 있다. 만 입구는 남동쪽을 바라보고 있고, (나머

33) 1872년 지방도의 「鏡城境內全圖」에는 사진(泗津)이 사진(沙津)으로 되어 있다.
34) 선박을 항구에 정박시키는 것을 말한다. 특히 밧줄로 해안의 말뚝에 묶어두는 것이다.

지) 3면(三面)은 구릉(丘陵)이 둘러져 있다. 수심은 3~7길이다. 인가는 60호, 어선은 3척이 있다. 명태 · 대구 · 쥐노래미 · 미역 등을 생산한다. 1년 생산액은 명태가 20태로 판매액 320원이고, 미역이 30태로 판매액 90원이다.

동면(東面)

본 면은 북쪽은 해랑면(海郎面)에, 남쪽은 서면에 접해있다. 연안선이 아주 짧지만 구릉이 연이어 있어, 무수히 많은 작은 만이 있다.

차진(茶津, 자진)

어떤 경우는 다진(多津)이라고도 한다. 오상진(五常津)의 남쪽 10리에 있고, 만구는 남동으로 향하며 3면이 구릉으로 둘러싸여 있다. 만 내의 중앙부터 구릉이 돌출하여 만 내를 둘로 나눈다. 암초가 많기는 하지만 그 서쪽의 만 내는 수심이 3~6길이다. 작은 배가 정박하기에 적당하다. 인가는 120호, 어선은 7척이다. 명태와 대구를 연승으로 잡고, 쥐노래미 어업도 행한다. 1년 어획량은 명태 60태인데 가격으로는 960원이고, 미역은 30태인데 가격으로는 90원이다.

호례(呼禮)

다진의 남쪽 약 18정에 있다. 만 내로 갈수록 점점 좁아지고, 수심이 5~6길이다. 인가 30호, 어선 2척이 있다. 주로 명태와 쥐노래미 어업을 행한다. 1년 어획량은 명태는 70태, 가액 1,120원이고, 쥐노래미는 60원이다.

직전(稷田, 직젼)

호례의 남쪽 약 18정에 있다. 만구는 북동을 향하고 3면이 구릉으로 둘러싸여 있다. 인가 10호, 어선 1척이 있다. 중요한 수산물은 쥐노래미와 미역이다. 1년 어채액은 쥐노래미 70원, 미역 30원이다.

마진(麻津)

마진 또는 마전(麻田)이라고도 한다. 직전의 남쪽에서 5정 거리에 있다. 만구는 북동으로 향하고, 3면은 구릉이 에워싸고 있다. 수심은 5~6길이다. 만 내의 해안은 평평한 사빈이다. 인가 28호, 어선 3척이 있다. 주요 수산물은 명태 · 쥐노래미 · 미역 등이다. 1년 어획량은 명태는 40태, 가액 640원, 미역은 40태, 가액 120원이다.

서면(西面)

본 면은 북쪽으로는 동면에, 남쪽으로는 명천군(明川郡)에 접해있다. 해안선이 아주 짧지만, 약간의 굴곡이 있고, 양항(良港)을 가지고 있다. 그 북쪽은 구릉이 많지만 남쪽은 아주 평평하다.

대량화(大良化, 딕량화)

마진의 남쪽 약 10정에 있다. 만구는 남동으로 열려있고, 3면으로 구릉을 등지고 있다. 만 내는 넓고, 수심은 4~25길이다. 선박을 정박하기에 적당하다. 어랑단(漁郎端)에서 무수단(舞水端) 사이의 유일한 양항(良港)이다. 연해를 항해하는 기선이 자주 기항한다. 인가 140호, 어선 7척이 있다. 주요 수산물은 명태 · 쥐노래미 · 미역이다. 1년 어채량은 명태 170태, 가액 2,720원이고, 쥐노래미는 가액 200원, 미역은 30태, 가액 90원이다.

소량화(小良化)

대량화의 남쪽으로 약 15리에 있다. 만구는 남동으로 열려있고, 해안에 암초가 산재하지만 만 내에는 사빈(沙濱)이 있다. 인가 30호, 어선 4척이 있다. 어선은 주로 미역을 채취하는 데 사용한다. 채취장은 연해 약 17~18정 사이이다.

운동(雲洞)

소량화의 남쪽 약 10리에 있다. 만구는 북동으로 향하고, 만 내는 사빈이다. 수심은 4~5길이고, 서풍을 피할 수 있다. 인가는 32호, 어선은 1척이 있다. 주요 수산물은 명태, 미역이다. 미역 채취장은 북쪽 와암곶(臥岩串)에서 남쪽 명천군(明川郡)에 이르는 해안인데, 그 채취권을 가진 자는 명천군 황진(黃津)의 주민이다. 매년 4척의 작은 배를 가지고 와서 채취한다.

추호(楸湖, 츄호)

운동의 남쪽 6~7정에 있다. 명천군 황진과의 거리는 10리이다. 만구는 남동을 향하고 북서로 구릉을 등지고 있다. 만의 안쪽은 사빈이지만 전면에 암초가 흩어져 있어서 어선을 정박하기 어렵다. 인가 30호, 어선 3척이 있다. 주요 수산물은 명태 · 대구 · 미역 등이다. 미역 채취장은 북쪽으로 장석곶(長石串)에 이르는 연안 약 17~18정 사이다. 음력 5월 초순에 45일간 채취한다.

제6절 명천군(明川郡)

개관

연혁

원래 길주(吉州)의 명원역(明原驛)이다. 조선 예종(睿宗) 원년 비로소 지금의 이름으로 고쳤다.

경역

북은 경성군에, 남서는 길주군에 접하고, 동쪽 및 남쪽의 2면은 바다로 이어진다.

연안

동안(東岸)과 남안(南岸)의 교각(交角)을 무수단(舞水端)이라고 한다. 동안(東岸)은 굴곡으로 이루어진 작은 만과 깎아지른 절벽[斷崖]이 많다. 복숙단(福宿端) · 전덕단(前德端) · 운문대단(雲門臺端) · 목진단(木津端) 등의 갑각이 있는데, 복숙단에서 운문대단에 이르는 사이는 사빈이고, 운문대단에서 무수단에 이르는 사이는 산악이 바다까지 뻗어있어 험한 낭떠러지가 많다. 남안(南岸) 일대는 사빈인 곳이 많고, 역시 또한 만입이 많아 갈마포(葛麻浦) · 사진(泗津) 등의 양항(良港)이 있다. 명천군 내에 산악이 거듭 이어지고, 중앙에는 고원을 이루는데, 이에 반해 하천은 적고, 또 규모도 작다. 그중 큰 것은 명천의 서단(西端)을 흐르는 화대대천(花臺大川)이라고 한다.

호구

전체 군의 호수는 11,497호이고, 인구는 57,356명이다.

군읍

명천읍(明川邑)은 명천군의 북서쪽 귀퉁이에 있고, 경성군과 가까이 접한다. 군아(郡衙) 이외에 재무서 · 우편전신취급소 · 순사주재소 등이 있으며, 음력 매 4 · 9일에 장시를 연다. 집산 화물은 미곡 · 포백(布帛) · 소 · 돼지 · 닭 · 어류 · 기타 여러 잡화이고, 집산 구역은 명천군내와 경성군내이다.

교통

해로(海路) 교통은 갈마포 및 사진에 때때로 기선(汽船)이 기항하여, 연안 지방에서는 그 편리함을 누릴 수 있다. 군읍은 육로가 매우 멀리 떨어져 있기 때문에 오히려 이웃 군의 대량화항(大良化港)과의 교통이 번성하다. 그리고 길주읍을 거쳐 성진(城津)에 이르는 도로가 있는데, 자못 평탄해서 우마(牛馬)가 다닐 수 있다.

시장

명천읍 외에 운상(雲上) · 누덕장(樓德場) · 하가(下加)의 세 곳에도 역시 장시가 있다. ◀운장(雲場)은 매 4 · 8일 ◀누덕장은 매 5 · 10일 ◀하가는 매 4 · 9일에 각각 장시가 열린다. 집산화물은 미곡 · 포백 · 어류 등이 많다.

명천군은 미역의 산지로 함경도의 으뜸이며, 그 착생이 가장 많은 곳은 북방 황진(黄津)에서 남방 무수단까지의 약 20해리 사이라고 한다. 착생하는 장소로는 공암(公岩) · 사암(私岩)이 있는데, 공암은 원래 궁내부(宮內府) 내장원(內藏院) 소속이었지만 국유가 되었으며〈융희 2년(1908) 칙령 제39호 참조〉, 황진 · 중평(中坪) · 포항(浦項) · 갈마포 4개 마을의 공동특허지이다. 사암은 지선(地先) 각 마을의 공동소유로 그 채취권은 전매(典賣)할 수 있는 것이라고 한다.

구획 및 임해면

명천군은 8면(面)으로 나뉜다. 바다에 연하는 것은 상고(上古) · 하고(下古) · 하가(下加)의 3면이고, 각 면의 주요 어촌은 다음과 같다.

상고면(上古面)

상고면은 북쪽은 경성군에, 남쪽은 하고면에 접한다. 연안의 양단(兩端)에 양항(良港)이 있는데, 북쪽에 있는 것은 황진, 남쪽에 있는 것은 포항이라고 한다. 또한 모래사장이 풍부하다.

황진(黄津)

추호(楸湖)의 남쪽으로 약 20리, 명천읍과 70리 거리에 있다. 대보산(大寶山)이 그 북쪽에 높이 솟아 있어서 항해의 좋은 표지[目標]가 된다. 만구는 동쪽으로 바라보고 있으며 나머지 세 방향은 구릉으로 둘러싸여 있다. 정박지는 만 내 서부에 있고, 수심은 3길 내지 8길이며, 간만[潮汐]의 차가 심하지 않다. 만 내의 중앙에는 암초가 드러나 있지만 양안 일대는 사빈으로 지예망(地曳網)의 좋은 어장이다. 주변은 산지이며 평지는 적다. 산중턱에 밭[畑] 60일갈이, 인가 40호가 있다. 생산물은 콩 · 보리 · 명태 · 쥐노래미, · 미역 등이고, 수출하는 것은 콩 · 명태 및 미역이다. ▲명태는 앞바다 30~40리, 수심 300~400길 이상, 해수 바닥은 진흙뻘[泥質]이며 조류가 급격한 곳. ▲쥐노래미는 만구 및 만 내 수심 20~30길인 곳. ▲미역은 연안 일대 수심 3~4길인 곳에서 어채(魚採)한다. 생산량은 명태는 10태, 해당 가액은 40관문, 미역은 80태, 해당 가액은 148관문이다.

중평(中坪, 즁평)

황진의 남쪽 약 20리, 명천읍과의 거리는 90리이다. 만구는 남동쪽으로 바라보고 있고, 모래언덕[沙堆]이 돌출하여 있는데, 암초가 이와 나란히 줄지어 서 있어 방파제의 역할을 하여 서풍과 북풍을 피하는 데 적합하다. 만 내는 넓지는 않지만 수심이 3~4길 내지 30길이고, 어선을 정박할 수 있다. 부근에 평지가 적고, 산중턱에 밭 250일갈이가 있다. 하루갈이의 가격은 상등이 150관문 내외, 하등은 60~70관문 내외이다. 만의 북쪽 귀퉁이에 인가 50호가 있다. 명천읍에 이르는 도로는 아직 완전하지 않다. 교통이 다소 불편하지만, 해운에 있어서는 소기선(小汽船)이 때때로 기항한다. 물산은 콩 · 보리 · 조 · 피 · 기장 · 어류 · 해조(海藻) · 소금 등이고, 수출하는 것은 콩 · 명태 · 미역 · 소금 등이다. 수산물은 명태 · 청어 · 쥐노래미 · 미역 등을 주로 한다. ▲명태는 앞바다 10리 내외. ▲청어 및 쥐노래미는 지선(地先) 만내. ▲미역은 중평마을과 5리 떨어진 도암곶(島岩串)에서 북쪽 용구만(龍龜灣)에 이르는 연해에서 각각 어채한다. ▲청어는 3월 중 지예망을 사용하고, 쥐노래미는 6월 중 충조망(沖繰網)[35]을 사용해서 어획한다.

35) 앞바다에서 쓰는 수조망(手繰網)이나 양조망(揚繰網)으로 생각된다.

포항(浦項)

중평의 남쪽에 있고, 북쪽으로 전덕단(前德端)이 돌출하여 작은 만을 형성한다. 만의 넓이는 남북 2정(町), 동서 1정에 이르고, 수심은 2~10길이며, 서풍을 피하려는 어선이 정박하기에 적당하다. 부근은 평지가 적고, 밭[火田] 200일갈이가 있다. 그 가격은 80~100관문이다. 만의 북쪽 귀퉁이에 인가 80호가 있다. 도로는 험준해서 육상 교통이 불편하지만, 이 항은 기선의 기항지이기 때문에 해운의 편리함이 있다. 물산은 농산에 있어서는 콩 · 보리 · 조 · 피 · 기장 등이고, 수산에 있어서는 명태 · 대구 및 미역 등이다. 수출하는 것은 콩 · 명태 및 미역이다. 명태 및 대구는 앞바다 약 10리, 수심 200~300길, 조류가 조금 급한 곳에서 어획한다. 미역은 해안과의 거리가 약 20~30간(間) 이내이고, 수심 3~4길인 곳에서 채취한다. 명태의 어기는 2~4월까지, 어구는 연승을 사용하고, 소금에 절인 정어리 · 문어 · 기타 작은 물고기를 미끼로 한다. 대구는 9~10월까지 연승을 사용하고, 청어를 잘라서 미끼로 하여 어획한다.

하고면(下古面)

본 면은 북쪽은 상고면(上古面)에, 서쪽은 하가면(下加面)에 접하고 남쪽은 바다에 면한다. 연안은 평지가 많고 또한 만입한 곳이 많다.

갈마포(葛麻浦)

무수단(舞水端)의 서쪽으로 만입한 작은 만에 있다. 만 입구는 약 0.5해리(962m)이고 북쪽으로 만입한 곳은 약 10리, 수심은 7~30길이다. 주변에 높은 구릉을 둘러싸고 있어 서풍 북풍 및 동풍을 피할 만하다. 북쪽으로 항해하는 선박 중 항상 이곳에서 비바람을 피해 정박하는 경우가 많다. 평지가 적고 밭은 10일 갈이가 있는데 가격은 100관문 내외이다. 인가는 16호가 있다. 육로는 명천읍(明川邑)에 이르는 150리 사이가 험준해서 불편하지만, 해운에 있어서는 기선이 때때로 기항해서 교통을 돕는다. 산물은 콩 · 조

· 보리 · 명태 · 쥐노래미 · 송어 · 해삼 · 미역 · 다시마 등이다. 미역은 본촌을 중심으로 연해 약 20해리 사이에 가장 많고 다시마는 본촌에서 이북 포항(浦項)까지의 사이에서 난다. 이 연해는 해조의 산지로서 그 이름이 일찍이 널리 알려져 수년 전부터 부근 각 촌의 공동 채취장이 되었다. 와서 참여하는 자는 본군 삼달진(三達津)에서 중평(中坪)에 이르는 연안 각지의 주민을 주로 한다. 그 밖에 멀리 떨어진 지방에서 온 자 또한 자못 많다. 모두 가족을 동반하고 연안에 임시가옥을 지어놓고 어업에 종사한다. 그 성어기에는 채취물을 적재하기 위해 본촌에 기선이 기항하기 때문에 채취선이 모여드는 것 또한 많아서 황량한 한촌(寒村)이 한순간에 시끄러운 곳으로 변한다. 미역의 채취기는 4~6월까지, 다시마는 6월이다.

국진(國津)

갈마포의 서쪽으로 15리에 있다. 만 입구는 남쪽에 면한다. 원소우(遠所遇)라고 부르는 구릉으로 형성된 갑각이 바다 가운데 돌출해서 그 입구를 막고 있다. 넓이는 동서 약 400간, 남북 약 120간이고 수심은 2~5길이고 어선이 정박하기에 적당하다. 밭은 60일 갈이가 있고 가격은 하루갈이 80관문 내외이다. 인가는 120호가 있다. 바다와 육지 모두 교통이 매우 불편한데 오직 북관(北關)으로 항행하는 기선이 드물게 기항하는 경우가 있다. 산물은 콩 · 보리 · 조 · 피 · 기장 · 명태 · 쥐노래미 · 송어 등이다. 명태는 본촌의 동남 근해 10~20리, 수심 70~80길이 되는 곳 ▲쥐노래미 및 송어는 소갈마포만 내에서 어획한다. ▲미역은 국진의 동쪽 갑각에서 소갈마포에 이르는 사이, 수심 3~4길 이내인 곳에서 채취한다. 명태 1년 산액은 70태, 가격은 27관 200문이다.

가호(佳湖, 계호)

국진의 서쪽으로 약 10리에 있다. 만 입구는 남동쪽에 면한다. 만입한 곳은 약 1정(町), 수심은 5~10길이다. 배후에 구릉을 등지고 있어 서북풍을 피할 만하다. 때때로 기선이 기항하는 경우가 있다. 만의 북서쪽 모퉁이에 인가가 30호 있다. 그 북부에 산림이 있다. 또 밭 30일 갈이가 있는데 그 가격은 50~60관문이다. 산물은 콩 · 조 · 보리 ·

기장 · 정어리 · 쥐노래미 · 송어 · 미역 등이다. 정어리는 4~5월까지 만 내 수심 3~4길 이내인 곳에서 어획한다. ▲쥐노래미 및 송어는 4~5월까지 만 내 수심 3~4길 이내 조류가 완만한 곳에서 거망을 사용해서 어획한다. 미역은 5월 초순에 채취한다. 쥐노래미는 머리 부분에서 배까지 갈라서 소금을 친 후에 칡덩굴로 머리 부분을 꿰어 장대에 널어서 건조한다. 송어는 복부를 갈라 내장을 꺼내고 바닷물에 깨끗이 씻어서 소금을 치고 봉당[土間]에 여러 겹으로 쌓아두었다가 3~4일이 지나면 판매한다.

황암진(黃岩津)

가호의 서쪽으로 약 30리에 있다. 만 입구는 동쪽에 면하고 그 폭은 약 2정, 만입한 곳은 약 1정이다. 연안 일대는 완만한 경사를 이루는 사빈으로 겨우 활모양을 이루는데 불과하므로 파도가 높아서 배를 정박하기에 편리하지 않다. 그렇지만 만의 서북 모퉁이에는 구릉이 있어서 서풍을 피할 만하다. 북관으로 항행하는 기선이 1년에 1~2회 기항하는 경우가 있다. 밭은 80일 갈이가 있는데 그 가격은 40~50관문이다. 인가는 100호가 있다. 산물은 콩 · 보리 · 조 · 정어리 · 미역 등이다. 정어리는 동해안 수심 2~5길의 곳에서 어획한다. 미역은 본촌에서 북쪽 갈마포에 이르는 사이의 연안에서 채취한다.

후생진(厚生津, 후싱)

황암포의 남쪽 10정에 있다. 만 입구는 남동쪽에 면하고 그 폭은 2정, 만입하는 곳은 약 1정, 수심은 5~8길이다. 배후에 구릉을 등져서 서풍을 피할 만하다. 조석의 차이는 대조(大潮) 때에 약 2피트이다. 밭[山畑]은 15일갈이가 있는데 가격은 하루갈이 20관문 내지 30관문이다. 산물은 콩 · 보리 · 조 · 명태 · 미역 등이다. 명태는 남쪽의 앞바다 40~50리, 수심 100길 이상의 곳에서 3~4월까지 연승을 사용하고 소금에 절인 정어리 또는 문어를 미끼로 해서 어획한다. 미역은 본촌에서 북쪽 갈마포에 이르는 사이의 연안에서 6월 상순에 채취한다. 채취는 대개 2~3일이면 마치지만 갈마포 부근에서는 약 10일 사이에 이른다.

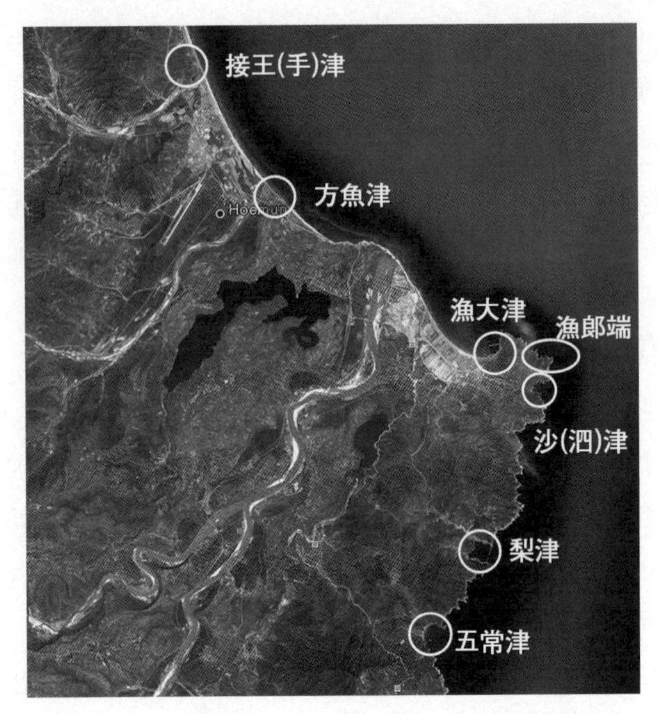

〈위성지도상 각 지역의 위치 비정〉

↑방어진 일대 지형

↑어대진 일대 지형

하가면(下加面)

본 면은 동쪽으로 하고면에, 서쪽으로 길주군에 접한다. 연안은 굴곡이 많아서 항만이 풍부하다. 전면의 근해에 3개의 섬이 있는데, 이를 총칭해서 양도(洋島)라고 한다.

창진(昌津, 챵진)

후생진의 서쪽 몇 정(町) 거리에 있다. 만 하구는 남동으로 면한다. 북서로 만입하는 것이 약 1정이고 배후의 구릉은 서쪽으로 연해 갑각을 형성하여 북서풍을 막을 수 있다. 수심은 8~10길이고, 북관을 항행하는 기선이 때때로 기항한다. 북쪽 구릉의 산허리에 인가가 80호, 부근에 밭이 100일 갈이가 있다. 가격은 하루갈이 70~110관문이다. 콩, 보리, 조, 미역 등을 생산한다. 어업은 뜰채[攩網] 및 손낚시[手釣]로 볼락, 우럭 등을 어획하는 데 불과하다. 미역은 1~3월까지는 지선(地先)에서 4~6월까지는 무수단과 양도에서 채취한다.

사진(泗津, 샤진)

창진의 서쪽 약 18정 거리에 있다. 만 하구는 동남으로 면하고, 3면이 구릉으로 둘러싸여 있다. 동서 양쪽은 다소 돌출해서 만 입구를 감싸고 있다. 특히 서쪽에는 갑단에서 동쪽을 향해 암초가 점점이 늘어서 있어 만 입구의 반에 달하기 때문에 파랑을 막을 수 있지만, 격한 파도가 일어날 때는 출입에 위험을 면하기 어렵다. 그렇지만 만 내는 북서풍을 피할 수 있다. 수심 7~15길로 선박의 정박에 적당하다. 북관 항행의 기선이 때때로 기항한다. 조세(潮勢)는 다소 급하며 조석의 차이는 성진 부근과 같다. 인가 34호, 부근에 밭 50일갈이가 있다. 가격은 70~100관문이다. 콩 · 보리 · 조 · 미역 등을 생산한다. 수출되는 것은 콩과 미역인데 한 해의 수출액이 콩은 약 3,000태, 미역은 약 2,000태이다. 미역은 동서 양 갑각 부근에서 많이 생산된다. 채취장은 종래 궁내부 소관에 속하며 채취세로 종묘제사료의 일부를 충당하였다고 한다. 최근 일본어민이 본동과 사진의 사이에 가리비[海扇]가 서식되는 것을 발견하였지만 아직 왕성하게 이를 채취하는 데는 이르지 않았다.

삼달진(三達津)

사진(泗津)의 서쪽에 있다. 북동쪽에 구릉이 돌출해서 활 모양을 이루지만 북서 일대는 사빈으로 거의 직선을 이룬다. 또 수심이 얕아 선박의 정박에 적당하지 않다. 인가는 39호로 어업을 영위하는 자가 많다. 염전 2개소가 있다. 주요한 수산물은 명태 · 대구 · 청어 · 정어리 · 쥐노래미 · 미역 등이다. 명태와 대구는 연승으로 ▲청어와 정어리 및 쥐노래미는 지예망으로 어획한다. 명태는 동건(凍乾)하지 않고 날생선 그대로 판매한다. 쥐노래미는 염장하는 경우가 있다. 미역은 본 마을 지선 외에 양도 및 무수단 부근에 이르러 채취한다.

양도(洋島)

삼달진의 근해 약 10리에 떠있고 세 개의 섬으로 이루어져 있다. 2개의 섬은 본 군에, 다른 1개의 섬은 길주군에 속한다. 본 군에 소속된 것 중에 하나는 둘레가 약 10리 정도로 인가가 겨우 1호 있다. 다른 한 섬은 암초로 이루어진 작은 섬에 불과하다. 상세한 내용은 길주군 소속 양도의 항목 중에 있다.

제7절 길주군(吉州郡)

개관

연혁

본래 고구려의 옛 땅이다. 오랫동안 여진이 거처하던 곳이었으나 고려 예종 2년에 정벌하여 여진을 쫓아내고 지금의 이름으로 고쳤다.

경역 및 연안

북쪽은 장백산맥을 사이에 두고 무산군과 이웃한다. 남쪽은 성진부에 접하고 서쪽은 마천령산맥으로 단천군과 경계를 이루고 동쪽으로 약간 바다에 면한다. 연안은 사빈으로 거의 만입이 없다. 앞쪽에 양도와 난도의 두 섬이 있다. 양도는 비옥한 경작지가 있고, 또한 본 군의 중요한 어장이다. 난도는 양도의 남쪽 6.5해리에 위치하는데, 멀리 근해에 떨어져 있는 사람이 살지 않는 바위섬에 불과하다. 전 군의 호수는 11,771호이고, 인구는 약 57,669명이다.

군읍

길주읍은 군의 동쪽 구석에 있다. 그 위치는 명천군과 가까이 접해있다. 군아 외에 재무서·순사주재소·우편전신취급소 등이 있다. 음력 매월 1·6일에 시장이 열린다. 집산화물은 소·소가죽·포백·어류·미곡·땔감·기타 잡화이고, 집산구역은 명천·성진·단천의 각 지방이다. 본 읍에서 성진에 이르는 육로 약 150리 사이는 평탄한 국도가 통과하므로 교통이 제법 편리하다. 일본인 거류자는 12호가 있다.

본 군의 특산물은 삼베로서 장백·웅평·덕산 각 지방에서 산출된다. 연 생산액은 1만 5천여 단(反·段)을 넘으며, 주로 성진·부산·경성 등으로 수출한다. 소의 생산액도 또한 자못 많은데 매년 약 1,500두가 넘는다. 수산물은 명태·쥐노래미·정어리·미역 등을 주로 한다.

본 군은 7면으로 나뉜다. 바다에 접한 곳은 동해면밖에 없고, 어촌으로 주요한 곳은 일하진과 양도이다.

동해면(東海面)

일하진(日下津)

삼달진(三達津)의 서쪽 10리 남짓에 있다. 남동쪽으로 면하고, 북서쪽은 구릉이 둘러싸고 있고, 서쪽으로 연결되어 작은 돌각을 형성한다. 다소 활모양의 만을 형성하지만 일대가 사빈이고, 수심이 얕아 선박의 정박에 적당하지 않다. 만의 서쪽 모퉁이에 인가 53호가 있고, 부근에 밭 20일갈이가 있다. 하루갈이의 가격은 70~100관문이다. 콩·보리·조·피·기장·명태·쥐노래미 등을 생산한다. 명태 어장은 본 마을의 남동쪽 약 40~50리의 근해인 난도(卵島) 부근, 수심 100~200길의 저질이 진흙인 곳이다. 어획된 것은 날생선 또는 건조해서 시장이나 부근의 농가에 판매한다. 본 마을 및 부근에 양빈식(揚濱式) 염전 2개소가 있다.

양도(洋島)

명천군 삼달진의 근해 약 10리에 있으며, 3개의 섬으로 이루어져 있다. 그 2개의 섬은 각각 둘레가 약 10리 정도이다. (두 섬들이다) 남북으로 길고 동서가 좁으며 서로 에워싸서 내해를 형성한다. 그 외에 암석으로 이루어진 하나의 작은 섬이 만 입구를 막는다. 내해의 수심은 5~8길이며 비교적 대형의 선박을 수용하기에 충분하며, 바람을 피하기에 적당하다. 3개의 섬 중 서쪽에 있는 것은 본 군에, 다른 2개의 섬은 명천군에 속한다. 서도가 가장 크고 동도는 다소 작다. 두 섬은 모두 경사가 완만한 구릉으로 이루어져 있다. 토지가 비옥하고, 밭 10일갈이가 있다. 식수는 질이 좋지만 양이 부족하여 때때로 대안(對岸)인 삼달진(三達津)에서 공급받기도 한다. 농산물은 콩·보리·조 등이지만 생산액이 많지는 않다. 수산물은 미역을 주로 하고, 그 밖에 명태·쥐노래미 등이다. 미역은 내해 이외 섬의 주위에 서식하는데 이것을 채취하는 자는 주로 삼달진의 주민이며, 섬주민의 가정에 겨우 사용하는 정도에 불과하다. 쥐노래미는 내해 부근 수심 4~8길인 곳을 어장으로 한다. 이 또한 삼달진의 주민에 의해 어획된다. 또한 이 섬 부근에는 봄철에서 가을철에 걸쳐 방어·삼치·정어리·도미·청어 등이 회유하는 것이 매우 많다고 한다.

제8절 성진부(城津府)

개관

연혁

광무 3년 마산 · 군산과 함께 성진을 개항하자마자, 길주 · 단천의 두 군으로부터 토지를 나누어 본 부(府)를 두어 오늘에 이르렀다.

경역

북쪽은 길주군에, 남쪽은 단천군에 접한다. 동쪽은 바다를 바라보고 있다.

연안

연안에 굴곡과 만입이 많고, 그 북단인 유진단(楡津端)의 서쪽에 있는 것이 가장 크다. 이것을 임명해(臨溟海)[36]라고 부른다. 그 서쪽에 성진항이 있는데, 군아 · 재무서 · 구재판소의 소재지이다. 전 군의 호수는 9,602호이며, 인구는 47,509명이다.

군 내에는 산악이 여러 겹으로 겹쳐져 있으며, 설봉산 · 오봉산 · 무현산 · 양포덕산 · 후산 · 마천령 등이 그중에서 가장 높다. 중앙에 고원이 있으며, 큰 하천 하나가 관통하며 흘러서 임명해로 들어간다. 이것을 임명천이라고 부른다. 하구를 약 50리 거슬러 올라간 곳의 북안에 임명(臨溟)이 있다. 매월 음력 2 · 7일에 시장을 연다. 집산화물은 미곡 · 콩 · 포백 · 어류 · 식염 · 목화 · 토기 · 유기 · 담배 · 철기 · 소 · 기타 여러 잡화이며, 집산지역은 길주 · 단천 · 명천 · 갑산 · 삼수 각 지방이다.

물산

육산(陸産)으로는 조포(造布) · 광포(廣布) 등의 특산물이 있다. 산액은 매우 많으며, 주로 경성 및 일본에 수출한다.

---

36) 임명해(臨溟海)는 임명천(臨溟川)이 흘러드는 앞바다를 가리킨다. 성진만을 이루는 바다이다.

수산물

수산물은 명태 · 대구 · 청어 · 정어리 · 방어 · 삼치 · 고등어 · 쥐노래미 · 가자미 · 광어 · 도미 · 다시마 · 미역 등이다. ▲명태는 성진 이남을 성어지로 하며, 어구는 주로 연승을 사용하며, 본 부(府)의 남단인 이호(梨湖) 부근에서는 수조망을 사용한다. 어기는 봄은 음력 1~4월까지이며, 겨울은 10~12월까지라고 한다. ▲대구는 연승을 사용해서 어획한다. 어기는 가을 9~10월 사이를 주로 하지만, 또한 봄 3~4월 경에 임명해 내각 마을에서 출어하는 자가 있다. ▲청어는 쌍룡포 이북에 가장 많으며, 주요 어장은 임명해 및 이호 부근이다. 어구는 거망 · 지예망 · 선망(旋網) · 자망 등을 사용한다. 선망은 임명해에서만 행한다. ▲정어리의 종류는 주로 일반 멸치[ひしこ][37]이며, 매년 음력 4월경부터 연안 각지에 내유한다. 어구는 지예망을 사용한다. 임명해에서 행해지는 것이 가장 크며, 길이 100길이다. ▲방어는 건망을 사용해서 어획한다. 아직 성행하지는 않는다. ▲쥐노래미는 봄 · 가을 두 계절에 주로 하며, 자망으로 어획한다. 예망 · 거망 · 손낚시 등 역시 행한다. ▲가자미 및 광어는 수조망으로 임명해 부근을 중심으로 본 부 및 길주군 연해에서 행한다. 어기는 연중이지만, 가장 성한 때는 5~9월까지라고 한다. ▲게 · 아귀 · 가오리 · 작은 상어 등도 곁들여서 어획한다. ▲도미는 연안 각지에 많은데, 이를 어획하는 자는 주로 성진 재류 일본인 및 부근의 조선인이 이들을 따라서 출어하는 경우가 있을 뿐이다. ▲미역은 연안이 이르는 곳에서 생산하는데, 송오리 이남 영대장단(靈臺場端)의 사이에서 가장 많다. ▲다시마는 일신(日新) 및 예동(禮洞) 부근의 연안에만 자라는데, 그 발육이 양호하지 못하며, 또한 산액도 역시 무수단과 같이 많지 않다.

구획 및 임해면

부는 6면으로 나뉜다. 바다에 연한 곳은 학동 · 학중 · 학성 · 학남 4면이다. 각 면에서

37) 일본어에서는 정어리 · 보리멸 · 멸치를 총칭하여 '정어리'라고 하며, '히시코(ひしこ)'는 멸치를 말한다.

의 주요 어촌의 상황은 아래와 같다.

학동면(鶴東面)

본 면은 본 부의 북단에 있다. 서쪽은 학중면에 접한다. 연안의 대부분은 평평한 사빈이며, 만입이 적다. 본면과 길주 경계를 나누는 큰 하천이 있는데, 남대천이라고 부른다. 하구에 장망장(張網場) 2곳이 있으며, 9~10월 두 달 동안 연어를 어획한다.

몽상진(夢祥津)

유진단의 안쪽에 있다. 서남쪽에 구릉을 등지고 있으며, 연안은 가는 모래이고, 활모양으로 만입하고 있다. 물은 얕으며 또한 북동풍 때는 파도가 심해서 계선(繫船)이 어렵지만, 남서풍을 막을 수 있다. 인가는 300호이며, 밭은 200일 갈이이다. 가격은 하루갈이 30관문 내지 90관문이다. 육산(陸産)에는 조 · 콩 · 피 · 기장 · 소 등이 있다. 콩과 소는 일단 성진으로 수송해서 후에 블라디보스톡 지방에 수송한다. 수산물 중 주요한 것은 정어리 · 미역 등이다. 미역은 유진단(楡津端)에서 많이 생산되며, 5월 중 채취한다. 1년의 생산량은 약 30태(駄)이다.

학중면(鶴中面)

본면은 동쪽으로 학동면(鶴東面)에, 서쪽으로 학성면(鶴城面)에 접한다. 남쪽으로는 임명해(臨溟海)에 닿아있다. 연안은 평평한 사빈이 많다.

유진(楡津)

몽상진(夢祥津)의 북쪽에 있다. 배후(背後)에 산을 등지고 서쪽은 바다에 면하여 멀리 성진(城津)과 마주본다. 만 내의 폭[廣袤]은 약 1정(町), 사방 수심은 2~5길, 동풍 및 북풍을 피할 수 있다. 인가는 약 30호, 산중턱[山腹]에 밭[畑][38] 20일 갈이가 있다. 육산물(陸産物)로는 콩 · 보리 · 조 등이 있고, 중요한 수산물로는 대구 · 청어 · 방어 · 정어리 · 가자미 · 쥐노래미 · 미역 등이 있다. ▲대구는 앞바다[沖合] 40~50리, 수심 120~130길인 곳에서 연승(延繩)을 이용하여 어획한다. ▲가자미도 또한 연승을 이용한다. ▲방어는 본촌(本村)의 남쪽 갑단(岬端)의 내측에 건망을 설치하여 어획한다. 그 어장은 2개소가 있다. 또 이 어장에 인접한 마을에서 와서 2~4월 사이에 거망을 설치하는 경우도 있는데, 오로지 청어를 주로 하고, 쥐노래미 · 정어리 등도 곁들여서 어획한다. ▲대구는 날생선으로 판매하고, 가자미는 큰 것은 날생선으로, 1척(尺) 내외인 것은 말려서[乾製] 판매한다.

임호진(臨湖津, 림호)

유진의 서쪽 약 10리(里), 성진의 북쪽 30리, 임명(臨溟)의 동쪽 약 10리에 있으며 임명해의 북쪽 모퉁이에 위치한다. 연안이 만형(灣形)을 이루지만 서쪽 방면 일대가 평탄한 사빈(沙濱)으로 장벽이 없어서 오직 동풍만을 피할 수 있다. 인가는 160호, 밭 26일 갈이가 있다. 하루갈이의 가격은 80~100관문이다. 농산물은 콩 · 보리 · 조 · 피 · 기장 등이고, 수산물은 대구 · 명태 · 청어 · 정어리 · 가자미 · 가오리 · 아귀[鮟鱇] · 연어 · 게 등이다. ▲대구 및 명태는 연승(延繩)을 이용한다. ▲청어 및 정어리는 지예망(地曳網)을 이용한다. ▲연어는 임명천의 상류 약 2정인 곳에 장망(張網)[39]을 설치하여 어획한다. ▲기타 어류는 모두 수조망(手繰網)으로 어획한다. 어기(漁期)는 명태가 봄, 겨울의 두 계절, 대구는 4월, 청어는 4~6월까지, 정어리는 5~9월까지, 수조망은 3~4월까지로 한다.

---

38) 중세 일본에서는 숲에 불을 질러 일구어 농사를 짓는 밭을 畑(火田, かでん)이라 하고, 그 외의 밭을 畠(하타케, はくでん)이라 하여 구분 지었으나, 현재는 두 가지를 구분하지 않고 畑이라 표기한다.

39) 주목망, 안강망 및 낭장망 등과 같이 강제 함정어구로서, 어구를 고정시키거나 또는 이동시켜 조류의 힘에 의하여 대상물을 강제로 자루에 몰아넣도록 하는 그물이다.

학성면(鶴城面)

본 면은 북쪽으로 학중면에, 남쪽으로 학남면에 접한다. 연안에 꽤 많은 양항(良港)이 있다. 성진(城津)이 가장 유명하다.

쌍호(雙湖)[40]

임호진(臨湖津)의 남쪽 약 10리, 성진의 북쪽 약 18(町)에 있다. 해안은 평평한 사빈이며 경사(傾斜)가 완만하다. 서쪽은 구릉을 등지고, 남쪽은 갑각(岬角)이 바다로 돌출되어서 어느 정도 만형(灣形)을 이룬다. 수심은 5~6길이고, 서풍과 남풍을 피하기에 적합하다. 인가는 61호, 밭[畑]은 60일 갈이가 있고, 가격은 하루갈이에 20관문 내지 60관문이다. 농산물은 보리, 콩이 있고, 수산물은 명태 · 대구 · 청어 · 정어리 · 가자미 · 문어[鮹] · 전복 · 함박조개[姥貝][41] 등을 주로 한다. ▲명태 및 대구는 연승을 사용한다. ▲청어 및 정어리는 갑각 이북의 만 내에서 지예망을 사용한다. ▲가자미는 주로 수조망을 사용하여 어획하고, 청어는 또한 자망을 사용하는 자가 있다. 어기(漁期)는 명태는 춘계 및 동계 ▲대구는 2~4월 ▲청어는 춘계 ▲정어리는 추계 ▲함박조개는 4~8월에 이르기까지 잡는다. 주민 외에 경성(鏡城)지방에서 와서 청어를, 단천(端川)지방에서 와서 함박조개를 어채(魚採)하기도 한다. 가자미는 작은 것은 말려서, 큰 것은 날생선으로 판매한다. 말린 가자미 및 소금에 절인 청어는 부근의 시장 또는 성진에 판매하고, 말린 정어리는 원산(元山)에 판매한다.

---

40) 본래 지명은 쌍포(雙浦)이다.

41) ウバガイ. 모패(姥貝) 또는 우파패(雨波貝)라고 하며, 대합이라고도 한다. 우리나라는 동해 북부에 주로 서식하며, 일본, 사할린 등지에도 서식한다.

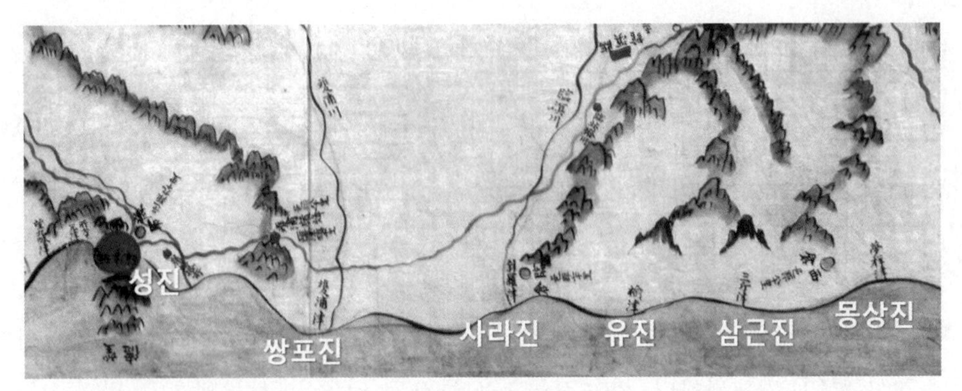

1872년 지방도 중 길주지도. 사라진(斜羅津)은 임호진에 비정되고, 더불어 삼근진(三斤津)이 보인다.

성진(城津, 셩진)

성진은 쌍호의 남쪽으로 약 18정에 있고, 임명해(臨溟海)의 서남단에 돌출한 갑각(岬角)의 북쪽에 있다. 제법 만의 모양을 이루고 있지만 입구가 넓고 동북으로 개방되어 있다. 수심은 깊어서 큰 선박을 정박하기에 넉넉하지만 남풍과 서풍 외에는 피하기에 곤란하다. 현지인 및 조선인으로서 거주하는 자가 2백여 호가 있었지만 광무 3년 개항장이 되자 북쪽으로 2정 떨어진 학평(鶴坪)으로 이주해서 한 시가를 이루었다. 그리하여 이 땅은 오로지 외국인이 거류하는 곳이 되었다. 당초에 거류자가 매우 적었지만 해마다 증가하여 지금은 일본인 약 100호와 청국인이 약간 있다. 일본 이사청 · 우편국 · 경찰서 · 소학교 · 수비대 · 헌병분견소 · 제일은행출장소 등이 있다.

교통

최근에 해로가 대단히 편리해져서 오사카상선회사의 기선 2척이 각각 1개월에 약 2회 왕복하고, 원산에 있는 요시다 아무개[吉田某]라는 사람이 소유한 기선은 1개월 4회 이상 왕복을 하며, 기타의 기선이 왕복, 기항을 하는 경우가 있다. 우편물은 부산까지 6~10일, 7~11일에는 도달한다.

주요한 수출품은 콩 · 소[生牛] · 소가죽 · 삼베 · 보리 · 구리 · 사금 · 어류 · 석기

(石器) 등이며 특히 석기는 이 지역의 특산품이다. 수입품은 포백 · 실[42] · 식염 · 도기 · 술 · 종이 등이다. 융희 2년에는 무역액이 696,722원이고 연안 무역은 435,346원이다. 이 지역에 거주하는 일본인으로서 도미 연승어업에 종사하는 자가 있다. 부근의 내지인 역시 그것을 본받아서 고기를 잡는 자가 있다. 근해에서는 도미 외에 방어 · 삼치 · 가자미 · 쥐노래미 · 문어 · 게 · 해삼 등이 잡힌다.

송오리(松五里)

송오리는 성진의 남쪽으로 약 3정에 있다. 남동쪽은 바다에 면한다. 북서쪽으로 둘러싸인 구릉으로 이어져 두 갑각을 형성한다. 그 북쪽에 있는 것은 망덕반도, 남쪽에 있는 것은 남산곶이라 칭한다. 만 내의 수심은 2~6길이고 서남풍을 피하는 데 적합하다. 인가는 40호이고 밭은 15일 갈이가 있다. 하루갈이의 가격은 30~50관문이다. 위치가 성진에 가깝기 때문에 주민들이 성진 같은 곳에 와서 소달구지[牛車] 운반업에 종사하는 자가 많다. 이 지역에 일본인 거주자가 11호 있다. 농산물은 조 · 보리 · 콩이고 수산물은 정어리 · 청어 · 쥐노래미 · 우럭 · 미역 등이 있다. 정어리 및 청어는 지예망을 사용한다. ▲쥐노래미 및 우럭은 자망을 사용하여 어획한다. ▲청어에도 역시 자망을 사용하는 자가 있다. ●정어리의 어기는 5~6월까지로 풍어일 때는 말린 정어리도 하지만 어획량이 적을 때에는 날생선인 채로 판매한다.

미역 채취도구

청어는 날생선 또는 염장해서 판매한다. 그 염장하는 것은 배는 가르지 않고 그대로 적당한 양의 소금을 뿌려서 20마리씩 볏짚으로 엮여서 시장에 판다. 미역은 4~5월 두 달간 채취하는데, 긴 막대의 끝에 낫[鎌]을 붙인 것으로 자르고, 다른 긴 막대 끝에 가늘고 긴 나뭇조각 몇 개를 묶어 붙인[括附] 창 같은 것으로 감아서[纏絡] 채취한다.[43] 채

42) 원문은 絲類로, 각종 실을 말한다.
43) 미역을 채취하는 도구로 동틀개, 틀개라고도 한다.

취한 것은 4~5줄기를 겹쳐서 하루나 이틀 맑은 날에 건조해서 판매한다. 판매방법은 대개 성진 부근 또는 산간의 마을에서 사러 나오는 사람에게 매도한다. 혹은 그 생산한 가족이 스스로 행상하는 경우도 있다. 판로는 현지에서 거리가 약 30리 떨어진 임명시장부터 멀리는 길주 부근에 이른다.

거리동(巨里洞)

송오리(松五里)의 남쪽에 있다. 인가는 16호이다. 연어 연승 · 명태 연승 · 수조망 · 쥐노래미 낚시 · 미역 채취 등을 행한다. 대구는 9~10월까지를 어기로 한다. 명태의 어기는 봄, 겨울 두 계절이고 봄에는 경성군 연해에 출어하는 일이 있다. 매년 4~5월 두 달 동안 단주(端州) 또는 후리진(厚里津)의 어민이 와서 본촌의 북쪽 갑각에서 거망을 설치하는 일이 있는데 청어를 주로 하고 쥐노래미 · 농어 등도 어획한다.

은호동(恩湖洞)

성진(城津)에서 남쪽으로 약 10리 떨어진 곳에 있다. 넓이 8여 정(町) 사이는 사빈이고 만의 형태를 거의 이루지 않는다. 앞바다[沖合]에는 암초가 산재한다. 인가는 32호가 있다. 평지가 적고 또한 토지가 척박하지만 잘 개간해서 밭 160여 일 갈이가 있다. 하루갈이의 가격은 상등은 110원, 하등은 70원이다. 산은 헐벗어서 땔나무가 부족하다. 콩 · 조 · 보리 · 명태 · 대구 · 미역 등을 생산한다. 콩의 산출이 가장 많고 다른 지방에 수출하기 때문에 출하기에 이르면 연안을 항행하는 기선이 이 지역에 기항한다. 그 판매방법은 5~6월경부터 계약금[手附]를 받아 두고 10~11월경 현품(現品)을 건넨다.

쌍룡포(雙龍浦)

은호동에서 남쪽으로 약 10리 떨어져 있고 성진에서 20여 리 떨어진 곳에 있다. 배후에 구릉이 이어지고 동쪽으로 돌출해서 풍랑을 막는다. 토지가 좁아서 경지가 적고 겨우 밭 60여 일 갈이가 있다. 인가는 36호이고 어업에 종사하는 자가 많다. 수산물은 명태 · 대구 · 삼치 · 가자미 · 청어 · 게 · 미역 등이다. 미역의 산출이 가장 많고 1년 산액은

1,000원 이상까지 오르는 경우가 있다. 대개 원산에 수송한다.

달리리(達利里)

쌍룡포의 남쪽에 있다. 인가는 17호이고 명태 연승 · 대구 연승 · 볼락 뜰채[攩網] · 쥐노래미 낚시 · 수조망 · 미역 채취 등에 종사하는 자가 있다.

만춘리(晩春里, 만총)

달리리의 남쪽에 있다. 인가는 20호이고 명태 연승 · 대구 연승 · 볼락 뜰채 · 수조망 · 미역 채취 등을 행한다. 제염장이 3개소 있다.

벌정포(伐丁浦, 벌청)

만춘리의 남쪽에 있다. 인가는 42호이고 명태 연승 · 대구 연승 · 미역 채취 등을 행한다. 명태는 이 마을의 앞바다[沖合]에서 어획하지만 때에 따라서 경성군 연해에 출어하는 경우가 있다.

학남면(鶴南面)

본면은 북쪽으로는 학성면(鶴城面)에, 남쪽으로는 단천군(端川郡)에 접한다. 연안에 항만이 두드러진 곳은 없지만 수산물이 풍부하고 특히 다시마는 본 면의 특산물이다.

풍호동(豊湖洞)

쌍룡포에서 약 20리 떨어져 있고 벌정포의 남쪽에 있다. 구릉이 만 입구를 막고 있지만 오직 남풍을 막는 데 그치고 선박을 정박하기에 안전하지 않다. 특히 서풍이 가장 위험하다. 해안은 사빈(沙濱)이고 지예망의 좋은 어장이다. 일대에 구릉이 많고 또한 토질이 척박하다. 밭 120일 갈이가 있는데 하루갈이의 가격은 최상등은 100원, 최하등은 50원이다. 인가는 63호가 있고 어업에 종사하는 자가 많다. 명태 · 대구 · 삼치 · 청어 ·

가자미 · 쥐노래미 · 게 · 미역 등을 생산한다. 명태를 주로 하는데 얼려서 원산에 보내고 또 때에 따라서 부근 벽촌(僻村)에서 오는 출매자(出買者)에게 날생선인 채로 매도하는 경우가 있다. 대구 및 삼치는 염장해서 성진에 수송한다. 이 지역에 제염장은 2개소가 있다.

예동(禮洞, 례동)

풍호동에서 남쪽으로 약 10리 떨어진 곳에 있다. 만 입구가 남동쪽으로 열려있고 만입은 약 18정에 이른다. 바람을 피하기에 적당하고 정박하는 데 다소 안전하다. 연안은 사빈이고 지예망의 좋은 어장이다. 그렇지만 육지는 평지가 적고 밭은 겨우 90일 갈이가 있을 뿐이다. 하루갈이 가격은 약 60원이다. 인가는 48호가 있다. 수산물은 명태 · 대구 · 삼치 · 가자미 · 청어 · 게 · 미역 · 다시마 등이다. 제염장은 3개소가 있다.

일신리(日新里)

예동의 남쪽으로 약 20정 거리에 있다. 만 입구가 남동쪽으로 열려있고 만입은 약 10여 리이다. 배후에 민둥산을 등지고 연안은 사빈이다. 인가는 110호가 있다. 경지가 많지 않지만 토질이 비옥해서 농사짓기에 적당하다. 명태 · 대구 · 삼치 · 청어 · 가자미 · 게 · 미역 · 다시마 등을 생산하지만 주민은 농업을 주로 하고 어채량은 매우 적어서 가자미의 경우 대개 건장(乾藏)해서 자기 집에서 소비하는 데 그친다. 때때로 물고기가 많이 잡히는 경우에만 성진에 수송한다.

이호(梨湖, 리호)

일신리의 남쪽에 있다. 만 입구는 남동쪽으로 열려 있고 만입하는 곳까지 약 6정이다. 북쪽에 작은 언덕을 등지고 있어 서북풍을 막을 만하다. 인가는 87호가 있고 어업에 종사하는 자가 많다. 수산물은 정어리 · 청어 · 광어 · 함박조개 등을 주로 한다. 청어는 4~5월 두 달 동안 정어리와 함께 지예망을 사용해서 어획하지만 내유가 많은 때는 자망을 사용하는 경우가 있다. 본촌의 남쪽 기슭에 양빈(揚濱) 염전 2개소가 있다.

함경남도(咸鏡南道)

제1절　단천군(端川郡)

개관

연혁

본래 오방금촌(吳放金村)으로 오랫동안 여진이 거처하던 곳이었는데 고려가 그들을 쫓아낸 후 단주(端州)로 고쳤다. 조선 태종 13년에 지금의 이름으로 정한 것이 오늘날에 이른다.

경역

북쪽은 갑산군(甲山郡)에 접하고 동쪽은 마천령(摩天領) 산맥에 의해 함북 성진부(城津府)와 경계를 짓는다. 서쪽은 이원군(利原郡)에 이어지고 남쪽 일대는 바다에 면한다. 본군의 경역은 원래 성진의 남쪽 2해리 정도까지에 이르렀지만 성진이 개항되면서 부(府)로 승격됨과 동시에 쌍룡(雙龍) 이남 이호(梨湖)에 이르는 일대 연해 11여 해리의 지역을 구획해서 성진부에 편입시켰다.

지세

지세는 북쪽으로 해안과 산맥이 뻗어 있고 동쪽으로 마천령산맥이 길게 뻗어있어서 그 지맥이 종횡으로 뻗어있지만 대체로 완만한 경사이고 고원을 형성한다. 또 하류의 양쪽 기슭 및 군읍인 단천 부근에는 비교적 넓은 평야가 있다. 그 평지는 군내의 유일한 농산지이고 또한 본도의 평지 중 중요한 지역이다.

하천

하천 중 이름 있는 것은 2개가 있다. 하나는 북대천(北大川)이라고 부르고 다른 하나는 남대천(南大川)이라고 부른다. 모두 동남으로 흘러서 동해[日本海]에 들어간다. 북대천은 또한 이마이천(泥摩耳川)이라고 부르고 남대천은 또한 파독천(波獨川)이라고도 부른다. 두 하천 모두 배가 통과하지 못하지만 관개에 유리하고 또한 연어가 거슬러 올라가므로 다소 어획이 있다.

연안

연안은 군의 동단(東端)에서 서쪽 정석단(汀石端)에 이르는 10해리 사이가 모두 사빈이고 대부분 직선으로 되어있다. 그런데 그 사이는 북대천 및 남대천이 개구(開口)해서 토사를 석출(瀉出)하기 때문에 연해 일대에 얕은 10길의 등심선(等深線)이 1해리 밖에 있다. 그렇기 때문에 적당한 정박지는 없지만 지예망에 적당한 장소가 많다. 또 남대천 하구 부근에 있어서는 염업을 활발하게 경영한다.

구획 및 임해면

군내는 10면인데, 그중에 바다에 연하는 곳은 이상(利上) · 파도(波道) · 복귀(福貴)의 3면이다. 이상은 동북으로 성진부의 경계에, 파도는 북대천 및 남대천의 중간에, 부귀는 파도와 이웃해서 서쪽 이원군의 동면(東面)에 이어진다.

군읍

군읍인 단천은 다른 이름으로 복주(福州) · 단주(端州) · 증산(甑山) 등으로 부르는데 모두 건치연혁[1)]에 따른 것이다. 이 지역은 군의 중앙 해안 가까이에 위치해서 인가가 조밀하고 군아 외에 재무서 · 우편전신취급소 · 순사주재소 등이 있고 일본상인들 또한 거주해서 상업이 성행한다.

교통

교통은 군읍인 단천에서 선진에 이르는 육로 120리, 이원읍에 이르는 100리, 또 관찰도 소재지인 함흥(咸興)에 이르는 380리 모두 본도의 간도(幹道)이고 도로가 험하지 않다. 우편선로 또한 이것에 따른다. 해운은 군읍의 동쪽 여호진(汝湖津)〈호암(湖岩) 또는 문석(門石)이라고 한다〉에 기선이 기항해서 다소 편리하다.

통신

통신은 해륙 양편 외에 전신을 취급하지만 군읍 외에는 아직 그 기관이 설치되지 않았다. 그렇지만 연해 마을에 있어서는 대개 군읍 간에 교통이 편리할 뿐만 아니라 때때로 배편이 있기 때문에 큰 불편함을 느끼지는 않는다.

시장

장시는 읍하(邑下) · 고성(古成) · 가선(加先) · 마곡(磨谷) 4개소에 있다. 그리고 그 개시(開市)는 ▲읍하 매 1 · 6일(음력, 이하 모두 같다) ▲고성 매 4 · 9일 ▲가선 매 2 · 7일 ▲마곡 매 2 · 7일이고 시장에 내놓는 중요 물품은 모두 미곡 · 포백(布帛) · 어류 · 소[生牛] · 도기 · 기타 잡화이고 한 시장에 집산하는 물품은 읍하는 약 2,500원, 마곡은 1,000원, 고성은 750~760원, 가선은 500원 정도이다.

물산

농산물 중 주요한 것은 쌀 · 조 · 피 · 수수 · 콩 · 감자[瓜哇薯] · 대마(大麻) 등이며 또 농가는 소를 많게는 매 호당 4~5마리에서 적게는 2~3마리를 키운다. 때문에 해마다 소를 팔기 위해 내놓는 것이 적지 않다. 또 누에를 기르는 집이 많다. 부녀들이 하는 일로

1) 『동국문헌비고』의 건치연혁을 말한다.

방직이 일반적으로 행해져서 매년 제산량[製産高]은 삼베가 약 5,700필, 가격은 7,980원 내외이고 명주는 1,570필, 가격은 4,700여 원에 달한다.

광산

광산(鑛産)에는 사금 · 은 · 철 · 운모(雲母)[2] · 옥돌 등이 있다. 옥돌은 1년 생산이 겨우 200여개이고 가격은 840~850원에 불과하지만 단천 옥돌이라고 부르고 예로부터 유명한 것이다.

수산

수산물 중 주요한 것은 명태 · 청어 · 대구 · 가자미 · 가오리 · 삼치 · 방어 · 연어 · 해삼 · 게 등이고 그중 명태가 주요하다. 지난 융희 2년 중에 명태 생산량은 약 3,000태(駄)라고 한다. 제염업도 또한 적지 않다. 염업조사보고에 의하면 군의 염전의 총면적은 563정(町) 8단(段) 3무(畝) 23보(步)이고 1년의 생산량은 21,039,000여 근(斤)을 헤아린다.

이하 각 면에 대해 개략적인 상황을 서술한다.

이하면(利下面) · 이상면(利上面)

이하면은 북대천 이북 성진부의 경계에 위치하고 바다에 면한 지역은 아주 적어서 어업에 관계가 있는 것은 북대천에 연해있는 가산리(加山里)와 문평(文坪)뿐이다.

문평 · 가산리

모두 북대천의 오른쪽 기슭에 위치한다. 일대에 평지가 넓어 농업을 주로 하지만 북

---

2) 판상(板狀) 또는 편상(片狀)의 규산(珪酸) 광물(鑛物). 화강암(花崗巖) 중(中)에 많이 들어 있으며, 박리(剝離)되는 성질(性質)이 있음. 백색(白色), 흑색 두 가지가 있는데, 백운모는 유리(琉璃)의 대용(代用), 전기(電氣) 절연체(絶緣體) 등(等)에 쓴다.

대천에서 연어어업을 영위하는 자가 있다.

북대천에서 연어어업을 하는 것은 어전을 설치하거나 말뚝을 줄지어 세우고 작은 그물을 쳐서 그 가운데 들어간 고기를 작살로 찌른다. 매년 어획량은 대개 600원을 상회한다. 현재 본 어업에 종사하는 자는 공동으로 연세(年稅) 100원을 납입함으로써 그 어리(漁利)를 전유해 오고 있다고 한다.

이상면은 파도면(波道面)의 서쪽에 위치하고, 그 일단은 북대천의 남안을 따라 해안으로 길게 연해 있다. 바다에 면한 구역이 좁지만 이하면과 비교하면 훨씬 넓다. 강에 연한 곳으로 수전동(水田洞) · 영천(永川) · 천곡(泉谷) · 혜산(惠山)이 있다. 바다에 접한 곳으로 문암(文岩) · 용산(龍山)이 있다. 이 중 정박에 편리하여 인구가 다소 밀집된 곳은 문암(門岩)이다. 아래에 그 개황을 기술한다.

문암(門岩)

문암 또는 호암(湖岩)이라고 칭한다. 또 여해진(汝海津)이라고 부르는 경우도 있다. 북대천 입구의 남쪽에 위치하고 배후에 구릉을 등지고 있는데 만입하는 것이 5~6정, 폭이 12정 정도에 달한다. 전면은 막아주는 것이 아무것도 없지만 서북풍을 피하기에는 충분하다. 만 내 일대는 사빈으로 지예 또는 수조망에 적합하다. 경지는 다소 넓은데 하루갈이 180일 정도이다. 그러나 모두 밭이며 논은 없다. 호수는 80호 정도가 있고, 객주 2인, 자본가로 칭해지고 있는 자 8인, 여관[旅舍] 2곳이 있다. 어호는 55호이고 어선 13척, 자망 3통, 수조망 7통이 있으며 어업은 비교적 번성하다. 이 지역에서 단천에 이르는 거리는 불과 15리이며 도로가 평탄하므로 교통이 편리하다. 때문에 종래 북관 항행의 기선이 때때로 들어오는 경우가 있었는데, 근래에는 보조항로로서 월 2회 왕복기항하기에 이르렀다. 식수는 부족하지는 않지만 수질은 양호하지 않다. 학교가 1곳 있다.

수산물은 명태 · 삼치 · 가오리 · 대구 · 방어 · 가자미 · 연어 · 정어리 · 대합 등인데 명태를 제외하고는 대개 염장해서 단천으로, 명태는 원산으로 수송한다. 작년 중의 생산량은 명태 100태 내외이고, 방어 · 삼치 200여 원, 대구 300여 원 정도, 가자미 기타 잡어를 합해서 80원, 연어 3,000마리 정도였다.

파도면(波道面)

본 면은 북동쪽 일대가 이상면에 의해 둘러싸여 있다. 남쪽으로는 남대천의 한 지류가 복귀면(福貴面)과 경계를 이룬다. 동남쪽 일대는 바다에 면한다. 바다에 임한 마을로는 문호(文湖)・동호(東湖)・은호(銀湖)・창진(倉津)・송평(松坪) 등이 있다. 또한 강에 임한 마을 중 어업에 관계가 있는 것으로는 신창(新昌)・기평(棋坪)・덕천(德川)・봉우(鳳隅)가 있다.

창진(倉津, 창진)

문암의 남쪽 10리에 있다. 서쪽으로 작은 구릉을 등지고 동쪽으로 면해서는 다소 활모양을 형성하고 있다. 만은 광활하지 않지만 일대가 사빈으로 지예에 적당하다. 마을은 만의 정면, 구릉의 기슭에 있고 호수 약 60호, 인구 130여 명이 있다. 부근에 평지가 적고 산허리를 개척해서 채소밭 20여 갈이가 있을 뿐이다. 때문에 주민은 주로 어업을 영위하고 생계는 넉넉하지 않다. 그러나 민심은 대개 양호하다. 이 지역에서 군읍 단천에 이르는 사이는 겨우 5리이고, 도로는 양호해서 왕래가 빈번하다.

주요 수산물은 명태・청어・대구・가자미・방어・삼치・해삼・게 등인데 명태의 어기는 11월 중순부터 2월 하순에 걸치며, 신포 근해보다 시기, 종기 모두 20일 정도 늦어진다. 대개 이 고기는 점점 북쪽으로 옮겨가기 때문에 그런 것으로 생각된다. 어구는 수조망과 자망을 이용한다. 단 창진을 경계로 하여 그 이북은 연승을, 남쪽은 망구를 사용한다. 해삼은 원래 일종의 예망을 사용하지만 지금은 전부 소선을 타고 수심 2~3길의 장소에 이르러 바다 밑바닥을 보면서 집게 같은 것으로 잡는다. 작년 중에 생산량은 명태 240~250태, 삼치・방어 300원 내외, 대구・청어 400원 정도, 가자미・해삼・게 300원 정도이다.

남대천(南大川)

군읍 단천의 서쪽을 흘러 창진의 동쪽으로 입구가 난 것으로 단천군 제1의 큰 하천이다. 강은 수심이 얕아 항운의 이로움은 없지만 연어가 생산되는 것은 앞에서 이미 언급한 바이다.

신창(新昌, 신장) · 봉우(鳳隅) · 기평(棋坪, 긔평) · 덕천(德川, 덕쳔)

강에 임한 마을 중 어획에 종사하는 곳은 신창 · 봉우 · 기평 · 덕천 등으로 모두 오른쪽 기슭에 위치한다. 신창은 하구에, 봉우, 기평, 덕천은 차례로 상류를 향해 나란히 위치해 있다. 어업자는 신창이 6호 · 봉우 5호 · 기평 5호 · 덕천 7호이고, 어구는 신창에서는 지예망을 주로 하거나 주망(周網)을 사용한다. 봉우 이상은 어전, 소망(小網), 주망을 사용한다. 1년 어획량은 연어, 기타 담수어를 합해 신창 300여 원 ▲봉우 170여 원 ▲기평 150여 원 ▲덕천 120여 원 계 740~750원을 상회한다. 본 강에서 어업에 종사하는 자도 또한 북대천에서와 같이 공동으로 연세 100원을 납입해 오고 있다고 한다.

문호(文湖) · 동호(東湖) · 은호(銀湖) · 송평(松坪)

모두 염업지로 고기잡이는 발달되어 있지 않다. 그러나 단천군 제염생산의 대부분은 이들 마을에서 생산된다. 그중 송평이 가장 번성하다.

복귀면(福貴面)

본 면은 남대천(南大川)의 한 지류에서 남쪽 이원군(利原郡) 경계에 이르는 일대로서, 본군 중 연해 구역이 가장 넓어서 약 8해리에 걸친다. 그 임해 마을로 사비진(沙飛津)[3] · 정석진(汀石津) · 용수진(龍水津) · 용암(龍岩) · 용강(龍崗) · 대로동(大蘆洞) · 장암리(長岩里) 등이 있다. 사비진의 남쪽 1해리 정도에 한 작은 계류(溪流)가

3) 뒤에는 *砂飛津*으로 보인다.

있다. 그 근원은 용호(龍湖)에서 시작한다. 용호는 하구를 거슬러 올라가는 것이 10리 정도이며, 사방에서 계류가 흘러들어서 면적이 제법 넓다. 붕어가 나지만 수산상 중요하지 않다. 그렇지만 사방에 다소 개척할 만한 땅이 없지는 않다.

사비진(砂飛津)

창진(倉津)에서 남쪽으로 35리에 있다. 서북쪽으로 산을 등지고 동남쪽을 바라보며, 안쪽은 평지가 무한히 넓다. 폭은 50여 정에 이르며 약간 활모양을 이룰 뿐이다. 그렇지만 일대가 사빈이어서 지예에 적당하다. 경지(耕地)로는 논[水田] 20일갈이 정도, 밭 10일갈이 정도이다. 호수는 70여 호이며, 어업을 주로 하는 한편 농사를 영위한다. 일상적인 물화(物貨)는 단천읍에 의지한다. 이 지역에서 단천까지는 15리 정도이다. 길은 평탄하여 교통이 편리하다.

주요 수산물은 명태 · 삼치 · 방어 · 대구 · 가자미 · 게 · 해삼 등이며, 명태는 원산으로, 그 밖의 것은 염장해서 단천으로 수송한다. 작년 중의 산액은 명태가 50태 내외 ◀방어와 삼치가 200원 내외 ◀대구 · 가자미 · 기타가 60원 내외이다.

정석진(汀石津, 뎡셕)

사비진의 남쪽, 읍성의 동남쪽 20리 정도에 있으며, 호수는 57호이고, 인구는 120여 명이다. 그 대부분은 어업을 하며, 어선 12척 · 수조망 1통을 가지고 있다. 어채물은 명태 · 가자미 · 가오리 · 청어 · 대구 · 대합조개 등이고, 1년의 생산액은 대략 1,000여 원에 달한다. 대부분은 읍시(邑市)에 보내서 판매한다.

용수진(龍水津, 룡수)

정석진의 서쪽 구역 동남 50리에 있으며 호수는 약 40호이다. 대부분은 농업에 종사하며 어호(漁戶)는 겨우 17호에 지나지 않는다. 어선은 4척, 수조망 2통을 가지고 있고, 어채물은 정석진과 다르지 않다. 매년 산액은 약 900원이며, 마찬가지로 읍시(邑市)에 보내서 판매한다.

용암(龍岩, 룡암)

용암은 염업지이며, 어업은 왕성하지 않다. 용강 이남 대로동(大蘆洞) · 장암리(長岩里)를 지나서 이원군 경계에 이르는 일대는 구릉이 바다에 이어져 있고 연안에 암초가 많다. 세 마을 중 대로동은 인가가 제법 있으며 어업을 영위하는 자가 있다. 그 어획물은 대개 앞에서 기록한 여러 마을과 같다.

제2절 이원군(利原郡)

개관

연혁

과거에는 시리(時利)라고 불렀다. 고려 때에 복주(福州: 지금의 단천)에 속했지만, 본조 세종 18년에 현을 두어서 이성(利城)이라고 명명하였고, 후에 군으로 삼아 이원(利原)이라고 고쳐서 지금에 이른다.

경역

북동쪽으로 단천군에, 남서쪽으로 북청군에 접한다. 남동쪽 일대는 바다를 바라보고 있고, 그 해안선의 연장은 20해리에 이른다.

지세

산맥은 대개 북서에서 남동으로 달려 바다로 들어가며 해발 1,200~1,300피트에서 2,200~2,300피트에 달하는 높은 봉우리가 곳곳에 우뚝 솟아 있다. 군의 거의 중앙으로 남대천(南大川)이 흐르는데, 그 양안에는 조금 넓은 평지가 있다. 또한 그 북쪽 일대는 완만한 경사를 이루는 넓은 고원을 형성하고 있다. 이 평지가 곧 이원평지이며, 본도 농산지 중 두 번째 가는 곳이다.

산악

산악 중 이름이 있는 것은 단천군계에 솟아 있는 마운령(摩雲嶺)이라고 한다. 본도 동안에 있는 간선도로는 이 산을 넘는 것이다. 마운령에서 이어지는 산봉우리는 해발 1,500피트부터 2,800여 피트에 달하여, 단천 · 성진계에 우뚝 솟은 마천령(摩天嶺)과 함께 연도의 큰 고개이다. 그 외에 북청군계에 응봉(鷹峰: 해발 3,062피트) · 불몽령(不夢嶺: 2,538피트)이 있다. 또한 남쪽 돌출부에 고봉덕(高峰德)[4] · 관산(官山: 1,000피트에서 1,300여 피트에 이른다.)[5]이 있다. 이 두 봉우리는 차호의 남북에 솟아 있으며 모두 항해의 표지[目標]이다.

하류

하천은 군의 중앙을 흐르는 남대천(南大川) 외에, 남북으로 두 줄기가 있는데, 모두 계류에 지나지 않는다. 북쪽은 애진(艾津)으로 개구(開口)하고, 남쪽은 차호의 남쪽인 포항(浦項)으로 개구(開口)한다. 이 남쪽의 것은 북청군계인 응봉(鷹峰)에서 발원해서 그 하류는 응봉과 차호의 남북에서 솟아있는 고봉덕 및 관산 등의 협곡을 통과한다. 본도 동안의 간선도로는 이 하류를 따라서 나있다. 남대천은 군내 유일한 큰 하천으로서 이원 평지를 꿰뚫어 흘러서 군읍의 남쪽을 지나서 이원만에 개구(開口)한다. 본천은 관개에 편리하고 또한 약간의 연어와 그 밖에 담수어를 생산한다.

연안

연안은 군의 남단이 고봉덕(高峰德)으로부터 관산(官山)에 이르는 일대의 산괴(山塊)[6]가 동해로 볼록하게 나와서[凸出], 그 북측에 하나의 큰 만을 구성한다.[7] 해도(海

---

4) 葛口味의 뒷산으로 생각되지만 분명하지 않다.
5) 遮湖의 남서쪽에 있는 산으로 높이는 413.2m로 되어 있다.
6) 산줄기에서 따로 떨어져 있는 산의 덩어리를 말한다.

圖)에 '이원 정박지[利原泊地]'라고 칭한 것이 곧 이것이다. 이 만의 안[灣奧]은 소위 이원 평지로 남대천의 하구이고, 연안 일대는 사빈이다. 그 밖에 일대에는 작게 굴곡을 이루는 곳이 많아서 어선이 정박하기에 적당한 진(津)·포(浦)가 많다. 특히, 남단의 돌출부[凸部]에 있는 차호(遮湖)[8]와 같은 경우는 본도 굴지의 양항으로 기선의 기항지이다. 다만, 이 지역 배후 일대가 관산(官山)의 연봉들이 이어져있기 때문에[延亙] 군읍인 이원에서 이르는 육로의 교통이 편하지 않은 점이 아쉽다.

도서

도서(島嶼)로는 북부 애진(艾津)의 남쪽 약 2해리 앞바다[沖合]에 난도(卵島, 202피트)[9]가 있다. 또 청진(靑津)의 앞바다 약 1해리에 작도(鵲島, 163피트)가 있다. 또 차호의 만 입구를 둘러싼 곳에 금초도(金椒島)[10]가 있다. 금초도는 다소 면적이 넓고, 자못 개척되어 인가가 산재하고 있지만 다른 곳은 사람이 살지 않는 작은 무인도에 불과하다.

구획 및 임해면

군내를 구획하여 동·서·남의 3면으로 나누는데, 각 면은 모두 바다에 접한다. 단, 동면의 연안은 단천군의 경계로부터 남대천 부근에 이르는 사이로서 해안선은 연장 8여 해리 남짓이다. 서면은 바다에 연하고 있는 곳이 겨우 하구부근의 일부에 해당하는데 해안선이 가장 짧다. 남면은 남대천 하구 이남으로부터 북청군의 경계에 이르는 사이로 해안선이 가장 길어서 12여 해리 남짓에 달한다.

군읍

군읍인 이원은 별칭으로 시리(時利)·관성(觀城)·이성(利城) 등으로 부르는

7) 현재의 이원만이다.
8) 이원의 유명한 기항지로 현재도 북한군의 해군기지 및 잠수함 기지로 운용되고 있다.
9) 『한국수산지』 원문에 척(呎)으로 되어 있는데 이는 피트(feet) 단위를 표시한 것이다.
10) 본래 섬이었으나 지금은 육지와 연결되어 있다. 현재는 주요 해군기지인 차호를 방어하기 위해 섬 곳곳에 해안포대가 설치되어 있다.

데,[11] 모두 건치(建置) 연혁에 따른 것이다. 군의 중앙을 흐르는 남대천의 오른쪽 기슭에 있는데 본도의 간선도로[幹道]를 따라 해안과는 18~19정 떨어져 있고, 인가[人煙]가 자못 빽빽하며 일본상인도 또한 거주한다. 상업이 자못 번성하다. 군아 외에도 재무서·순사주재소·우체소 등이 있다.

교통

교통은 군읍인 이원으로부터 북동쪽으로 단천읍에 이르기까지는 100리에 불과하지만 마운령(摩雲嶺)이 험준하기 때문에 왕래하기에 편하지 않다. 서남으로 북청읍에 이르기까지는 약 60리, 관찰도 소재지인 함흥에 이르기까지는 260리로 도로가 자못 양호하다. 이원의 동쪽 약 10리에 있는 군선(君仙)[12]은 하나의 어촌에 불과하지만 기선이 계류하기에 적당하여 이곳을 이원의 정박지로 쓴다. 연안을 항해하는 기선은 매달 2번 왕복하거나, 또는 3번 왕복·기항한다. 또 명태 출하기에 들어서는 때때로 차호에 기선이 기항하기도 한다.

통신

통신은 군읍에 하나의 우체소가 있을 뿐으로 그 외에는 아무런 기관이 설치되지 않았기 때문에 전반적으로 편리하지 않다.

시장

장시는 오로지 읍내[邑下]에 한 곳이 있을 뿐이다. 그 개시는 매 1·6일이며 주요 집산물은 미곡(米穀)·대두(大豆)·포백(布帛)·소[生牛]·어류(魚類) 그 외에 잡화이다. 한 장의 집산이 대략 800원에 이른다.

---

11) 『大東地志』, 沿革 古稱 時利 高麗恭愍王時 屬于福州 今端川 本朝世宗十八年 割端川之摩雲嶺迤南時間施利兩社及北青東界多寶社以北等地 置利城縣 正宗朝改利原邑號阿沙見龍飛御天歌 觀城官員縣監兼北青鎭管兵馬節制都尉一員

12) 현재 이원의 중심지로 다수의 군수공장이 있으며, 작은 부두가 있다.

농산물

주요한 농산물로는 쌀 · 보리 · 콩 · 대마(大麻) 등이고 또 소의 생산이 많다. 기타 광산의 철광(鐵鑛)이 있다.

수산물

수산물 가운데 주요한 것은 명태 · 정어리 · 대구 · 청어 · 삼치 · 가자미 · 가오리 · 전복 · 해삼[海鼠] 등으로 작년 중에 명태의 제품 생산량은 약 7만 태(駄)라고 한다. 식염(食鹽)도 다소 제조 · 생산한다고 하지만 대부분은 해수를 직접 끓이는데[直煮] 겨우 부근 마을의 소비를 충당시키는 데 불과하다. 『염업조사보고(鹽業調査報告)』에 따르면 본군에서의 1년 소금 생산량은 93,700여 근이라고 한다[計上].[13]

이하 각 면에 따른 연해 주요마을의 개황을 서술한다.

동면(東面)

본 면은 이원군의 동쪽 단천군의 경계에 위치하고, 그 연해 마을에 장진(長津, 海圖에 梨津이라고 되어 있다) · 장호리(長湖里) · 곡구리(谷口里) · 애진(艾津) · 고암진(古岩津) · 청진(靑津) · 문성진(文星津) · 신풍리(新豊里) · 동류정(東柳亭) · 장문리(長門里) · 군선(君仙) 등이 있다. 그런데 이들 마을은 장진 및 애진을 제외하고 모두 바다에 면해 있으며 동시에 본도의 연해 가도(街道), 즉 간도(幹道)를 따라 위치한다. 곡구리는 마운령의 남쪽 기슭에 위치하는데, 연도(沿道)의 요지 중 하나이다. 본 면의 중앙을 흐르는 한 줄기 하천은 남쪽에서 바다로 들어간다.

---

13) 계산(計算)하여 전체의 수치에 넣는다는 뜻이다.

장진(長津, 쟝진)

장진은 마운령의 남쪽 기슭에 있는 곡구리의 동쪽에 있다. 그 동쪽에 하나의 갑(岬)이 튀어나와서(海圖에 大邱端이라고 기록되어 있다) 작은 만입을 이룬다. 만 내의 수심은 8길에 달하여 대부분의 배를 묶어 두는 데 지장이 없다. 만 내는 사빈이어서 지예(地曳)에 적당하다. 호수는 117호인데, 어업을 영위하는 자가 30호이고, 어선 3척, 어망(漁網) 여러 통을 가지고 있다. 주요 수산물은 명태 · 대구 · 청어 · 정어리 · 가오리 · 미역 등이고, 1년 생산액은 대략 1,800원(圓)에 달한다.

곡구리(谷口里)

곡구리는 마천령을 오르내리는 여객(旅客)의 휴게지이자, 연도의 한 역이다. 여관[旅舍] · 음식점을 운영하는 자가 많고 어업에 관계하지 않는다.

애진(艾津, 익진)

애진은 장진의 서쪽 돌출부의 남쪽 끝에 위치하고, 북쪽에 구릉을 등지고 남쪽으로 바라보며 약간 만입을 이룬다. 어선을 묶어 두기에 충분하다. 연해가 깊어서 동남쪽에 수심 10길선이 접하고 있다. 이 진의 뒤쪽 구릉은 가장 높은 지점이 450여 피트이며 경사가 완만하다. 연해 간도(幹道)는 이 구릉의 서북쪽을 통과한다. 주요 수산물은 장진과 같다.

청진(青津, 청진)

청진은 애진의 남쪽으로 간선도로를 따라서 읍성의 동남쪽 약 25리에 있다. 연안 일대가 사빈이지만 암초(岩礁)가 흩어져 있고, 암초(暗礁)도 또한 많다. 마을은 호수 60여 호이고, 그중 어업을 영위하는 자가 16호이며, 어선 6척, 자망(刺網) 여러 통을 가지고 있다. 어채물(魚採物)은 봄 · 여름에는 가자미 · 문어 · 미역 · 가을에는 도루묵, 겨울에는 명태 등이고, 1년의 생산액은 6,000여 원에 달한다.

동류정(東柳亭, 동류졍)

동류정은 청진의 남쪽으로 줄지어 있는 연도(沿道)의 주요 마을이다. 이곳의 북서쪽 일대는 넓은 고원으로, 경작지가 조금 많지만 또한 개척할 만한 땅도 적지 않다. 주요 수산물은 대체로 청진과 같다.

군선(君仙, 군션)

군선[14]은 동류정의 남쪽에 있는데, 군읍까지 서북으로 10리가 채 되지 않는다. 작은 언덕이 남쪽으로 늘어서 갑각(海圖에서는 靑龍末이라고 기록되어 있다)을 이루고, 그 서측에 하나의 작은 만을 형성한다. 만 내는 수심이 깊지 않지만, 그래도 2길에 달하고 모래진흙[沙泥] 바닥으로 정박하기에 안전하다. 마을은 상하로 나누어 서북쪽에 있는 것은 상선(上仙)이라고 하고, 동쪽에 있는 것을 하선(下仙)이라고 한다. 호수는 상하 두 마을을 합해서 160여 호, 인구는 570여 명이다. 어업을 주로 하고, 농업을 영위하며, 제염(製鹽)에 종사하는 자가 있다. 이곳의 간도(幹道)를 따라서 군읍까지는 10리가 채 되지 않는다. 왕래가 자못 빈번하기 때문에 일본 상인도 거주하며 기선(汽船) 도매상을 영위하는 자가 있다. 이 지방 일대는 연도(沿道)에 위치해서 여객(旅客)과 접촉하는 경우가 많기 때문에 민정(民情)이 경박[浮薄]하고 좋지 않다. 의사 1인, 학교 한 곳이 있다. 땔나무 · 식수 모두 충분하고, 어업근거지로 적당하다.

수산물

주요 수산물은 명태 · 대구 · 청어 · 가오리 · 삼치 · 해삼 · 전복 · 백패(白貝) 등이고, 그 외 일종의 진주조개[眞珠貝]가 있다. 이 진주조개는 만구(灣口)와 20정(町)쯤 떨어진 수심 15~16길 내지 20길인 곳에서 채취한다. 그 방법은 망의 끝에 침석(沈石)을 묶어서 해저를 끌고 다닌다. 이렇게 해서 망을 끌어당길 때 조개가 망에 끼어서 올라온다. 성어기는 4~7월까지라고 한다. 백합은 만구에서 채취한다. 그 방법은 바다 위가

14) 「조선 5만분 1 지형도」에는 群仙으로 되어 있다.

잔잔할 때 배 위에서 집게[挾具]로 집어서 잡는다. 시기는 앞에서 본 진주조개와 같다. 전복은 4~6월경까지 야간에 횃불을 켜고 암초 사이에 숨어 있는 것을 손으로 잡는다. 작년 중의 생산액은 명태제품 700태 내외, 정어리 · 삼치 · 청어 · 기타의 것을 합해서 400원 이상, 해삼 · 백합 · 진주조개 · 전복을 합해서 300원 남짓을 웃돈다.

남면(南面)

본 면은 남대천(南大川) 하구(河口)에서 남서쪽 북청군(北青郡) 경계 사이로, 출입이 많고 해안선이 가장 길다. 그 연안 마을을 열거하면, 남대천의 하구에 연하여 송단리(松端里)가 있고, 순차적으로 남하하면서 염분(鹽盆) · 선분(船盆) · 상선진(上仙津)[15] · 하선진(下仙津) · 유진(楡津) · 차호(遮湖) · 포진(浦津) · 포항(浦項) · 나흥리(羅興里, 海圖에 羅項里로 기록되어 있다)가 있다. 다음에 주요 마을의 개황을 서술한다.

송단(松端)

송단은 남대천의 남쪽 기슭에 위치하고 간도(幹道)에 연해 있다. 이곳에서 군읍인 이원까지는 17~18정(町)으로, 이곳을 분기점으로 한다. 즉 동쪽으로 가면 군선 · 청진 등을 거쳐 단천읍에 이른다. 이 길로 북쪽으로 가면 군읍에 이른다. 연안 일대는 사빈인데, 이 길은 사빈을 따라서 관통한다. 연도(沿道)에 소나무와 기타 잡목이 줄지어 있고 백사청송(白沙青松)이 푸른 바다와 마주하여 그 풍경이 아름답다. 주민은 농업을 영위하고, 어업에 종사하는 자는 거의 드물다.

염분(鹽盆)

염분은 이원만(利原灣)의 남측에 위치하며 가도(街道)와 연해 있고, 종래 이원군에 있는 제염지로 어업은 부진하다. 제염은 바닷물을 바로 끓여서[海水直煮] 만드는데 생산은 역시 많지 않다.

---

15) 「조선 5만분 1 지형도」의 安昌으로 추정된다.

선분(船盆)

선분[16]은 염분의 남쪽 가도를 따라서 동쪽으로 10정(町) 내외의 거리에 있다. 호수는 40여 호이고, 어업을 영위하는 것이 30호, 어선 4척, 자망(刺網) 및 수조망(手繰網) 여러 통을 가지고 있다. 어채물은 명태 · 가자미 · 가오리 · 미역 등을 주로 하고, 1년의 생산은 약 4,200원에 달한다. 이곳에서 군읍까지 약 25리, 차호까지는 20리 남짓이다.

상선진(上仙津, 상션)

상선진은 이원만의 남측에 있고, 군읍과의 거리가 겨우 15리이다. 앞쪽은 사빈[17]이며 배를 매어두기에 편리하지 않다. 호수는 약 90호이고, 그중 어업을 영위하는 것은 20호이다. 어선은 6척, 자망(刺網) 여러 통, 수조망(手繰網) 6통을 가지고 있다. 어채물은 명태 · 가자미 · 대합을 주로 하는데, 연간 생산액은 합계 6,000여 원을 웃돈다.

하선진(下仙津)

하선진은 상선진의 서쪽 20정쯤에 있고, 앞쪽은 마찬가지로 사빈이다. 호수는 약 60호이고, 그중 어업을 영위하는 것은 15호이다. 어선 5척, 자망 여러 통을 가지고 있다. 어채물은 대개 상선진과 같고, 매 1년의 생산액은 5,000여 원을 웃돈다.

유진(楡津)

유진은 차호만을 구성하는 갑각의 북쪽에 위치해 하나의 언덕을 사이로 차호만 안과 서로 표리(表裏)를 이룬다. 마을의 남쪽에 작은 돌출구가 있고, 또 그 앞에 작도(鵲島)가 떠 있다. 때문에 남풍을 조금 막아주기는 하지만, 동풍 및 남동풍을 견뎌낼 도리가 없다. 그래서 동풍이 조금 불면 파도가 높아서 선박을 정박할 수 없다. 주민은 어업을 생업으로 하는 자가 많다. 주요 어채물은 명태 · 대구 · 가오리 · 해삼 등이다.

---

16) 「조선 5만분 1 지형도」에는 仙盆里로 되어 있다.
17) 원문에는 *砂津*으로 되어있으나 *砂濱*의 오기로 생각된다.

차호만(遮湖灣)

차호만(遮湖灣)은 혹은 삼봉만(三峰灣)이라고도 한다. 북관 항행 기선의 주요한 기항지이고, 또 일본 잠수기선의 중요한 근거지이다. 만구는 남쪽으로 열려 있고, 그 동남쪽 모퉁이에 접해 금초도[18](金椒島, 혹은 椒皮島라고 한다)가 떠 있는데 육지와의 사이가 약 2.5케이블[鏈][19]이다. 북서쪽으로 약 1해리 정도 만입하였는데, 수심은 5~6길에서 10길이고, 산봉우리가 그곳을 둘러싸고 있어 사방의 풍랑을 피하기에 적합하다.

차호만의 표지[目標]

전초도는 높이 400피트 남짓이고, 전체 섬에 수목이 울창해서 멀리서 바라보면 짙은 검은색을 띠어서 이 만(차호만)의 좋은 (항해)표지이다. 마을은 만 내의 각 측면에 있는데, 만 내에 위치하는 것은 상차호이고, 만의 서측에 있는 것을 하차호라고 하며, 동측에 있는 것을 용항진(龍項津)이라고 한다. 인가는 모두 600여 호, 인구는 2,300명 이상이 있다. 그리고 상차호는 상업, 하차호는 농업, 용항은 어업에 종사하며, 번성한 것이 본도 연해 마을 중 손에 꼽히는 곳이다. 단, 이곳은 육로 교통이 불편할 뿐 아니라 부근 일대는 산지로 물산이 풍부하지 않다. 장래 상항(商港)으로서 발전 가능성이 없음이 안타깝다.

수산물

수산물 중 주요한 것은 명태 · 청어 · 대구 · 삼치 · 가자미 · 정어리 · 가오리 · 해삼 · 전복 · 백합 · 가리비 · 게 등이고, 그중 명태의 번성함은 종래 신포(新浦)와 나란히 일컬어졌던 곳이다. 성어기에 들면, 각지의 어선이 모여들어서 여기에 근거하는 자의 수가 매우 많다. 작년 중에 생산액은 명태 약 6,000태, 정어리 · 청어 · 삼치 · 가자미 기타 900원 정도, 전복 · 해삼은 600원 이상이었다.

---

18) 「조선 5만분 1 지형도」 등에는 全椒島로 되어 있다. 아래에서는 전초도로 한다.
19) 연(鏈)은 해상 거리를 나타내는 단위로 미해군에서는 720피트(약 219m), 영해군에서는 608피트(약 185m)이다. 『한국수산지』에서는 영국 해군의 단위를 쓰고 있다.

포진(浦津) · 포항(浦項) · 나항리(羅項里, 라항리)

포진(浦津)은 차호만의 남서쪽 관산(官山)의 남서쪽 기슭에 위치하고, 포항(浦項)은 그 서쪽 포천(浦川) 하구의 오른쪽 기슭에, 나항리(羅項里)는 그 서쪽에 위치하여 본 가도(街道)에 연해 있다. 이 일대 연안은 사빈으로, 나항리는 만 내의 평지가 조금 넓어 지예(地曳)를 영위하기에 적당하다. 연안의 도로 양측에는 소나무 · 잡목이 늘어서 있어 풍경을 더한다. 이곳의 호수는 30여 호이고, 경지가 적어 어업을 영위하는 자가 많다. 이 일대의 주요 수산물은 명태 · 청어 · 대구 · 정어리 · 가오리 · 가자미이고, 명태 · 정어리는 건조한 후 신창(新昌)으로 보내 판매한다.

제3절 북청군(北靑郡)

개관

연혁

본래 고구려의 땅으로 오랫동안 여진족이 살았으나 고려 예종 2년에 이곳을 회복하였다. 뒤이어 원의 간섭기에는 삼살(三撒)이라고 불렀다. 공민왕 5년에 옛 땅을 회복하여 안북(安北)이라고 부르고, 천호방어소(千戶防禦所)[20]를 설치하였다. 동 21년에 지금의 이름으로 고치고 만호(萬戶)로 승격되었다. 조선 태종 7년에 부(府)를 설치해서 청주(靑州)로 개칭하였으나, 동 17년에 이르러 청주목(淸州牧)과 음이 같다고 해서 다시 북청(北靑)이라는 옛 이름으로 변경되었다. 그 후 도호부(都護府)를 설치하고, 또 남도절도사(南道節度使)를 두었다. 건치(建置)상에 어느 정도 변화가 있었으나, 지명(地名)에 변경은 없었고 건양(建陽)[21] 연간의 개혁으로 인해서 군(郡)이 되어 오늘

20) 안북천호방어소로 수복한 지역을 통치하기 위해 설치한 것이다.
21) 建陽이라는 연호는 갑오개혁 당시인 1896년부터 광무개혁이 이루어지는 1897년까지 사용한 연호이다.

에 이르렀다.

경역

북쪽으로는 갑산(甲山)과 단천(端川)의 2군(郡), 동쪽으로는 이원군(利原郡), 서쪽으로는 홍원(洪原) 및 함흥(咸興)의 2군(郡)에 접한다. 남동쪽 일대는 해안을 이루는데 그 해안선의 전체길이는 24해리에 이른다.

지세

지세(地勢)는 산맥이 종횡으로 뻗어 있지만 고준(高峻)한 것은 적고, 대부분이 구릉(丘陵)이고 또한 경사가 완만하다. 특히 그 중앙에는 신대천(新大川)과 구대천(舊大川)이 관류(貫流)해서, 유역 일대에서는 다소 넓은 평지가 나타난다. 이 평지는 군읍(郡邑)인 북청에서부터 남동 해안에 이르는 약 50리이고, 연해에서는 그 폭이 약 30리이다. 땅의 상태가 양호하고 관개에 편리해서 본 도(道)의 주요 쌀 생산지이다.

하류

하류에는 많은 지류가 있지만 신대천을 제외하면 모두 하나의 작은 계류(溪流)에 불과하다. 신대천과 병행해서 그 서쪽으로는 한 줄기가 하상(河床)을 이루고 있는데, 그것을 구대천이라고 한다. 본래 본류(本流)였지만 수십 년 전에 홍수로 범람할 때 유역으로부터 이동해서 생긴 것으로 이에 현재의 상태를 드러내기에 이르렀다고 전해진다. 이것이 신구(新舊)의 글자를 붙인 까닭이다. 신대천은 관개에 유리함이 클 뿐만 아니라 또한 연어, 붕어와 그 밖에 담수어가 다소 생산된다. 따라서 종래로 연세(年稅) 60원을 납입하고 하구에서부터 상류 30리 사이에서 휘라(예망류)를 사용하는 자도 있다.

호소

소택지(沼澤地) 중에서 다소 면적이 넓은 것으로는 소당호(小唐湖)·남호(南湖)·후호(厚湖)가 있다. 이들은 신대천 하구의 서남쪽으로 줄지어 있으며 모두 해안에 가깝고, 부근은 평지 및 낮은 구릉지에 속한다. 홍합 양식을 도모할 만하다. 사방은 또한 다소 개척의 여지가 있다.

연안

연안은 동쪽 이원군의 경계에서 서쪽 선황당(仙皇堂, 松島岬)[22]에 이르는 약 17해리 사이로, 산자락이 바다로 들어가는 장소가 있기는 하지만 사빈이 많다. 특히 신창(新昌)의 남서쪽 용점단(龍占端)에서 선황당에 이르는 사이 일대는 평지로서 연안이 다소 활모양[弓狀]을 이루고, 사빈은 8해리 거리를 두고 떨어져 뻗어있어서 본도의 연안에서는 별로 볼 수 없는 곳이다. 선황당 돌각(突角)의 서측은 다소 만입한다. 해도(海圖)에서는 그것을 양화만(陽化灣)이라고 기록하였다. 만의 측면은 산악 구릉으로 둘러져 있지만, 연안은 대개 사빈으로 간간이 청록색이 섞여있는 풍경을 볼 수 있다. 만의 수심은 7~8길에서 10길이고, 물가는 2~3길에서 4길에 달하지만, 만의 입구를 막는 것이 없어서 만 내에는 좋은 정박지가 없다. 그러나 해저(海底)는 막힘이 없으며 또한 정어리, 청어 등이 내유한다. 양화만의 서남쪽 모퉁이 서쪽은 소위 신포묘지(新浦錨地)로서 그 전면에 마양도(馬養島)가 가로놓여 있어서 남쪽 일대를 병풍처럼 막아준다. 신포묘지의 서쪽 입구를 감싸고 있는 것은 봉수령반도(烽燧嶺半島)로 이것을 군의 서남단으로 하며, 봉수령반도 이서의 땅은 곧 홍천군에 속한다.

구획 및 임해면

군 안을 구획하면 35면(面)이다. 내해(內海)에 연한 곳은 하거산(下居山)·하보청(下甫靑)·해안(海岸)·대속후(大俗厚)·소속후(小俗厚)·양평(陽坪)·대양화(大陽化)·소양화(小陽化)·남양(南陽)·중양(中陽)의 10면(面)이다. 그리고 하거산면(下居山面)은 동북 이원군의 경계에 위치한다. 서쪽으로 줄지어 있으며, 중양면(中陽面)은 서단 홍원군의 경계에 위치한다.

22) 「조선 5만분 1 지형도」에는 城隍堂으로 되어 있다.

군읍

군읍 북청은 다른 이름으로 청주(青州)·안북(安北)·청해(青海) 등이라고 부른다. 모두 건치연혁에 따른 것이다. 군의 중앙부 평지의 서쪽에 위치하며 본 도의 동안(東岸)을 관통하는 간도(幹道)에 연하고, 또 북쪽의 황수원(黃水院)과 갑산(甲山)을 지나서 혜산진에 이르는 중요도로의 기점이다. 그래서 예로부터 본도의 요지 중 하나였으며, 오랫동안 도호부가 설치되었다. 건양 연간의 개혁 이래 군치만 있었는데, 근래에 구재판소·경찰서·재무서·우편전신국 등이 속속 설치되었다. 특히 지난해 온 일본 수비대가 이곳에 주둔하기에 이르면서 날이 갈수록 번영하게 되었다. 일본상인의 거주자도 역시 적지 않은데(재작년에 자치기관인 일본인회를 조직하였다.), 시가도 넉넉해지고 상업이 번성한 것이 과거의 배가 되었고, 본도에서 꼽을 만한 지역의 하나가 되기에 이르렀다.

교통

교통은 비교적 편리하다. 군읍인 북청에서 동쪽 이원읍(利原邑)에 이르는 약 120리, 서쪽 홍원읍(洪原邑)에 이르는 110여리는 도로가 다소 괜찮지만, 북쪽 황수원(黃水院), 갑산을 거쳐 혜산진에 이르는 320리는 가파른 언덕이 많아 차량이 통과하기 어렵다. 남서쪽 신포에 이르는 80리는 모두 우편노선이다. 또한 남쪽 신창에 이르는 약 50리는 도로가 평탄하여 교통이 가장 편리하다. 신포는 본도의 저명한 양항이고, 신창도 또한 연안이 저명한 상업지이다. 모두 일본상인이 거주하는 것이 십수 호 내지 수십 호에 달하며 기선의 정박이 빈번하다. 때문에 해로의 교통이 편리해서 해운의 이로움이 적지 않다.

통신

통신기관은 군읍의 우편전신국 외에 신포에도 또한 우편소를 설치하여 모두 전보를 취급한다. 따라서 이 두 지역에서는 통신상에 특별히 불편을 느끼지 않는다. 지금 그 담당기관의 보고에 근거하여 군읍과 경성, 기타 중요 지역과의 사이에 보통우편물 도달일수를 표시하면 다음과 같다.

북청(北靑)	성진 간	2일째 내지 6일째
동	함흥 간	3일째 내지 5일째
동	혜산진 간	5일째 내지 7일째
동	원산 간	2일째 내지 6일째
동	경성 간	6일째 내지 10일째

단 성진 또는 혜산진에 이르는 것은 서로 월 15회 즉 격일로 발송하고, 또 기선편이 있는 곳에 있어서는 해륙 양로의 체송이 있다. 따라서 이 예상일수에 차이가 있을 수 있다.

장시

시장은 읍하(邑下)·신창(新昌)·양화(陽化)·삼기(三岐)의 4개소에 있다. 그 개시는 읍하 매 3·8일(음력) ▲신창 매 2·7일 ▲양화 매 2·7일 ▲삼기 매 2·7일인데 그중 읍하와 신창의 두 시장이 번성하다. 각 시장에서의 집산화물은 대개 비슷한데 미곡·콩·어류·포백 등이며 어류 중 출하가 많은 것은 명태이다.

물산

농산으로 주요한 것은 쌀·콩·보리·귀리[燕麥]·조·기장·수수[蜀黍] 등이며 멥쌀[粳米]의 생산이 비교적 많다. 1년의 생산액은 아직 정확한 수를 알 수는 없지만 그 생산지로는 전도(全道) 각 군 중 제2위를 차지하고 있다. 농가에서 소를 사육하는 경우가 많은 것은 각 군과 같다. 광산물로는 현재 약간의 사금을 생산하는 데 그친다.

수산물

수산물은 본군 물산 중 가장 중요한 것인데 본국 3대 어업의 하나인 명태 어업은 실제로 본군 연해를 중심으로 운영되는 바이다. 군내에서 1년간 생산량은 아직 정확하게 통계를 내기 어렵지만 종래의 각종 보고에 의하면 풍흉을 평균해서 그 제품이 1년에 4만태에 달한다고 할 수 있을 것이다. 그리고 본 군 연안 각 마을 중 어획이 가장 많은 곳은 신포(新浦)와 육태(六台)이며 양화만의 후호(厚湖) 또한 하나의 번성한 어업지역이다. 융희 3년의 사실에 대하여 북청 재무서 관원의 조사에 따른 통계가 있는데, 다음에 이를 게시한다.

면명(面名)		수량		적요
하거산(下居山)	건자포(乾自浦)	941태	13급	초기부터 1월 24일까지
하보청(下甫青)	만춘(晩春)	1,707	58	동 동 25일까지
	신풍리(新豐里)	625	84	동 동 동
	신창(新昌)	894	42	동 동 동
해안(海岸)	장진(長津)	737	66	동 동 27일까지
소속후(小俗厚)	이진(耳津)	408	28	동 동 28일까지
양평(陽坪)	송도(松島)	119	53	동 동 동
	유호(楡湖)	329	40	동 동 동
	후호(厚湖)	2,194	30	동 동 동
남양(南陽)	신호(新湖)	364	81	동 동 26일까지
	신포(新浦)	6,899	01	동 동 28일까지
중양(中陽)	육태(六台)	4,660	49	동 동 동
계		19,877[23]	45	

앞 표의 수량은 초기부터 조사 당일까지의 통계로 한 어기를 합산한 것이 아니다. 그리고 올해는 특히 흉어라고 일컬어지는 바이므로 본 통계는 아직 이것을 가지고 평년 한 어기의 생산량을 계산하는 근거로 쓰기는 어렵다. 그렇지만 이로써 각 마을의 본 어업의 대략적인 형세를 엿보기에는 무방할 것이다(명태 1급(級)은 20마리, 1태(馱)는 2,000마리이다).

염산지 및 그 산액

소금도 또한 상당히 생산된다. 제산지를 열거하면 하거산면 분송(盆松)·대양화면 초리(初里)·양평면 감출모로(甘出毛老)·남양면 품하(品下)·소양면 노평(蘆坪) 등이

23) 원문에서는 19,882라고 되어 있다.

며 그중 노평이 가장 번성하다. 염업조사보고서를 보면 본군 1년의 제염생산은 915,200여 근을 상회한다. 이하 각 면에 대한 일반의 개략적인 상황을 서술하고자 한다.

하거산면(下居山面)

본면은 동쪽으로 이원군과 경계에 위치하며, 서쪽으로 한 소류(小流)로(해도에 取浦川이라고 적혀 있다) 하포청면(下浦青面)과 경계를 나눈다[割界]. 임해마을로 건자포(乾自浦) · 분송(盆松) 등이 있다.

건자포(乾自浦, 간ᄌᆞ포)

건자포는 남쪽을 바라보는 사빈으로서 약간 활모양을 형성하고 있고, 배후 일대에 산을 등지고 있다. 전면에는 가까운 거리에 암초가 있고, 사방 가까운 곳에 모래와 자갈이 퇴적되어 있으며, 수심이 2~3길에 지나지 않는다. 이 지역은 해안가 길을 따라서 연해에 굴지의 큰 마을을 이루고 있는데, 호수는 130여 호이다. 일대가 산지여서 경지는 적으며, 주민은 어업을 주로 하며, 명태어업이 성한 곳 중에 한 지역이다. 그 외에 어채물은 청어 · 대구 · 미역 · 게 등이며, 어선은 21척이다.

분송(盆松, 분숑)

분송[24]은 건자포의 서쪽에 있고, 한 소류를 따라서 부근에 다소의 평지가 있다. 주민은 농업을 영위하며, 또한 제염에 종사하고 어업을 하는 자는 없다.

하보청면(下甫青面)

하거산면의 서쪽에 나란히 있으며, 연안은 신대천(新大川)의 구하구(舊河口)에 이르고, 상보청면(上甫青面)에 접한다. 그리고 연해 마을로 만춘(晩春) · 신풍리(薪豊

24) 「조선 5만분 1 지형도」에는 盤松으로 되어있다.

里)·신창(新昌) 등이 있다.

만춘(晩春, 만즁)

만춘은 남쪽을 바라보는 사빈으로서 약간 만형을 이룬다. 배후는 산악이 둘러싸고 있으나, 만 내에는 약간의 평지가 있으며 가운데에 한 작은 계류가 흐른다. 마을은 대만춘·소만춘 2곳으로 이루어지며 이 계류를 사이에 두고 마주 보고 있다. 즉 동쪽으로는 대만춘이며, 서쪽에는 소만춘이다. 호수는 모두 200여 호이다. 부근 일대는 산악 지역이어서 경지가 적고, 주민은 대개 어업에 종사하며, 어선은 28척이다. 주요 어채물은 명태·청어·가자미·정어리·아귀·삼치·방어·미역 등이며, 그중 명태의 어획이 많다. 삼치는 매년 조금 어획되지만, 방어는 풍흉이 심해서 해에 따라서는 어획되지 않는 경우도 있다. 대개 신창으로 보내서 판매한다. 작년 중의 산액은 명태가 400태, 삼치·정어리·방어 500원, 가자미와 기타가 300원 내외이다.

신풍진(薪豊津)

만춘의 서쪽으로 10리 정도에 있다. 남쪽을 바라보는 사빈으로서 약간 활모양을 이루고, 신창만에 연한다. 호수는 130여 호, 해빈 쪽으로 약간의 평지를 가지고 있지만, 부근은 일대가 산지여서 경지가 적다. 그러므로 주민은 어업에 의해서 생활을 영위하는 자가 많다. 어선은 21척이다. 어채물은 대개 만춘과 같다.

신창(新昌, 신챵)

신대천의 물이 흘러 나가는 입구의 남쪽 기슭에 위치하며, 신풍진에서 남쪽으로 약 10리 떨어져 있다. 신창만은 만입이 얕고, 남동쪽으로 열려 있는데, 특히 만 내로 개구(開口)한 신대천이 토사를 운반해서 물이 얕으며, 바람이 불면 파도가 심해서 정박할 수 없다. 신대천은 본군에서 유일한 큰 하천이며 유역(流域)이 130리에 걸치지만, 하구가 얕아서 겨우 흘수(吃水)[25]가 2피트 이내의 소선이 통행할 수 있는 데 그친다. 그렇지

25) 수면에서 선체 밑바닥까지의 최대 수직 거리.

만 하구를 들어서면 약간 깊어서 도선장(渡船場) 부근은 5~6척이다. 본진은 이처럼 배를 묶어두기에 편하지 않지만, 이 지역에서 군읍인 북청(北靑)에 이르는 약 50리의 사이는 소위 북청 평지로서 농산이 풍부하며, 또한 이곳은 황수원(黃水院) · 갑산(甲山) 등을 거쳐서 혜산진(惠山鎭)에 이르는 일대의 집산지[呑吐口]이기 때문에, 따라서 시가의 발달을 촉진해서 상업이 매우 성하다. 군의 보고에 따르면 현재의 호수가 470여 호이고, 인구가 2,700여 명이다. 그중에서 상가 170여 호, 주막과 여관[旅舍]이 합해서 60여 호, 어호 100여 호이며, 그 외에는 농가 및 잡업이라고 한다.

이 지역과 북청 사이의 교통이 편리해서 종전에는 일본 군대의 어용선(御用船)[26]이 때때로 진에 들어가기도 했으며, 이와 동시에 일본인의 거주자를 보기에 이르러, 한때는 크게 발전했었다. 그런데 어용선 기항지를 신포로 옮기기에 이르자마자 주저앉아 갑자기 쇠퇴하였다. 지금은 (일본인이) 겨우 5호, 21인(남 14, 여 7)이 되기에 이르렀다. 기타 외국인으로 청국인이 1호, 3명이고, 이들 거류민은 모두 농업에 종사한다.

해운은 연안 항행의 기선이 지금도 정기적으로 기항하지만, 종전처럼 부산 또는 일본에 직행 편은 없다. 통신은 한때 그 기관을 설치하였으나, 이 역시 신포로 옮기면서 지금은 아무런 설비도 없으며, 오직 요행편을 기다릴 수밖에 없는 상태이다. 위생기관으로서는 의사 4명이지만, 신의학의 소양이 있는 자가 아니며, 교육은 비교적 발달해서 사립학사(私立學舍)가 3곳이 있다. 또한 몇 년 전부터 과제였던 공립학교 신축을 위한 의논이 있었지만, 세월만 흐르고 지금까지도 결정하지 못하는 것은 애석할 따름이다.

행정기관으로 도감찰(都監察) · 이장(里長) · 이수(里首)가 있으며, 어업 또는 기타 산업상에 관해서 조사를 필요로 할 때 이 도감찰에 문의하면 편의를 얻는 경우가 많을 것이다.

이 지역에 장시(場市)가 있는데, 음력 매 2 · 7일에 열리며, 물자의 집산이 매우 성하다. 장시에 나오는 중요품은 미곡 · 어류 · 면포 · 옥양목[金巾] 등으로서, 한 시장의 집산금액이 대개 1400~1500원에 달할 것이다.

---

26) 전시에 정부나 군이 군사적인 필요에 따라 징발한 민간 선박을 말한다.

경지

부근은 평지가 넓고 경지가 많지만, 그 가격은 별로 싸지 않다. 논[水田]은 하루갈이 가격으로 300~400원이라고 한다. 그렇지만 신대천의 연안에는 개간되지 않은 평야가 곳곳에 있는데, 자세하게 조사하면 개척할 만한 곳이 있을 것이다.

수산물

수산물로는 명태 · 정어리[鰮] · 청어[鰊] · 가자미[鰈] · 삼치[鰆] · 방어[鰤] · 아귀[鮟鱇] · 숭어[鯔] · 대구[鱈] · 농어[鱸] · 빙어[公魚] · 연어[鮭] · 문어[蛸] · 게[蟹] · 해삼[海鼠] · 백패(白貝)[27] · 전복[鮑] · 홍합[貽貝] · 새우[鰕] · 미역[和布] 등이 있다. 명태의 어기는 11월경에서 이듬해 3월까지인데 그 초기(初期)에는 기후가 온화(溫和)하기 때문에 오로지 (날생선의) 싱싱한 것을 팔고[鮮賣], 점점 추워지면 이를 동건(凍乾)한다. 이 지역은 사방이 트여있고[開展], 서북풍이 불고, 볕이 드는[晒] 곳이기 때문에 건조장으로 하기에 가장 적당하다. 때문에 그 제품의 품질이 전국에서도 으뜸이다. ▲정어리는 만 밖에서 예망(曳網)으로 어획한다. ▲가자미 · 아귀 · 게 · 문어는 수조망(手繰網)으로 어획한다. ▲홍합은 만 밖의 왼쪽 기슭, 수심 2~3길로 암초가 많은 곳에서 대부분 잠수를 하여 채취(採取)한다. ▲전복은 만춘(晩春)과 신풍진(薪豐津) 사이에 많다. ▲백패는 만 밖의 오른쪽 기슭의 암초 부근에 있다. 두 사람의 어부가 배 위에서 조개집게를 가지고 채취한다. ▲미역은 만 밖의 왼쪽 기슭의 연해에서 채취한다. ▲정어리는 4~5월 두 달 및 9~10월 두 달. ▲청어는 3~6월 및 10~11월의 두 달. ▲가자미는 1년 내내 잡히지만 성어기는 7~9월까지이다. ▲아귀는 봄 · 가을 두 계절 ▲대구는 3~5월까지 또는 8~9월의 두 달 ▲해삼은 여름 ▲전복은 7~10월까지 ▲백패는 여름에서 가을에 걸친 시기 ▲홍합은 여름 ▲미역은 4~5월의 두 달에 어채(魚採)한다. 어업조직은 대부분 조합으로 각자 똑같이 출자(出資)하므로, 이익도 또한

---

27) 만수패(萬壽貝: マンジュ貝)라고도 한다. 동해 북측 연안 일대에 서식한다. 껍질은 흰색이고, 좌우로 길다. 백합목 개량조개과와 접시조개과에 속하는 조개류이지만 품종을 특정하기는 어렵다.

똑같이 배당하기도 한다. 자본주(資本主)가 있어서 어업자를 위한 자금을 융통(融通)하기도 한다. 이자(利子)는 월 3푼[分]을 보통으로 하며, 금액이 커지면 2푼으로 한다. 보통 노동자의 임금은 하루당 100~200문, 선부(船夫)는 1기간(期間) 즉 3개월간 30원(圓) 내지 60원이다. 생산액이 가장 많은 것은 명태로 매년 이 지역 상인이 직접 취급하는 것이 약 18,000태 내외에 이른다. 그중 8/10은 동건(凍乾)하여 원산에 판매하고, 2/10는 날생선인 채로 수송된다. 가격은 매년 크게 차이가 난다. 한 두릅[連]당 재작년에는 30문, 작년에는 80문의 높은 가격으로 판매되었다. 그 외에 정어리는 매 1년의 생산액이 약 800원, 청어는 약 700원, 삼치는 약 500원이다. 정어리는 건조(乾燥)하여 팔고, 가자미 · 아귀 · 삼치 및 연어는 염장(鹽藏)하여 북청(北靑) 및 갑산(甲山) 지방에 팔거나 또는 이 진의 시장에 판매한다.

해안면(海岸面)

본 면은 동쪽으로는 상보청면(上甫靑面)에, 서쪽으로는 소속후면(小俗厚面)에 접하는데, 연안 일대가 사빈이다. 바다에 연한 마을 중 주요한 것은 장진(長津)이 유일하다.

장진(長津, 쟝진)

신창의 남서쪽으로 약 5리에 있다.[28] 만이 동쪽으로 열려 있으며, 사빈으로 만형을 이루지 않는다. 호수는 90여 호로 그 대부분이 고기잡이에 종사하는데, 어선 11척, 어망(魚網) 몇 통이 있으며, 지예(地曳)를 하는 자도 있다. 이 지역은 과거에는 남대천(南大川)[29]의 하구로 선박의 출입이 많고, 상업이 융성한 지역이었으나, 지금으로부터 25~26년 전에 대홍수가 범람하여 신대천의 물길이 바뀌어 동쪽의 신창으로 물이 흐르기에 이르렀고, 이와 동시에 상권도 신창으로 옮겨가서, 마침내 지금에 이르게 되었다

28) 「조선 5만분 1 지형도」에는 長湖里로 되어 있다.
29) 원문에는 신대천(新大川)으로 되어 있다. 물길이 변한 사실과 관련이 있는 것으로 보인다.

고 한다. 마을의 뒤쪽에는 평탄한 황무지가 펼쳐져 있어서 개간(開墾)의 전망이 없지 않다.

주요한 어채물은 명태 · 대구 · 청어 · 가오리 · 가자미 · 미역 등으로 1년 어채액이 대략 약 2,200원을 상회한다.

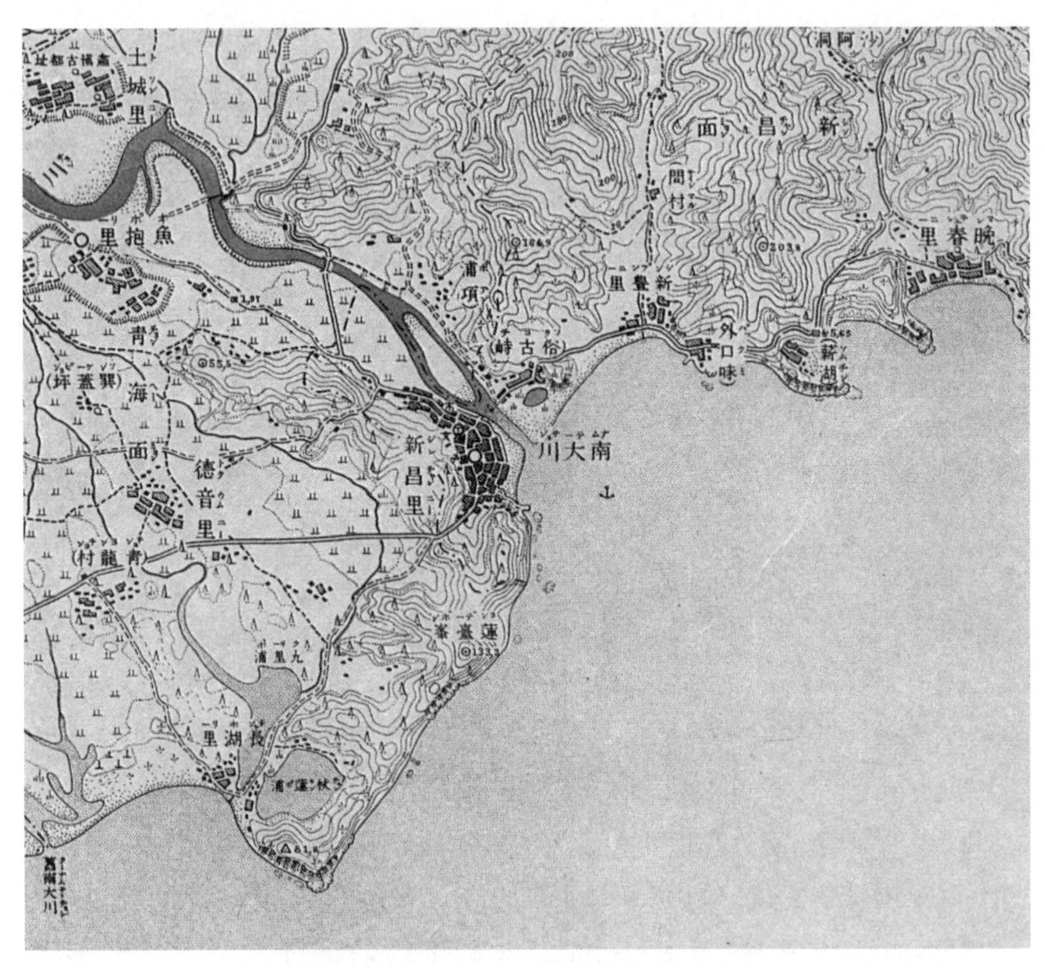

대정(大正) 6년 측량 1:50,000 신창(新昌)지도.
신창 · 만춘 · 신풍 · 장호(장진) · 구남대천 · 남대천 등이 나타난다.

소속후면(小俗厚面)

본 면은 해안면(海岸面)에 나란히 늘어서 있는데, 그 해안은 양평면(陽坪面)에 속하는 선황당(仙皇堂) 부근까지 활모양을 이루고, 일대는 사빈이다. 해안 부근은 토지가 대개 평탄하지만 소당호(小唐湖)·남호(南湖) 등의 소택(沼澤)이 있고, 땅은 협소하다. 임해 마을 중 주요한 곳은 이진(耳津)이 유일하다.

이진(耳津)

장진의 서쪽 약 20리에 위치한다.[30] 이 주변의 연안은 모두 사빈이며 동남으로 열려 있다. 선박을 매어두기에 편리하지 않다. 호수는 50여 호인데, 대부분은 어호(漁戶)이며 어선 16척을 가지고 있다. 주요 어채물은 명태·미역 등이고, 1년 생산액은 2,200여 원을 웃돈다.

양평면(陽坪面)

본 면은 양화만(陽化灣)의 동측을 이루는 돌출부로서, 그 남각(南角) 선황당은 송도갑(松島岬)이라고도 불리는데, 갑 끝[角頭]에 높이 80피트의 바위산이 있다. 검은색이며 가파른 절벽을 이루는데 멀리서 바라보면 마치 하나의 섬과 같아서 중요한 표지가 된다. 이 갑각에서 북서쪽 수 해리 사이는 평지, 혹은 완만한 경사지이므로 해안선의 굴곡도 또한 완만하고 사빈도 많다. 그렇지만 북쪽으로 가면 모두 구릉을 형성해서 해안이 수많은 굴곡을 이루면서 만 내[灣底]의 양화면에 접속한다. 그리고 임해 마을에 송도(松島)·유호(楡湖)·후호(厚湖) 등이 있다.

송도진(松島津)

선황당 갑각의 서남측에 있고, 인가 30여 호, 어선 6척을 가지고 있다.[31] 그 대부분은

---

30) 「조선 5만분 1 지형도」에 耳津은 보이지 않는다. 俗厚面에 속한 포구로 前津·義湖·流源이 있다.

어업에 종사한다. 어채물은 명태 · 가자미 · 가오리 · 미역 등이고, 그중 명태어업이 성하다. 매 1년 생산액은 개산하면 1,000원 정도이다.

유호리(楡湖里)

송도진의 북쪽에 위치하고 양화만에 접한다. 연안은 서쪽으로 열려있는데 사빈이고 다소 만입해 있다. 배후는 구릉이 이어져 있다. 인가는 130여 호인데, 과반수는 어업에 종사한다. 어선 9척, 어망 몇 통을 가지고 있다. 어채물은 명태 · 청어 · 가자미 · 농어 · 미역 등이고, 그중 명태어업이 성하다. 매 1년의 수산물은 대략 800~900원을 웃돈다.

후호진(厚湖津)

유호의 북쪽에 있으며, 양화만의 동북쪽 귀퉁이에 있다. 양화와의 거리는 겨우 수 정(町)에 불과하다. 서남쪽으로 열려있는데, 아무것도 막아주는 것이 없다. 인가 150여 호인데 대부분은 어호(漁戶)이며, 어선 46척, 어망 수십 통을 가지고 있다. 양화만 내의 성어지 중 한 곳이다. 명태 출하시기에 이르면 한 달에 2~3회 기선이 기항한다. 어채물은 명태 · 청어 · 대구 · 가자미 등이고, 1년의 생산액은 대략 3,300원에 달한다.

대양화면(大陽化面)

양평면의 북서쪽에 접속하고 양화만에 위치한다. 연해 마을로는 양화도진(陽化島津)이 있다.

양화(陽化)

양화는 만의 동북쪽 귀퉁이에 위치하는 시장(市場)이다. 인가 170여 호이고, 대다수는 농업 및 상업에 종사하며 어업은 성행하지 않는다. 장시는 음력 매 2 · 7일에 개설된다. 시장에 나오는 주요 물자는 미곡 · 콩 · 어류 · 면포 · 옥양목[金巾] 등이고, 장시 1

---

31) 「조선 5만분 1 지형도」에는 安南坮里(松島)로 되어 있다.

회의 집산은 대략 1,300여 원을 웃돈다. 이곳은 일본 상인 거주자가 2호 있고, 모두 잡화 및 과자를 거래한다.

도진(島津)

도진[32]은 만의 서북쪽 귀퉁이에 있고 양화 및 후호와 서로 바라본다. 이곳과 양화 사이는 곧 만의 정면으로 해안 일대가 사빈이다. 해안을 따라서 도로가 있고, 소나무가 줄지어 서 있어서 자못 풍치를 더한다. 이 도로는 신포에서 도진 · 양화 · 후호를 지나 신창 · 북청 사이의 도로에 연결되는 것으로 우편선로이기도 하다. 교통은 매우 빈번하다. 본 진은 제염지여서, 어업을 영위하는 자는 적다.

남양면(南陽面)

본 면은 양화만의 서측을 이루는 곳으로 남쪽과 동쪽이 바다에 연한다. 그리고 그 남측의 앞쪽에는 홍원군(洪原郡)에 속하는 마양도(馬養島)가 떠 있으며, 동서 약 3해리, 남북 1해리에 달하는 해협을 형성한다. 이 해협은 곧 해도(海圖)에서 말하는 바 신포정박지[新浦錨地]인데, 크고 작은 선박의 좋은 정박지이다. 본 면의 임해 마을 중 주요한 것은 동측의 양화만에 위치한 신호리 및 남측 마양도 사이의 해협에 위치한 신포라고 한다.

신호리(新湖里)

신호리는 양화만의 서남각인 색작단(色作端)의 북쪽에 위치하고, 동쪽으로는 양화만의 동측에 위치하는 유호와 서로 마주한다. 배후는 산이 둘러싸고 있고, 연안은 모래와 자갈이며 경사가 급하다. 인가는 70여 호인데, 대부분은 어호이며 어선 14척, 어망 몇 통을 가지고 있다. 주요 어채물은 명태 · 가자미 · 정어리 · 미역 등이며, 매 1년 생산은 대략 1,600원을 웃돈다.

---

32) 「조선 5만분 1 지형도」에는 都津으로 되어 있다.

신포(新浦)

신포는 신포 정박지 북측의 만 중 하나로 만의 동서 양측에는 높은 언덕이 이어져 있기 때문에 북풍 및 동서풍을 피하기에 적당하다. 그렇지만 만은 남쪽을 바라보며 열려있고, 그 앞쪽에 떠 있는 마양도와의 사이가 1해리 남짓에 달하기 때문에 남풍을 견디기에는 부족하다. 단 이 경우에는 마양도로 피하면 된다. 마을은 만의 정면에 있고, 호수는 약 300호, 인구는 1,360여 명이라고 한다. 옛날부터 명태의 집산지로 이름나 있지만 배후 일대는 산지이고, 육로가 편리하지 않아서 시가의 번성함은 신창과 비교할 만한 것이 못 된다. 하지만 최근에 기선의 출입이 빈번해지고, 일본 상인 거주자가 날로 증가하여 지금 시가의 번성함은 신창을 능가하는 방향으로 나아가고 있다.

이곳에서 북청에 이르는 80리, 양화만 안에 이르는 사이는 가파른 언덕이 있지만, 그곳에서 동북으로는 평탄하다. 이 도로는 신포·북청을 연결하는 주요한 것이고, 우편선로도 이 도로를 이용한다. 때문에 다소 개수를 하여 지금은 교통상 심한 불편을 느끼지 않게 되었다. 해운은 연안을 항행하는 정기선이 월 3회 왕복 기항하는 것 외에 부정기선의 입항도 적지 않다. 또 일본 군대 어용선이 정기적으로 기항하고, 기타 범선의 출입도 빈번하다. 특히 봄에 명태 출하시기가 되면 상선(商船)의 출입이 매우 많은데, 지난 융희 3년 2월 중에 출입한 기선 수 및 수출입 화물, 아울러 승객 출입인원수를 표시하면 다음과 같다.

구별	입항	출항	계
선(船) 수(척)	24척	28척	52척
톤(噸) 수	11,670톤	13,580톤	25,250톤
화물 가격(円)	25,170원	35,000원	60,170원
승객 수	190명	245명	435명

연안을 회항하는 기선 승객의 삼등(三等) 요금[賃錢]은 본포(신포)에서 신창까지는 40전, 성진까지는 1원 60전, 원산까지는 1원 60전, 부산까지는 5원 20전이다.

통신

통신은 교통과 더불어 편리하다. 특히 이 지역에는 우편전신취급소가 설치되어 있으므로 통신상 더더욱 불편함을 느끼지 않는다. 북청 및 그 이북 서황수원(西黃水院) · 갑산(甲山) · 혜산진(惠山鎭) 등에서의 우편물은 이곳을 경유하는 것이 많다.

일본인 거주자는 수비대, 헌병대를 제외하고 남자 31명, 여자 22명이 있다. 그 직업별로 개략적으로 표시하면 무역상 1명 · 운송업[回漕業][33] 1명 · 잡화상 4명 · 매약상(賣藥商) 1명 · 여인숙 1명 · 음식점 1명 · 과자상 3명 · 우육상(牛肉商) 1명 · 부선업(浮船業)[34] 2명 · 단체어업 1(조) 등이고 단체어업에 속하는 어부는 12명이 있다.

기후는 추위와 더위 모두 원산에 비해서 그다지 심하지 않다. ▲바람은 원산과 마찬가지로 강렬한 경우가 적고 봄 · 여름 2계절은 동풍 내지 동남풍, 늦여름에서 초가을에 이르는 사이는 남풍 내지 남서풍이 많다. 겨울은 주로 서풍 내지 북서풍이 불지만 동풍이 부는 경우도 있다. ▲우기는 7~8월 두 달간이고 비는 동풍(東風)을 수반해서 온다. ▲눈은 11~2월에 걸쳐서 때때로 내리지만 그 양은 많지 않다. ▲안개는 4~6월에 이르는 사이 때때로 자욱하지만 원산에 비해서 적다. 그러나 그 발생은 편동풍(偏東風)을 수반하는 것이 일상적이다.

조수는 매우 불규칙해서 그 간만[昇降] 차이가 2~12피트에 이른다. ▲조류는 약하고 또한 불규칙하다.

경지는 부근에 약 200일 갈이가 있다. 토지는 협소하며 평지는 모두 개척되어 남은 땅이 전혀 없다. 그 가격은 대개 하루갈이 370~380원으로 매우 비싸다. 특히 해안 부근은 명태의 건조장[干場]으로 필요하기 때문에 평당 7원이라는 높은 가격이다.

주요 수산물

주요 수산물은 명태 · 청어 · 정어리 · 가자미 · 삼치 · 빙어[公魚] · 대구 · 해삼 · 전

33) 항구와 그 바깥에 정박한 큰 배 사이를 작은 배로 오가면서 물품이나 사람을 운반하는 운송업을 말한다.
34) 항구나 하천에 설치된 棧橋를 운영하는 사업을 말한다.

복 · 미역 등이고 그중 명태 어업이 성행한다. 본도에서 명태 어업의 중심이 본군이라는 점은 전에 이미 말한 바이다. 그리고 이 지역은 어선이 정박하기에 적당하므로 그 어기에 들어가면 어선이 폭주하는 경우가 매우 많다. 연안 일대에서 전면(前面) 마양도의 각 만이 모두 어선으로 메워져 빈틈이 없을 정도다. 그 어장은 마양도 근해 2~4해리, 수심 20길 내지 40~50길인 곳으로 검은 모래진흙[黑砂泥] 바닥이고 평탄하다. 어구는 연승 · 자망 · 수조망이고 수조망을 사용하는 경우가 가장 많다. ▲수조망은 조선말로 홀치 그물[忽致網]이라고 한다. 원래 일본어부가 사용하는 어구를 응용한 것이지만 가볍고 편리하며 이 지방의 수심이 그 사용에 적합하므로 지금은 주로 이 어망을 사용하는 데 이르렀다. 그러나 신창 방면의 어장은 바다의 수심이 150길 내외이므로 이 어망에 적당하지 않다. 또한 종전과 같이 오로지 연승 · 자망을 사용한다. ▲연승은 조선말로 낚시[釣]라고 한다.[35] 500길을 1발(鉢)로 하고 가지줄[枝繩][36] 1000가닥을 붙인다. 1척에 5~6명이 타며 11월 하순 경까지는 1척에 3발을 사용하고 그 이후는 물고기가 다소 떠올라서 사용하기에 편리하므로 5발을 사용한다. 하루에 3회 내리고 오후 3시경에 귀항한다고 한다. ▲자망은 조선말로 망자[網子]라고 한다. 50길인 것을 35길로 좁히고 2촌(寸) 4푼목(分目)으로 해서 35괘(掛)로 하고, 그것을 1.5길의 폭으로 한다. 침자(沈子)[37]는 크기 6~7촌의 돌 5~6개를 붙이고 부자(浮子)는 나무껍질을 길이 2촌 5푼, 폭 1촌 5푼 내지 2촌으로 묶어서 1척 간격으로 붙인다. 어부는 닭의 울음소리를 듣고 일어나서 동쪽 하늘이 점차 밝아질 무렵 어장에 도달해서 바로 망을 투하하고 잠시 휴식한 후에 그것을 끌어 올리고 오후 3시경 귀항한다. 도중에 물고기를 망에서 떼어내고 20마리씩 묶은 것을 1급(給)이라고 한다. 육지로 운반해서 바로 선반에 걸쳐놓고 햇빛에 건조한다. 1척에 40~50파(把)를 사용하므로 망에서 물고기를 떼어내느라 귀항 후에도 여전히 전원이 손을 놀리고 있는 것을 볼 수 있다. 이 조업(操業)은 혹한[沍寒]에 익숙하지 않은 일본어부는 기를 써도 따라할 수 없다. 종래 일본인이 이 어업에 손을 댔다가 실패한 경우가 많은데 이것이 그 원인이라고 한다.

35) 연승은 우리말로 주낙이라고 한다.
36) 모리줄(main line) 아래에 있는 줄로서 낚시나 먹이 또는 채롱 등을 모리줄에 연결하기 위한 것.
37) 발돌이라고도 한다. 낚시의 미끼나 그물을 가라앉히기 위해 사용하는 여러 가지 형태의 봉돌이다.

어기

어기는 10월 하순에서 1월 중순에 걸치는데 단천 지방에 비해 열흘 정도 빠르다. ▲1일 어획량은 해에 따라 풍흉이 있지만 대개 연승 1발로 1태 내지 3태, 자망 1파(把)로 5~6태 내지 12~13태이다. 단 수조망에 대해서는 조사하지 못했다. 명태 1태는 100급이고, 20마리를 1급으로 하는 것은 전에 보인 바와 같다. 때문에 1태는 곧 2,000마리이다. ▲가격은 풍흉에 따라서 큰 차이가 없다. 생어나 선어는 대개 1태 12원 내외이고 동건품에 있어서는 1태 12~13원을 최상으로 한다. 건조해서 윤기 등이 충분하지 않은 것은 8~9원이다.

청어도 또한 만 내에 내유하는 경우가 적지 않지만 이 물고기는 해에 따라 풍흉이 특히 심한 것을 볼 수 있다.

작년 중의 생산액은 명태 18,000태 내외이고 ▲청어 · 정어리 8,200 정도[38] ▲삼치 · 대구 약 700원 ▲가자미 · 해삼 기타 300원 내외이다.

중양면(中陽面)

본 면(面)은 동쪽으로 남양면(南陽面)에, 서쪽으로 홍원군(洪原郡)에 접한다. 그리고 그 해안은 신포(新浦) 정박지의 서쪽 입구를 표시하는 봉수령(烽燧嶺) 돌각(突角)을 제외하면 모두 사빈으로 되어있다. 임해(臨海) 마을은 육대(六坮)와 노평(蘆坪)[39]의 2곳에 불과하다.

육대(六坮, 뉵듸)

육대는 또한 육태(陸台)라고 기록된 경우도 있다. 신포정박지의 서쪽을 병풍처럼 막아주는 봉수령은 사주[沙頸地]로 대륙과 연속하고, 그 동서 양측은 구부러진 모양을

38) 본문에 許로 되어 있고 단위가 나와 있지 않다. 8200원으로 보기에는 생산량이 너무 많고, 청어나 정어리는 명태처럼 駄로는 헤아리지 않으므로 정확히 알 수 없다.

39) 원문은 芦坪이다.

이룬다. 그리고 마을은 이 사주에 산재하는데 동서 두 리(里)로 이루어진다. 즉 신포정박지에 연하는 것은 동리(東里)이고, 서쪽의 외해(外海)에 면하는 것은 서리(西里)이다. 호구는 동리(東里)는 132호(戶), 인구는 470여 인이고, 서리(西里)는 85호, 인구는 320여 인으로 대부분은 어업에 종사한다. 어선은 동서의 두 리(里)를 합쳐서 24척이고, 자망, 수조망 몇 통, 어장(魚帳) 1곳[座]이 있다. 이 지역은 명태어업이 제일 성행하는 곳으로서 어기가 되면 여러 방면의 어선이 집합하는 경우가 많다. 배를 대는 데[著舟] 편리하도록 길이 50여 칸 정도의 잔교(棧橋)를 건설하였는데, 해마다 그 수가 무려 20여 개에 이르러 장관을 이룬다. 또 그 어기가 되면 월 2~3회 연안항행기선이 기항한다.

주요 어채물은 명태 · 청어 · 대구 · 가자미 · 가오리 · 정어리 등으로 매년 그 산액은 명태는 1만 태(駄) 내외이고, 그 밖에는 500~600원 정도에 달한다.

노평(芦坪)40)

노평은 육대의 북쪽에 위치하고, 농업과 제염에 종사하며 어업을 영위하는 자는 없다.

제4절 홍원군(洪原郡)

개관

연혁

본래 고려의 홍긍현(洪肯縣)으로 조선도 이를 따랐다. 태종대에 함흥부에 소속되었으나 숙종 대에 이르러 지금의 이름으로 고치고 동시에 북청(北青)의 진관(鎭管)으로 이관되었다. 그 후 몇 십 년이 지나서 다시 함흥부에 예속되어 현재에 이르렀으며, 건양개혁 때 비로소 하나의 군(郡)을 두어서 지금에 이른다.

40) 蘆의 속자이다.

경역

동쪽으로는 북청군에, 북서쪽으로는 장진군에, 서쪽으로는 함흥군에 접한다. 남쪽 일대는 동조선해만에 연해서 임해구역이 비교적 넓지만, 안쪽으로는 남북이 협소해서 그 영토가 크지 않다.

지세

지세는 앞에 나온 각 군과 마찬가지로 산악지형이지만 본 군은 대함락부(大陥落部)의 북측 말단에 위치하기 때문에 구역 내에 뻗어있는 산맥은 대개 북에서 남쪽으로 달리고, 다소 방향을 달리하는 것도 있다. 그리고 그 북부와 동부는 높은 산악이 줄지어 서있지만 해안에 이르러서는 비교적 완경사로 된 구릉이 없는 것도 아니다. 다만 평지는 매우 적어서 오직 동서의 두 대천 유역에 겨우 조금 있을 뿐이다.

하류

하류는 여러 갈래이지만 모두 소류(小流)에 불과하다. 그중 비교적 큰 것을 찾아보면 동서의 양 대천의 두 줄기뿐이다. 즉 북동쪽의 북청군의 경계에서 발원해서 평포(平浦)의 동쪽을 지나서 영무시장(靈武市場) 부근에서 개구(開口)하는 것은 동대천이고, 북서쪽의 함흥군의 경계에서 발원하여 동남쪽으로 흘러 군읍의 서쪽을 지나서, 전진(前津)의 남쪽으로 흐르는 것은 서대천이다. 두 하천은 모두 배를 운행할 수는 없지만 연어와 그 밖에 어리(漁利)가 있다. 특히 서대천에서는 연세(年稅) 34원을 납입하고 연어를 어획하는 자도 있다.

해안선

해안선은 그 연장이 18해리 정도에 이르고 다소 들쑥날쑥하지만 굴곡은 대체로 완만하므로 곧 풍박(風泊)에 안전한 좋은 항만을 형성하는 데 이르지는 못했다. 단지 서쪽 함흥군 경계 부근의 퇴조포(退潮浦)는 만입이 깊고 또 만 내에 굴절이 많아 정박에 적당한 장소를 가지고 있다. 그렇지만 사방이 산악이므로 육로교통이 편하지 않고, 또한 육산도 풍부하지 않다. 때문에 만에 연해 있는 마을은 모두 인구가 희소한 하나의 작은 한촌(寒村)에 불과하여 장래 발전을 이룰 여지가 없다. 군읍의 동쪽에 움푹 들어간[凹入] 곳은 송령만(松嶺灣)으로 정박에 편하지는 않지만 청어와 정어리의 어장으로 유명하다. 동 만의 동쪽, 북청군 경계에 이르는 일대는 사빈이 이어져 있어서 지예에 적당한 장소가 많다. 또 그 사이에 동대천이 열려 있어 부근에 염업을 영위하는 자가 있다. 군의 집산지[呑吐口]로서 또한 기선의 기항지로서 비교적 이름이 있는 것은 만의 서쪽에 위치한 전진(前津)이다. 이 지역은 군읍에 이어져 있어서 교통이 번성하지만 정박이 안전하지는 않다. 그 서쪽에 완만하게 요입되어 있는 곳은 곧 대선(大船)의 정박지이다.

도서

도서로는 신포의 전면에 떠있는 마양도(馬養島)와 기타 2~3개의 작은 섬이 있는데 그 작은 섬까지는 여기에 특별히 기록할 가치가 없다. 마양도는 면적에 있어서 전 도의 여러 도서 중 제일에 위치해 있을 뿐만 아니라 그 북측에는 크고 작은 선박의 정박에 적당한 좋은 만을 가지고 있어, 포경의 근거지로서 또 명태 어선의 근거지로서 매우 중요한 곳이다. 가치에 있어서도 또한 도 전체에서 으뜸으로 꼽을 만하다.

구획 및 임해면

군내 구획은 모두 25면이며, 내해에 연해있는 것은 용원(龍源) · 염포(濂浦) · 경포(景浦) · 주남(州南) · 신익(新翼) · 호남(湖南) · 용운(龍雲) · 동보청(東甫青) · 서보청(西甫青) · 동퇴조(東退潮) · 서퇴조(西退潮)의 11면이라고 한다. 그리고 용원면은 동쪽 북청군 경계에 위치하며 순차적으로 서남쪽에 늘어서 있고, 서퇴조면은 함흥군 경계에 있다.

군읍

군읍인 홍원은 전진의 북쪽에 이어져 있다. 본도 동쪽 연안 가도(街道)를 따라서 인가가 비교적 조밀하고, 군아 외에 재무서 · 우체소 · 함흥경찰 · 순사주재소 등이 위치해 있다. 일본 상인도 또한 거주하며 이 지방에 있어서 하나의 집산지이다.

교통 및 통신

구역 내 산악과 구릉이 중첩되고 오르내림이 많아 도로가 양호하지 않다. 군읍에서 동쪽 평포(平浦)를 거쳐 북청읍에 이르는 약 110리, 서쪽 함흥에 이르는 120리는 간선 도로라고 하지만 언덕길이 많아서 교통이 편리하지 않다. 해운은 기선이 전진에 정기 기항하기 때문에 비교적 편리하다. 통신은 해륙 양편이 있지만 군읍 홍원에 우체소 한 곳이 설치되어 있을 뿐이어서 매우 불편하다.

장시

시장은 읍하(邑下)·영무(靈武)·삼호(三湖)·퇴조(退潮)의 4개소가 있다. 개시는 읍하 매 5·10일 ▲영무 매 1·6일 ▲삼호 매 3·8일 ▲퇴조 매 4·9일이다. 집산물자는 곡물·식염·소·포백·어류 등으로 읍시가 가장 번성하다. 한 시장의 집산금액은 읍시 1만 원 내외 ▲영무 5,800원 정도이고, 다른 곳은 그보다 적다.

물산

물산은 농산에 있어서는 쌀·콩·보리·조·기장·대마 등이고 또한 농가 부업으로서 누에를 기르는 자도 있다. 각자 방직해서 명주를 짠다. 소의 사육도 또한 일반적으로 행해지며 각 호의 사육이 평균 1마리 이상이다. 각 시장에서 소[生牛]를 매매하는데, 많은 경우는 300마리를 상회할 때도 있다.

수산물

수산물은 명태·청어·가자미·넙치·삼치·방어·정어리·연어·송어·미역인데 그중 명태의 생산이 가장 많다. 지난 융희 2년 중의 생산량은 제품 16,000태이고 가격은 12만 원 내외였다. 소금 생산액도 또한 적지 않다. 염업조사보고에 의하면 1년 생산량은 868,245근이었다. 이하 각 면에 대한 마을의 개략적인 상황을 서술한다.

용원면(龍源面)

본면은 군의 동쪽에 있으며 북청군과 접하고 있다. 그 연안은 북청군에 속하는 육대(六治)로부터 서쪽으로 염포면에 걸쳐 있고, 일대는 평탄한 사빈을 이룬다. 그 사이에 동대천(東大川)이 개구(開口)한다. 그런데 해안 부근에 산재하는 마을은 영덕 이외 한두 곳이 보일 뿐이다. 더욱이 어업과 직접 관계가 있는 마을은 없다. 그렇지만 북청군 신포의 전면에 떠 있는 마양도는 본면에 속하는 섬으로 섬 내에 많은 마을이 있으며, 배를 매어두는 곳으로 또 어업 근거지로서 본 도의 주요한 섬이라는 것은 이미 앞에서 한 번 언급한 바이다.

마양도(馬養島)

함경남도 전체에서 가장 큰 섬으로 섬의 둘레가 약 50리 20정이다. 전체 섬이 붉은 빛을 띠며, 멀리서 바라봐도 눈에 쉽게 들어온다. 신포 정박지[錨地]의 표지[目標]이다. 섬의 남동쪽은 험준해서 배를 묶어두기에 적당한 장소가 없지만, 북쪽 일대는 경사가 완만하고, 해안선이 나가고 들어오는 굴곡이 매우 심하며 네 개의 좋은 만을 형성한다. 그 동쪽 끝에 있는 것이 그중 만입도 깊고, 수심도 매우 깊다. 본 만에 서쪽으로 이웃하고 있는 것도 역시 깊이 들어오는 만이며, 수심이 7~8길에 달하는 좋은 정박지이다. 점차 서쪽으로 가면서 제3 · 제4의 만이 있는데, 크기도 작아지고 수심도 점차로 얕아진다. 그 서단에 있는 만 입구가 특히 좁으며, 물이 얕아서 대형의 배를 받아들이기에 충분치 못하다. 그렇지만 이 만은 작은 배의 정박지로서 가장 안전한 편에 속한다.

동단에 있는 깊이 들어간 만은 해도에 문암리만(文岩里灣)이라고 기록되어 있다. 일찍이 러시아 포경선의 고래해체장[割截地]을 두었던 곳으로, 그 옛터는 지금 동양어업주식회사의 포경기지이다. 이 만에 서쪽으로 이웃하는 것은 이 역시 해도에서 중흥리만(中興里灣)이라고 하였으며, 그 다음을 토성리만(土城里灣)이라고 부른다. 생각건대 이러한 명칭은 모두 만에 연하는 마을에서 따온 것이 분명하다. 중흥리 및 토성 두 만의 중간에 하나의 작은 섬이 있는데 이것을 신도(新島)라고 부르며, 풍향에 따라서는

두 만의 입구를 다소 막아준다

본 섬 부근의 기상은 신포에서 개설한 바이다. 다만 대안인 신포는 남쪽을 보고 있고, 조류 등의 이유로 인해서 겨울에 얼음이 어는 것을 볼 수 없지만, 본 섬의 여러 만은 북면 또는 서면하고, 만입이 깊어서 만 내의 연안은 한겨울에 얇게 얼음이 언다. 보통 얼음 위를 사람이 왕래할 수 있다. 그렇지만 지금까지 통항을 방해하는 데는 이르지 않았다.

섬의 지표는 높고 낮은 기복이 심하며, 평지는 각 만 내에 조금 보일 뿐이다. 그래도 가장 고점은 남쪽의 중앙에 있으며, 585피트에 불과하므로 비교적 완만한 경사지가 많다. 토질은 점토로서 토지의 생산력이 비교적 양호하다. 개간이 두루 이루어져서 남은 땅이 적다. 경지 총 면적은 411정보 정도라고 한다. 모두 밭이며, 논은 없다. 삼림자원의 경우에는 키가 작은 나무들이 몇 곳에 빽빽이 있을 뿐이고, 숲이라고 부를 정도는 아니다. 따라서 땔나무는 맞은편 육지에 의지하지 않을 수 없지만, 그래도 식수는 충분하다.

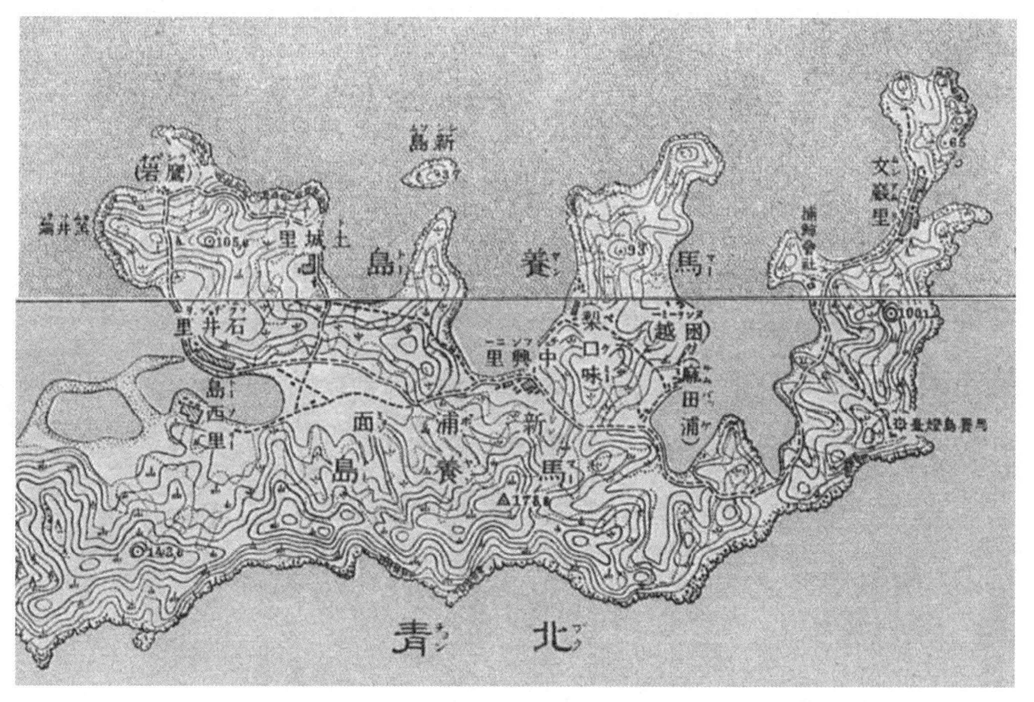

마양도. 조선총독부 「조선 5만분 1 지형도」

마양도의 각 마을

마을은 문암리만(文岩里灣)의 동쪽에 문암리(文岩里)가 있으며, 그 서쪽 안에는 마전포(麻田浦)가 있다. 중흥리만의 동쪽 안에는 중흥리(中興里), 토성리만의 서쪽에는 토성리(土城里), 같은 만의 서쪽에 돌출부, 즉 봉수반도(烽燧半島)와 마주보는 갑단의 움푹한 곳[凹所]에 응암리(鷹岩里, 연암리), 서쪽 끝에 있는 한 만의 북쪽에 석정리(石井里), 그 대안에 돈지(敦池) 등이 있다. 그리고 호수는 전 섬을 통틀어서 약 700호라고 한다. 이 지역은 명태 어업이 성한 곳으로서 주민이 본 어업에 간여하지 않는 경우가 적으며, 또한 기타 어업을 영위하는 자도 많다. 그러므로 그 생활의 대부분을 어업에 의존하고 있다고 해도 틀린 것이 아니다. 또한 석정리와 기타 마을에서도 염업을 영위하는 경우도 있다.

본 섬은 왕년에 관(官)의 목마장이었다. 마양도라는 명칭은 아마도 여기에서 기인했을 것이다. 지형은 고저가 많아서 목장으로 하기에 적합한 곳이다. 다만 물줄기가 없는 것이 아쉽다. 농가는 소를 키우는 경우가 많고, 해마다 소를 반출하는 경우가 적지 않다.

어채물

주요 어채물은 명태 · 가자미 · 삼치 · 상어 · 가오리 · 해삼 · 미역 등이며, 명태의 어장과 어기 등은 신포에서 상세하게 서술했으므로, 이에 생략한다.

영덕(靈德, 령덕)

영덕은 즉 영무장시의 소재지이며, 개시일 등은 앞에 나타낸 것과 같다. 그리고 그 집산구역은 서쪽 염포면에 속하는 여러 마을부터 동쪽 북청군에 속하는 육대 · 마양도에 이르며, 그 성황이 본 군 장시 중 두 번째에 위치한다.

영덕 일대. 오른편으로 육대가 보인다.

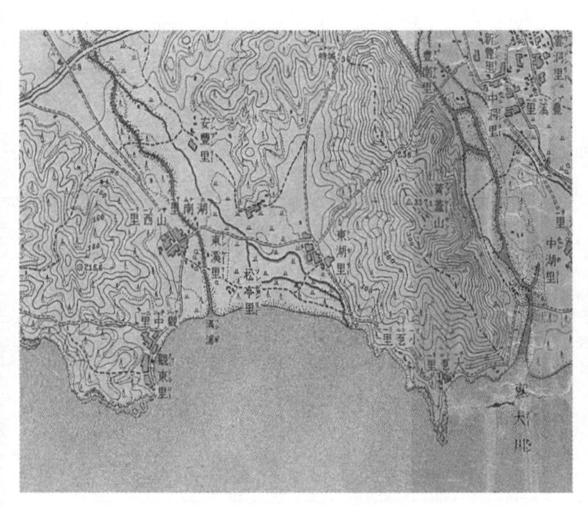

왼쪽: 염포면 일대. 1918(대정 7년 발행)「조선 5만분 1 지형도」

염포면(濂浦面)[41]

본 면은 용원면(龍源面)과 나란하게 서남으로 경포면(景浦面)에 맞닿아있다.[42] 연안은 다소 굴곡이 있고, 그 중앙에는 하나의 작은 계류(溪流)[43]가 흐른다. 그리고 임해(臨海) 마을로는 관동(觀東) · 관중(觀中) · 소돌(小乭) · 대돌(大乭) 등이 있다.

관동포(觀東浦)

용원면 부근에 있고, 호수는 88호, 인구는 300여 명이라고 한다. 그 가운데 어호(漁戶)는 15호이며, 어선은 7척, 수조망 6통이 있다. 주요한 어채물로는 봄 · 가을 두 계절에는 가자미, 겨울에는 명태가 있는데, 어선 1척당 연간 어획고는 대략 400원에 이른다. 그리고 그 판매지는 대개 읍내[邑下] 및 영무(靈武)의 두 장시라고 한다.

관중포(觀中浦, 관즁)

관동포의 서남쪽에 있는데 구릉이 배후를 둘러싸고 있다. 그렇지만 연안은 동남쪽으로 열려 있고 수심이 얕으며, 바람이 불고 파도[波浪]가 심해서 배를 매어두기에 좋지 않다. 호수는 78호, 인구는 400여 명이라고 한다. 어채물은 봄 · 가을 두 계절에는 가자미, 겨울에는 명태이고, 나머지는 중요하지 않다. 1년간 생산액은 명태가 100태(駄) 내외, 가자미가 70~80원 내외이다.

---

41) 1914년 지방행정구역 재편 이전까지는 염포면으로 되어 있으나, 그 이후에는 운룡면과 통합하여 운포면이라 하였다. 때문에, 1918년 단계의 지도에서는 운포면으로 되어있다.

42) 즉, 경포면-염포면-용원면(서→동)의 순서로 인접해 있다.

43) 지도의 하천 입구와 하천상에는 한포(漢浦: ハン ポ)라고 표기되어 있다.

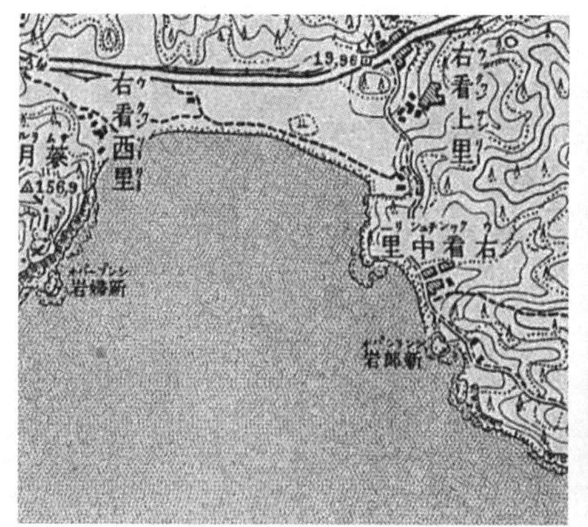

우간중리가 우간포, 우간서리가 서리에 해당한다.

대돌포(大乭浦, ᄃᆡ돌)

관중포가 남서방향에 위치한다. 배후로 길게 이어진[連亙] 낮은 언덕은 남동쪽 바다로 뻗어서 동·서의 두 각(角)을 이룬다. 그 갑단(岬端)이 바위언덕에 이어져서 하나의 작은 만을 형성한다. 때문에 풍파(風波)가 거친 경우에는 출입의 위험을 각오해야 하지만 만 내는 비교적 평온하며, 다소 사빈(沙濱)이 있다. 호수는 26호, 인구는 70여 명으로 그 가운데 어호는 10호를 헤아린다. 어선은 6척, 수조망 6통, 지예망 1통, 어장 1개소[座]가 있다. 주요한 어채물은 명태·청어·가자미·미역 등이고, 또한 제염에 종사하는 자도 있다.

소돌포(小乭浦)

대돌포의 남서쪽으로 가까운 거리에 있다. 협소한 하나의 만을 형성하고, 연안에는 암초가 많다. 호수는 34호, 인구는 약 160여 명으로 그 가운데 어호는 11호를 헤아린다. 어선은 5척, 수조망 6통이 있다. 주요한 어채물로는 명태·가자미 등으로 어선 1척당 1년 어획고는 400원 아래로 내려가지 않는다.

운룡면(雲龍面)

본 면은 염포면의 서쪽으로 이어져 있으며, 그 연안은 송령만(松嶺灣)의 동측에 해당된다. 그리고 임해 마을로는 우간포(右看浦) · 서리(西里) 등이 있다.

우간포(右看浦, 우광포)

호수는 31호, 인구는 약 130여 명이며 어호는 겨우 5호에 불과하다. 어선은 4척, 수조망 4통, 어장 1개소가 있다. 어채물은 명태 · 청어 · 가자미 등으로 어선 1척당 연간 어획고는 200원 정도일 것이다.

서리(西里, 셔리)

염업지로 고기잡이는 부업[餘業]에 불과하다.

경포면(景浦面)

본 면은 운룡면의 서쪽에 이어져있고, 그 연안은 송령만의 동북측에 해당된다. 그리고, 그 임해 마을로는 송령(松嶺) · 장흥(長興) 등이 있다.

송령(松嶺)

송령만의 동쪽 기슭에 위치하고, 배를 매어두기에 비교적 괜찮다. 호수는 66호, 인구는 330여 명으로 그 가운데 어호는 14호를 헤아린다. 어선은 8척, 수조망 2통, 지예망 3통, 어장은 1개소가 있다. 어채물은 명태 · 가자미 · 청어 · 정어리[鰮] 등으로 이 가운데 명태, 가자미를 주로 한다. 작년 중에 생산액은 명태 200태, 청어 · 가자미 약 300원 정도였다.

본 포는 또한 군내에서 주요한 제염지이다. 그렇지만 그 조업(操業)은 대개 봄철에 그치고 봄 · 가을 두 철에 하는 경우는 아주 적다.

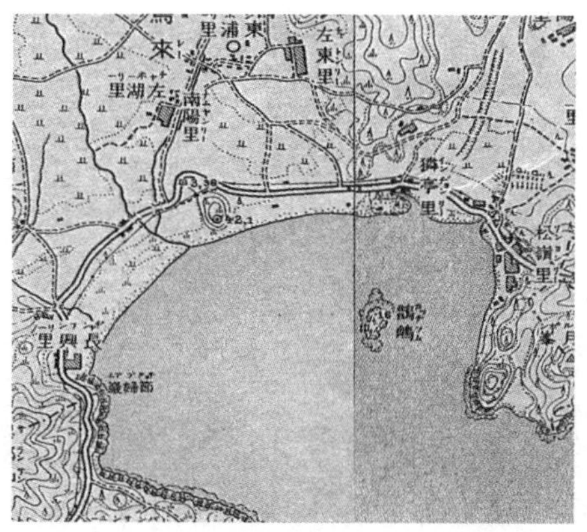

경포면 일대. 장흥포는 왼쪽에 위치하고, 송령은 방파제 오른쪽에 위치한다.

장흥포(長興浦)

송령포의 북쪽 송령만의 안쪽에 위치하고, 군읍에서 멀지 않다. 연안은 사빈으로 지예(地曳)에 적당하지만 선박을 매어두기에 편리하지 않다. 호수는 47호, 인구는 220여 명으로 대부분 농업에 종사하고, 어업에 종사하는 경우는 적다. 어선은 1척, 지예망 1통이 있다. 어채물은 청어 · 정어리 · 명태 등으로 그중 청어의 어획이 많다.

주남면(州南面)

주남면 연안은 송령만(松嶺灣) 서측의 일부를 이루고, 남쪽은 신익면(新翼面)으로 이어진다. 임해 마을로는 방상(方上) · 방하(方下) · 방서(方西) · 장동(壯東) · 천중(穿中) · 서흥(西興) 등이 있다. 그리고 천중과 서흥은 홍원군에서 유일한 기항지인 전진항(前津港)의 일부를 이룬다.

방상포(方上浦) · 방하포(方下浦) · 방서(方西) · 장동포(壯東浦)

방상포(方上浦)는 호수가 30호이고, 어호(漁戶) 6호, 어선 2척, 수조망 6통. ▲방하포(方下浦)는 호수 80호인데, 어호가 13호, 어선 6척, 지예망 2통, 수조망 4통. ▲방서

(方西, 방서)는 호수 56호이고, 어호는 9호, 어선 3척, 수조망 9통. ▲장동포(壯東浦)는 호수 55호인데, 어호 13호, 어선 4척, 수조망 13통을 가지고 있다. 그리고 이들 각 마을의 어채물은 봄에는 청어, ▲봄 · 가을 두 계절에는 가자미, ▲여름에는 정어리[鰮], ▲겨울에는 명태이고, 한 어선의 1년 어획은 500~600원을 헤아린다.

전진(前津, 젼진)

전진은 군읍의 동쪽 5리에 있는 진포(津浦)를 총칭한다. 만입한 정도가 좀 덜하지만 북쪽과 남쪽에 작은 언덕이 둘러싸고 있고, 또 북쪽 구릉에 근접해서 대두도(大頭島)가 떠 있다. 동남쪽은 만구(灣口) 쪽으로 죽도(竹島)가 가로놓여 있기 때문에 동풍 및 동남풍 외에는 제법 막아낼 수 있다. 만 내는 모두 사빈이고 왼쪽 해안에 하나의 작은 부두[波止場]를 만들고, 또 많은 잔교(棧橋)를 설치하여 배를 대는 데 편의를 도모했다. 이 부근에서는 북 · 서 · 남쪽의 풍랑을 피할 수 있고, 충분히 어선 80척 내외를 정박할 수 있다. 전진은 배를 정박시키기에는 좋지 않지만 군읍에 연결되고, 그 서쪽에 신익(新翼)이라는 평지를 두고 있다. 또 서호진 · 신포의 중간에 위치하기 때문에 종래 함남 연안의 기선지(寄船地)로서 중요한 진 중 하나로 알려졌다. 게다가 근해는 좋은 명태 어장이고, 명태잡이 어선의 근거지로 매우 중요한 하나의 진이다.

전진항의 마을

마을은 앞에서 언급했듯이 천중(穿中) · 서흥(西興) · 남흥(南興) 세 곳으로 이루어진다. 단 천중과 서흥은 주남면에 속하지만 남흥리는 신익면에 들어간다. 호구는 천중 135호, 500여 인, 서흥 64호, 200여 인, 남흥 89호, 430여 인으로 모두 288호, 1,140인 내외를 헤아린다. 상가 120호 · 보행객주(步行客主) 8호 · 주막(酒幕) 18호 · 환전상[錢商, 兩替屋] 3호 · 객주(客主, 問屋) 12호 · 자본주 6호가 있다. 인가가 밀집해 있고 상업이 성행한 곳으로 본군에서 첫 번째로 꼽힌다. 게다가 겨울에 명태의 어기가 되면 외부에서 오는 어선이 집합하는데 200척 내외에 달하고, 해안에 인접한 민가와 여기에 부속하는 건조장을 아울러 임차하여 어획 및 동건제조에 종사하는 자가 적지 않다. 매년 그 기간에 들어가면 갑자기 바다와 육지 모두 시끌벅적한 곳[熱鬧]으로 변하기 때문에 겨울의 추위를 잊어버릴 것 같은 느낌이 든다. 임차 가옥 및 건조장의 사용료는 크기에 따라 차이가 없는 것은 아니지만 어기 중, 즉 3개월간 40원을 보통으로 한다.

전진에 있는 일본인

본 진에서는 일본인 정주자(定住者)가 7~8호, 37~38인이 있는데, 모두 용익면에 속하는 남흥리에 거주하고, 여관, 운송업[回漕業], 잡화점 등을 경영한다. 또 어업에 종사하는 자도 있는데, 일본 출어선은 해삼을 목적으로 하는 잠수기선 4~5척이 매년 봄·여름에 오는 것 외에 아직 다른 어업을 목적으로 내어(來漁)하는 자는 없다.

토지

토지는 비교적 비싸고 장소에 따라 현저한 차이가 있다. 상업에 편리하거나 혹은 명태 건조장으로 편리한 장소는 1평에 2원(圓), 그 다음 것은 1원, 하등(下等)은 20전(錢) 정도이다.

삼림

연안 부근에 삼림으로 볼 만한 것은 없지만 여러 도서(島嶼), 기타 연안 근처의 구릉에는 소나무가 비교적 무성하며, 특히 전진의 서남쪽 약 17~18정(町)에는 3정보(町步) 남짓에 이르는 소나무 숲이 있다. 그러나 땔나무의 공급은 충분하지 않다.

식수

부근에 시냇물이 흐르지 않기 때문에 식수는 모두 우물물을 긷는데, 모두 소금기를 포함하고 있어 질이 나쁘고, 또 넉넉하지도 않다.

기후

기후는 원산에 비해 큰 차이가 없다. 연못은 단단히 얼지만 연안에서는 혹한기에 겨우 얇은 얼음이 얼 뿐이어서 선박의 정박이나 항행에 지장은 없다.

교통, 통신

교통은 홍원읍(洪原邑)까지 가까운 거리이고, 도로가 양호하다. 서쪽 일대는 신익(新翼)이라고 하는 평지로, 차량의 왕래에 지장이 없다. 해로 교통은 원산을 주로 한다. 종래에는 연안을 항행하는 기선이 때때로 기항했지만 요즘은 북관명령항로(北關命令航路)가 열려서 정기적으로 월 3회 왕복 기항하게 되었고, 더욱 편리하게 되었다. 통신은 홍원읍에 우체소가 한 곳에 불과하므로 교통에 비해 매우 불편하다.

어업

어업은 각 마을 모두 겨울에는 명태를 주로 하고, 기타는 봄에 청어 ▲봄 · 가을에 가자미 ▲여름에 정어리[鰮] 등이 주요한 것이다. 명태 어업에는 외래 어선은 자망(刺網)을 사용하는 자가 많지만, 이곳의 어부는 모두 수조망(手繰網)만 사용한다. 홍원군의 보고에 의하면, 수조망은 천중에 11통 · 서흥에 6통 · 남흥에 10통 총 27통이고, 어선도 역시 수조망과 같은 수로 수치상 조사되었다. 그런데 어선 1척이 사용하는 망구(網具)는 적어도 2~3통일 것이므로 이곳이 보유하고 있는 망구는 두 배는 될 것이다. 한 어선의 1년 어획량은 대개 600원을 밑돌지 않을 것이라고 한다.

제염

제염업을 영위하는 자는 4호가 있다. 염전은 천중리 및 서흥리 사이에 걸쳐 열려 있다. 또 중국 소금을 재가공[再製]하는 데 종사하는 자가 있다.

물산 및 중요 이출품(移出品)

물산은 멥쌀, 콩, 명태를 주로 하고, 다른 곳으로 이출(移出)하는 것은 콩과 명태이다. 이 두 가지의 1년 중 이출량은 대개 명태 3만 태(駄), 콩 5,000석이라고 하는데, 모두 부근 일대에서 생산한다. 이입품(移入品)은 쌀 · 보리 · 옥양목 · 목면 · 식염 · 석유 ·

성냥 등이다. 가액이 높은 것은 쌀이고, 그 다음은 목면 · 옥양목 · 식염이라고 한다. 식염은 일본염 및 중국염 두 종류가 있는데, 일본염의 수요가 많다.

신익면(新翼面)

본면은 동쪽으로 주남면에 접하고 서쪽은 서대천으로 호남면과 구분되고 남쪽으로는 바다에 면한다. 지역 내 곳곳에 낮은 구릉이 있지만 대개 평지로 홍원군의 대표적인 평지지역이다. 따라서 그 연안은 평평한 사빈이며 임해마을이 적다. 다만 동쪽은 주남면에 접해서 남흥(南興)과 남제(南提) · 내촌(來村) · 학남(鶴南) 등이 흩어져있을 뿐이다. 그리고 남흥을 제외하고 어업을 주로 영위하는 곳이 없다. 남흥포의 대략적인 모양은 앞서 이미 그것을 서술했었다. 따라서 여기에 다시 기록하지 않는다. 오직 본 면은 군내 유일한 평지이면서 연해에 위치한다. 운수교통의 편리함을 가진 주요 농산지임을 소개하는 데 그치고자 한다.

호남면(湖南面)

동쪽으로 신익면에 서북쪽으로 동보청면에 접한다. 남쪽 일대는 바다에 면하고 낮은 구릉과 언덕이 바다에 잠긴다. 해안절벽과 암맥이 연이어 있는 곳이 적지 않다.

또한 연안 곳곳에 못과 늪이 많다. 그 중에서도 큰 곳은 남포, 연동 부근에 있는 것으로 다소 잉어 · 붕어 · 말조개[烏貝] 등을 생산한다. 임해마을에는 문암 · 신포 · 해암포[44] · 농동 등이 있다. 다만 농동은 제염지이며 어업을 주로 하는 자가 없다.

문암리(門岩里)

문암리는 서대천의 하구에 위치하는 작은 마을이다. 마을사람은 어업을 주로 하는 자가 없지만 마을 앞 서대천에 어살이 있다. 함흥군 서운전면 궁서리의 사람인 주영철(朱

---

44) 원문 한자는 蟹巖浦로 되어 있으나 뒷부분에서 한글로 게암포로 표기하였다.

榮哲)이 면허받은 어장이다.

신포(新浦)

신포는 문암리의 서쪽에 있으며 호수는 겨우 17호인 한 작은 마을에 불과하다. 어업하는 호수는 5호이다. 어선 2척, 수조망 2통을 가지며 주로 동계에는 명태어업에 종사한다. 한 어선의 1년 어획량이 거의 100여 태를 헤아릴 뿐이다.

해암포(蟹巖浦, 게암포)

해암포[45]는 신포의 서쪽에 있고 호수는 27호 그중 어업 호수는 7호이다. 어선 2척, 수조망 2척을 가지고 고기는 명태를 주로 하는 것이 신포와 마찬가지이며 또한 홍합 · 미역의 생산이 비교적 많다.

동보청면(東甫靑面)

본 면은 동쪽으로 용주 및 호남의 두 면에, 서쪽으로는 동퇴조[46] · 서보청의 두 면에 접한다. 남쪽은 약간의 해안이 있다. 임해 마을은 송흥 · 송평 이외에도 있지만 본면에서 서보청면에 이르는 연해는 약간의 평지를 이루어 주민은 주로 농업에 종사하고 수산과 관계해서는 중요하지 않다.

서보청면(西甫靑面)

본면은 동쪽으로는 동보청면(東甫靑面)에, 서북쪽으로는 동퇴조면(東退潮面)에 접하고, 남쪽 일대는 바다에 면한다. 해안은 다소 작은 굴곡을 이루지만 그 대부분은 산악구릉이 바다로 잠기면서[沈][47] 암초(岩礁)지대를 이룬다[錯落]. 동쪽으로 동보청면

---

45) 원문의 한글표기에는 게암포로 되어 있다. 蟹를 글자의 뜻인 게로 읽은 것으로 보인다.
46) 원문에 東退湖로 되어 있으나 潮의 오자로 보인다.
47) 원문에 枕으로 되어 있으나 이는 沈의 오자로 보인다.

에 접한 부근 및 서쪽으로 동퇴조면에 접한 부근에는 사빈을 이루어 적당한 진(津) · 포(浦)를 형성하기에 이르지 못했다. 본 면의 임해(臨海) 마을로는 신하(新何) · 신상(新上) · 삼호(三湖) · 신덕(新德) · 무계포(茂桂浦) 등이 있다. 이 가운데 특히 중요한 곳은 삼호와 무계포이다.

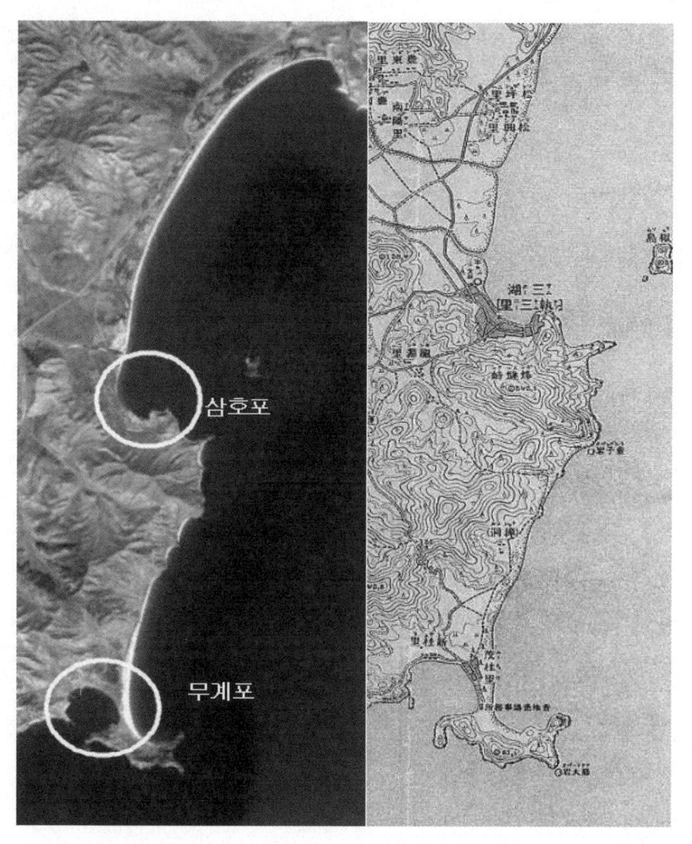

동 · 서보청면 일대 (삼호포 위 사빈 일대가 동보청면)

삼호포(三湖浦)

동쪽은 동보청면의 경계 부근에 위치한다. 연안은 동쪽으로 (바다와) 면한[東面] 사빈으로 겨우 활모양을 이루는 외에는 바람막이[保障]가 없어서 바람을 피해 정박하기가[風泊] 편리하지 않다. 그렇지만 본 군(홍원군)에서 내세울 만한 큰 마을로 매 음력 3일, 8일에 장시가 열린다. 부근 일대의 집산지로 유명하다.

집산물자는 미곡 · 포백 · 어류 등이고 이 장시[一市]의 집산액은 4,500여 원에 이른다. 이 부근은 비교적 평지가 있어서 경작지가 비교적 잘 개척되어 있다. 그렇지만 모두 밭[畑]으로 논[水田]은 볼 수 없다. 호수는 476호, 인구는 1,430여 명으로 그 대부분은 농사에 관계하고, 상업에 종사하는 자도 또한 적지 않다. 어호는 146호로서 어선 71척, 수조망 72통, 어장 3개소가 있다. 이로써 이 지방에서는 하나의 성어지(盛漁地)임을 엿볼 수 있다.

어채물

어채물은 봄에 청어 ▲봄 · 가을 두 계절에는 가자미 ▲여름에는 정어리[鰮] ▲겨울에는 명태, 그 외에는 삼치 · 게 등이 있다. 삼치는 이전에는 자망으로 어획하여 많이 잡았지만, 근래에는 (어획량이) 크게 감소하여 바야흐로 중요한 어채물로 꼽을 만한 가치가 없게 되었다. 한 어선당 1년 어획고는 평균 600원 내외라고 한다. 최근 어업법 시행[發布]에 따라 청어 · 정어리를 목적으로 거망(擧網)을 출원(出願)한 경우가 몇 건 있다.

무계포(茂桂浦)

삼호(三湖)의 서쪽으로 동퇴조면(東退潮面)의 경계에 근접해 있고, 연안은 모두 사빈이다. 호수는 90호, 인구는 270여 명으로서 어호는 30호이다. 어선 12척, 예망(曳網) 12통이 있다. 주요한 어획물은 봄 · 여름에 가자미 ▲가을에 연어 ▲겨울에 명태 등으로서 한 어선당 1년 어획고는 대략 300원에 이른다. 본 포의 앞바다는 폭 50길(약 100m)

로 휘라망[揮羅]의 면허장(免許場)이 있다.

동퇴조면(東退潮面) · 서퇴조면(西退潮面)

동퇴조와 서퇴조 두 면은 서보청면의 서쪽에 위치하는데, 그 연안에 하나의 깊이 들어가는 만이 있다. 그것을 퇴조포(退潮浦)[48]라고 하고, 일본어부들은 심포(深浦)라고 부른다. 만은 서북쪽으로 만입한 것이 2해리[浬](약 3.7km)이고, 만의 입구는 0.5해리이며, 만 내에 굴곡이 많다. 수심은 6~7길(약 10~12m)에 달하는데 진흙바닥이다. 만에 들어가면 바로 좌측(서쪽 측)에 하나의 작은 만이 있는데, 어선이 정박하기에 좋은 곳이다. 이 만 내는 평지로서 마구미(馬口味)라고 하는 마을이 있는데 함흥군 동명면(東溟面)에 속한다. 동퇴조면은 만의 동측에 있으며, 서퇴조면은 동퇴조면의 북서쪽에 나란하게 있어 만 내 서쪽 측면의 일부를 이루며, 함흥군의 동명면과 맞닿아 있다. 만에 닿아있는 마을이 적지 않다고 하지만 비교적 큰 것은 만 내에 있는 퇴조(총칭이다)와 함흥군 동명면에 속한 마구미(馬口味)이고, 그 외에는 모두 하나의 작은 마을에 불과하다.

동상포(東上浦)와 서풍포(西豊浦)

동상포와 서풍포는 동퇴조면에 속한다. 동상포는 호수 20호로서 어호는 7호, 어선 7척, 수조망 7통이 있다. 서풍포는 호수 25호로서 어호는 4호, 어선 4척, 수조망 5통이 있다. 어획물은 가자미 · 정어리[鰮] · 명태 등으로서 어선 1척당 1년 어획고는 대략 300원이라고 한다.

흥덕포(興德浦)와 송흥포(松興浦)

서퇴조면에 속하는데 모두 만 내에 있다. 흥덕포는 호수 14호로서 어선 1척, 수조망 1통이 있다. 송흥포는 호수 17호로서 어선 2척, 지예망 2통이 있다. 어채물은 청어 · 가자미 · 정어리[鰮] · 명태 등으로서 어선 1척당 1년간 어획고는 200원이 넘을 것이다.

---

48) 「조선 5만분 1 지형도」에는 퇴조만(退潮灣)이라고 되어 있다.

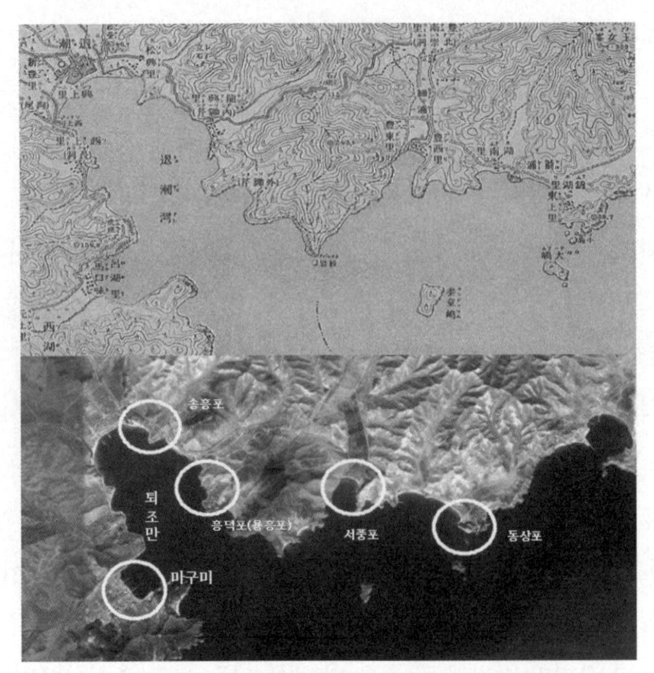

동 · 서퇴조면 일대

퇴조(退潮, 퇴됴)

만 내에 있는 마을의 총칭이다. 전면 일대가 온통 사빈(砂濱)이며 배를 대기에 편리하다.[49] 장시가 있어 음력 매 4 · 9일에 열리는데 집산이 비교적 성하다.

---

49) 여기서 배를 대기에 편리하다고 한 것은 만이 깊고, 수심도 깊으며, 해안의 굴곡이 많은데다가 주변이 높은 산으로 둘러싸여 있어 바람막이가 많기 때문인 것으로 생각된다.

제5절 함흥군(咸興郡)

개관

연혁

원래 고구려의 땅인데, 고려 예종(睿宗) 때 함주대도독부(咸州大都督府)를 두고, 진동군(鎭東軍)이라고 했다. 원(元)에 복속되면서 합란부(哈蘭府)라고 불렸는데, 공민왕(恭愍王) 때 옛 강역을 회복함과 동시에 주지(州知)를 두고, 다시 함주(咸州)라고 했다. 그런데 조선 태종(太宗) 10년 관찰사본영을 두면서 지금의 명칭으로 고쳤다. 건양(建陽) 개혁 때 부(府)를 두었고, 최근의 개혁에 따라 군(郡)으로 삼음으로써 지금에 이르렀다.

경역

북쪽은 분수령산맥[50]으로 장진군과 구획하며, 동북쪽은 홍원군에 접하고, 서쪽은 정평군(定平郡)과 접하며, 남동쪽 일대는 동조선해만(東朝鮮海灣)을 바라본다. 함경남도 수부(首府)의 소재지로 영역[疆土]이 넓어 함경도에서 손꼽히는 곳이다.

지세

함경도의 분수령은 군의 북서쪽 평안도의 경계에 우뚝 솟아있는 낭림산(狼林山) 부근에서 시작해서 북동쪽으로 구불구불 달리기 때문에 지세가 서북쪽에서 융기하고, 남동쪽에서 낮아진다. 이곳에 높은 언덕과 험준한 산이 적지 않지만 해안 부근에 이르러서는 비교적 완경사의 구릉지가 나타나서 개척할 가치가 있는 곳이 많다. 특히 함흥군의 중앙을 흐르는 성천강(城川江) 유역 일대에는 함경도에서 제일가는 평지를 가지고 있다. 이 평지는 쌀 산지로서 함경도에서 으뜸으로 꼽힐 만한 곳이다.

---

50) 함경산맥으로 생각된다.

하류

하천의 지류는 여러 갈래가 있지만 비교적 큰 것은 앞서 살펴 본 성천강 하나뿐이다. 이 강은 혹은 성천강(成川江)이라고도 한다. 원류는 동쪽과 서쪽 두 갈래인데, 군의 북쪽에서 합해지고, 읍성이 있는 함흥의 서쪽을 지나서 다시 두 갈래로 나누어진다. 동쪽의 것은 동천(東川), 서쪽의 것은 서천(西川)이라 불린다. 평지의 중앙을 나란히 남동쪽으로 흘러내려 함흥만(咸興灣)으로 들어간다. 이 강은 함경도에서 주요한 큰 강이지만 수심이 얕아 운수 교통상 아무런 가치가 없다. 그렇지만 관개(灌漑)에 이로움이 클 뿐 아니라 연어와 기타 담수어가 산출되어 수산 상 중요한 곳이다.

해안선

해안선의 길이는 약 14해리에 이르지만 굴곡이 적어 정박지로는 함흥만 동남각의 서측에 있는 서호진이 유일할 뿐이다. 서호진은 함흥군 및 북쪽 장진 일대의 물류집산지[呑吐口]로서 기선 및 범선의 출입이 빈번할 뿐 아니라 연안 항행 기선의 출발지로 함경도에서 저명한 곳이다. 함흥만은 굴곡이 완만한 큰 만으로 연안 일대는 사빈이다. 선박을 매어두기에 적당하지 않지만 지예(地曳)에 좋은 어장이 풍부하며, 또 염업이 번성하는 곳이다.

도서

도서(島嶼)는 서호진의 앞쪽에 떠 있는 대도(大島) · 소도(小島) 두 섬뿐이다. 대도는 해도(海圖)에서 진도(陳島)라고 되어 있으며, 두 섬 모두 사람이 살지 않는 작은 섬에 불과하지만 서호진 정박지를 보호해 준다. 또 진도는 청어 거망 어장으로 중요하다.

구획 및 임해면

함흥군 내에 총 46개의 면(面)이 있고, 그중 해안을 가지고 있는 것은 동명(東溟) · 동운전(東雲田) · 서운전(西雲田) · 동삼평(東三平) · 연포(連浦) · 동주지(東朱地)

· 서주지(西朱地)의 7개 면이다. 그리고 동명면은 홍원과의 경계에 위치하며 차례대로 서쪽으로 이어지고, 동 · 서주지면은 정평군(定平郡)과의 경계에 위치한다. 기타 성천강을 따라서 수산에 관계있는 지역으로 서삼평면(西三平面) · 주남면(州南面) 등이 있다.

군읍

군읍인 함흥은 함주(咸州) · 함평(咸平) · 함산(咸山) 등의 별칭이 있는데, 대개 건치연혁에 따른 것이다. 군의 중앙 평지에 위치하여 사방 교통의 요지였다. 이 때문에 종래 함경도의 수부(首府)를 두었지만 건양 개혁에 의해 함경남도와 함경북도로 나누어지면서 동시에 함경남도의 수부로서 지금에 이른다. 그러므로 인구의 조밀함과 시가의 번성함이 함경도 전체에서 제일에 위치한다. 상업도 역시 매우 성하다. 최근의 조사에 따르면 호수 2,837호, 인구 12,493인이고, 기타 일본인 거주자 257호, 인구 836인이 있다〈융희 2년 6월 말 현재〉. 관서와 공기관으로는 관찰도청(觀察道廳) 외에 군아(郡衙) · 지방재판소 · 구재판소(區裁判所) · 경찰서 · 재무서 · 우편국 · 일본인회가 있다. 위생기관으로는 병원 및 일본인 의사가 있고, 교육기관에는 관립보통학교 · 사립학교 및 일본인회가 설립한 심상소학교가 있어서 대체로 기관이 갖추어지지 않은 것이 없다. 그 외에 또 일본수비대 및 헌병분대가 주둔하는 곳이 있다.

교통

교통은 읍성 부근 일대가 평지여서 도로가 비교적 갖추어져 있고, 거마의 왕래에 지장이 없다. 특히 서호진에 이르는 40리 남짓의 사이는 경편궤철(輕便軌鐵)이 포설되어 여객 및 화물을 운송하기 때문에 한층 편리하다. 북쪽 장진까지 360리는 험준해서 차량이 통행하기 어렵다. 동쪽 홍원읍으로 120리, 서쪽 정평읍으로 50리 남짓, 영흥읍으로 160리, 원산으로는 약 270리인데, 모두 간도(幹道)이고 왕래가 빈번하다. 그리고 이곳들은 모두 우편 · 교통선로이다.

통신

통신 기관은 읍성에 우편국이 설치되어 있는 것 외에 서호진에 우편소가 있다. 읍성에서 각 요지까지의 우편 도달 일수는 원산까지 당일, 혹은 3일째, 북청까지 3일 내지 5일째, 성진까지 3일 내지 8일째, 장진까지 5~9일째, 부산까지 4~8일째라고 한다. 그리고 우송 횟수는 북청은 하루 1회 · 장진은 월 12회 · 원산은 월 15회이며 육로로 수송한다고 한다. 그렇지만 기선 기항지에서는 배편이 있을 때마다 서호진을 거쳐 해로로 체송(遞送)[51]되는 경우도 있다.

시장

장시는 읍성(邑城), 남지경(南地境) · 연포(連浦) · 서호진(西湖津) · 덕산관(德山舘) · 오로촌(五老村) · 원평(元平) 7곳에 있다. 그리고 그 시장은 읍성이 매 2 · 7일 ▲남지경 매 4 · 9일 ▲연포 매일 ▲서호진 매 2 · 7일 ▲덕산관 매 5 · 10일 ▲오로촌 매 5 · 10일 ▲원평 매 4 · 9일에 열리는데, 그 가운데서도 특히 읍성이 성하다. 집산물자로는 각 시장 모두 미곡 · 소[生牛] · 소금 · 어류 · 연초(煙草) · 포백 · 철기(鐵器) · 진유기(鎭鍮器)[52] · 토기(土器) · 야채(野菜) 및 그 외에 잡화(雜貨) 등으로 한 시장의 집산액은 읍성(邑城)이 대략 25,000원 정도 되고, 그 외에는 500~600원이다.

물산

물산은 농산물로는 미곡 · 콩 그 외의 잡곡이 중요하지만, 특히 멥쌀[粳米:うるごめ]은 함경도 중에서 가장 많이 생산되는데, 군내(郡內)의 수요를 충족시키고 남아서 다른 지역에 반출(搬出)되는 양도 적지 않다. 또한 배[梨]는 함흥군의 특산물로서 가평(加平) · 지천(支川) · 원평(元平) 등의 각 면에서 생산되는데 1년 생산액이 5,600여 원에 달한다고 한다. 그 외에도 제조품 가운데 마포(麻布)와 진유기(鎭鍮器)도 또한 특산품

---

51) 遞送은 물건이나 사람을 차례로 여러 곳을 거쳐 보내는 것을 말한다.
52) 鎭鍮器는 본래 眞鍮器라고 하며 놋그릇을 의미한다. 眞鍮는 구리와 45% 이하의 아연을 합금한 황동을 말하는데 놋쇠라고도 한다. '변하지 않는 쇠'라 하여 眞鍮라고도 불렀다.

이라고 일컬어지며, 1년 생산액은 마포가 6,000여 원, 진유기가 2,400여 원에 달한다.

수산

수산물로는 청어[鰊]·정어리[鰮]·가자미[鰈]·명태·대구[鱈]·농어[鱸]·고등어[鯖]·아귀[鮟鱇]·삼치[鰆]·가오리[鱝]·볼락[目張][53]·도미[鯛]·연어[鮭]·해삼[海鼠]·전복[鮑]·대합[蛤:はまぐり]·게[蟹] 등이 있고, 또한 식염(食鹽) 생산이 비교적 많다.『염업조사보고서(鹽業調査報告書)』[54]에 따르면 1년 소금 생산액은 3,989,000여 근(斤)을 헤아린다.[55]

동명면(東溟面)

본면은 동쪽은 홍원군에, 서쪽은 동운전면(東雲田面)에 접한다. 남쪽 일대는 바다에 면하였다. 그리고 그 동쪽 끝 지역은 퇴조포만(退潮浦灣)의 서측을 이룬다. 퇴조포만 안에는 다시 하나의 작은 만이 있는데 곧, 마구미(馬九味)이다. 서쪽은 함흥만(咸興灣)에 닿아서 서호(西湖) 및 내호(內湖)라는 정박지(繫船地)가 있다. 서호는 연안을 항행하는 기선의 한 기점(起點)이자, 본군의 배가 드나드는 중요한 집산지[呑吐口][56]로서 함경도 중에서 이름난 양진(良津)이다.

---

53) 目張(メバル:Sebastes inermis Cuvier), 볼락, 천정어라고도 한다. 하지만, 여기서는 조피볼락, 볼락 가운데 어느 것을 가리키는지 확실치 않다.

54) 염업조사 보고와 관련하여 참고할 만한 서적으로는 農商務省水産局, 『朝鮮国咸鏡道沿岸塩業景況』, 明治30(1897). ; 水産講習所編,農商務省水産講習所,『朝鮮天日製塩調査報告書』, 大正8(1919), ; 農商務省水産局, 『韓国水産業調査報告』, 明治39(1906) 등이 있다.

55) 1910년 전국 소금 생산액은 염전 3,205.96町에 240,142,751斤이며(『朝鮮總督府統計年報』 1910年度 第143表) 1911년 전국의 소금 생산액은 염전 면적이 3,709.75町, 279,875,016斤이다(『朝鮮總督府統計年報』, 1911年度 第137表), 1910년의 경우 1정당 평균 소금 생산은 749근으로 약 750근에 달하며, 1911년의 경우에 1정당 평균 소금 생산은 754근으로 약 755근에 달한다.

56) 呑吐는 본래 '내고 들이다'의 의미이나 여기서는 물건이 드나든다는 뜻이다.

서호진과 작도

마구미(馬口味)

퇴조포만의 서측에 있다. 그 남동쪽 각(角)은 동시에 퇴조만의 서쪽 각을 이루는데 구릉이 이어져있다. 만 입구는 동쪽으로 나 있고, 입구가 너무 넓다. 수심이 깊지 않지만 어선의 피박(避迫)에 지장이 없고, 바닥의 성분[底質]이 모래진흙[砂泥]으로 되어있다. 만 내에는 다소 평지가 있다. 모두 밭[畑]으로 논[水田]을 볼 수 없다. 마을이 이곳에 있는데 호수 40여 호로 농업과 어업에 종사하는 경우가 반반이다. 수산물은 청어 · 정어리 · 가자미 · 명태 · 도미 · 아귀로서 명태는 북청군(北青郡)과 홍원군(洪原郡)의 연해로 출어(出漁)한다. 현지[地方] 어업으로는 청어[57] · 정어리가 있다. 1년 중 생산액은 명태가 400태 내외 ▲청어 · 정어리가 120~130원 ▲가자미와 아귀가 100원 내외 ▲도미가 60원가량이다.

57) 청어를 잡는 데 사용한 어구로는 조선시대까지는 발 어구인 漁箭과 防簾을 비롯하여 漁帳이라는 정치망, 細網이라는 자망, 후릿그물[揮羅網], 柱木網, 中船網, 선망의 일종인 擧揮羅 같은 망어구가 있다.

작도(鵲島)

함흥만의 동남각, 곧 서호진의 남동쪽으로 약 20정(2km) 거리에 있다. 만형을 이루지 않지만 어선이 임시로 정박할 수 있다. 배후는 구릉이고 해안은 암초 사이에 약간 사빈을 이룰 뿐이다. 호수는 60여 호 그중 70%는 어업에 종사한다. 곧, 이 지방에서는 손꼽히는 성어지라고 할 수 있다. 교통은 서호(西湖)에서 가까워서 일용품의 대부분은 서호에 의지한다. 수산물은 명태 · 청어 · 삼치 · 가자미 · 가오리 · 해삼 · 대합 · 전복으로 명태는 북청군과 홍원군의 연해로 출어한다. 그 외에 어류는 마을의 앞바다에서 잡는다. 다만 그 앞의 돌각(突角) 부근은 청어 거망(擧網)의 어장으로 적당하다. 전부터 청어 거망에 종사하는 자가 있었다.

서호진(西湖津, 셔호)

함흥만을 에워싸는 동남각의 안쪽에 위치해서 만의 형태를 이룬다. 앞쪽에 두 개의 작은 섬이 떠 있는데, 큰 것은 동쪽에 있고 '대도(大島)' 혹은 '진도(陳島)'라고 하며, 작은 것은 소도(小島)라고 부른다. 마을의 서쪽을 이루는 작은 구릉과의 거리가 겨우 2정(町) 정도이다. 간조(干潮) 때에는 걸어서 건널 수 있다. 대도 · 소도와 연안 사이는 작은 기선(汽船) 및 어선의 정박지여서, 500~600톤 이상의 기선은 모두 이 두 섬의 연락선에서 1,000간(間) 정도의 앞바다[沖合]에 정박하지 않을 수 없다. 그러므로 배를 매어 두기에는 안전하지 않다. 화물을 싣고 내리는 것도 모두 불편하다. 그렇지만 함경도의 요진(要津)으로 유명한 것은, 이곳의 육로가 평탄하여 본도 제일의 농산지인 함흥 평지에 연결되고 또한 함흥을 거쳐 장진에 이르는 일대의 문구(門口)에 위치하기 때문이다. 그렇지만 이곳이 함경도의 요진으로 유명해지기에 이른 것은 아주 최근에 속한다. 원래 일본군에 의해서 군수 화물의 수송 지점으로 선정된 것에 기인했는데, 즉 처음으로 이곳에 운수부출장소(運輸部出張所)가 설치된 것은 지난 광무 9년(명치 38, 1905년) 무렵으로 당시 마을은 서호마을 한 군데뿐이었고, 게다가 미미한 작은 한촌에 불과했었다. 그런데 함흥 주둔 군대 수용품의 수송이 빈번해져서 육지에는 함흥에 이르는 경편철로가 포설되었고, 바다에는 어용선(御用船)이 들어오는 일이 빈번해졌다. 근로자의 수요가 많아져 여러 지역의 백성들이 날로 증가하고 이주해 와서 이곳의 발전을 촉진함과 동시에 부근에 내호(內湖)와 그 외 6개의 마을이 출현하였다. 지금은 서호진 일대의 마을을 합해서 호수 750여 호를 헤아리는 큰 마을을 이루게 되었다. 이 외에 일본인 정주자는 융희 2년 6월 현재 조사를 보면, 40호이고 인구는 남자 78인, 여자 68인, 합계 146인이 있다. 영업은 운송업 · 바지선수송업[艀船業] · 여관 · 요리 · 음식점 · 과자상 · 잡화상 · 이발소 · 어업자 등이며, 대부분의 기관이 갖추어져 있다.

관공서로는 일본군대 운수부 원산지부 출장소가 있다. 헌병분견소(憲兵分遣所) · 함흥경찰순사주재소(咸興警察巡查駐在所) · 우편소(郵便所)가 있고, 또 학교가 2개 있다.

기후는 서쪽이 바다에 면해서 열려 있기 때문에 추위가 원산에 비해 비교적 심하고, 해안은 한겨울 1~2월 경 3정(町) 정도의 사이에 얇은 얼음이 얼어서 바지선이나 어선의 통행에 지장이 있다. 그렇지만 앞바다에 정박하는 기선에 지장을 줄 정도는 아니다.

지가(地價)는 일본인 거리에서 최고는 평(坪) 당 7원(圓), 다음은 5원, 3원 정도이다. 조선인 마을에서는 최고가 평당 3원, 다음은 2원, 1원 정도, 밭은 마을 부근에 있는 것이 최고 평당 30전(錢) 정도이다.

부근에서 산림이라고 할 만한 것은 서호진의 북쪽 10여 리에 둘레 약 20리가 넘는 소나무숲이 있어서 큰 나무가 울창하다고 한다. 그 외 부근에 소나무숲도 여러 군데 있지만, 기타 수림(樹林)이나 잡목림(雜木林)도 보인다.

서호진은 함흥평지 일대의 문구(門口)로서 오직 백화(百貨)가 나가고 들어오는 데 그칠 뿐 상업지(商業地)는 아니다. 그렇지만 인구가 조밀하고, 또 부근의 교통이 편리하므로 최근에 장시(場市)를 개설하기에 이르렀다. 개시 일자는 매 2 · 7일이고, 집산 물화는 미곡 · 포백 · 어류 · 도기 등이며 1회 시장의 집산액은 500여 원을 헤아린다.

이출품

이곳을 통과하는 이출품(移出品) 중 주요한 것은 콩 · 팥 · 우피(牛皮) · 마포(麻布) · 삼줄 · 한전(韓錢) 등인데, 대개 함흥군 및 정평군 두 곳에서 생산한다고 한다. 마포 및 삼줄은 홍원군에서 산출되고, 목적지[仕向地]는 원산이다. 이입품(移入品)은 목면 · 면화 · 면사(綿絲) · 옥양목 · 식염 · 석유 · 설탕[砂糖] · 성냥 · 밀가루[麥粉] · 청주(淸酒) · 도기 기타 잡화이고, 발송지[仕出地]는 일본 및 원산이며, 목적지는 모두 함흥이다.

교통

육로 교통은 함흥읍으로 이어지며 이곳까지는 40리에 불과하다. 경편철도가 있다. 원래 일본군에 의해서 포설된 것인데, 지금은 민간에 대여해 주어 일반 화물 및 여객을 운송한다. 두 지역 사이의 도로는 평탄하므로 우마(牛馬)를 이용하는 것도 편리하다. 두 지역 사이의 우거(牛車) 이용비는 1대에 1원이라고 한다.

해로 교통은 원산을 주로 한다. 여기까지는 43해리이고, 작은 증기선의 왕래가 빈번하다. 특히 이곳은 연안명령항로(沿岸命令航路)의 기점(起點)이고, 또 일본의 시모노세키[下の關]와 오사카[大阪]를 잇는 기선이 여러 척 기항하기 때문에 해운이 매우 편리하다. 바지선은 일본인이 소유한 것이 6~7척, 조선인이 소유한 것이 8~9척 있다. 연안항로기선 3등 승객 운임은 원산까지 90전(錢) · 부산까지 5원(圓) · 성진(城津)까지 2원 · 청진(淸津)까지 3원 50전 · 웅기(雄基)까지는 4원이다. 화물 운임과 기타 각 지역에 이르는 승객 운임 등을 알고 싶으면 제1집 1편 제4장을 참조할 수 있다.

우편은 함흥 사이는 당일, 원산까지는 정기선이 있을 때마다 집배된다. 또 전보를 취급하기 때문에 매우 편리하다.

어업도 비교적 성행한다. 어호(漁戶)는 120호를 헤아리고, 어선 25척, 수조망 20통, 거망(擧網) 5개소, 어장(漁帳) 8개소가 있다.

어채물

주요 어채물은 청어 · 명태 · 고등어 · 고도리[小鯖] · 정어리 · 가자미 · 가오리 · 삼치 · 농어 · 볼락[目張: メバル] · 아귀 · 도미 · 게 · 해삼 · 전복 · 굴 · 대합 등인데, 이 중 명태는 북청 · 홍원군 연안에서 출어(出漁)하고, 그 외에는 근해(近海)를 어장으로

한다. 거망 포설지는 앞쪽에 떠 있는 진도(陳島)·작도(鵲島)의 남동각 및 입암(立岩) 등이다. 어장(漁帳)은 소도(小島) 부근과 기타 근처 연안에 포설한다. 어기는 청어, 농어는 봄 ▲정어리·고등어·고도리·도미·아귀 및 볼락은 여름 ▲고등어는 가을 ▲가자미는 봄·가을 ▲명태는 겨울이다. 해삼·전복은 봄·가을 두 계절에 일본 잠수기선이 내어하는 곳이며, 조선인이 잡는 것은 적다. 1년 중 어획량은 아직 자세한 조사가 이루어지지는 않았지만 군(郡)의 보고에 따르면 각종 어채물을 통틀어서 14,700여 원에 달한다.

내호리(內湖里, 닉호)

내호리는 서호진의 마을 중 하나로 서호의 서쪽 약 100리에 위치하고, 사이에 작은 구릉으로 서호와 경계를 이룬다. 연안은 사빈(砂濱)으로 수심이 얕지만 배를 대는 데 지장이 없다. 호수는 197호인데, 주로 농업을 영위하며 어업에 종사하는 자는 적다. 어업은 방렴(防簾) 어업이며, 청어·정어리·고도리 등을 어획한다. 부근 경작지 매매 가격은 하루갈이 120~160원이라고 한다.

동운전면(東雲田面)

본면은 동북쪽으로 동명면(東溟面)에 서쪽으로 서운전면(西雲田面)에 접한다. 동쪽 일대는 함흥만(咸興灣)에 면한다. 함흥만 평지의 일부이며 연안은 모두 사빈이다. 임해마을이 없지 않지만 연해는 물이 얕아서 배를 대는 데 편리함이 없다. 또한 어업에 종사하는 자가 매우 적다. 그 중에서도 주요한 곳은 창리(倉里)인데 다음과 같다.

창리(倉里, 챵리)

내호리로부터 남쪽으로 약 18정 거리에 있고 배후에 낮은 구릉을 등지고, 남동쪽으로 함흥만에 면해서 연안은 사빈으로 작은 활모양을 보일 뿐이다. 호수는 380호이며 그 중에 어업에 종사하는 자는 100여 호를 헤아린다. 어선 30척, 수조망 23통, 거망 7곳 어장 9곳이 있다. 어채물은 청어·가자미·농어·정어리·고등어·고도리·빙어·가오리

· 도미 · 해삼 · 게 · 굴 등이며 어장은 근해에 있다. 청어 · 가자미 · 고도리는 거망 또는 어장으로, 그 외에는 수조망 · 연승 · 외줄낚시[一本釣][58]도 있다. 다만 해삼은 마을 사람이 그것을 잡는 자가 없어 매년 일본 잠수기선 또는 나잠업자가 와서 어획한다. 생산액은 정확한 조사를 하지 않았으나 군의 보고에 따르면 1년에 5천여 원에 달하는 것 같다.

토지는 지력이 좋고 지가(地價)는 내호리에 비해 비교적 저렴하다. 사학(私學)이 두 곳 있다. 어업자금은 함흥에 의지한다. 이 지역부터 함흥에 이르는 40리 도로는 평탄하며 교통이 비교적 편리하다.

서운전면(西雲田面)

본면은 동북쪽으로 동운전면(東雲田面)에 남쪽으로 동삼평면(東三平面)에 접한다. 동쪽은 함흥만을 따라 이어진다. 연안의 형세는 동운전면과 같으며 바다 역시 일대가 얕다. 임해마을 중 어업에 관계하며 비교적 중요하다고 판단되는 곳은 사을동이다.

사을동(沙乙洞)

창리의 남쪽 10여 정 거리에 있다. 배후에 낮은 구릉이 이어져 있으며 전면에 사빈을 형성하는 등 대체로 지세가 창리와 비슷하지만 배를 대기에 더욱 불편하다. 토지는 사토(砂土)라서 좋지 않다. 경지의 가격은 하루갈이가 70원 내외로 한다. 호수 30여 호가 있다. 수산물은 청어 · 정어리 · 가자미 · 농어 · 게 등이며 어장은 근해이다. 청어 · 정어리는 방렴 또는 휘라(揮羅)로, 청어 · 농어 · 게는 수조망으로 잡는다. 각각 햇빛에 말리거나 또는 염장해서 가장 가까운 시장에 내다판다.

연포면(連浦面)

본 면은 북쪽으로는 성천강(城川江)의 한 지류인 성천강(成川江)을 사이에 두고,

---

58) 낚싯줄 하나에 바늘 하나를 달아 오징어·가다랑어 등을 낚는 낚시 방법이다.

동삼평면(東三平面)과 구분되고, 남쪽이 주지면(朱地面)에 접하며, 광포(廣浦)의 어귀[開口]에 연해있다. 성천강(城川江) 어귀에 위치하였기 때문에 땅은 사토(砂土)이고, 바다에는 세사(細砂)[59]가 퇴적되어 수심이 매우 얕다. 어촌이라 부를 만한 곳이 한 곳도 없다. 그렇지만 연안은 염전을 만들기에 적당한 장소가 많아서 신성리(新成里)·흥덕리(興德里)·용성리(龍成里)·중흥리(中興里) 모두 염업이 성행한다. 그 중에서도 특히 흥덕리가 가장 성행한다.

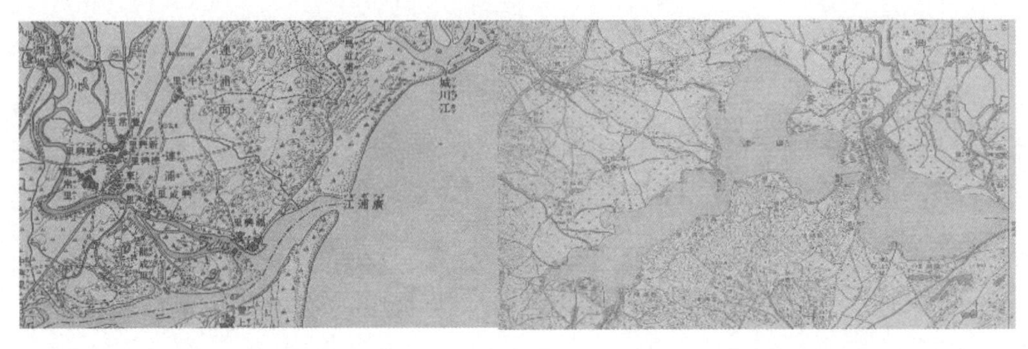

연포면 광포

동주지면(東朱地面)·서주지면(西朱地面)

두 면은 연포면의 남쪽에 나란히 있는데 서주지면은 정평군(定平郡)의 성락면(聖樂面)에 접하고, 동쪽은 광포에 연한다. 또한 염업이 성행하는 곳으로 동주지면에는 호남리(湖南里), 신평리(新坪里)가 있고, 서주지면에는 포흥리(浦興里)가 있다. 그리고 본군의 제염총액 398~399만 근은 연포 및 동면, 주지의 세 면에서 생산된 것이다.

---

59) 細砂(fine sand), 국제법상으로 0.25~0.125mm에 해당하는 모래, 모래는 크기에 따라 극조립사, 조립사, 중립사, 세립사, 극세립사의 5가지로 구분된다. 극조립사(very coarse sand)는 1~2mm, 조립사(coarse sand)는 1~0.5mm, 중립사(medium sand)는 0.5~0.25mm, 극세립사(very fine sand)는 0.125~0.0625mm에 해당한다. 다만, 본 보고서가 작성될 시점에도 이러한 국제법적 규정이 적용되었는지는 의문이다.

제6절 정평군(定平郡)

개관

연혁

과거에는 파지(巴只, 또는 의위宜威라고도 한다) 고려 때는 정주(定州)라고 일컬어졌지만 평안도 정주(定州)와 같은 이름이었기 때문에 조선 태종(太宗) 13년에 지금의 이름으로 고쳤다.

경역

동북으로는 함흥군에, 북서쪽은 척량산맥(脊梁山脈)[60]에 의하여 평안남도의 영원군(寧遠郡)과 나누어지며 남쪽은 영흥군(永興郡)에 이어진다. 동쪽 일대는 함흥만에 연해있다.

지세

본군의 땅은 북쪽과 서쪽이 척량산맥에 접하고 있기 때문에 지세가 서쪽에서 융기하고 동쪽으로 낮아진다. 산지(山地)에 있어서는 험준한 봉우리[峻峰], 높은 산[高岳]이 이어져 있는데 매우 험악하다. 그렇지만, 연해는 함흥평지로 연결되어서 시계[眼界]가 넓고 또한 낮은 구릉[低丘]이 많다.

하류

하류(河流)로는 금진강(金津江)이 있다. 북서 평안도 및 함흥군의 경계에서 발원하여 남쪽으로 내려오다가 초도역(草島驛) 부근에서 크게 굴절하여 동쪽으로 흘러 파춘장(播春場)[61]의 남쪽을 통과하여 함흥만의 남쪽 모퉁이로 들어간다. 강의 양안은 좁고

---

60) 어떤 지역에서 가장 중심을 이루는 산맥을 말한다. 한반도의 경우, 낭림산맥과 태백산맥을 뜻하는데, 여기서는 낭림산맥을 일컫는 것으로 보인다.

61) 파춘장시가 열리는 곳을 의미한다. 1872년 지방도 〈정평부지도〉에서는 파춘장시(播春場市)라고

긴[狹長] 평지를 이루어서 경지가 개간되어 있으며, 강에서는 또한 다소 연어[鮭]가 잡힌다.

金津江 水系

연안

연안은 함흥군과 경계한 광포 어귀에서부터 남쪽 금진강에 이르는 사이는 사빈이며, 단조롭다[平調]. 금진강 하구로부터 남동쪽 끝단 즉, 함흥만의 서남각인 금강곶(金崗串)에 이르는 사이는 구릉이 바다로 들어가 급경사를 이루며, 암초가 흩어져 있다.

되어 있으며, 부근에는 파춘사(播春寺), 파창(播倉)이 표시되어 있다.

광포(廣浦)

함흥군 경계에 있는 광포는 면적이 1,489정보(町步) 정도라고 일컬어지며, 그 광대함은 함경북도 경흥군에 있는 동서의 양 번포(番浦) 다음 가는 규모다. 서남쪽으로 낮은 구릉이 뻗쳐있고, 그 외에는 모두 평지이며 사방에는 잡초가 무성하다. 포는 수심이 대개 1장 3~4척으로서 북쪽 및 서쪽에서 흘러드는 계곡물[溪水]도 적지 않다. 포 바닥은 진흙으로 되어 있지만 물이 맑고 깨끗하다[淸澄]. 조석(潮汐) 간만의 영향을 받는다고 하지만 그 차이는 매우 적다. 엄동의 기후에는 수면이 얇게 어는 경우도 있다. 포에 서식하는 어류로는 숭어[鯔] · 뱀장어[鰻]가 있지만 가자미[鰈] · 농어[鱸] 등도 때때로 올라온다. 포에 연해있는 마을 사람들이 예망으로 포획한다.

교통

교통은 함흥 및 서호를 주로 한다. 연해는 적당한 항만이 없기 때문에 모두 육로에 의지해야 한다. 그렇지만 함흥에 이르는 도로가 비교적 평탄[平易]하다. 연안의 마을에 있어서는 서호진에 이르기가 편리하다. 군읍에서 영흥에 이르는 고갯길[坂路]은 험하다. 영흥을 지나 원산에 이르는 육로는 통틀어서 200리이다. 곧 간도(幹道)이자, 우편선로이다. 통신은 교통에 비해서 편리하지 않다.

시장

장시는 읍하(邑下) · 성락(聖樂) · 의덕(宜德) · 초원(草原) · 부춘(富春) · 동상(東上) · 북지경(北地境)의 7곳에 있으며, 개시는 읍하가 음력 매 1 · 6일 ▲부춘이 매 2 · 7일 ▲초원이 매 4 · 9일 ▲동상, 의덕이 매 3 · 8일 ▲성락이 매 5 · 10일 ▲북지경이 매 4 · 9일이라고 한다. 각 장시 중 연안에 인접한 곳은 부춘, 의덕, 성락이라고 한다. 그리고 집산이 많은 곳은 읍시로서 한 장시에 약 750원, 다른 곳은 300~400원 정도에 불과하다.

물산

물산은 농산을 주로 한다. 주요한 산물로는 쌀 · 콩 · 팥 · 보리 · 귀리[燕麥] · 조[粟] 등이다. 소를 기르는 곳은 본도 각 군(의 내용)과 같다. 광산은 흥인면(興仁面)의 한태동(寒太洞) 및 문산면(文山面)의 광성(光城) 부근에 금광이 있다. 또한 여러 곳에서 사금이 난다.

수산물

수산물은 청어[鰊] · 정어리[鰮] · 가자미[鰈] · 고등어[鯖] · 삼치[鰆] · 빙어[公魚] · 숭어[鯔] · 농어[鱸] 등이고, 또한 소금의 생산이 비교적 많다. 『염업조사보고서』에는 본 군 각 마을의 1년 소금 생산액이 740,740여 근을 헤아리는 것으로 되어 있다.

구획 및 임해면

군은 19면으로 구획한다. 바다에 연한 면은 상의덕(上宜德) · 동의덕(東宜德) · 남의덕(南宜德)[62] · 파춘(播春) · 부춘(富春) · 귀림(歸林)의 6곳이다. 이외에 광포에 연한 것은 성락(聖樂) · 진인(眞仁) · 창덕(昌德) · 광덕(廣德) · 서의덕(西宜德)의 5곳이다. 이상 11면은 모두 다소 수산의 이로움을 누리고 있다. 그렇지만 본군 각지의 조사가 충분하지 않기 때문에, 다만 실제로 조사한 것에 따라서 개요를 서술하겠다.

상의덕면(上宜德面)

상의덕면은 북쪽은 광포(廣浦)에, 동쪽은 함흥만에 연하며, 동북쪽의 한쪽 끝은 함흥군에 속하는 주지면(朱地面)과 서로 마주해서 광포(廣浦)의 입구를 에워싼다. 이 면은 경역이 협소하고 마을도 역시 2~3곳에 그쳐 총 호수는 100호가 못 된다. 그 중 주요한 마을은 몽상리(夢上里)라고 한다.

---

62) 「조선 5만분 1 지형도」에는 의(宜)가 아닌 선(宣)으로 되어있다.

몽상리(夢上里)

몽상리는 동남쪽으로 향해 있고, 함흥만에 이어진다. 토지는 평탄하며 연안은 모래와 자갈이다. 작은 만 형태를 이루고, 수심이 비교적 깊어 배를 대는 데 지장이 없다. 호수는 40여 호, 인구는 160여 인이다. 논은 22일 갈이, 밭은 63일 갈이가 있고, 토질이 비교적 양호하다. 북쪽은 광포에 연결되고 작은 구릉이 가로놓여 있지만, 수목이 부족하다. 교통은 서호진을 주로 하지만 육지 통행은 불편하다. 수산물은 정어리 · 가자미 · 농어 · 빙어[公魚] · 게 등이다. 정어리는 휘라망으로, ▲가자미 · 농어 · 빙어 · 게는 수조망으로 어획한다. 어획물은 각자 처리해서 부근 산지(山地) 마을이나 가장 가까운 시장에 내다 판다. 이곳에는 또 제염(製鹽)에 종사하는 자가 있는데, 제염 생산이 많으며 정평군에서 제일이다.

부춘면(富春面)

본 면은 북쪽은 파춘면(播春面)에, 남쪽은 금진천(金津川)으로 귀림면(歸林面)과 구획되며, 동쪽은 함흥만에 면한다. 연해 마을 중 주요한 것은 포덕리(布德里)이다.

포덕리(布德里, 부덕리)

포덕리는 군읍과의 거리가 육로로는 60리, 영흥읍(永興邑)까지 40여 리, 함흥읍까지 110여 리라고 한다. 동남쪽을 향해서는 사빈으로 작은 만입을 이룬다. 수심이 깊지 않지만 배를 대는 데 지장이 없다. 그렇지만 동쪽으로는 앞이 트여 있어서 보호하지 못하기 때문에 배를 매어두기에 안전하지 않다. 부근의 토지는 평탄하여 논 77일갈이, 밭 183일갈이가 있다. 매매 가격은 하루갈이가 90원이라고 한다. 토질은 양호하고 주요 작물은 쌀 · 보리 · 콩 · 팥 등이다. 호수는 136호, 인구는 590여 인을 헤아린다. 이 지역에서 큰 마을이다. 학교가 1곳 있고 또 상업 기관으로 객주(客主)가 있는데, 미곡 · 어류를 취급한다. 그리고 그 자본은 주로 정평읍에 의지한다고 한다. 이출하는 물품은 콩 · 소

[生牛]·우피(牛皮)·어류인데, 어류는 정평군의 산간지역으로, 그 외에는 원산으로 수송한다. 수산물은 청어·정어리·고등어·가자미·삼치·빙어[公魚]·굴 등이다. 삼치는 외줄낚시, 그 외에는 거망(擧網)·어전(魚箭)·휘라망으로 잡는다. 거망 4개소, 어전 1개소가 있다. 1년 중의 산액은 각 종류를 모두 통틀어서 대략 4,300~4,400원이라고 한다. 어부는 임시고용인으로 급료가 월 5~6원이다. 이곳에서도 역시 제염에 종사하는 자가 있지만 생산은 많지 않다.

귀림면(歸林面)

귀림면은 금진천(金津川) 하구의 좌측 연안에서 금강곶(金崗串)에 이르는 일대로, 남쪽은 영흥군에 접하고, 북동쪽은 바다로 이어진다. 연안은 하구 부근은 사빈으로 이루어져 있지만 갑각 부근에 이르면 암초가 많다. 연안 마을로는 동내포(東內浦)·중하리(仲下里)·동하리(東下里) 등이 있는데 주요한 것은 동내포이다.

동내포(東內浦, 동늬)

동내포(東內浦)는 부춘면에 속하는 포덕리의 동쪽 10여 리에 있고, 배후에 왜송(矮松)63)이 산재하는 구릉을 등지고 있으며, 연안은 평평한 사빈이다. 부근은 평지가 적고 산허리까지 개간되어 개척할 만한 땅을 볼 수 없다. 밭 37일갈이가 있고, 토질이 불량하다. 하루갈이의 단가가 40~80원이라고 한다. 호구는 53호, 인구는 230~240인이다. 사립 학사(學舍)가 한 곳이 있다. 다소 자산을 소유한 자는 7~8호이고, 그 외에는 모두 서민[小民]이다. 군읍까지는 약 65리이고, 영흥읍으로 가는 것이 오히려 편리하다. 때문에 자금이나 일상 필요품은 대부분 영흥읍에 의지한다. 수산물은 정어리·청어·고등어·가자미·농어·빙어·방어·삼치·도미 등이고, 어구는 지예망·수조망·어장(魚帳)이다. 도미·삼치·방어는 정어리 지예로 혼획하는 일이 자주 있다. 정어리 지예는 원산에 거주하는 일본 상인의 계약선수금[仕込]을 받아서 운영한다. 방법은 계약

---

63) 원문에는 倭로 되어있으나 矮의 오기로 보인다. 矮松은 '다복솔'이다.

선수금에 대해서 월 3%의 이자를 지불하고, 또한 어획물은 전부 매도하는데, 그 가액 1,000원까지는 시가(時價)에서 1할을 할인하기로 약정한다.

이곳에서 사용하는 지예망(地曳網)의 형태는 장방형(長方形)이다. 부자(浮子)[64]줄 180길, 어포부(魚捕部) 8길, 양 날개의 말단부가 4길이고, 모두 주머니[袋] 부분이 없다. 때문에 얼핏 보면 허리띠와 같다. 그물의 원료는 방적사(紡績絲)이고, 어포부는 가닥꼬기[本撚][65], 양 날개부는 6가닥꼬기이다. 근래 일본에서 수입하는 자가 많다. 이음새는 5촌(寸) 사이에 20마디가 되지만 부자(浮子)·침자(沈子)[66] 쪽의 길이 1길 내외의 부분은 12가닥 꼬기, 12마디를 사용한다. ▲어망을 짜는 방법은 참매듭[本目][67]을 맺고, 100목괘(目掛)로 하고, 세로로 꿰어 세로 그물눈으로 사용한다. ▲주름[縮結][68]은 2할 5푼, 어포부는 3할 5푼. ▲부자망(浮子網)과 침자망(沈子網)은 두 망도 모두 원료는 칡을 3가닥으로 꼰다. 지름 1(寸), 길이 180길. ▲부자(浮子)는 나무 껍질 5~6개를 겹쳐서 길이 3촌(寸) 정도, 직경 8푼 정도의 원형으로 만들고, 중앙에 부자망(浮子網)을 관통한다. 그 배치법(配置法)은 어포부에서는 5척(尺) 사이에 7개인데, 점차 양 끝에 이를수록 줄어들어 5척(尺) 사이에 4개를 붙인다. ▲침자(沈子)는 천연석 중간 크기 중량 200~300문[匁] 정도를 2~3길 사이에 한 개 붙인다. 어포부는 빽빽하게, 양 날개는 성글게 붙이는 것이 뜸과 같은 모습이다. ▲예망(曳網)은 칡을 원료로 해서 꼬는데, 크기가 지름 1촌 내외, 길이 270~280길이며, 좌우에 각 1조(條)씩 붙인다. ▲사용법은 망을 펼쳐 돌리는데, 예망(曳網)의 한쪽 끝을 육지 위에 놓아두고, 몸그물[身網][69]과 예망의 나머지 부분을 한

64) 어구를 위쪽으로 지지하기 위한 부속구를 말한다.
65) 5本撚은 5가닥의 실을 꼬았다는 뜻이다. 여기서 本撚이라고만 한 것은 의문이다.
66) 어구에 사용하는 추로 주로 망 어구에 사용. 발돌이라고도 한다.
67) 매듭이 잘 풀리거나 밀려 일반적으로 어업에는 잘 사용하지 않는 매듭이며, 특히 자망에는 부적합하다.
68) 그물감을 줄에 연결할 때 원래 그물감에 비해 얼마를 줄였는가를 나타내는 비율을 말한다.

척의 어선에 싣고, 한쪽 편에서 예망을 던진 후에 점차 어선을 앞바다[沖合]로 배를 저어 간다. 어군(魚群)을 포위해서 처음 시작했던 연안으로 되돌린다. 어부는 뭍으로 올라가서 망을 끌어당기고, 몸그물에 모인 물고기를 뜰채[攩網]로 떠서 잡는다. 만약 어획물이 너무 많아서 한 번에 몸그물을 끌어당길 수 없을 때에는 작은 예망을 몸그물에 연결해 붙이고 끌어 당겨서 일부의 물고기만 잡고, 다시 한 번 이 방법을 되풀이한다. 파도가 거꾸로 솟구칠 때에는 어획물을 포기해야 할 뿐 아니라, 또 종종 망구(網具)를 파손하여 잃어버리는 일도 있다. 망 한통에 필요한 어부는 15~16인, 배는 너비[肩幅][70] 1장(丈) 내외, 망구를 새로 맞추는 비용 350원, 어선을 새로 맞추는 비용이 120원 정도이다.

중하리(仲下里, 즁하)

중하리에는 어장(魚帳) 3개소가 있고, 동하리(東下里)에도 1개소가 있으며, 그 외에 곳곳에 거망(擧網)을 설치한 곳이 7개소이다.

〈부록〉

성천강(城川江, 셩쳔강)

본 강에 있는 연어 어장(漁場)은 함흥읍과의 거리가 하류(下流)로 10리가 조금 못된다. 강의 분기점에서 조금 아래쪽으로 동천 · 서천 두 하천에 각각 한 곳이 있다. 소재지는 동천에서는 서운전면에 속하는 궁서리(宮西里), 서천에서는 주남면에 속하는 송

---

69) 낙망에서 어군을 최종적으로 가두어서 어획을 마무리 하는 곳이다.
70) 원문은 かたはば이다. 선체의 가장 넓은 부분(보통 Midship 위치)에서, 선체 한쪽 외판의 내면으로부터 반대쪽 외판의 내면까지의 수평거리로서, 선도(lines)에 나타내는 폭이다.

대리(松岱里)이다. 그 하구를 거슬러 올라가 40여 리에 있다. 어기는 음력 7월 경에서 결빙기까지이고, 성어기는 음력 9월이라고 한다. 어구는 어살 및 예망인데, 어살은 오직 물고기가 거슬러 올라가는 것을 차단하는 목적이고, 어획하는 데에는 예망이나 작살을 사용한다. 어살과 예망의 구조 등은 용흥강(龍興江)에서 사용하는 것과 큰 차이가 없다. 연어의 산란장은 앞에서 기술한 어장에서 또 거슬러 올라가 20~30리 사이에 있다. 어기의 초에는 앞에서 언급한[71] 2개소를 어장으로 선택하지만 점차 어장을 아래로 옮겨, 종어기(終漁期)에 이르면 초기의 장소에서 약 10여 리 정도까지 내려온다. 이 강에서의 1년간의 생산은 평균 5,000마리이고, 어획액[漁額]은 1,500원을 웃돌 것이다.

제7절 영흥군(永興郡)

개관

연혁

본군은 고구려 때는 장령진(長嶺鎭)〈혹은 당문唐文 혹은 박평군博平郡으로 불렸다〉, 고려에 이르러서는 화주(和州)라고 칭했다. 고종 때 원(元)의 침입으로 총관부를 지금의 영흥읍에 두고 쌍성(雙城)이라 불렀다. 이후에 이 지역을 되찾아 화주목(和州牧)이라 하고 드디어 화령부로 삼았다. 본군은 조선 태조 때에 지금의 이름으로 고치고 부(府)를 두는 것은 예전과 같이 하였다. 태종 3년에 부에서 난이 발생해서 군으로 내렸고 다음해에 이전으로 되돌리려 했지만 다시 목(牧)으로 삼아 재차 화주라고 불렀다. 세종 8년 대도호부(大都護府)로 삼으면서 다시 영흥이라 칭했다. 세조 조에 함경도의 진(鎭)을 읍성에 두면서 대도호부를 없앴다. 성종 원년 관찰사본영을 함흥에 두는 것과 동시에 예전으로 되돌렸다. 이후 부(府) 또는 군(郡)으로 삼았고 지금에 이르렀다.

71) 원문은 前期로 되어 있으나 前記의 오기로 생각된다.

경역

북쪽으로 정평군에 남쪽으로 고원군(高元郡) 및 문천군(文川郡)에 접하고 서쪽은 검산(劒山)산맥으로 평안남도의 영원(寧遠)과 맹산(孟山) 두 군과 경계를 이룬다. 동남쪽 일대는 동조선해만을 내려다보면 호도반도가 길게 남쪽으로 두출(斗出)[72]해서 강원도에 속한 코드리카각(コドリカ角)과 마주보는 하나의 큰 만을 형성한다. 영흥만이 이곳이다.

지세

본군 부근의 땅은 원래 척량산맥의 변위로 인하여 이루어졌기 때문에 산맥의 주향(走向)이 일정하지 않고, 강의 흐름도 곡류하여 굴절이 심하다. 서쪽 평안도 경계 부근에 있어서는 준봉, 고봉이 연이어 솟아있으며 그 사이는 좁고 깊은 골짜기가 있으며 절벽을 이루는 곳이 많지만 점차 해안으로 갈수록 완경사의 구릉을 이룬다. 그리고 군의 남동쪽에는 고원군(高原郡)과 문천군(文川郡)에 걸쳐서 아주 광활한 평지를 볼 수 있다. 이 평지는 도에서 손꼽히는 곳으로 농산물 역시 적지 않다. 해안에는 구릉이 이어져서 분지를 이룬다. 강물의 범람으로 피해를 입는 경우가 매년 있어 안타깝다. 이와 같이 본군의 땅은 대체로 서북쪽으로 높고 남동쪽이 낮은 것을 볼 수 있다.

하류

강의 흐름이 비교적 큰 것은 용흥강(龍興江)이다. 강은 평안도의 양덕 부근(평안도, 황해도 경계 부근)에서 발원하여 북쪽으로 흘러 함경도 고원군(高原郡)의 서쪽으로 곡류를 이르며 여러 차례 굴절하여 영흥군, 읍의 북쪽으로 흐른다. 강폭이 넓어지면서 동남쪽으로 흘러내려간다. 영흥 평지를 곡류하며 고원군에서 흘러오는 덕지탄(德池灘)과 합류하여 하구를 이루고 송전만(松田灣) 내로 흘러든다. 강의 본류는 유역이 150리에 걸쳐있다고 한다. 두만강을 제외하고 함경도에서 제일 큰 강이다. 하류는 하구

72) 산세가 유난스럽고 바다 쪽으로 쑥 내민 형세를 말한다.

를 3해리 정도 거슬러 올라가 본류인 용흥강과 덕지탄의 합류점 부근에 이르는 사이의 폭은 2케이블[鏈] 내외, 수심 2길 내외이다. 두 강의 합류점으로부터 약 2해리 거슬러 올라간 사이의 수심은 1길 내외이며 평저선의 통행에 지장이 없다. 그렇지만 하구는 운반된 토사의 퇴적으로 여러 개로 갈라진다. 각 수로는 수심이 얕아서 작은 배가 아니면 들어올 수 없다. 그 중에서도 수심이 가장 깊은 곳은 북쪽에 위치한 수로이며 얕은 곳은 3~4척, 깊은 곳은 1길 내외이다. 이 수로로 들어가려면 대저도(大猪島)의 서측을 우회하여 북각 부근에서 서쪽으로 선회하는 것이 중요하다. 강 하구는 이와 같은 상태이므로 운항의 이로움이 지극히 적다. 매년 7~9월 중순 경 사이는 우기에 들어서면서 물이 붙어서 1장(丈) 5~6척(尺)이 되고, 강물이 범람해서 평지 일원이 잠겨서 논과 밭의 피해가 적지 않다. 또한 교통을 막는 일이 며칠에 이르는 경우도 있다. 평지를 강이 종횡으로 흘러 거미줄 모양을 이룬 것은 아마 홍수로 인한 범람의 결과일 것이다. 결빙기는 12월 초순부터 2월 하순까지이며, 빙상은 사람과 말의 왕래에는 견딜 수 있다. 강에서의 수산은 연어를 주로 한다. 어업에 관한 장은 다른 곳에서 개설할 것이다.

해안선

해안선의 연장선은 대략 40해리에 달한다. 그리고 외해(外海)에 면하는 부분은 정평군 금강곶 부근에서 호도반도 남각에 이르는 약 20해리[73]이다. 호도반도는 사주[沙頸地]로서 북쪽으로 육지에 이어져 있으나 멀리서 보면 마치 외딴섬과 같다. 남각 부근 해상은 어선 항해의 한 난관으로 특히 서풍이 불 때에는 경계해야 하는 구역이기도 하며(제1집 제7장 연안 호도반도. 번역본 p.101) 사경지의 북쪽에서 남강곶에 이르는 사이는 구릉이 대개 바다로 바로 잠기는 곳이지만, 사빈이 적지 않다. 작은 굴곡을 이루는 곳에 여러 개의 어촌과 포구가 있지만 모두 바깥 바다[外洋]에 노출되어 있어 배를 대기에 편리하지 않다. 호도반도의 남서각을 돌면 이른바 송전만(松田灣)이며 대안(對岸)인 문천군(文川郡)에 속한 송전리와의 사이는 수심 8~9길이고 큰 배의 정박지이다.

남서각에서 송전리의 남쪽 영방오(永方五) 돌각까지 2해리 남짓이고, 정북쪽의 만

73) 약 37km이다.

내에 있는 명장진(明場津) 부근 연안에 이르는데 7해리이다. 그리고 남서각에서 정북쪽으로 항진하는 경우 약 4해리에 이르는데, 많은 도서들이 만을 따라서 늘어서 있는 것을 볼 수 있다. 이 부근의 수심은 여전히 6~7길에 달하지만 일단 열도 사이를 통과하면 갑자기 수심이 얕아진다.

모든 섬의 연결선과 대륙 연안과의 사이는 대개 1길이 되지 않는다. 만은 이 열도 부근부터 서쪽으로 들어가서 용흥강의 하구 서쪽에 넓게 하나의 내만을 형성한다. 해도(海圖)에서는 본만을 서만(西灣)이라고 하였다. 이 만의 연안은 모두 문천군에 속한다. 본 만의 안에서 동쪽의 호도반도를 연결하는 사주[沙頸地] 부근에 이르는 동서의 최장거리는 약 8해리이다. 송전만 연안은 어선을 매어두기에 적합한 정박지가 상대적으로 적지만, 본 만은 굴 서식에 적합하고 그 지역이 넓어서 생산이 넉넉하여 전국 제일로 꼽힌다. 매년 원산항에서 수출하는 말린 굴의 대부분은 본 만에서 생산된다. 그리고 용흥강의 하구 부근에서 서만의 연안(문천군의 해안)에 걸쳐서 염전이 많아 염업이 번창하여 역시 도의 수위를 점한다.

영흥만(永興灣) 입구 부근에 산재(散在)한 여러 섬은 책 머리에서 본도의 대략적인 형세[槪勢]를 기술하면서 그 주요한 것은 열거하였다. 그리고 이곳에 산재한 여러 섬 중에 본 군에 속해있는 것은 호도반도(虎島半島) 남측에 가까이 늘어서 있는 송도(松島)·사도(沙島)·모도(茅島)·미도(味島) 및 그 부속 도서인[嶼][74] 함지도(咸地島)·달항도(達恒島)·월현리서(月懸里嶼)·지리매림(地里梅臨) 등이다. 또한, 송전만(松田灣)에 떠있는 여러 섬들 중 본 군이 관할하는 섬으로는 유도(柳島)·대저도(大猪島)·소저도(小猪島)·대구비도(大鳩飛島)·소구비도(小鳩飛島)[75] 등이 있다. 이러한 여러 섬들 중에서 인가(人家)가 있는 섬은 유도·대저도·모도의 세 곳이며, 다른 곳은 모두 사람이 살지 않는 작은 도서(島嶼)이다. 그렇지만, 여러 섬은 각각 수산 상 상당한 가치가 있다. 유도는 용흥강(龍興江) 어귀에 있는 삼각주[三稜洲]인데 큰 것은 3곳이 있다. 그 서쪽은 문천군(文川郡)에 속하고, 본군에 속한 곳은 중앙 및

---

74) 보통 島와 嶼를 혼용해서 쓰는 경우가 많은데, 이곳에서는 두 가지를 구분해 놓고 있다.
75) 원문에는 丘+鳥로 되어있으나 鳩로 대치하였다.

동쪽에 있는 곳으로서 지세가 아주 낮다[卑低]. 그렇지만 모두 염전이 조성되어 제염이 성행한다.

군읍

군읍인 영흥은 장령(長嶺)·박평(博平)·화주(和州)·화령(和寧)·역양(歷陽) 등의 별명이 있다. 모두 건치(建置) 연혁에 의거한 것이다. 군읍은 군의 중앙이 용흥강(龍興江)의 왼쪽 기슭에 위치하며, 간도(幹道)를 따라서, 동쪽 일대에 평지를 갖추고, 함흥·원산의 중간에 있는 요지이다. 원래 이 지역을 쌍성(雙城)이라고 부르며, 총감부(摠監府)[76]를 둔 곳이 이곳인데, 조선시대에 이르러 진(鎭)을 두기도 하고, 또한 관찰사를 두어서 한때는 함경도 전체의 수부(首府)[77]인 적도 있었다. 잠시 관찰사본영(觀察使本營)을 함흥으로 옮기기도 하였지만 그 이전부터 대도호부(大都護府)를 두어 현재에 이르렀으므로 시가(市街)가 번성하는 것[殷賑]이 함흥에 다음 간다. 호수가 700여 호, 인구 3,000여 명이라고 한다. 이 지역 일본인 거주자는 20호, 48명이고, 청국인 또한 십수 명이 있다. 군아(郡衙) 외에도 경찰서·재무서·우편전화취급소 등을 두었고, 또한 수비대, 헌병분대가 주둔하고 있다.

교통

교통은 읍성(邑城)에서 북쪽으로 정평읍을 지나 함흥에 이르는 160리, 남쪽으로 고원(高原)·문천(文川)의 두 읍을 지나 원산에 이르는 약 150여 리의 간도가 있는데, 또한 우편선로이기도 하다. 항운(航運)은 송전만이 깊이 만입되어 있고, 원산에서 가까우면서도 원산에 이르는 사이가 모두 만 내에 있기 때문에 항해에 편리하여 상범선(商帆船) 왕래가 많다. 진흥장(鎭興場)에서 용흥강을 내려가 원산에 이르는 해로가 통틀어서 20여 해리이다. 호도(虎島)와 원산 사이는 10여 해리로 우편선이 왕래한다.

---

76) 쌍성총관부(雙城摠管府)를 말한다. 고려시대에 원나라가 화주(영흥)에 둔 통치기구이다.
77) 한 도 내에서 그 도를 대표할 만한 가장 높은 관청과 관리가 있던 곳, 보통은 감영을 둔 곳을 일컫는다.

통신

통신기관은 읍성에 우편전신취급소를 설치해 둔 외에도 호도에 우편취급소가 있다. 문천군에 속하는 송전(松田)에 우편전신취급소가 있다. 때문에 만에 연한 마을에 있어서는 편리하게 통신을 할 수가 있다.

시장

장시는 읍성(邑城)·마산(馬山)·진흥(鎭興)·왕장(旺場) 등의 4곳[78]이 있다. 그 가운데서도 성행하는 곳은 읍성 및 진흥장이다. ▲읍성의 개시는 음력 매 5·10일, 집산물은 쌀·잡곡·마포·식염·벌꿀[蜂蜜]·어류·짐승가죽[獸皮]·토기·도기·진유기·철기·기타 잡화이며, 집산 지역은 군내의 일원(一圓) 및 정평(定平)·고원(高原)·문천(文川) 일부로 한 시장의 집산액은 대략 1,500원이다. ▲진흥장의 개시는 매 2·7일이며, 집산물은 곡물·어류·백포(帛布) 기타 잡화 등이다. 집산지역은 읍성과 동일한 양상이며, 집산액은 1,000원 아래로 내려가지 않는다.

물산

물산은 농산에 있어서는 콩을 주로 한다. 순령(順寧)·억기(憶岐)·진평(鎭坪)·인흥(仁興)의 4면은 콩의 주요 산지로서 1년간 생산은 대략 4,500석이라고 한다. 또한 농가에서 부업으로 누에[蠶]를 길러 명주[紬]를 짠다. 세간에서 영흥명주(永興明紬)라 부르며, 진중(珍重)하게 여기는 것이 곧 이것이다. 주산지는 장흥(長興)·덕흥(德興)·복흥(福興)의 3면으로서 1년의 산액은 6,500~6,600원이라고 한다. 광산물로 주된 것은 사금이다. 그 주산지는 용흥강 상류[上游]의 요덕(耀德)·횡천(橫川)의 2면이고, 연해에 있는 진평(鎭坪)·인오(仁奧)·고령(古寧)의 3면도 또한 종래부터 산지로 알려져 있다. 그렇지만, 최근에는 일반적으로 그 생산이 줄어들어, 그 액수는 많지 않다.

78) 원문에는 5곳으로 되어 있다.

수산물

수산은 굴[牡蠣][79] · 식염 · 연어[鮭]를 주로 한다. 외해에 면한 부분이 넓다고 하지만 그 사이에 어촌(漁村)과 포(浦)가 많지 않기 때문에, 이러한 특수 종(種)을 제외하고는 해산물[海産]의 이득이 많지 않다. 그렇지만, 굴의 생산이 많다는 것은 앞에서도 한번 말했던 바이며, 군의 보고에 따르면 1년간 생산이 대략 3,700원이라고 한다. 연어도 또한 그 생산이 적지 않다. 용흥강 및 강어귀 부근에서 1년간 대략 3만 마리 내외가 잡힌 것 같다. 소금생산액은 『염업조사보고서』에 따르면 1년간 5,568,800여 근에 달한다고 한다. 산지는 억기면(憶岐面)에 속한 유도(柳島) · 고령면(古寧面)에 속한 명장진(明場津) 부근으로 그 가운데 유도가 성행한다.

구획 및 임해면

군의 행정구역은 13개의 면으로 나눈다. 그 바다에 연한 곳은 고령(古寧) · 진평(鎭坪) · 억기(憶岐)의 3면이다. 그리고 해안선이 가장 긴 곳은 고령(古寧)으로서, 북쪽의 정평군 경계에서 호도반도를 일주하여 송전만의 정북쪽 안으로 도달한다. 진평, 억기는 송전만 안에 나란히 위치해 있다. 억기는 또한 그 서쪽 용흥강의 하류에 연하여 문천군에 속한 명효면(明孝面)과 서로 마주보고 있다. 그 외에 용흥강가에 면해서 수산과 관계가 있는 곳은 순령(順寧) · 인흥(仁興) · 덕흥(德興)의 3면이다.

이하, 각 면에 대해서 수산과 관계가 있는 중요한 마을의 개황은 다음과 같다.

고령면(古寧面)

본면은 북쪽은 정평군에, 서쪽은 인흥면과 진평면에 접하고, 동쪽은 조선해만에 면하며 그 남쪽으로 사경지(砂頸地)가 이어지다가 끝이 다소 커지면서 호도반도(虎島半島)가 융기한다. 때문에 해안선은 속도(屬島)를 제외하고도 30여 해리에 달한다. 영흥군

79) 굴[牡蠣, oyster], 석화(石花)라고도 한다. 일반적으로 참굴을 말한다.

전체 연안의 대부분을 점함과 동시에 함경도 각 군의 해안선 길이와 필적할 만하다. 그렇지만 육지부 해안은 굴곡이 많지 않다. 호도반도도 역시 태반이 사주이므로 배를 매어두기에 적합한 곳은 송전만에 연하는 부분의 두세 곳에 그친다. 이 때문에 마을도 또한 많지 않다. 때문에 연해 수산이 풍부하지만 어업은 해안선이 긴 것에 비해 매우 미미하다.

임해 마을

고령면의 임해 마을을 열거하면 북쪽의 정평군(定平郡) 경계 근처에 백안진(白安津)이 있고, 차례로 남쪽으로 내려오면서 비동진(枇洞津)·청학리(靑鶴里)·삼봉리진(三峰里津)·가진(加津, 혹은 可津이라고도 쓴다.)·역동(驛洞)·소취진(巢鷲津)·소포(小浦)·동포(東浦)가 있다. 다시 송전만을 돌아서 서리(西里)·영서리(嶺西里, 芳九味라고도 한다.)·구장리(舊獐里)·원평리(元坪里)·명장진(明場津)·이동진(梨洞津)이 있다. 그 중에서 선박을 매어 두기에 비교적 좋은 곳은 영서리·구장리이고, 영서리에는 일본인 거주자가 있다.

속도(屬島)는 호도반도의 앞쪽을 따라서 송도(松島)·사도(沙島)·모도(茅島) 및 그 부속 섬으로 송전만에 있는 대구도(大鳩島)·소구도(小鳩島)[80]·오지도(烏至島) 등이다.

백안진(白安津, 뵉안)

백안진은 정평군에 속하는 동내포(東內浦)의 남쪽 약 15리에 있다. 배후는 바로 산을 등지고 동북쪽의 함흥만에 면하여 열려 있다. 해안은 사빈으로 만의 형태를 이루지 않는다. 부근은 아주 많이 개척되어 개척할 만한 곳이 없다. 밭 46일갈이가 있고, 하루갈이의 값은 대략 50~70원이라고 한다. 호수는 66호, 인구 270여 인인데, 그 대부분은 어호(漁戶)이고, 객주 2호, 주막(酒幕) 3호가 있다. 부근 장시는 왕시(旺市)라고 하는데, 일용품은 대개 이 시장에서 구한다.

---

80) 아마도 송전만 안에 있는 '대구비도와 소구비도'를 일컫는 듯하다. 참고로 244쪽에 나온 송전만 안의 섬들도 '북한지역정보넷'에는 대제도·소제도·큰구비섬·작은구비섬 등으로 기록되어 있다. 원문에는 丘+鳥로 되어 있다.

수산물

수산물은 정어리 · 청어 · 가자미 · 도미 · 삼치 · 농어 · 고등어 · 빙어 등인데, 정어리는 지예망 ▲가자미 · 농어는 수조망, ▲빙어 · 고등어는 후릿그물(지예 중 작은 것), 삼치는 유망(流網)으로 어획한다. 단, 도미 · 고등어 · 삼치는 정어리 지예로 혼획하는 경우가 자주 있다. ● 어기는 5~11월까지이고, 8월 중에는 휴업한다.

정어리 지예망은 원산에 거주하는 일본상인의 계약선수금[仕込]을 받아서 운영한다. 금리(金利), 할인, 혹은 사용어구, 사용법 등은 모두 앞에 적은 동내포와 같다.

> 삼치유망의 구조를 보면 그물감[網地] 원료는 삼실이다. ▲그물코는 1척에 6절(節). ▲길이 23길. ▲망 길이 2길. ▲축결(縮結) 3할(割). ▲부자(浮子) 굴참나무 껍질 길이 7~8촌(寸), 지름 2촌 정도의 큰 북[大鼓] 형으로 단단하게 묶은 것으로 5촌 사이에 한 개를 붙인다. ▲발돌[沈子]은 없다. ● 사용법은 폭 7~8척의 어선 한 척에 어부 3~4명이 타서 조류를 가로질러 망을 펼쳐 끈다. 어선 한 척에 사용하는 망 수는 20단(反[81])에서 30단이다. ▲삼치 외에 고등어도 잡는다. ● 가격은 1단에 1관문(貫文) 정도이다.

비동진(枇洞津)

비동진은 백안진의 남쪽에 있고 읍과의 거리가 약 80리이다. ▲ 청학리(青鶴里)는 비동의 남쪽에 위치하고 읍과의 거리가 75리이다. ▲ 삼봉리(三峰里)는 청학리의 남쪽에 늘어서 있고 읍과의 거리가 70리 정도이다. 세 마을 중 어호가 많은 곳은 비동이지만 겨우 10호에 불과하다. 어채물은 정어리 · 가자미 · 가오리 · 방어 · 삼치 등이다. 많이 어획할 때는 왕시(旺市)나 혹은 가장 가까운 장시로 수송하여 내다 판다. 세 마을에서 왕시까지는 20~25리 정도이다.

---

81) 그물을 헤아리는 단위로 생각되지만 정확한 의미를 알 수 없다.

가진(加津)

가진은 삼봉리의 남쪽에 위치하고 백안진까지 25리, 읍성까지 60여 리라고 한다. 배후에 구릉을 등지고 있고, 남쪽으로 향해있으며 사빈이다. 다소 만의 형태를 이루지만 풍랑이 거칠 때는 정박하기 힘들다. 호수는 98호, 인구는 370여 인이다. 부근은 토질이 불량하지만 개간이 잘 되어 남은 땅은 볼 수 없다. 논 8일갈이, 밭 90일갈이가 있다. 일용품은 왕시에서 구한다. 이 시장까지는 20여 리라고 한다. 어채물은 정어리 · 고등어 · 농어 · 가자미 · 도미 · 마래미[82] · 빙어 · 전어[鱅]를 주로 한다. 정어리는 지예망, ▲가자미, 농어는 수조망, ▲삼치는 예망, ▲도미 · 고등어 · 마래미 · 전어는 충조망(沖繰網), ▲빙어는 후릿그물로 어획한다. 정어리 지예로는 도미 · 삼치 · 고등어 등을 혼획하는 경우가 자주 있다. 삼치끌낚시[曳繩]에는 루어낚시 및 일반 미끼낚시 모두 사용한다.

충조망(沖繰網)은 일본의 권망(卷網)[83]과 동일한 종류로 대망(袋網)[84]이 없고, 어취부(魚取部)는 망(網)의 깊이를 깊게 하고 축결을 크게 한다. ▲망은 길이 120~130길, 망의 깊이는 어취부에서 18길, 양 날개는 점차 깊이가 줄어들어 끝에 이르면 12길이 된다. ▲그물눈[目合][85]은 어취부 1촌목(寸目), 양 날개는 1촌 2분목에서 2촌목에 달한다. ▲그물감[網地]은 모

82) 마래미는 방어 새끼를 말한다.

83) 권망은 건착망과 후릿그물을 통틀어 이르는 말. 한 척의 배로 어로하는 것과 두 척의 배로 하는 것이 있다.

84) 정치망(定置網)이나 끌그물 등의 가늘고 긴 자루 모양의 부분이다.

85) 目合은 그물코의 크기를 말한다. 두 종류가 있는데, 하나는 결절(結節)의 수로 표시하는 방법이고, 하나는 1目의 길이를 寸으로 표시하는 방법이다. 그림에서 1目의 크기를 1寸(약 3㎝)이라고 한다.

10節 = 3.3㎝, 11節 = 1寸目 = 3㎝ , 12節 = 2.7㎝
3寸目 = 9㎝, 4寸目 = 12㎝, 5寸目 = 15㎝

두 면사(綿絲)로 부자 · 침자의 구조, 장치 등은 백안진에 덧붙여 기록한 정어리 지예망과 동일하다. ▲여기에 사용하는 망선(網船)은 폭 1장(丈)인 것 한 척, 어부 12인, 폭 6척인 수선(手船)[86] 한 척, 여기에는 3~4명이 승조한다. 사용은 하루에 5~6회이다.

이에 종사하는 자는 임시적이며 그 밖에 전업자는 없다. 급료는 1개월에 6~8원이다. 자본이 있는 자는 없고, 모두 두세 명이 공동으로 운영한다. 어업 자금은 대부분 원산에 의존하지만, 때때로 영흥에 의존하는 자도 있다.

역동(驛洞)

역동은 가진의 남쪽 약 25리에 있고, 동조선해만(東朝鮮海灣)을 향하여 작은 만 형태를 이룬다. 그렇지만 역시 만이 열려있어서 배를 매어두기에는 편하지 않다. 단 연안 일대는 평탄한 사빈이므로 바람과 파도가 있을 즈음에 인양(引揚)하기 쉽다. 부근은 평탄해서 논 36일갈이, 밭 82일갈이가 있다. 토질은 좋지 않다. 지가(地價)는 하루갈이가 50원 내지 70~80원이다. 식수가 충분하므로 기항하는 선박의 급수에 지장이 없다. 호수는 100여 호, 인구 420여 인이며, 어업을 영위하는 호가 60여 호이다. 어채물은 정어리 · 가자미 · 고등어 · 빙어 · 삼치 · 도미 · 농어 · 전어 등을 주로 한다. 정어리는 지예망, ▲가자미는 수조망, ▲도미 · 마래미, 고등어는 충조망, ▲빙어는 휘망(揮網), ▲삼치는 예망으로 한다.

송도(松島)

송도는 원산과 8해리 남짓 떨어져 있다. 둘레는 18~19정(町)이고, 사람이 살지 않는 섬으로 경지(耕地)가 없다. 멀리서 보면 마치 2개의 섬처럼 보인다. 섬에서 가장 높은 지점은 서쪽에 있는데, 359피트이다.

---

86) 手船이란 자신이 소유한 배로, 자기가 손수 저으면서 낚시 등을 하는 배를 말한다.

사도(沙島)

사도는 해도(海圖)에 회사도(會沙島)라고 되어 있다. 원산과의 거리가 7해리 조금 못 된다(송도의 서쪽으로 1해리 조금 못 된다.). 둘레가 10정(町) 정도이고, 가장 높은 지점은 132피트이다. 작년까지 인가가 한 채 있었는데, 지금은 사람이 살지 않는 섬이 되었고, 경지가 없다.

모도(茅島)

원산을 지나 6해리 쯤 되는 거리에 있으며 사도(沙島)의 서쪽 1해리 정도에 있다. 둘레는 27~28정(町)이며 최고점은 239피트이다. 인가는 서쪽이 마을이고 문천군에 속한 송전리와 멀리서 서로 바라본다. 이곳에서 5해리 정도, 호도반도의 영서리까지 5해리 남짓이다. 밭은 6일갈이이다. 호수는 12호, 인구는 60명이라고 한다. 어업에 의지해서 생활을 영위한다. 어채물은 삼치 · 가자미 · 고등어 · 해삼 · 홍합 등이며 고등어 · 가자미 · 삼치는 자망으로 어획한다. 해삼은 작은 뜰망[攩網]으로 떠서 채집한다. 삼치의 성어기는 7월에서 9월까지이다. 하계에 이르러서는 홍합을 목적으로 일본 나잠부(裸潜婦)가 오는 경우도 많다. 본도에는 어선 4척, 삼치 자망 20통, 가자미 자망 10통이 있다. 망을 새로 만드는 비용은 삼치 자망 3관문이고 가자미 자망은 7관문이다. 이 모든 섬 부근은 요새지대의 제1구역선 내에 속하므로 주의를 요한다.

영서리(嶺西里, 령셔리)

방구미(芳久味)라고 칭한다. 호도반도의 서쪽에 위치하고 원산에서 12해리 떨어진 곳이다. 남쪽으로 열린 하나의 작은 만이다. 배후가 되는 낮은 구릉은 이어지면서 서쪽을 보호하기 때문에 배를 정박하기에 비교적 좋다. 연안은 모래와 자갈이며 만 내의 수심은 6길 내외에 이르고 진흙바닥이다. 부근의 논은 8일갈이, 밭은 33일갈이가 있다. 호수는 21호, 인구 80여 명이며 그 외에도 일본인 거주자가 7호이다. 대부분은 잡화를 판다. 우편취급소와 요새사령부가 있다. 우편선은 격일로 원산 사이를 왕래한다. 육로

는 해안을 지나 유도(柳島) 부근으로 나와서 읍성으로 연결하는 도로가 있지만 매우 굽은 길이다. 대안(對岸)인 송전리에 이르는 해로는 3해리가 조금 못 된다. 연안 일대는 요새지대로 어업금지구역이다. 어채물은 가자미 · 도미 · 고등어 · 삼치 · 홍합이다. 가자미는 수조망 ▲삼치는 자망 ▲고등어는 휘리망 ▲도미는 외줄낚시로 한다. 미끼에는 쏙[しゃこ] 또는 염장한 정어리를 사용한다. 어획물은 각자 소건(素乾)[87]또는 염장하여 가장 가까운 장시에 내다판다.

구장리(舊獐里)

송전만 내에 있으며 배후에 어린 소나무가 무성히 자라는 낮은 구릉을 등지고 있으며, 해안은 사빈이며 서남쪽에 면한다. 수심 역시 1길 내외에 불과하지만 전면에 대 · 소저도가 떠있어 남쪽을 보호하기 때문에 어선정박에 안전하다. 부근 산중턱까지 개간되어서 논 8일갈이, 밭 18일 갈이가 있다. 토질[地味]이 다소 양호하고 호수는 38호, 인구 170여 명, 그 중 어업 호수는 11호이다. 어채물은 도미 · 농어 · 가자미 · 삼치 · 뱅어[白漁] · 빙어 · 홍합 · 굴이며 도미는 외줄낚시 ▲농어는 끌낚시[曳繩] 또는 손낚시[手釣] ▲삼치는 끌낚시[曳繩] ▲뱅어 · 가자미는 수조망 ▲빙어는 휘리망으로 어획한다. 어획물은 출매선에 매도하거나 스스로 배를 띄워 원산으로 수송한다. 이쪽 연안은 역시 요새지 일대의 어업금지구역에 속한다.

원평리(元坪里)

송전만의 동북쪽 모퉁이에 위치한다. 연안은 사빈이고 작은 만형을 이루며 서남쪽에 면한다. 물이 얕지만 어선 왕래에는 지장이 없다. 부근은 낮은 구릉 또는 평지이며 구릉지에는 어린 소나무와 초목이 우거져 있다. 논은 8일갈이, 밭은 53일갈이가 있으며 토질이 비교적 좋다. 호수는 68호, 인구 90여 명, 그 중 어업 호수는 23호이다. 농업과 어업을 겸하는 것은 12호라고 한다. 어업 및 어채물은 대개 구장리와 동일하다.

---

87) 특별한 가공 없이 내장만 빼고 그대로 말리는 것을 말한다.

명장진(明場津, 명쟝진) · 이동진(梨洞津, 리동진)

두 곳 모두 송전만 안에 위치한다. 연안은 남쪽에 면하는 사빈이며 근해 일대의 수심은 1길 내외에 불과하다. 어채물은 숭어 또는 굴이며 숭어는 소류망(小流網)으로 포획한다. 두 진에서 진흥장에 이르는 데 20리 정도, 읍성에 이르는 데 60리 남짓이라고 한다. 명장진 부근에 염전이 많다. 본 면에서 유일한 제염지이다.

진흥면(鎭興面)

본 면은 동쪽으로 고령면에, 서쪽으로 억기면에 접한다. 남쪽은 송전만 안에 연하고 전면에 떠있는 대저도 및 소저도 등을 거느린다. 육지 연안은 구역이 좁아 마을이 적다. 대 · 소저도와의 사이는 저명한 굴 서식지이다. 지금은 생산이 종전과 같지 않지만 깊은 곳에서는 아직도 상당히 거둬들인다. 이것에 의지하여 생활을 영위하는 자가 많다. 수산과 관련하여 중요한 곳은 대 · 소저도 두 섬인데 다음과 같다.

대저도(大猪島, ᄃᆡ져도)

둘레는 약 10리 25정이고 원산에서 13해리 남짓 떨어져 있으며, 섬 전체가 구릉지이지만 비교적 충분히 개간되어서 경지 40~50일 갈이가 있다. 인가는 동쪽 3곳에 위치한다. 호구는 통틀어 호수 40호, 인구 200여 명이라고 한다. 모두 굴 채취에 종사하여 생활을 영위한다. 대개 원산에 거주하는 일본 상인의 계약선수금[仕込]을 받고 동쪽 중앙의 가치리(可致里)에서 말린 굴을 제조한다. 일본인이 경영하는 것이지만 지금은 마을사람이 채취하여 제품을 일정의 대가를 받고 주문한 사람에게 인도한다. 연안에 방렴(防簾) 8개소가 있고 청어 및 정어리를 목적으로 한다. 근래에 어업법의 반포에 따라 연어 및 청어를 목적으로 각망(角網) 포설을 출원한 자도 있다. 또는 근해 굴양식을 출원한 경우도 여러 건 있다.

소저도(小猪島, 소져도)

대저도의 동쪽에 접하여 떠있다. 둘레는 20정 가량이고 원산에서 13해리 정도 떨어져 있다. 호수 10호, 인구 50여 인이라 한다. 섬은 모두 구릉지이고 경지는 매우 적다. 주민은 대저도와 마찬가지로 굴 채취를 업으로 한다.

진흥리(鎭興里)

읍성의 동쪽 40리 정도에 있다. 음력 매월 2·7일에 장시를 여는데 진흥장으로 이름나 있다. 이 지역은 평지에 위치하며 부근에 꽤 많은 마을이 있다. 특히 고령·억기 및 본 면 연해의 각 마을에서 읍성에 이르는 연도(沿道)의 요소이고 또한 남쪽 10리 남짓한 거리에 군의 물자가 드나드는 입구인 오포(梧浦)가 있다. 그러므로 개시 당일에는 부근 또는 정평, 고원 두 군에 속한 각 마을에서 모이는 자가 많아 매우 성황을 이룬다. 호수 84호, 인구 300여 명이고 역시 지난 융희 2년 6월에 현재 일본인 8호, 22인, 청국인 15호, 40인이 있고 그리고 최근에 부근 마을에서 이주하는 자가 나날이 증가하는 경향이 있다. 생각건대 이 마을의 경우, 앞으로 발전할 곳이다.

억기면(憶岐面)

동쪽은 진평면(鎭坪面)에 접하고, 서쪽은 용흥강(龍興江)으로 문천군(文川郡)과 나뉜다. 남쪽 연해는 용흥강 어귀로서 해안이 모두 모래[砂地]로 되어 있다. 어촌이라고 부를 만한 곳이 없다. 그렇지만 용흥강 하구에 가로놓인 유도(柳島)는 본군 유일의 제염지로서 염업이 매우 성행한다. 대략적인 내용[槪況]은 다음과 같다.

유도(柳島, 류도)

본래 용흥강에서 흘러나온[瀉出] 토사가 퇴적되어 이루어진 삼각주[三稜洲]이다. 용흥강 어귀에 3개의 삼각주가 펼쳐져 있다. 서쪽에 있는 것은 문천군에 속하고, 중앙 및 동쪽에 있는 것은 영흥군(永興郡)에 속한다. 그리고 이 두 곳은 모두 지대가 매우 낮다. 그렇지만 염업이 성행하는 곳으로 영흥군의 제염은 거의 이 두 섬에서 이루어진다. 『염업조사보고서[鹽業調査報告]』에 따르면 부옥(釜屋)[88]이 36곳이고, 1년 제염 생산량은 5,404,000여 근(斤)에 달한다.

용흥강(龍興江, 룡흥강)

용흥강의 대략적인 형세는 앞서 이미 말한 바와 같이 무수한 지류가 영흥군 · 고원(高原) 및 문천 3군에 걸쳐 있다. 소위 영흥평지(永興平地)를 종횡으로 흐르는 것이 흡사 거미줄[蛛網]을 보는 것 같다. 그 중에 중요한 줄기가 3개 있다. 그 첫 번째는 본군을 통과하는 것으로 영흥강(永興江)이라고 부른다. 곧, 용흥강 본류이다. 그 두 번째는 덕지탄(德知灘)으로서 고원군(高原郡)을 흘러내려, 하류는 고원군 및 영흥군의 경계를 이룬다. 그 세 번째는 전탄[箭灘: 문천강文川江이라고 부른다]이라고 부르는데, 고원과 문천의 경계[境上]를 흐른다. 각 유역에서는 모두 연어[鮭]가 잡혀서 예부터 그 어획의 이로움이 많은 것으로 알려져 있다. 이하, 어장(漁場) 이름을 열거한다.

어장명	소재지	하류(河流)
영흥강 상전(上箭)	덕흥면(德興面) 구암리(九岩里)	영흥강
영흥강 동강하전(東江下箭)	인흥면(仁興面) 동흥리(東興里)	영흥강 동쪽 지류
영흥강 서강하전(西江下箭)	순령면(順寧面) 영변리(永邊里)	영흥강 서쪽 지류
사동강전(沙洞江箭)	진평면(鎭坪面) 진수리(鎭岫[89]里)	영흥강 지류인 사동강
구만강휘리(九萬江揮罹)	진평면 진흥장의 아래~진수리에 이르는 일대	영흥강 지류인 구만강
오포리휘리(梧浦里揮罹)	진평면 오포리(梧浦里)	영흥강
장포휘리(長浦揮罹)	억기면(憶岐面) 율산리(栗山里)	영천강(永川江)
강산휘리(江山揮罹)	억기면 덕상리(德上里)~덕하리(德下里) 사이	덕지탄(德池灘)
영대휘리(靈坮揮罹)	억기면 치리(峙里)	덕지탄

88) 소금을 굽는 가마를 설치한 집을 말한다.

관청휘리(官廳揮罹)	억기면 덕상리(德上里) 부근	덕지탄
삼포휘리(三浦揮罹)	덕지탄 및 전탄(箭灘)의 회합점(會合點)	덕지탄
덕지탄상전(德池灘上箭)	고원군, 군내면 사창리(泗倉里) 부근	덕지탄
덕지전(德池箭)	고원군 덕지장(德池場) 아래	덕지탄
고도휘리(高島揮罹)	고원군 하발산면(下鉢山面) 고도리(高島里) 부근	덕지탄
고조포휘리(古潮浦揮罹)	고원군 하발산면(下鉢山面) 광탄리(廣灘里) 서쪽, 영흥군 억기면 신장리 부근	덕지탄
전탄전(箭灘箭)	고원군 하발산면(下鉢山面) 신산면(薪山面) 용담리(龍潭里), 문천군 도면(都面) 궁평리(宮坪里) 부근	전탄(箭灘, 文川江)
문천휘리(文川揮罹)	전탄전(箭灘箭)의 아래~덕지탄 및 전탄의 합류점 부근까지	전탄(箭灘, 文川江)

이러한 어장은 본래 영흥본궁(永興本宮) 및 함흥본궁(咸興本宮) 서기청(書記廳)에 소속되어 있었지만, 지난 융희(隆熙) 2년 6월 칙령 제 39호 반포와 동시에 영흥강에 속한 어장은 의화궁(義和宮)에, 덕지(德池) 및 전탄(箭灘) 두 유역의 어장은 국유로 이속되기에 이르렀다.

어기는 음력 7월에서 결빙기에 이른다. 성어기는 9월이다. 본 강의 결빙이 시작되는 시기는 해에 따라 늦고 빠름이 있지만 대략 입동(立冬)에서 동지(冬至) 사이이다.[90] 어구 및 어법은 (『한국수산지』) 제1집(輯) 2편 1장에 기록하였는데 크게 차이가 나지 않기 때문에 생략하였다. 어획고는 제1집에 있는 2~3만 마리로 어림잡아 계산[概算]할 수 있지만, 많이 잡는 해에는 10만 마리에 달하는 경우도 있다. 각 어장 가운데 어획이 많은 곳은 덕지전(德池箭)이다. 고기가 잡히지 않는[薄漁] 해에는 하루 20~30마리에서 최다 100마리 내외에 불과하지만, 많이 잡히는 해에는 하루에 1,000마리에서 최고 3,000마리에 이르는 경우도 있다고 한다.

89) 원문에는 山+秀로 되어있다. 광복 당시 함경남도의 하위행정구역 (이북5도위원회)의 기록에 의하면 진평면에 鎭岫里가 있다. 鎭岫里의 오기인 것 같다.
90) 11월 7~8일에서 12월 22~23일까지를 말한다.

제8절 문천군(文川郡)

개관

연혁

예로부터 매성(妹城)[91]의 관할지[管地]이다. 고려 때 방어사(防禦使)를 두어 문주(文州)라고 칭하였다. 이후에 의천(宜川)으로 합하였지만[92] 다시 나누어 주(州)로 삼았으며,[93] 조선 태종(太宗) 13년 군으로 삼고 지금의 이름으로 고쳤다.[94]

경역

북쪽은 용흥강 및 그 지류로 인하여 고원군(高原郡)·영흥군(永興郡)과 나뉜다. 서쪽은 두류산(頭流山) 산맥이 안변군(安邊郡) 및 평안남도의 양덕군(陽德郡)과 경계를 이루고 있다. 남쪽은 덕원부와 인접하며, 동쪽 일대는 송전만에 연하여 영흥군에 속한 억기·진평·고령 3면의 연안과 마주본다.

지세

군의 서쪽은 평안도 경계에 걸친 두류산 지맥(支脈)이 동쪽으로 달려 산맥이 뻗어

---

91) 원문은 妹로 되어 있으나 妹의 오자이다. 매성(妹城)으로 문천군 남부(南部)에 소속된 곳이다. 고려시대 왕건 이래로 정천을 용주, 매성을 용주에 소속시켰다. 고려 성종 8년에 성을 쌓고, 문주방어사를 두었다. 이후, 의주에 통합되었으며, 조선 태종 13년에 지금의 문천군으로 고쳤다(『세종실록』 지리지, 문천군). 매성(妹城)이라는 이름은 『동국지도』 중 함경도 문천군에서도 보인다.

92) 1413년 의천이라고 개칭하였다.

93) 후에 고쳐 의주(宜州)라 하였다. 『세종실록』 지리지함길도(咸吉道) 안변도호부(安邊都護府) 의천군 참조.

94) 본래 고구려(高句麗)의 천정군(泉井郡)에 속하였으나, 신라 문무왕 21년 이곳을 차지하였으며, 경덕왕 때 이 땅을 탄항 관문(炭項 關門)이라 하였으며, 지금-고려-는 용주영현(湧州領縣) 삼산현(三山縣)이라 한다. 정천군(井泉郡)으로 고쳤다(『삼국사기』 35권, 잡지 4권).
고려대 용주(湧州)라고 고쳤으며, 성종(成宗) 을미(乙未)년에는, 방어사(防禦使)를 두었고, 뒤에 의주(宜州)로 고쳤다. 조선 태종(太宗)계사(癸巳)년에 지금의 이름으로 고쳐졌으며, 의성(宜城), 또는 동모(東牟)라고도 한다. 『세종실록 』 지리지, 함길도 안변도호부 의천군 참조.

있지만, 북쪽 고원 및 영흥의 두 군에 접한 부근은 비교적 넓은 평지가 있어서 소위 영흥평지의 일부를 이룬다. 또한 덕원부 경계를 이루는 지맥은 영흥만에 들어서는 반도를 형성한다. 명로면(明老面)의 땅이 곧 이것이다. 그러므로 본군의 지세는 대체적으로 서남에서 동북으로 경사를 이루는 것을 볼 수 있다.

하천

하천으로는 전탄(箭灘) 및 원기(院岐)의 두 하천이 있다. 전탄은 본래 평안남도 양덕군의 경계에서 발원하여 고원군과의 경계를 흘러내려 덕지탄과 합친다. 이로부터 하류는 영흥군과의 경계를 나누며 용흥강으로 합쳐진다. 원기(院岐)는 또한 석천(石川)이라고 부른다. 안변군 경계에서 발원하여 덕원군을 지나 바다로 들어간다. 두 하천은 모두 하나의 계류에 불과하지만 전탄은 연어[鮭]를 생산하여 그 어업의 이익이 비교적 많다.

연안

연안은 해안선의 출입 · 굴곡이 심하여 그 연장은 37해리(약 66km)에 달한다. 명효면(明孝面)은 동쪽으로 연이어져 일대가 반도를 형성한다. 그 동단이 영흥만(永興灣)에 속하는 호도반도(虎島半島)에서 2해리 반(半) 정도 떨어져 있다. 서로 마주보고 송전만 입구를 에워싼다. 반도의 북쪽은 곧 송전만의 서쪽만으로 연안의 굴절이 특히 심해서 만에 연한 마을이 아주 많다. 본 만의 연안 일대는 염전을 개척하기에 적합[恰適]하여 함경남도에서 가장 염업이 성행한다. 만 내에 대가치(大可致) · 소가치(小可致) 등 작은 섬[小嶼]이 있다. 본 만의 중앙은 5~6길에 달하지만 서북 연안 부근은 매우 얕다. 만은 또한 유명한 굴 서식지[牡蠣床][95]로서 연안의 주민이 그 채취를 업으로 삼는 자가 많다.

명효반도(明孝半島)의 서측은 해안선이 크게 굴곡을 이루어 두 개의 큰 만을 형성한다. 하나는 동쪽에서 서쪽으로 만입하고, 다른 하나는 남쪽에서 북쪽을 향하여 깊이 들어가 있다. 해도에는 전자가 장치곶만(長致串灣), 후자가 함구미만(咸口尾灣)이라

95) 굴(カキ)양식지로 모려전(牡蠣田)이라고도 한다.

고 기록되어 있다. 장치곶만은 수심이 6~7길로 진흙바닥이지만 만 입구가 동쪽으로 열려 있어서 계선(繫船)에 양호하지 않다. 함구미만은 수심이 대략 1길 내외에 불과하지만 사방이 구릉으로 둘러져 있어서 파도[海波]가 고요하다[靜穩]. 본 만은 굴 양식지로서 적합하다.

군읍

군읍인 문천(文川)은 또한 매성(妹城) · 문주(文州)라고도 부른다. 군의 남쪽에 치우쳐 있으며, 연도(沿道)의 첫 번째 요지[要所]이다. 이 지역에서 남쪽 원산(元山)에 이르기까지 50리 27정(町), 고원읍(高原邑)에 이르기까지 50리 3정이다. 원산 · 영흥(永興)의 중간역이기 때문에 여객(旅客)의 왕래가 빈번하다. 군아(郡衙) 외에 재무서(財務署) · 순사주재소(巡査駐在所) · 우체소(郵遞所)가 있다.

교통

본 군의 땅은 송전만의 서만(西灣)이 심하게 만입되어 해안선이 길고, 또한 용흥강의 본류에 연해있기 때문에 교통[運輸]이 비교적 편리하다.

통신

통신기관은 명효면의 송전리에 우편전신취급소가 있으나, 읍성에는 우체소를 둔 것에 불과하여 편리하다고 할 수 없다.

장시

장시는 옥정(玉井) · 전탄(箭灘) · 풍전(豊田)의 세 곳에 있다. 개시는 ▲옥정 매 3 · 8일 ▲전탄 2 · 7일 ▲풍전 1 · 6일로서 집산물은 모두 곡물 · 백포(帛布) · 어류를 주로 하고, 그 중에 성한 곳은 전탄으로서 한 장의 집산액이 약 1,000원에 달한다. 그 외의 두 시장은 서로 비슷하여 900원 내외라고 한다.

물산

물산은 농산물로는 쌀, 기타 잡곡을 주로 하며, 소[生牛]도 또한 상당히 생산된다. 수산물은 청어[鰊]·정어리[鰮]·농어[鱸]·가자미[鰈]·연어[鮭]·숭어[鯔]·잉어[鯉]·굴[牡蠣]·해삼[海鼠]·식염(食鹽) 등으로 특히 식염·굴은 본 군의 주요물산이다. 굴은 해마다 그 생산이 감소하고 있지만 여전히 연어와 함께 연간 생산액이 3,000원을 내려가지 않는다. 소금생산은 『염업조사보고서』에 따르면 평균 1년 생산액이 7,873,300여 근[96]을 헤아린다.

행정구역

군의 행정구역은 군내(郡內)·운림(雲林)·도면(都面)·초한(草閑)·구산(龜山)·명효(明孝)의 6면이며 바다에 면한 곳은 구산, 명효의 두면이다. 그렇지만 도면은 용흥강의 한 지류인 전탄에 연하며, 군내면은 원기천(院岐川)이 흘러서, 모두 수산의 이로움을 많이 누린다.

구산면(龜山面)

연혁

원래 용진현(龍津縣)의 땅이다. 세조 5년 본 면과 명효면(明孝面)의 땅을 나누어서 문천군에 속하게 했다. 북쪽은 덕지탄의 하류 및 용흥강으로 영흥군에 속하는 억기면(憶岐面)과 구획된다. 서쪽은 본군의 도면(都面)에, 남쪽은 명효면에 접하고, 동쪽은 송전만의 서만을 수용하면서 명효면의 연안과 마주한다. 본 면은 이처럼 북쪽 일대는 하강(河江)에 연하고, 동쪽 일대는 바다에 면할 뿐 아니라 그 내부에는 전탄(箭灘)의 한 지류가 흘러들어 하나의 큰 호수를 형성한다. 동쪽 끝은 덕지탄의 하류로 통하고 조수

96) 원문에는 단위가 圓으로 되어 있다.

(潮水)가 들어온다. 이 함호(鹹糊)는 안흥리포(安興里浦)라고 불린다. 영흥강과 덕지탄의 합류점 부근에서 1해리 8케이블 거슬러 올라가는 사이는 수심 1길 내외이다. 함호 한복판은 아직 측량하지 않았지만 주위는 얕고 진흙바닥으로 갈대가 자라는 곳이 많다. 수산물로 숭어 · 잉어가 생산된다. 덕지탄을 지나서 영흥강의 합류점까지는 연어가 어획된다.

서만(西灣)은 유명한 굴 생산지인데 굴의 종류는 참굴, 긴굴 두 종류이다. 그 중 긴굴이 많다. 연해 마을 사람들이 원산에 있는 일본상인〈요코야마 요시타로[横山喜太郎] · 나카무라 구니타로[中村國太郎] · 니시무라 류조[西島留藏]〉, 청국상인〈원산의 풍태호(豊泰號)〉 등의 계약선수금을 받고 채취한다. 계절은 봄 · 가을 두 계절이라고 한다. 한 사람이 하루에 채취하는 양은 종전에는 깐 굴로 두 항아리였지만 점차 감소해서 지금은 한 항아리 내외이다. 항아리는 일본 용량[桝]으로 9승(桝)[97]정도이지만 물기를 빼고 고봉으로 담는다고 하므로 실제 양은 1말 정도로 5관목(貫目)에 해당한다. 깐 굴 한 항아리의 계약 금액은 70전(錢)이다. 보통 깐 굴 22항아리 즉 110관(貫)으로 말린 굴 100근(16貫目)을 얻는다고 한다. 즉 15%(1할 5푼)가 조금 못 되는 비율이다. 말린 굴 제조장은 섬당기(蟾堂崎) 부근에 있고, 일본 상인이 경영한다(제법은 지름 3척 정도의 밑이 평평한 솥에 담수(淡水) 2말 정도를 넣고, 거기에 소금 5되를 넣어 끓인다. 생굴 약 4관목을 넣고 40분간 끓이고 건져내어 자리에 널어서 햇볕에 말린다). 최근 어업법 실시에 따라 본 면 지선(地先)[98]에서 굴양식을 출원(出願)하는 자가 있다.

서만에는 청어 · 가자미 및 정어리 등을 목적으로 방렴(防簾)을 설치하는 자가 적지 않다. 또 연안에 제염이 성행하여 본 군 소금 생산의 대부분은 구산면이 생산한다.

마을

임해 마을로는 양지(陽池) · 안흥(安興) · 북진(北津) · 옥곶(玉串) · 섬당기(蟾堂

97) 원문에서는 "舛(천)"이라고 쓰여져 있지만, 일본에서 용량을 재는 단위인 "桝"의 오자로 보인다. 조선에서는 1말(1斗)용기를 정평승(正平桝)이라 하는데 일본의 표준용기인 경승(京桝)의 1/3정도의 크기밖에 되지 않는다. 조선에서는 정평승(正平桝)으로 15그릇을 담은 것을 1石(斛)으로 한다.
98) 일본 에도시대에 자신이 거주하고 있는 곳과 연속된 야산이나 수면을 이르는 말이다.

崎)·아치곶(牙致串)·풍전(豊田)·죽동(竹洞) 등이 있다. 또 안흥리포에 연한 곳으로 논구미(論九味)·귀포(歸浦)·한구미(汗九味)·금호(錦湖)·금포(錦浦) 등이 있다. 덕지탄에 연하는 곳으로 용산(龍山)〈혹은 三浦라고도 한다.〉·오산(五山)이 있다. 풍전은 호수 30여 호의 작은 마을에 불과하지만 매 1·6일에 시장이 열려 본군 연해의 집산지이다.

명효면(明孝面)

경역

본 면은 북서쪽으로 구산면에, 남쪽 일부는 문천군 초한면(草閑面)과 덕원군(德源郡)에 속하는 용성면(龍城面)에 접하고, 동쪽은 바다로 돌출해서 큰 반도(半島)를 이룬다. 그 동쪽 끝은 영흥군에 속하는 호도반도와 마주해서 송전만을 에워싼다. 그 북측, 즉 송전만에서 서만에 연하는 부분은 굴곡이 매우 많아서 소만(小灣)이 많이 있다. 그 중 큰 것은 동쪽에 있는데 북쪽에서 남쪽으로 만입하는 것으로 해도(海圖)에 간송포(間松浦)라고 기재되어 있다. 이 만은 만구(灣口)가 1해리 조금 못 되고, 만입도 마찬가지다. 그렇지만 연안에서 멀리까지도 물이 얕아서 수심이 1길 내외이다. 이 만의 북동쪽 각(角)은 곧 동시에 서만의 남동각인데, 북구미각(北九味角)이라고 불리며 용흥강 어귀에 가로놓인 유도(柳島)와 서로 마주본다. 그 거리는 1해리가 못 된다. 서만의 수로는 북구미각에 연하여 통하고, 폭 2케이블 정도, 수심 5~6길이다. 북구미각 이남 호도반도와 마주하고 있는 각인 영방오(永方五)까지의 사이는 두드러진 굴곡을 이루지는 않지만 북구미·추구미(楸九味)와 같은 좋은 정박지가 있다. 영방오의 남서쪽으로는 아치곶만 및 함구미만(咸口尾灣)이 있다. 그 개황은 문천군의 개세(槪勢)에서 언급한 바 있다.

임해 마을

임해 마을 중 주요한 것은 서만에 연하는 무해당(茂海堂)〈해도에는 무해실(無海實)

이라고 기록되어 있음〉·유구미(柳九味)·간송(間松)·동쪽으로 송전에 연하는 북구미·추구미(楸九味)·송전리(松田里)·장치곶만(長致串灣)에 연하는 장일곶리(長日串里)〈해도에 장치곶리長致串里라고 기록됨.〉 등이라고 한다. 북구미 부근에는 영흥만해방비대(永興灣海防備隊)가 주둔한다. 간송포(間松浦) 내의 간송리에서 북구미각을 한 바퀴 돌아, 북구미의 동남각 즉 구미각에 이르는 일대의 연안은 해방(海防) 관계상 어업금지구역이다. 어선의 주의를 요한다. 송전리는 일본 잠수기선 및 일한어선의 근거지로 호수 23호이고, 일본인도 여러 호가 거주하고 있다. 우편전신취급소가 있고, 원산 및 대안(對岸)인 호도(虎島)의 방구미(芳九味) 사이의 교통이 빈번하다.

제9절 덕원부(德源府)

개관

연혁

원래 고구려의 천정군(泉井郡)이다. 신라 때 정천군(井泉郡)이라고 불렀고, 고려 때 용주(湧州)라고 불렀다. 후에 의주(宜州)로 고쳤다. 조선 태종 13년 직천(直川)으로 고치고, 세종 19년 군(郡)으로 삼으면서 비로소 지금의 명칭을 얻었다. 뒤에 도호부(都護府)로 삼고, 다시 군으로 삼아 지금에 이르고 있다.

경역

북쪽은 문천군과 접하고, 서쪽에서 남쪽에 이르는 사이는 안변군(安邊郡)과 경계를 이룬다. 동북쪽 일대는 영흥만에 연하여 영흥군에 속하는 호도반도 및 문천군의 연안과 마주한다.

지세

지세는 척량산맥(脊梁山脈)의 한 줄기가 마식령(馬息嶺)이 되어 안변군 경계에서 우뚝 솟고, 수많은 지맥이 관내를 구불거리듯 뻗어있지만 높고 험준한 것은 적다. 완경사로 개척할 가치가 있는 구릉이 적지 않다. 특히 문산리(文山里)에서 안변군에 걸쳐 비교적 넓은 평지가 남아 있다. 기타 북쪽의 문평천(文坪川), 중부의 양일리천(陽日里川) 등의 유역에도 또한 각각 다소 평지가 있다.

하천

하천은 앞서 본 문평천, 양일리천 및 원산리의 서쪽을 흐르는 적전천(赤田川) 등이 있지만 모두 계류(溪流)에 불과하다. 그 중 비교적 넓은 유역(流域) 면적을 가지고 있는 곳은 문평천이며, 그 상류는 문천군읍의 서쪽을 통과하는 원기천(院岐川)이다. 각 하천 하구(河口) 부근은 다소의 뱅어[白魚] · 빙어[公魚] 등이 산출된다.

해안선

해안선은 갈마반도(葛麻半島)가 멀리 돌출하는 데 그치고, 그 외에는 모두 단조롭다. 그리고 해안선의 길이는 대략 23해리 남짓이다. 이 중 외해(外海)에 면하는 곳은 갈마각(葛麻角) 남동쪽에서 안변군(安邊郡) 경계 낭성강(浪城江) 어귀에 이르는 약 4해리 사이이고, 다른 곳은 모두 내만(內灣)에 연한다. 게다가 일대는 사빈이 풍부하다. 수심은 연안 부근에서는 1길 내외에 불과하지만 해안과 조금 떨어진 곳은 5~6길에 달한다. 대개 진흙 바닥으로 암초가 적다. 만 내에는 어선 정박으로 좋은 곳은 많지 않지만, 일대가 내만이어서 물결이 잔잔하므로 도처에 배를 묶어둘 수 있다. 또 수심은 배를 대는 데 지장이 없다. 특히 갈마반도로 둘러싸인 내만은 곧 원산진(元山津)으로, 대소 선박의 계류(繫留)에 적당하다. 그 가치를 지금 여기에서 다시 말할 필요도 없다.

도서

도서는 영흥만구에 가로놓인 신도(薪島) 및 원산항 내에 떠 있는 장덕도(長德島)가 있을 뿐이다. 신도는 크고 작은 세 개의 섬으로 이루어져 있다. 어선이 임시로 정박하는 데 적합하고 부근은 수산이 풍부하다. 장덕도는 작은 섬에 불과하지만 등대가 있기 때문에 이름이 알려져 있다.

군읍

덕원읍(德源邑)은 다른 이름으로 용주(湧州)·의주(宜州)·덕주(德州)·의성(宜城)·춘성(春城)이라고 한다. 원산거류지와의 거리는 서쪽으로 10리(里) 이내이다. 원래 부치(府治) 소재지였지만 원산 개항 후 부청(府廳)이 원산으로 옮겨 갔으며, 지금은 오직 순사주재소를 두는 데 그치고 있다. 시가는 적막해서 지난 날의 모습을 볼 수 없다. 그렇지만 원산거류지와 멀지 않고, 또 국도(國道)로 이어지기 때문에 왕래가 빈번하다.

교통

교통은 원산을 중심으로 한다. 즉 이곳은 경원(京元) 및 평원가도(平元街道)와 함경남도 해안 간도(幹道)의 연결지점이다. 또 이곳에서 안변읍을 지나 강원도의 동안(東岸)으로 통하는 지도(支道)가 있다. 상세한 것은 해운(海運)과 함께 원산진에서 서술할 것이다.

물산

물산은 농산(農産)에 있어서는 콩을 주로 하고, 기타 쌀·조·기장·수수[蜀黍]·감자[瓜哇薯] 등도 또한 주요하다. 수산물은 청어·정어리·고등어를 주로 하고, 삼치·방어·도미·가자미·가오리·숭어·도루묵·빙어·은어·잉어·대합·게·해삼 등의 생산이 많다.

청어 · 정어리는 오로지 방렴으로 어획한다. 영흥만에 있는 방렴 어장은〈송전만도 포함.〉360여 곳이라고 한다. 그리고 그 중 약 2/3는 덕원부의 연안에 있고, 이와 동시에 덕원부는 청어 · 정어리의 생산이 많은 곳으로 함경도에서 으뜸이다.

행정구획

행정구획은 부내면(府內面) · 북면(北面) · 용성면(龍城面) · 주북면(州北面) · 적전면(赤田面) · 현면(縣面)의 6면이다. 그리고 부내면을 제외한 각면은 모두 바다에 연한다. 용성면은 북쪽은 문천군 경계에 위치하고, 북면 · 주북면 · 적전면이 차례로 늘어서서 만의 정면에 위치한다. 현면은 남단(南端)에 있고 안변군에 접한다. 갈마반도가 돌출하여 그 연안을 안과 밖으로 나눈다. 각 면에 있는 임해 마을의 개황은 다음과 같다.

용성면(龍城面)

본래 용진현의 땅이었으나 폐현과 동시에 분할되어 대부분은 문천군에 속하였다(지금은 문천군 구산면 및 명효면). 덕원부에 합쳐져 본 면의 땅이 되었다. 북쪽은 문천군에 속한 명효면에 남쪽은 덕원부의 북면에 접한다. 동쪽은 영흥만에 면하고 북쪽 일부는 함구미만(咸口尾彎)의 남측을 형성한다.

마을

본 면의 임해마을을 북쪽부터 열거하면 휘후(揮厚, 긔후) · 운성(雲城, 운셩) · 신안(新安) · 신흥(新興) · 용진(龍津, 룡진) · 고암(庫岩) · 고석(庫石, 고셕) · 사흘천(沙屹川, 사흘쳔) · 야태(野汰, 야틱) · 석근(石根, 셕근) · 투달(透達, 해도에는 水達里라고 기재됨) 등이다. 각 마을마다 모두 어전 여러 곳을 가지며 합하면 50여 곳 남짓에 달한다. 어획물은 대부분 청어 · 정어리를 주로 한다. 각 마을의 호구 · 어전 및 어선수 · 어획량의 개산(概算) · 기타 판매지 등에 대해서는 책의 끝에 첨부한 「어사일람표(漁事一覽表)」로 넘기고 여기에서는 생략한다.

북면(北面)

경역

본 면은 북쪽은 용성면에 남쪽은 주북면에 접하고 동쪽은 바다에 면한다. 문평천은 서쪽 문천군에서 흘러오고, 하류는 용성면과의 경계를 구획하고 바다로 빠져나간다. 본 면의 땅은 동서로는 길지만 남북으로 좁다.

마을

따라서 해안에 있는 마을은 오직 문평(文坪)·풍촌(豊村)·관상(關上)뿐이다. 연해의 지형은 용성면에 속한 투달리 부근부터 관상리에 이르는 사이는 대개 평탄하기 때문에 해안도 모두 사빈이다. 각 마을 연해에 있는 어전은 통틀어서 20곳이 있다. 청어 및 정어리를 주로 어획하는 것은 각지의 공통적인 양상이다. 호구 등에 대해서는 책 끝에 「어사일람표」를 첨부하였다.

주북면(州北面)

본 면은 북쪽으로 북면에 서쪽으로 부내면에 남쪽으로 적전면에 접한다. 동북쪽은 바다에 면하고 연해지역이 좁다. 그리고 해안에 병행하여 구릉이 연이어 있기 때문에 남는 땅이 적다. 간간이 조수가 산자락[山脚]을 씻어내는 곳이 있다. 그렇지만 양일리천이 적전면의 경계로 흘러들어가는데 그 유역에서는 다소의 경지를 볼 수 있다. 양일리천은 중류가 두 줄기로 나뉜다. 즉 북동쪽으로 흐르는 것은 북면천(北面川)이고 북서쪽으로 곧장 흐르는 것은 장림천(長林川)이다. 그 중간에 솟은 작은 언덕은 북산이라 하고 이 일대는 부내면에 속한다. 그리고 덕원읍은 이 언덕의 남동쪽에 위치하며 하구에서 30정(町) 정도 떨어져 있다.

마을

임해마을은 신상(新上)·양일(陽日)·문평(文坪)뿐이다. 각 마을의 어전을 합하면 17곳이 있고 어획물은 같으며 청어·정어리·마래미[鰤]를 주로 한다. 개관은 책 끝의 「어사일람표」에서 볼 수 있다.

적전면(赤田面)

적전면은 북쪽은 주북면 및 부내면에 동남쪽은 현면에 접한다. 동북은 바다에 면하고 연해의 지형은 대개 평지이거나 낮은 구릉이며 험준한 산이 없고 해안 역시 모두 사빈이다. 본면의 땅은 양일천 및 적전천이 흐른다. 양일천은 북쪽에 적전천은 남쪽에 있으며 적전천의 하류는 원산거류지 및 원산리와 경계를 이룬다.

송상(松上)·송중(松中)·송하(松下)·송흥(松興)

본 면 중 해안을 가진 마을은 송상(松上)·송중(松中, 송즁)·송하(松下)·송흥(松興)이 있을 뿐이다. 그리고 송상·송중·송하는 서로 연속하여 한 마을을 이룬다. 송흥 역시 남쪽으로 접속하여 언뜻 모두 한 마을처럼 보인다. 네 마을을 통틀어 어전은 18곳이 있고 소재지는 송하리 앞에 14곳, 송흥리 앞에 4곳이 있다. 그리고 송하리 앞에 있는 것은 송상·송중·송하의 세 마을에서 각각 나누어 가진다. 송흥리의 남쪽에는 독립된 한 낮은 구릉이 있다. 해안을 따라 이 구릉의 끝을 돌면 곧장 원산거류지에 이른다.

원산진(元山津) 및 원산거류지

본 면의 동쪽 방면에 갈마반도가 두출하여 자연히 좋은 항을 형성하는 곳이 원산진이다. 본진은 갈마각에서 만 내로 즉 현면에 속한 원산리까지 약 3해리이고, 갈마각에서 원산거류지 앞까지 2해리 반이다. 또 원산거류지 앞에서 갈마반도까지 최단거리는 1해리 8케이블이고 그 중앙은 수심이 6~7길에 달하는 진흙바닥이다. 원산거류지의 앞에는

400칸 정도의 작은 섬이 있다. 이곳을 장덕도(長德島)라 한다.

원산진의 지세

부근에는 암초가 있어 장덕도는 본래 원산항의 장해물이었지만 그곳을 이용한 등대가 건설되어 지금은 도리어 야간에 정박지를 알리는 표지가 되었다. 본도의 위치는 해도 314호에 따르면 북위 39도 10분 53초, 동경 127도 26분 18초이다. 본진은 서쪽에서 남쪽을 지나 남동쪽까지는 풍랑을 피할 수 있지만 북쪽에서 동쪽으로는 강풍이 불어서 정박할 수 없는 경우가 있다. 이것이 본 진의 결점이라고 할 수 있다. 이 결점은 제방을 쌓아서 약간은 보강되어 지금은 작은 기선의 정박은 매우 안전하다고 한다.

본 진의 개량공사는 지난 융희 원년에 계획되어 오늘날 공사가 진척 중에 있다. 이 공사의 종류 중 중요한 것을 열거하면 다음과 같다.

매축 6,500평
물양장(物揚場) 기타 석축[石垣] 775칸
방파제 및 석축 2,520칸
항내준설 5,000입평(立坪)
잔교(棧橋) 25칸
수산물 수출입소 설비 200평

기타 건물[上屋], 창고, 여러 청사, 검역소 등 부속공사가 있는데 이미 준공된 것이 적지 않다. 방파제 길이는 앞의 기록과 같으며 폭은 상부가 9척, 저부가 약 95척이다. 융희 원년 8월 1일에 기공하여 지금은 반 정도 공사를 마쳤다. 오는 융희 4년 7월에 전부 준공할 것이다. 공사비는 156,325원이라고 한다.

원산진의 기상

기상은 함경도의 개요에 상세히 서술했지만 다시 한마디 더하면 본 진의 날씨는 어떠한 전조도 없다가 갑자기 변화하는 일이 많다. ▲추위는 1월 말에서 2월 초가 가장 심하고, 특히 서풍이 불면 산을 넘어 부는 바람이 매우 거세서 견디기 어렵다. ▲해안은 드물게 얇은 얼음이 언다고 하지만 배를 대는 데 지장이 없다. 또 때때로 송전만에서 유빙(流氷)이 떠내려 오는 경우도 있지만 이것 때문에 배가 다니는 것을 방해할 정도는 아니다. ▲눈은 11월부터 이듬해 3월까지 있다. 그리고 눈이 내리기 전에는 대개 남동풍이 불고, 서풍에는 눈이 내리지 않는다. 눈은 양이 많지 않아 적설량이 1척(尺) 이상 되는 경우는 매우 드물다. ▲바람은 편동풍일 때 가장 강하다. 갈마반도는 이 바람을 막아주기는 하지만 역시 배를 정박시킬 수 없는 경우도 있다. 그리고 바람이 멎으면 곧 큰 파도가 온다. ▲안개는 여름에 많은데 한 달에 3회를 넘는 일은 드물다. 간간이 초겨울, 초봄에 안개가 낄 때도 있다. ▲더위는 7~8월경 가장 심하다. 그렇지만 우기(雨期)도 역시 그 무렵이기 때문에 더위가 덜한 경우도 적지 않다. 단 비가 온 후의 더위가 견디기 힘들 정도이지만 그래도 잠시 지나면 서늘한 바람이 분다.

원산의 개항

원산진의 개항은 고종 17년[99] 즉 개국 489년 경진(庚辰) 3월, 일본 명치(明治) 13년 5월 1일이다. 그 전에 부산이 개항했는데, 원산진은 그 다음이고, 인천보다 3년 앞선다.

원산거류지

본 진에 있는 외국인거류지는 일본제국의 전관거류지(專管居留地)뿐이고, 그 외에 각국거류지로서 조계(租界)로 확정된 곳은 없다. 일본인 외에 많이 거류하고 있는 것은 청국인(淸國人)으로 대부분은 일본거류지 경계의 북쪽에 작은 구역에서 집단거주한다. 그런데 그 구역은 전체 3,000평에 그친다.〈청국은 원래 조계 예정지로 수만 평의 땅을 가지고 있었지만 조약으로 그것을 확정하지 못했다. 그렇지만 국제관계의 추이에

99) 원문에는 6년으로 되어있다. 개국 489년(고종 17년)과 명치 13년은 1880년이다.

따라 현재의 상황에 이르렀다.〉

일본제국의 전관거류지 경계는 장덕산(長德山)〈혹은 조덕산(眺德山)이라고 쓴다.〉을 등지고 남쪽은 적전천(赤田川)을 경계로 하고, 동쪽은 바다에 이르는 부정삼각형의 토지로 대략 10만평(坪)이 있다.〈원산이사청(元山理事廳)의 보고서에 의하면 약 8만 9,600평이라고 한다.〉 기묘(己卯)년(명치12년) 가을에 일본대리공사(日本代理公使) 하나부사 요시모토(花房義質)가 선정한 곳으로 일본영사 이하 관민이 와서 정착한 것은 경진(庚辰) 3월, 일본 명치 13년 5월 20일이었다.〈미쯔비시회사(三菱會社)의 기선 복진주환伏津州丸으로 건너왔다고 한다.〉 그 이후로 31년의 세월이 흘렀다. 짧은 시간이라고 할 수는 없지만 원래 적막했던 낮은 습지가 지금은 함경도에서 제일가는 시가를 형성했다. 또한 인구가 넘쳐나 적전천을 넘어 현면(縣面)에 속하는 원산리 일대로 점차 잡거하는 자가 많아짐을 보기에 이르렀다. 거류민의 호구는 융희 3년(명치 42년) 12월 현재 일본인 1,143호 4,428인이고, 청국인 247인, 미국인 21인, 기타 외국인 11인이다. 아울러 일본인에 대해서 과거 수년간의 증감을 비교하여 표시하면 다음과 같다.

연차	호수	인구	연차	호수	인구
명치 29년	310	1,299	명치 36년	430	1,946
동 30년	326	1,423	동 37년	467	1,895
동 31년	347	1,560	동 38년	693	3,150
동 32년	366	1,600	동 39년	1,046	5,120
동 33년	355	1,578	동 40년	1,028	4,225
동 34년	354	1,504	동 41년	1,075	4,109
동 35년	384	1,668	동 42년	1,143	4,428

원산의 교통

원산거류지는 이미 덕원부의 개세에서 언급한 바와 같이 함경도 동안(東岸)을 관통하는 간도(幹道)의 기점이다. 동시에 이 도로와 경성·평양 및 강원도의 해안으로 통하는 각 중요 도로의 연락지점으로 육로교통의 요충이다. 그렇지만 도로가 갖추어지지 않았으므로 육상 교통이 편리하다고 할 수 없다. 경원철도(京元鐵道)는 한때 중지된 이래 혹은 평원(平元: 평양과 원산)이 이로움이 있다는 말을 하는 자가 있어 경성 · 평양의 거류민이 서로 다투게 되었지만 마침내 이전의 결정을 따라 경원(京元: 경성과 원산)으로 결정되었다. 오는 명치 44년도(융희 5년도)부터 공사에 착수하게 될 것이라고 한다. 거리는 대략 136마일이고 명치 48~49년까지 개통할 예정이라고 전해왔다. 본 철도의 완성은 원산거류민이 바라는 것으로, 준공일에 이르면 함경도 개발로 이로움이 클 것임은 말할 나위 없다. 원산진에서 금화(金化) · 포천(抱川)을 거쳐 경성까지 600리 19정(町), 양덕(陽德) · 성천(成川)을 거쳐 평양까지 510리, 함흥까지 270리 31정(町), 함흥을 거쳐 북쪽 경계인 회령(會寧)까지 약 1,440리라고 한다.

해운

해운(海運)은 제1집에 개설했지만 다시 그 개요를 표시하면 다음과 같다.

항로	汽船數	
고베神戶 · 블라디보스톡	1	모지門司 · 나가사키長崎 · 釜山 · 元山 · 淸津
오사카大阪 · 淸津線	2	神戶 · 門司 · 釜山 · 元山 · 淸津 · 城津
시모노세키下關 · 北韓線	2	釜山 · 元山 및 北韓 연안 각 항.
오사카大阪 · 北韓線	3	神戶 · 우지나宇品 · 下關 · 釜山 · 元山 · 西湖 · 新浦 · 城津 · 淸津
元山 · 釜山線		長箭洞 · 巨津 · 東津 · 安木 · 竹邊 · 迎日灣 · 蔚山
釜山 · 雄基線		蔚山 · 迎日灣 · 竹邊 · 安木 · 東津 · 巨津 · 長箭洞 · 元山 · 西湖津 · 新浦 · 新昌 · 城津 · 明川 · 漁大津 · 獨津 · 淸津 · 梨津
西湖津 · 江陵線		元山 · 長箭洞 · 水源端 · 巨津 · 東津 · 安木
元山 · 雄基線		西湖津 · 新浦 · 新昌 · 端川 · 城津 · 明川 · 漁大津 · 獨津 · 淸津 · 梨津

연안 회항은 제1집에 상세히 설명한 것과 같이 원산에 거주하는 요시다 히데지로[吉田秀次郎]가 경영하는 바인데 본 원산진은 실로 그 기점이다. 여기에서 서호진까지 43해리, 서호 · 신포를 거쳐 성진까지 152해리 남짓, 청진까지 223해리, 청진을 거쳐 웅기까지 271해리, 부산까지 318해리이다. 그리고 연안항행기선 3등 운임은 부산까지 4원(圓) 50전(錢), 서호진까지 90전, 성진까지 2원 50전, 청진까지 3원 80전, 웅기까지 4원

50전이다. 그 외 연안 각 항까지 운임 및 화물운송비 등은 『한국수산지』제1집 1편 14장 해운(海運)에 자세하다.

통신

우편 배달 구역은 보통구역〈시내〉과 특별구역〈시내〉의 두 구역으로 구분한다. 집배는 보통구역은 하루에 3회, 특별구역은 하루에 1회로 한다. 단 보통구역에서는 3회로 규정되어 있지만 우편선이 발착(發着)할 때에는 규정 회수 이외에 임시로 1회 더 집배하는 경우도 있다.

원산에서 각지에 이르는 우편은 ▲원산리(元山里)에 매일 3회 ▲경성에 월 15회이고 육로로 걸리는 시간은 5일이다. ▲흡곡읍(歙谷邑)에 월 15회, 육로로 걸리는 기간은 2일 사이이다. 단 이 선로는 강원도 연안 각지에 이른다. ▲양덕(陽德)까지는 월 15회이고, 걸리는 기간은 2일 사이이다. 이 노선은 즉 평양에 이른다. ▲영흥에는 월 15회이고, 체송기간은 2일 사이이다. 본 노선은 함흥 · 북청 등을 거쳐 북한 각지에 이르는 것이다. 이 외에 일본 · 부산 및 함경도 각 연안에는 편선(便船)을 이용하여 체송된다.

전신이 바로 배달되는 구역은 우편보통구역과 같다. ▲전화 가입 구역 및 호출구역은 시내 외에 현면(縣面)에 속하는 원산리, 본 적전면에 속하는 와우동(臥牛洞) · 송흥리(松興里)〈혹은 松亭里라고도 한다.〉라고 한다. 현재 가입자는 모두 250~260명 정도이다.

본진에서의 무역의 대세는 무역연표를 통해 보면 지난 융희2년 중 출입한 선박총수는 (외국 및 연안무역선 출입총수) 1,443척 593,203톤이며 무역총액은(외국 및 연안무역출입 모두) 8,217,524원이다. 각각 대별하여 표시한 것은 다음과 같다.

〈제1표 출입선박 종류별〉

구별		기선		범선		소형범선(戎克)		계	
		척	톤	척	톤	척	톤	척	톤
입항	외국 무역선	187	176,897	30	3,143	11	226	228	180,266
	연안 무역선	383	117,915	3	115	140	1,736	526	119,766
	계	570	294,812	33	3,258	151	1,962	754	300,032
출항	외국 무역선	189	177,771	22	2,587	1	22	212[100]	180,380
	연안 무역선	362	111.134	2	111	113	1,546	477	112,791
	계	551	288,905	24	2,698	114	1,568	689	293,171
합계	외국 무역선	376	354,668	52	5,730	12	248	440	360,646
	연안 무역선	745	229,049	5	226	253	3,282	1,003	232,557
	계	1,121	583,717	57	5,956	265	3,530	1,443	593,203

100) 원문에는 112로 되어있다.

〈제2표 외국무역〉

수출		수입	
종목	가액	종목	가액
내국품	**992,930**	곡류 및 종자류	5,396
곡물류	565,529	음식물	117,458
쌀	11,237	설탕 및 당과류	46,241
대소두	553,609	주류	71,283
기타곡류	683	약재 및 화학약 및 제품	21,109
수산물	191,861	오구[汕] 및 납유(蠟油)	21,299
우뭇가사리	2,770	수산물	40,506
건어(乾魚)	187	식염	33,485
염어	1,528	염어	3,130
말린 굴	30,521	다시마(昆布)	245
말린 전복	9,967	건어(乾魚)	1,334
기타 말린조개	361	기타 수산물	2,312
해삼	29,114	모피 골각류	2,580
상어지느러미	356	실,밧줄 및 재료	85,854
절인 고래	53,476	솜	105,934
물고기 비료	58,778	포백 및 포백제품	97,072
물고기 기름	26	마포	64,795
물고기 내장	359	견포	121,020
기타 수산물	4,418	목면	1,255,723
통조림(鑵詰) 및 병조림	2,355	의복 및 부속품	54,541
소	110,752	종이 및 종이제품	55,341
소가죽	41,172	광물 및 광석	13,769
흑연	13,585	금속 및 금속제품	151,188
금속류 및 제품	35,668	차량선박 및 각종 기계	84,251
음식물류	3,872	담배	56,123
약재 및 염도료	9,225	목재 및 목재제품	61,273
기타제품	18,911	염료채료 및 도료	25,779
외국품	**9,618**	기타제품	326,078
합계	1,002,548	**합계**	2,884,613
총계			3,887,161

〈제3표 내국연안무역〉

이출		이입	
종목	가액	종목	가액
내국품	**1,036,138**	**내국품**	**1,461,296**
곡물류	121,333	곡물류	451,522
쌀	65,751	쌀	183,729
대소두	2,011	대소두	204,038
기타곡류	53,571	기타곡류	63,755
수산물	397,126	수산물	238,601
생건 염어(生乾鹽魚)	46,237	생건염어	28,719
명태	. 317,060	명태	165,109
해조	33,829	생선내장	3,075
음식물류	7,630	해삼	16,741
약재	6,114	해조	24,661
포백 및 제품	98,075	물고기 비료	296
연초	22,983	음식물류	4,552
기타제품	382,877	포백 및 제품	408,246
외국품	**1,430,589**	기타제품	358,375
식염	26,338	**외국품**	**402,340**
생건염어	376	식염	39,249
음식물류	79,271	음식물류	26,323
포백 및 제품	703,758	의복 및 부속품	11,599
의복 및 부속품	23,919	옥양목	28,935
솜	67,360	포백 및 포백제품	50,445
기타 실 · 밧줄류	52,215	석유	83,903
금속 및 금속제품	57,339	담배	41,755
담배	72,331	약재 및 염도 · 유류	983
약재 및 도료	13,506	목재 및 기타제품	9,278
기타제품	334,176	기타제품	109,870
합계	**2,466,727**	**합계**	**1,863,636**
총계			**4,330,363**

앞의 두 표를 보면 수출 및 이출한 내국품 중 액수가 많은 것은 곡류 및 수산물이다. 현재 이 두 종류에 대한 통계를 계산해 보면 곡물은 686,862원이고 수산물은 588,987원이며 합계 1,275,849원이다. 이입(移入)을 보면 곡물 451,522원이고 수산물 238,601원이며 합계 690,123원이다. 그리고 이입된 곡류 중 미곡은 남한지방에서 이송되는 것이 대부분을 차지하지만 콩, 팥은 거의 대부분 함경도에서 생산된다. 콩, 팥 및 수산물은 실제로 본 진 수출품의 주류를 이루고 풍작과 흉작이 무역의 성쇠에 큰 영향을 미친다. 더욱이 외국무역을 통해 과거 수년간 수출입 총액을 비교하여 본 진 무역의 성쇠를 엿볼 수 있다.

연차	수출품가액(円)	수입품가액(円)	계(円)
광무 원년(명치 30년)	572,000	1,553,000	2,125,000
동 2년(동 31년)	245,000	1,427,000	1,672,000
동 3년(동 32년)	576,000	1,220,000	1,796,000
동 4년(동 33년)	816,000	1,442,000	2,258,000
동 5년(동 34년)	947,000	2,090,000	3,037,000
동 6년(동 35년)	1,005,000	1,880,000	2,885,000
동 7년(동 36년)	774,000	2,186,000	2,960,000
동 8년(동 37년)	652,000	1,064,000	1,716,000
동 9년(동 38년)	645,000	3,955,000	4,600,000
동 10년(동 39년)	983,000	3,417,000	4,400,000
융희 원년(동 40년)	1,229,000	3,101,000	4,330,000
동 2년(동 41년)	1,003,000	2,885,000	3,888,000
동 3년(동 42년)	1,055,000	2,687,000	3,742,000

이처럼 본 원산진의 무역은 광무 원년(명치 30년)부터 광무 7년(명치 36년)까지 순조롭게 진행해 왔음에도 불구하고, 동 8년(명치 37년)에 이르러 현저하게 감소하고, 그 이듬해 즉 동 9년(명치 38년)에 과도한 팽창을 보인다. 융희 원년(명치 40년)에는 또 현저하게 저하했다가 같은 해부터 지금 융희 3년까지 점차 체감하여 매우 비관할

만한 상태에 있다. 대개 이러한 현상을 보이는 것은 러일전쟁[日露戰爭]에 의한 결과이다. 융희 원년까지 두드러지게 감소하고, 같은 해 이후 점차 감소하는 것은 그 전년도에 수입이 급증한 반동과, 다른 한편으로는 성진 · 청진 두 개항지가 발전함에 따른 것으로 보인다.

수출수산물 가액

다음으로 과거 수년 사이에 매년 원산진에서 내외 여러 항으로 수송되었던 수산물의 가액표를 실음으로써 그 대세(大勢)를 엿보는 자료로 삼고자 한다.

연차	외국으로	내국 개항으로	계(円)	연차	외국으로	내국 개항으로	계(円)
광무5년 (명치34년)	325,422	391,621	717,043	광무9년 (명치38년)	169,051	467,900	636,951
동 6년	148,441	197,802	346,243	동 10년	168,257	358,400	526,657
동 7년	379,211	320,997	700,208	융희원년	233,754	653,433	887,187
동 8년	183,463	638,737	822,200	동 2년	191,861	397,126	588,987

비고 : 이 표는 내국산 각종 수산물의 가액을 계상한 것으로 외국품을 재수출하는 것은 모두 제외했다.

수산물 중 무역액이 많은 것은 명태라고 한다. 그렇지만 명태는 내국 각지로 이송되는 데 그칠 뿐이고 외국으로 수송되는 것은 극히 적다. 해외로 수송되는 수산물은 해삼 · 말린 굴 · 말린 정어리 · 기타 말린 조개 · 염어와 건어 · 해조(海藻) · 고래 고기 · 고래 기름 등이지만 현재 무역상 주된 것은 해삼 · 말린 굴 · 말린 정어리의 3종류라고 한다. 다음에 이들 주요품의 무역액에 대해서 과거 수년간의 상황을 비교한 것을 표시하고자 한다.

연차＼구별	해삼		말린 굴		말린 정어리(비료)		명태	
	수량	가액	수량	가액	수량	가액	수량	가액
광무5년	1,534	38,794	2,071	22,163	20,854	53,649	-	365,386
동 6년	1,548	45,019	2,239	26,229	20,935	39,856	-	173,344
동 7년	2,784	77,869	3,592	49,198	22,666	41,143	-	275,891
동 8년	715	18,117	720	8,864	16,586	42,688	-	600,010
동 9년	734	21,844	1,643	24,554	29,993	74,374	-	388,783
동 10년	1,120	39,909	3,948	49,689	16,946	49,326	-	241,606
융희원년	1,098	37,062	2,225	42,082	43,818	123,752	-	448,242
동 2년	970	29,114	1,907	30,521	23,884	58,770	40,653	317,060

비고 : 광무 5년부터 융희 원년까지 명태 수출액은 무역 연표에 구별이 없기 때문에 부득이 하게 원산상업회의소(元山商業會議所)의 보고에 의거해서 기재했다.

표를 보면 해삼 · 말린 굴 모두 무역액이 많은 것은 광무 7년, 즉 명치 36년이고, 이듬해에 감소된 것은 다름 아니라 러일전쟁의 결과 때문인 것이다. 이후 해삼은 해마다 감소하고, 말린 굴은 광무 10년, 즉 명치 39년에 급증하고 그 다음 해에도 역시 상당한 액에 이르게 됨에도 불구하고 융희 2년, 즉 명치 41년(1908)에 일단 감소를 보였다. 이런 현상은 아마도 남청(南清)에서의 (일본) 보이콧[101]에 관계한 바가 클 것이지만, 혹은 이 때문에 전년까지 남획된 결과 생산이 적어진 데 원인이 있을 것이다. 말린 굴이 광무 10년에 급증하게 된 것은 조산만(造山灣) 내의 황어포(黃魚浦)에서 왕성하게 포획된 데 따른 것이라고 한다. 말린 정어리 즉 정어리비료[魚肥料]는 함경도 및 강원도에서 생산하는 것으로 장래 어업의 발달에 따라 생산이 증가할 것이다. 판로에 지장이 없다면 전도가 유망할 것이다. 단 정어리의 성어기는 마침 우기와 거의 일치하기 때문에 이 상품의 출하에 영향이 큰 경우도 있다.

101) 다쯔마루(辰丸) 사건이라고도 하며 일본 선박이 무기를 밀수한다는 혐의로 화물을 몰수하고 이에 대해 일본이 손해배상을 요구하였는데, 청국인의 대일본 보이콧을 초래하였다.

계절과 상황(商況)

계절과 상황(商況)에 관해서 원산이사청의 보고서에 개요를 언급한 것이 있다. 그 요지를 발췌해 기록하면 다음과 같다.

> 면포류(綿布類)는 5월 · 8월 · 12월 · 1월 즉 음력 절구(節句)[102] 전, 우란분(盂蘭盆)[103] · 연말 등에 잘 팔린다. ▲솜[打綿]은 10월 이후로 수요가 많지만 멀리 떨어진 곳에서는 7~8월 경 주문이 들어오는 경우가 적지 않다. ▲방적사(紡績絲)은 봄 · 여름 농업이 한산할 때 매우 잘 팔린다. ▲쌀 · 조는 5월에 이르면 지방산 상품이 점차 결핍되어, 그 무렵부터 7~8월 경까지 남한 지방에서 수입된다. ▲밀은 탁주(濁酒) 생산 때문에 봄 · 가을에 수요가 많다. ▲말린 정어리는 6월 경부터 시장에 많이 나온다[出廻]. ▲식염(食鹽)은 5~6월 경 고등어와 기타 염장용(鹽藏用)으로 많이 팔린다. 그 무렵에 이르면 값이 오르지만 7월에 들어서면 2~3원(圓) 정도 하락하는 것이 보통이라고 한다. ▲콩 및 명태는 가을부터 이듬해 5~6월 경까지 많이 팔리지만 그 성기(盛期)는 콩은 가을이고, 명태는 겨울부터 봄이라고 한다.

금융기관

금융기관은 제일은행 지점(支店: 本町 一丁目 2번지), 십팔은행(十八銀行) 지점(春日町 17번지) 두 곳에 불과하지만 원산리에는 함흥농공은행(咸興農工銀行) 본점이 있고, 제일은행 및 십팔은행의 각 지점은 일본인과 조선인의 금융을 도모한다. 그렇지만 농공은행은 오로지 조선인을 위해 융통하는 데 그칠 뿐이다. 금융사무가 바쁠 때는 수출품 출회(出廻) 시기, 즉 8~9월 경부터 연말까지이고, 1월부터 4~5월이 가장 한산하다.

원산거류지(元山居留地)에 거주하는 우치다[內田] 아무개가 조사한 제화물의 육양

---

102) 다섯 명절이라는 뜻으로 人日(1월 7일) · 上巳(3월 3일) · 端午(5월 5일) · 七夕(7월 7일) · 重陽(9월 9일) 등이나 현재는 특히, 3월 3일의 桃節句, 5월 5일의 端午節句를 가리킴.

103) 아귀도에 떨어진 망령을 위하여 여는 불사(佛事)이다. 목련 존자가 아귀도에 떨어진 어머니를 구하기 위해 석가모니의 가르침을 받아 여러 수행승에게 올린 공양에서 비롯한다.

(陸揚) 혹은 빈출(濱出)[104]에 필요한 하역임금표를 얻었다. 참고하는 데 조금이나마 도움이 될 것이다. 아래에 이를 싣는다.

육양 비용[陸揚賃]

명태	15속(束)	.024리(厘)	청어 · 미역 · 다시마류	1짐[負]	.052리	말린정어리	1짐	.058리
조선염	1가마[105][俵]	.052리	잡품	1개	.024리			

빈출(濱出) 하역임금(단위: 리厘)

명태	.032	면사	1개	.052	가마솥	1개	.052
콩	.042	목면	1개	.052	한전(韓錢)	1개	.042
쌀	.042	도자기	1개	.042	밀가루	1개	.032
조	.062	큰 철물	1개	.062	소면	1개	.032
성냥	.052	작은 철물	1개	.032	설탕	1개	.052
안전성냥	.032	띠쇠(帶鐵)	1본(本)	.002	양초	1개	.052
솜(綿)	.052	석유	1개	.032	밀감	1개	.052
옥양목	.052	식염	1개	.032	잡품	1개	.052

앞에서 기술한 임금은 조선인을 사용한 경우의 표준이고, 일본인을 사용하는 경우는 어느 정도 비싼 것을 감수해야 한다. 또한 거류지에서 원산까지의 화물운임은 백미(白米) · 콩 각각 1섬[俵]에 14전(錢) · 한전(韓錢) 10관문(貫文)들이 1개에 7전 · 숯 1섬[叺]에 7전 · 석유 1통[函]에 7전 · 일본염(日本鹽) 1섬[俵]에 6전 · 수하물(手荷物) 무거운 것 1개에 20전 · 가벼운 것 14전 정도인데 지게로 옮기는 것과 짐수레를 이용하는 것은 큰 차이가 없다. 또 거류지에서 원산리까지 인력거[腕車] 요금은 12전을 보통으로 하고, 비나 눈 등으로 도로가 진흙탕인 때에는 20전을 필요로 한다고 한다.

원산진 무역의 주요품은 앞에서 본 것처럼 콩과 해산물이기 때문에 해산(海産)을

104) 본문의 내용상 陸揚은 어선에서 물품을 내리는 것을 말하고, 濱出은 화물선에서 물품을 내리는 것을 의미한다. 하지만 현재는 그런 구분 없이 둘 다 선박에서 물품을 내리는 의미로 통용된다.
105) 일본 말로는 7말이 넘는 분량이다.

취급하는 곳이 적지 않다. 그리고 말린 정어리 · 말린 굴 같은 것은 대개 계약선수금[仕込]을 주고 각각 독점[一手] 매수하는 방법이 채택되고, 그 매수 구역은 함경도 연안 일대에서 강원도 연안에 이른다. 또 북한 및 강원도 연안을 다니며 어업활동을 하는 잠수업자의 경우 그 근거지가 바로 원산진이다. 따라서 이곳에는 잠수업자의 조합이 있다.

원산진은 이처럼 수산물의 집산지임에도 불구하고 아직 어시장이 설립되지 않았다. 때문에 생 · 선어(生鮮魚)는 원산리에 모여드는 한일어선[日韓漁船]이나 출매선(出買船)에서 어상인이 구입해서 일반인들의 수요에 충당한다. 이것이 원산진의 큰 결점이다. 그렇지만 최근에 설립을 계획하는 자가 있어 조만간 개장(開場)을 보게 될 것이다. 어가(魚價)는 원산리에서 그곳 객주가 취급하는 평균가격을 기록할 것이다. 그것을 이곳의 어가로 간주해도 지장이 없을 것이다.

현면(縣面)

북서쪽은 적전면에, 서남쪽에서 동쪽에 걸쳐서 안변군에 접한다. 북쪽은 바다에 면하고 좁고 긴 반도가 두출하여 영흥만을 둘러싼다. 갈마반도가 즉 이곳이다. 이와 같이 본 면의 해안선은 적전천 하구에서 동쪽으로 나아간다. 갈마반도를 일주하며 낭성강(浪城江) 어귀에 이르며 그 연장선은 8해리에 달하며 본 부의 해안선의 약 절반을 점한다. 본 면의 임해마을을 열거하면 원산리 · 명석원(銘石院) · 두남리 · 두방리 · 두산리 · 연도리 · 갈마동 · 성북리 등이 있다. 또 부속섬으로 신도(薪島)가 있다.

원산리(元山里)

원산항에 있는 조선인[邦人] 마을이며 상리 · 중리 · 하리로 나뉜다. 각 마을 역시 여러 동으로 나뉜다. 그 끝은 적전천을 끼고 원산거류지와 마주한다. 바다에 연하여 멀리 동쪽으로 이어져 길이는 10리 남짓이다. 호구는 융희 원년 말의 조사에 의하면 호수 1,028호이며 인구 13,518명을 헤아린다. 다수는 상가(商家)이며 금융기관으로는 원산

거류지에서 언급한 것처럼 함흥농공은행 본점이 있다. 또한 객주 70여호, 중개업자[仲立業者] 180호가 있다. 그리고 중개업자를 대별하면 생어중개 20호, 우마중개 25호, 잡화중개 120호이다. 상업의 상황을 엿보기에 충분하다.

이 지역은 원래 일본상인 거주자가 없었는데 최근 발전에 따라서 여러 곳에 점점 산재하여 조선인과 잡거하는 자가 많기에 이르렀다. 객주 70호 중 주된 자로는 20호가 있고 다음과 같다.

전택보(田宅保) 박창순(朴昌淳) 김정민(金政敏) 박사익(朴仕益)
김원집(金元輯) 태 균(泰均) 구여천(具汝天)106) 이조훈(李肇勳)
조정환(趙貞煥) 홍성범(洪聖範) 최정학(崔廷學) 이철옥(李喆玉)
김원로(金元輅) 이민하(李敏夏) 이명보(李明輔) 정운필(鄭雲弼)
남정선(南廷善) 최임길(崔壬吉) 임자천(林子天) 이승렬(李承烈)

이들 객주는 모두 어떤 물건이든 가리지 않고 취급하지만 각 점포는 스스로 주로 하는 물품이 없는 것은 아니다. 각 객주가 징수하는 수수료(도매상의 口錢) 및 중개인이 객주에게 받는 수수료는 각 점포가 공통으로 일정하다. 다음에 그 대강을 표시한다(단위: 리厘).

품명	수량단위	가게 간 수수료	중개인 수수료
명태	2,000미(尾)	. 460	.060
절인 삼치(沈麻魚)	100미	.700	.200
절인 방어(沈方魚)	100미	1.400	.400
문어(文魚)	20전매(錢每)	.020	.006
해삼(海蔘)110)	100근(斤)	1.000	.200
말린 정어리	100근	.100	-

품명	수량단위	가게 간 수수료	중개인 수수료
절인 청어	20미	.007	.002
말린 가자미	2,000미	.400	.400
말린 도미	2,000미	.500	.100
조	1가마(俵)	.100	-
밀	동	.080	.020
콩	동	.080	-
팥	동	.100	.020
메밀(木米)		.017	.004

106) 원문에는 貝汝天으로 되어 있다.

전복	20전매	.020	.006
대합	50련(連)	.120	.040
명란	1단지(壺)	.030	.010
해삼[海鼠]	20전매	.008	.002
생어	20전매	.020	.006
미역(강원도산)	1속(束)	.060	.010
미역(단천, 신창산)	1태(駄)	.360	.060
다시마	20전매	.020	.060
갑산 구리 (甲山銅)	100근	.400	.200
사금	10돈(匁)	.400	-
쌀	1가마	.120	-
다람쥐 가죽(青皮)	100매	.700	.200
개 가죽	1매	.014	.004
수달 가죽	동	.400	.100
사슴 가죽	동	.140	.004
호랑이 가죽	20전매	.020	.006
목기	동	.008	.002
토기	동	.008	.002
꿀(黃密)	1근	.040	.010
사슴뿔(角落)	동	.040	.010
사향	1개	.200	.060
삼베(下)	1정	.060	.020
동 (中)	100필	2.300	.300

입담배(南草)	1태(駄)	.600	.200
살담배[刻煙草]	동	.600	.200
소	1마리[疋]	1.400	.400
노새	동	.800	.200
당나귀	동	.600	.200
소가죽	100근	.400	-
노루가죽	1매	.060	.010
여우가죽	동	.120	.020
삵 가죽(山皮)	동	.030	.010
삼베(下)	100필	1.700	.300
표백무명실 (白木)	동	2.300	.300
옥양목(唐木)	1필	.080	-
인도무명[107] (廣木)	동	.080	-
능직목면	동	.080	-
중국 능직비단 (木貢緞)[108]	동	.300	-
기타 중국 판매물	동	自 .060 至 .140	-
어망	20전 당	.009	.003
기타 잡화	-	.600	.200
말굽은[109]	1개	1.400	.400
양환(환전)	20원 당	.100	-
-	-	-	-

비고 : 표 중에서 중개인 수수료를 기입하지 않은 것은 주로 외국인을 대상으로 하는 거래와 관계되는 것이다. 그리고 외국인에 대한 거래는 중개인을 이용하지 않고 객주가 직접 거래하기 때문이다.

앞의 표를 가지고 이곳 객주들의 업태(業態)를 살펴보고도 남음이 있을 것이다. 그리고 이곳의 각 객주가 매 1년간에 취급하는 수산물의 가액이 얼마인지 아직 정확한

107) 바탕이 두툼한 무명이다.
108) 무명을 넣어 짠 공단을 말한다. 공단은 두껍고 무늬가 없는 고급 비단을 말한다.
109) 원문은 馬蹄銀이다. 말발굽 모양으로 만든 은덩이로, 1890년대 청나라의 화폐이다.
110) 말린 해삼으로 추정된다.

통계를 얻지 못했지만 최근 원산거류지에 어시장설립을 계획하고 그 설계기초를 위해 이곳에 살고 있는 우치다[内田] 아무개 등이 조사한 개산표(概算表)를 얻었다. 원래 정확성을 보장하긴 어렵지만 다소 참고할 자료로 삼기에 충분할 것이다. 다음에 그것을 싣는다.

품명	취급가액 개산(円)	품명	취급가액 개산(円)
청어	30,000	절인 방어	15,000
솔치	10,000	고등어(生·鮮魚)	2,000
정어리	7,000	절인 고등어	18,000
명태(生·鮮魚)	21,600	도미(生·鮮魚)	10,000
삼치(生·鮮魚)	7,000	절인 도미	3,000
절인 삼치	14,000	가자미(生·鮮魚)	15,000
방어(生·鮮魚)	15,000	연어(生·鮮魚)	20,000
절인 연어	1,000	미역	80,000
굴(生·鮮魚)	2,888	다시마	20,000
기타 잡어	54,000		
		합계	345,488

앞의 표에서 게시한 생선을 월별로 나타낸 것은 다음과 같다.

월별 생선 거래액(단위: 원円)

월별 / 종별	1월	2월	3월	4월	5월	6월	7월	8월	9월	10월	11월	12월	계
청어	-	3,000	18,000	9,000	-	-	-	-	-	-	-	-	30,000
솔치[111]	-	-	-	4,000	6,000	-	-	-	-	-	-	-	10,000
정어리	-	-	-	-	2,500	2,500	2,000	-	-	-	-	-	7,000
명태	2,160	2,160	-	-	-	-	-	-	-	2,160	6,480	8,640	21,600
삼치	-	-	-	560	560	560	1,400	2,100	560	560	700	-	7,000
방어	-	-	-	-	-	750	3,000	3,000	4,500	3,000	750	-	15,000
고등어	-	-	-	-	800	1,200	-	-	-	-	-	-	2,000
도미	-	-	-	-	1,000	2,000	3,000	2,000	1,000	1,000	-	-	10,000

가자미	-	3,000	4,500	2,000	-	-	-	-	1,000	2,250	2,250	-	15,000
굴	288	288	288	864	288	-	-	-	-	288	288	288	2,880
잡어	-	-	-	-	-	-	-	-	-	-	-	-	-
계	2,448	8,448	22,788	16,424	11,148	7,010	9,400	7,100	7,060	9,258	10,468	8,928	120,480

비고 : 잡어 중 주요한 것은 황어 · 빙어 · 가오리 · 전어 · 숭어 · 농어 · 상어 · 볼락 · 게 등이 있다. 또 앞에서 본 제1표 중 명태 동건제품(凍乾製品), 해삼 · 말린 굴 · 말린 전복 · 기타 말린 패류의 기재가 없는 것은 각 객주가 이 제품들을 취급하지 않는 것이 아니라 조사되지 않았을 뿐이다.

또 각 계절에 따른 어가(魚價)를 조사한 것이 있으니 아래와 같다(단위: 리厘).

어명	수량 단위	최고 가격	최저 가격	평균 가격	어명	수량 단위	최고 가격	최저 가격	평균 가격
청어	1마리(尾)	.030	.005	.010	건명태(新)	2천 마리(尾)	25.000	11.000	13.000
솔치	20마리	.020	.010	.015	건명태(古)	2천 마리	28.000	12.000	20.000
정어리	20마리	.020	.010	.015	삼치(生)	1마리	.500	.150	.300
말린정어리	100근(斤)	3.500	2.700	2.800	삼치(鹽)	1마리	.400	.250	.350
명태(生)	20마리(尾)	.350	.100	.120	방어(生)	1마리	2.000	.400	1.000
방어(鹽)	1마리	1.500	.500	1.000	연어(生)	1마리	.500	.250	.350
고등어	1마리	.050	.005	.012	연어(鹽)	1마리	-	-	.300
고등어(鹽)	1마리	.060	.030	.040	굴[牡蠣](生)		.700	.350	.400
도미(活洲)[112]	10관목(貫目)	15.000	7.000	10.000	굴(乾)	100근(斤)	-	-	18.000
도미(生)	10관목	8.000	2.500	3.000	미역[和布]	1짐[擔]	-	-	6.000
도미(乾)	10관목	-	-	4.000	명란	1단지[壺]	-	-	.700
도미(鹽)	10관목	-	-	6.000	말린 해삼	100근	-	-	32.000
가자미(生)	10관목	4.000	1.500	2.700	상어 지느러미	100근	-	-	30.000

원산 거류지는 아직 어시장이 설치되지 않았다. 그래서 일본어부의 어획물이더라도

111) 새끼 청어를 말한다.
112) 잡은 물고기를 수조에 넣어 보관한 것이다.

이 지역 객주의 손을 거쳐 판매되는 것이 많다. 그리하여 거류지와 본리를 불문하고 일반적으로 소비되는 생어 · 선어(生鮮魚)는 모두 이 마을 부두에 폭주(輻湊)113)하는 어선 또는 출매선(出買船)이 가져오는 바이다. 그러므로 어선이 도착하면 일본과 조선의 어상인이 모여들어 몹시 떠들썩하고, 그 거래[取引]는 매우 활발하다.

이 지역의 하조비(荷造費)114)는 명태 1개(箇)에 3전(錢) 6리(厘), 기타는 대개 5전(錢)으로 하고, 빈출(濱出)115)하는 비용은 1짐[負]에 3전(錢)이다. 다만 석유 · 솜 · 일본 식용소금 등은 2개(箇)를 1짐[負]으로 하고, 명태는 1,000마리[尾]를 1짐[負]으로 한다.

이 지역에서 고기잡이를 영위하는 것은 중리의 삼동(三洞)과 하촌(下村)이다. 전자는 어살[漁箭] 1곳[座], 후자도 같은 것 3곳[座]을 가지고 있다. 모두 중리의 지선(地先)에 건설되어 있으며 봄에는 청어, 여름에는 정어리를 어획한다.

명석원리(銘石院里, 면셕원)

명석원리는 원산리의 동쪽에 접한다. 호수가 258호, 인구가 829인이다. 그 중에 고기잡이를 영위하는 것이 20호(戶)로, 어선 12척, 어망 4통(統), 어전 8곳[座]을 가지고 있고 어채물(魚採物)은 청어와 정어리를 주로 한다.

두방리(斗方里)

원산리의 동쪽으로 18~19정에 있다. 남쪽에 작은 언덕을 등지며, 앞쪽은 사빈이 있는데 비교적 수심이 있어서 배를 접안하기에 좋다. 호수는 18호, 인구 70여, 고기잡이를 전업으로 하는 집이 2호 있는데 어선 2척, 어살 2곳이 있다. 어채물은 앞의 각 마을과 같다.

---

113) 폭주병진(輻湊幷臻,수레바퀴의 살이 바퀴통에 모이듯 한다는 뜻으로, 한곳으로 많이 몰려듦을 이르는 말)의 준말이다.
114) 운송(運送)할 짐을 꾸리는 데 드는 비용이다.
115) 선적한 하물을 해안으로 옮겨 모으는 것이다.

두산리(斗山里)·두남리(斗南里)

원산진의 남동쪽 모퉁이에 있다. 함께 한 마을을 이루며 가운데 작은 개천이 흐른다. 그 서쪽은 두산이고 동쪽은 두남이다. 두산리의 서쪽 끝에는 작은 언덕이 이어져 바다로 잠겨 들어간다. 그렇지만 두남리의 동쪽에는 평지가 넓게 펼쳐져 있어서 양성강 어귀에도 미친다. 북방 갈마반도 연도리에 이르는 사이는 모두 평탄하다. 따라서 그 연안은 갈마각에 이르러도 사빈이 이어져 있다. 호구는 전자가 호수 42호, 인구 170여 인, 후자는 호수 97호, 인구 630인 내외이다. 총 호수는 139호, 인구는 800여 인을 헤아린다. 그리고 전자는 어호 7호, 어선 2척, 어전 2곳, 후자는 어호 19호, 어선 19척, 어전 19곳이 있으며 청어·정어리의 어획이 대단히 많다.

연도리(連島里)

두남리의 북쪽 갈마반도의 거의 중앙에 위치하고 북쪽에 작은 언덕이 가로놓여 있다. 서쪽으로 원산진에 연하며 원산 거류지와 마주본다. 그 간격이 약 2해리이다. 호수는 66호, 인구 230여 인을 헤아린다. 그 안에 고기잡이를 하는 집이 11호, 어선11척, 어장 7곳, 어전 4곳이 있으며 이 지역은 어망을 생산한다고 알려져 있다. 주민은 그물짜기[編網]를 업으로 하는 자가 적지 않다. 일본 어부도 역시 그 공급에 의지하고 있다.

갈마포(葛麻浦)

갈마포는 갈마각 서쪽 인근에 있는 작은 만이다. 만구(灣口)가 약 100간, 만입(灣入) 150여 간이다. 수심이 5~6길에 달하며 흡사 천연의 뱃도랑[船渠]을 이룬다. 큰 배를 수리(修繕)할 때 적절한 곳이라고 일찍부터 소개되고 있는 곳이다. 본 포의 북쪽 가까이 인가 십수 호가 있고, 연도리의 일부를 이루며 주민이 고기잡이에 의지하여 살고 있다.

갈마각의 북단에는 등간(燈竿)을 설치했다. 그 명호(明弧)는 북33도 동(東)에서 동남서를 거쳐 북60 서에 이르는 267도 사이이다. 광달(光達) 거리는 8해리이다. 여도(麗島) 등대의 등화와 마주보면서 영흥만 입구를 가리킨다. 또 장덕도(長德島) 등대와 마주보면서 원산항 정박지를 비춘다.

성북리(城北里, 셩북)

동면의 동단 낭성강의 하구에 임한다. 호수는 120여 호, 인구는 570인을 헤아리는 큰 마을이지만 어업은 부진하다. 어호는 겨우 3~4호이고 어선 3척, 지예망 3통이 있다. 춘계에 청어, 하계에 정어리, 추계에 고도리를 어획한다. 이 지역에서 서쪽 두남리(斗南里)에 이르는 약 10리는 일대가 평지이고 곳곳에 황무지가 있다.

신도(薪島)

갈마각의 동북쪽에 떠있는 세 섬의 총칭이다. 북쪽 앞바다에 있는 섬이 가장 큰데 동서로 길고 남북으로 좁으며 둘레는 약 30정이다. 이 섬만을 신도라고도 한다. 다른 두 섬은 그 남쪽에 떠 있는데 서쪽에 있는 큰 섬을 대신도(大薪島)라고 부르고 동쪽에 있는 섬을 소신도(小薪島)라고 한다. 신도와 대신도 사이의 최단거리는 350~360간(間)이고 신도와 소신도 사이의 최단거리도 거의 비슷하다. 세 섬은 거의 솥발[鼎足][116]의 형세를 이룬다. 그 중간은 수심 8길에 달해서 어려움이 없지만 대신도 · 소신도 사이는 암초가 이어져 있으므로 통항(通航)하기 어렵다. 대신도에서 갈마각에 이르는 최단거리는 1해리 2케이블이다. 신도에는 인가가 있고 또 경지가 있지만 다른 2섬에는 주민이 없다. 신도에 있는 마을은 섬 이름을 따서 신도리(薪島里)라고 한다. 남측에 있으며 호수는 약 30호 정도이다. 섬 전체에 소나무가 무성해서 풍치(風致)가 좋다. 사방에 해삼, 전복의 서식이 풍부했었지만, 지금은 그 생산이 많지 않다. 근해는 또 도미와 기타 어류의 좋은 어장으로 이름이 있다. 그렇지만 이 섬은 모두 영흥만 방비대 소관으로 어업금지구역이므로 내어자의 주의를 요한다.

〈부록〉 영흥만 내에 있는 청어 어업에 관해서 대한어업조(大韓漁業租) 우치다[內

116) 고대의 솥에는 대개 3개의 다리가 달려 안정을 유지하였는데, 그 세력이나 지위가 이같이 각각 그 자리에 있으면서 정립(鼎立)하여 균형을 잡고 있는 것을 뜻한다.

田] 아무개의 보고를 얻었다. 다소 참고할 자료로 삼기에 충분할 것이다. 따라서 아래에 그 개요를 간추려 기록한다.

어장은 덕원(德源) · 문천(文川) · 영흥(永興) 3군의 연안 일대 및 만 내에 떠 있는 여러 섬이고 매년 2~3월 상순에 걸쳐 어구를 설치한다. 그리고 그 장소는 종래의 관행상 토지와 마찬가지로 매매한다. 이를 매매할 때는 방렴의 경우 그 건설에 필요한 재료 및 어선 등을 그 대가에 포함시키는 것을 보통으로 하고 대개 150~400원이다. 어기는 3월 상순에서 4월 하순까지이고 부산 · 영일 등보다 약 2개월 늦다.

어구는 방렴 · 거망 · 휘리(揮罹, 예망) · 각망(角網) · 표망(瓢網, 小臺網 또는 猪口網이라고 한다) · 호망(壺網) 등이다. 각망 이하는 일본어부의 사용어구이다. 지금 융희 3년(명치 42년)의 어기에 각 어구를 설치한 수는 대략 다음과 같다.

방렴 …… 326　거망 …… 24　각망 …… 9　호망 …… 2　표망 …… 1

어획고는 정확한 통계를 얻지 못했지만 작년 융희 2년의 성적을 개산한 것이 대략 다음과 같다.

		사용 어부
방렴	300円	3인
거망	500円	5인
각망	800円	8인
표망	650円	5인
호망	600円	2인

어가는 매년 다소 차이가 있는 것을 피할 수 없지만, 작년 평균을 보면 초기

에는 20마리당 30전 · 성어기에는 20마리당 10전 · 종기에는 15전이었다.

제10절 안변군(安邊郡)

개관

연혁

원래 고구려의 비열홀군(比列忽郡, 혹은 淺城이라고 함)인데, 신라가 주(州)로 삼고, 또 군(郡)으로 삼아서 삭정(朔庭)이라고 불렀다. 고려 때 등주(登州)로 고쳤다가 뒤에 도호부(都護府)를 두면서 안변(安邊)이라고 하였다. 조선은 이에 따라 성종 2년에 승격시켜 대도호부(大都護府)로 삼았지만 다시 강등하여 도호부로 하였다. 후에 건양(建陽) 개혁으로 군(郡)으로 삼아 지금에 이른다.

경역

함경도 가장 남쪽의 땅으로 북쪽은 문천군 및 덕원부에, 서북쪽 일부는 평안도에, 서쪽에서 남쪽 일대는 강원도에 접하고, 북쪽 일부가 약간 바다에 접한다.

지세

안변군은 척량산맥 변위부(變位部)의 끝에 해당되기 때문에 산맥들이 이리저리 얽혀 있지만 연해 부근에서는 비교적 완경사지를 이룬다. 또한 중앙을 관통해 흐르는 낭성강(浪城江) 연안에는 비교적 넓은 평지가 남아 있다. 그리고 그 지세는 서남쪽은 융기하고, 동북쪽은 낮아진다.

앞서 본 평지는 소위 안변평지(安邊平地)인데, 남북 30여 리, 동서 약 15리에 달하고, 본 함경도에서 손꼽히는 농산지이다. 그렇지만 이 평지에 이어서 미개간된 원야(原野)

중에도 비교적 큰 것이 있다. 해안 및 원산거류지와도 가깝다. 덧붙이자면 경원가도에 접하고 운수 교통이 모두 편리하므로 매우 촉망받을 만한 곳이다.

하천

하천은 여러 곳이 있는데, 모두 앞에서 본 평지를 북으로 달려 모여서 하나의 하구(河口)를 이루며 바다로 들어간다. 하구의 동쪽에 낭성진(浪城津)이 있기 때문에 낭성강(浪城江)이라고 통칭한다. 여러 하천 중 큰 것은 강원도의 이천군(伊川郡)에서 발원하여 안변읍의 서쪽을 통과하는 것이다. 이 하천이 범람한 결과 안변읍보다 하류에서 나누어지고 합쳐지는 것이 하나 둘에 그치지 않지만 마침내 두 갈래가 되어 개구(開口)한다. 이것을 남대천(南大川)이라고 한다. 하구는 폭 200간(間) 정도에 달하지만 퇴주(堆洲)가 가로놓여 있고, 강줄기[河身]가 10간(間) 남짓에 불과하며 수심도 얕다. 그렇지만 하천 안으로 들어가면 비교적 깊고, 하구에서 40리 정도 사이는 배를 대기 편리하며 어리(漁利)도 적지 않다. 남대천(南大川)의 서쪽을 따라서 덕원부 경계에서 발원하는 해천(蟹川) · 산기천(山崎川)의 두 하천이 있는데, 모두 동북쪽으로 흘러내려가 남대천에 합류한다. 이 두 하천은 모두 하나의 계류에 불과하지만 관개(灌漑)에 유리한 점은 오히려 남대천보다 낫다.

해안선

해안선은 너무 짧아 겨우 낭성강 하구 부근에 그칠 뿐이다. 연안은 모두 사빈으로 항만도 전혀 없다. 어촌포(漁村浦)로는 오직 낭성진(浪城津)이 있을 뿐이다.

속도(屬島)로는 여도(麗島)와 황토도(黃土島)가 있다. 여도는 영흥만구에 떠 있는 여러 섬들 중 큰 것으로 그 이름이 일찍부터 알려져 있다.

안변읍

군읍인 안변의 옛 명칭은 천성(淺城) 혹은 등주(登州)라고 했다. 안변 원야(原野)의 남쪽 끝 남대천의 우안(右岸)[117]에 위치하고 하구와의 거리가 약 30리이다. 원산에서 강원도의 해안으로 통하는 중요 도로의 요충지로서, 원산까지 50리, 강원도의 흡곡(歙谷)까지 65리이다. 군아(郡衙) 외에 재무서 · 순사주재소 · 우체소가 있고, 일본 상인도 2~3명이 거주한다.

교통

교통은 원산을 주로 한다. 경원가도는 안변평지의 서측을 종관(縱貫)하고, 강릉가도는 그 중앙을 횡단하는데, 원산까지 가깝기 때문에 비교적 편리하다. 그렇지만 서북쪽인 산지로 들어가면 도로가 험악해서 왕래의 불편함을 면할 길이 없다. 경원가도는 강원도 경계를 이루는 철령(鐵嶺)을 통과한다. 철령은 경원가도의 요지로서 예부터 난관(難關)으로 알려진 곳이다. 강릉가도는 해천교(海川橋) 부근에서 경원가도로부터 분기(分岐)하고, 안변읍을 지나서 비운령(飛雲嶺)을 넘어 강원도로 들어간다. 해운(海運)은 직접적인 편의는 없지만 원산과의 거리가 가깝고 도로가 평탄하므로 심한 불편을 느끼지 않는다.

통신

통신기관은 안변읍에 우체소 한 곳이 있는 데 불과하지만 원산에서 안변읍을 거쳐 흡곡읍까지 가는 것이 월 15회 번갈아 왕래하기 때문에 안변읍에서는 통신상 심한 불편은 없다.

물산

물산은 농산을 주로 한다. 종류는 쌀 · 조 · 기장 · 수수[蜀黍] · 콩 · 팥 · 밀 · 마 · 감자[爪哇薯] · 야채 등인데, 그 중 콩의 생산이 많다. 또 안변 배[梨]는 함흥 배와 마찬가지로 유명하다. 축산으로는 소[生牛] 생산이 비교적 많다. 광산으로는 용지원(龍池院) 부근의 구리와 사금이 비교적 알려져 있다.

수산물은 임해면이 협소하기 때문에 생산액이 많지 않다. 그렇지만 영흥만에 떠 있는

---

117) 정오표에 의해 수정. 본문에는 "左岸"이라고 되어 있음.

여도는 유명한 어장이고, 낭성강도 연어, 기타 담수어가 생산되어 비교적 알려져 있다.

행정구획

행정구는 13면(面)이고, 해안을 끼고 있는 곳은 하도면(下道面) 하나뿐이다. 그렇지만 신리(新里)·세청(世淸)·구춘(求春)·상도(上道)의 4개 면은 낭성강에 연해 있어 다소 수산에 관계한다.

하도면(下道面)

안변군에서 유일한 임해면으로 동쪽은 강원도에, 남쪽은 상도면에, 서쪽은 덕원부에 속하는 현면(縣面)에 접한다. 그 연해는 낭성강의 하구 부근에 그친다. 임해 마을은 낭성진(浪城津)이 유일하다.

낭성진(浪城津, 랑셩진)

지금은 하나의 어촌에 불과하지만 옛날 낭성포영(浪城浦營)을 두고 수군만호가 있던 곳이었다. 낭성강 하구의 동쪽에 있는 낭성현돌각(浪城峴突角)의 서남쪽 귀퉁이에 위치한다. 확 트인 사빈이지만 낭성현돌각은 동쪽을 막아주기 때문에 어선을 매어둘 수 있다. 호수는 65호인데 그 중 어업을 영위하는 자가 24호이며, 어선 6척이 있다. 유망(流網) 3통·휘리망 2통·거망(擧網) 6개·어장(魚帳) 2곳이 있다. 그리고 어장(魚帳)은 창동(倉洞)·후진(後津) 및 포항(浦項)에 설치한다. 어채물은 봄에 청어·가자미, 여름은 정어리, 가을은 삼치·고등어 등이라고 한다. 삼치는 앞바다[沖合] 70~80리에 출어하고, 어획이 비교적 많다. 모두 원산이나 안변읍으로 보내서 판매한다.

여도(麗島, 려도)

앞에서 개략적으로 본 것처럼 영흥만구에 떠 있는 여러 섬들 중 큰 것으로, 둘레 10리 25~26정(町)이다. 섬에서 가장 높은 곳은 약간 동쪽으로 치우쳐져 있는데 376피트에 달하고 소나무가 무성해서 멀리서 보면 짙은 흑색(黑色)을 나타낸다. 섬의 북측에서 동측에 이르는 일대는 험한 절벽을 이루고, 그 부근에는 암초가 어지럽게 흩어져 있지만 서측과 남측은 완만한 만 형태를 이루고 해안은 사빈이다. 인가는 서측의 평지에 산재하며 호수 23호, 인구 110여 인이 있는데 모두 어업을 생업으로 삼고 있다. 어선 3척, 유망 · 지예망 몇 통을 가지고 있다. 청어 · 고등어 · 도미 · 방어 · 삼치 · 오징어 등을 어획한다. 이 섬 부근에는 이러한 어류의 회유가 아주 많아서 도미 · 삼치 및 방어 같은 것도 지예로 어획하는 일이 드물지 않다. 특히 정어리의 어기에 들어서면 어획이 너무 많기 때문에 그물이 파손되는 일이 종종 있다. 영흥만에 떠 있는 여러 섬 중 가장 유망한 어장이라고 한다. 이 섬은 수산상 이처럼 중요할 뿐 아니라 그 남동각에는 등대가 건설되어 항해자에게도 또한 매우 중요한 곳이다. 그러므로 이 섬은 하나의 작은 섬에 불구하지만 그 이름이 예부터 알려져 있었다. 이 섬 등대의 등불은 연섬(連閃) 백색으로 매 10초를 간격으로 5초 사이에 3연섬광을 발하며, 명호(明弧)는 남 3도 40분 서에서 서북동을 거쳐 남 86도 30분 동까지 269도 50분 사이에 달한다. 광달거리는 21해리이다.〈『한국수산지』 제1집 1편 7장 참조.〉

낭성강(浪城江, 랑셩강)

본 강의 개세는 앞서 이미 그것을 서술한 바가 있다. 이에 강에서 어획하는 수산물 종류를 열거하면 연어 · 송어 · 숭어 · 황어(鯎) 등이 있다고 한다. 그렇지만 연어 및 황어 외에는 어획량이 많지 않다.

▲어기는 연어가 7월 중순에서 11월 말까지이며, 송어는 3월 20일 경에서 9월 말까지이다. 숭어, 황어는 2~3월 및 9~10월이라고 한다. 연어어장은 강 입구를 거슬러 올라가서 약 30리 안변읍 부근부터 그 상류인 세청면(世淸面)에 속한 남천강리(南川江里) 부근이며, 특히 이곳 남천강리 부근에서 어획이 많다.

▲어법은 제1집에서 서술한 것과 큰 차이가 없다. 다만 본 강에 있어서는 강을 횡단하는 곳에 어망 3통을 사용해 3단으로 하는 차이가 있을 뿐이다. 그리고 생선을 잡는 셋째단의 망은 가장 상류인 차단망과 둘째단의 망 사이에 둔다.

▲세금은 종래에 매년 경쟁 입찰에 붙이기 때문에 따라서 해마다 다소 차이가 있지만 대개 100원 정도이다. 현재 융희 3년 본 어업에 종사하는 자는 102원에 낙찰 받았다고 한다.

어획량은 많이 잡는 해에는 2만 마리에 달하는 경우도 있지만 또한 4~5천 마리인 경우도 있다. 그렇지만 마을사람의 말에 따라 종래의 어획량을 살펴보면 대개 1만 마리 내외를 보통으로 하는 것 같다.

▲황어는 춘계에 생산이 매우 많다. 어획물은 대부분 날생선인 채로 출매상인에게 매도한다. 또는 원산 · 안변읍으로 보내서 판매한다.

제2장 강원도

개관

연혁

본래 예맥(濊貊)의 땅이었고, 한(漢)에 속하여 임둔(臨屯)이라 칭해졌다. 고구려가 일어나서 이곳을 흡수했다. 신라를 거쳐 고려에 이르러 성종 14년 영토를 나누어 10도로 하면서 화주(지금 함경도 영흥의 땅), 명주(지금 강원도 강릉의 땅) 등 영배(嶺背)[1] 일대의 군현을 삭방도(朔方道)[2]라고 하였다. 이에 춘천 등의 군현을 이곳에 예속시켰으며 명종8년에 이르러 삭방도를 고쳐 연해명주도(沿海溟州道)라고 칭하고 춘천 등의 군현을 분리하여 춘천도라고 하였다. 또한 동주도라고 이름했다. 원종4년 명주를 강릉도로, 동주도를 교주도로 고쳤다. 또 충숙왕 원년에 교주도를 회양(淮陽)으로 칭했다. 공민왕 5년에 이르러 강릉도를 강릉삭방도로 고쳤다가 공민왕 6년에 옛 이름으로 되돌렸다. 신우 14년 교주도(交州道)와 합쳐서 교주강릉도라고 개칭했다. 본도는 조선 태조 4년에 이르러 최초로 강원도라고 불렀으며 지금에 이른다.

---

1) 강원도와 함경도를 아울러 일컫는 말이다.
2) 고려 6대 성종(成宗) 때 제정된 10도의 하나로 지금의 강원도(江原道) 북부지방이다.

위치 · 경역 · 면적[廣袤]

본도의 땅은 북위 36도 39분에서 39도 10분에 이르고 동경 126도 41분에서 129도 29분 사이에 위치하며 북쪽은 함경남도에 북서쪽에서 서남으로 이르는 사이는 황해 · 경기 · 충청 · 경상의 모든 도에 접한다. 동쪽 일대는 동해에 연하고 면적은 남북의 최장 길이가 640리, 동서로 넓은 곳이 380리에 이른다. 면적 1,693방리[3](方里)에 달한다.

지세

척량산맥은 해안 가까이 해안선과 나란히 북서쪽으로부터 남동쪽으로 뻗어있고 강원도를 종관(縱貫)한다. 그러므로 강원도의 땅은 자연적으로 구획된 동서에 경사면을 형성하는 동시에 각 지형은 현저하게 다른 모습을 보인다. 즉 동쪽 땅은 큰 산맥이 해안에 붙어 있으므로 좁고 긴 띠 모양의 땅을 이룬다. 게다가 일대의 경사가 매우 급하고 큰 강줄기가 없다. 그에 반해 서쪽 땅은 해안과 떨어져 있고 지반이 전체적으로 높으므로 경사가 동쪽만큼 급하지는 않다. 또한 척량산맥의 지맥들이 서쪽으로 나란히 뻗으므로 그 사이에 많은 물줄기가 이어져 있고 제법 큰 강줄기라고 할 수 있는 것이 있다. 그러나 원래 산악지대이기 때문에 지세가 대개 험준하여서 평지는 극히 협소하다.

자연구획

이처럼 강원도의 땅은 분수령에 의하여 동서로 구획되므로 그것을 크게 나누어 동쪽의 경사면을 영동이라 부르고 서쪽의 경사면을 영서라고 부르는 경우도 있다.

저명한 산악

저명한 산은 제1집에 언급한 것처럼 금강(金剛) · 오대(五臺)의 여러 봉우리가 있는데 모두 본방 제일의 명산이다. 그 중 금강산은 그 봉우리들이 1만 2천개에 달하고 여러 봉우리가 모두 깊고 기이하며 훌륭하지 않은 것이 없다. 신기하고도 조화로운 묘함을

---

3) 사방(四方)으로 1리가 되는 넓이. 15,421km^{2}이다.

산중에 남김없이 모아 놓았다. 정말로 천하에 비할 바 없는 영지(靈地)라고 할 수 있다. 한편 개골(皆骨)이라는 이름이 있는데 기암괴석이 가파르게 우뚝 솟아있기 때문이다. 또 풍악(楓嶽)이라는 이름이 있는데 단풍나무가 많기 때문이다. 그래서 가을이 깊어지면 단풍이 물들고 가파른 바위와 낭떠러지 사이로 단풍이 울긋불긋하여[參差][4] 완연히 그림 같아 그 아름다운 모습이 비길 데가 없다. 산중 범찰(梵刹)은 도합 50여 사(寺)가 있는데 그 중에서 표훈(表訓) · 정양(正陽) · 장안(長安) · 마하(摩訶) · 연보(衍普) · 덕굴(德窟) · 유점(楡岾)이 명찰로 이름나 있다. 한가운데에 있는 것이 정양사인데 정양이 한가운데라는 뜻이므로 붙은 것이다. 이 절은 유명한 사찰 중에서도 제일 높은 곳에 세워졌고 전망에 적합한 곳이다. 여기에 올라 사방을 돌아보면 1만2천의 봉우리들이 한눈에 들어와 그 웅대한 광경을 형용할 말이 없고 끝없는 장관(壯觀)에 찬탄할 수밖에 없다. 항간에 금강산을 보지 않고선 풍경을 말하지 말고, 금강산을 알지 못하고선 산을 말하지 말라는 말이 있다. 한번 가보면 이 말이 사실임을 알 수 있으니 진실로 이 산은 전국 제일의 영산이고 동시에 동양 제일의 경승지라고 자랑할 만하다. 금강산을 둘러보고자 한다면 해로(海路)로 장전동(長箭洞)에 이르러 금강외산(외금강)을 넘어 가는 것이 편리하다.

오대산(五臺山)도 영지(靈地)이다. 나누어진 봉우리가 5개인데, 만월(滿月) · 기린(麒麟) · 장령(長嶺) · 상왕(象王)[5] · 지로(智爐)가 이것이다. 기타 대관령(大關嶺)이 있는데 본령(本嶺)은 흔히 대령(大領)이라고 칭한다. 본도(本道)의 유명한 고봉(高峰)이다. 산복(山腹)[6]이 99곡(曲)이고, 경기 · 충청 등 서쪽의 여러 도(道)에 있는 각 물줄기는 대개 이곳에서 발원[水源]한다.

앞서 본 모든 고개는 한반도 지체의 분수령으로서 동해안에 가깝게 나란히 달리고 있기 때문에 물줄기의 주가 되는 것은 모두 영서에 있고 영동 땅에는 큰 줄기[大流]가 전혀 보이지 않는다. 영서를 흐르고 있는 것은 임진강 · 한강 · 금강 등의 상류이다. 영동에서 주가 되는 것은 고성(高城)의 적벽강(赤壁江) · 강릉(江陵)의 남대천(南大川) ·

4) 參差不齊은 '참치부제'로 읽으며, 길고 짧고 들쭉날쭉하여 가지런하지 않은 것이다.
5) 오대산의 북쪽 봉우리인 상왕봉(象王峰)을 말한다. 본문의 상삼(象三)은 잘못이다.
6) 산비탈 · 산기슭을 말한다.

삼척(三陟)의 남천강(南川江) 등이다. 모두 물살이 빠르고 격류여서 주즙(舟楫)[7]의 편리함이 없다. 그 영서를 흐르는 것이라고 하더라도 모두 상류성(上流性)이고 중류성(中流性)을 조금 나타내는 곳이 있을 뿐이므로 항운에 유리한 곳은 거의 없다.

소호(沼湖)

소호(沼湖)[8]는 영동 땅 연해 곳곳에 산재한다. 그 주된 것을 열거하면 아래와 같다.

흡곡군(歙谷郡)	화하포(花河浦)	대중호(待中湖)		
통천군(通川郡)	금붕포(金鵬浦)	염전호(鹽田湖)	화진포(禾津浦)	
양양군(襄陽郡)	청행호(青幸湖)	쌍호(雙湖)	경호(庚湖)	
간성군(杆城郡)	화진호(花津湖)	송지포(松池浦)	강포(康浦)	영랑호(永郎湖)
강릉군(江陵郡)	향호(香湖)	경포(鏡浦)	풍호(楓湖)	

해안선

해안선은 남북의 총 길이가 약 224해리[浬]에 이르지만 전체 해안이 거의 일직선으로 이루어져 항만이 적다. 게다가 도서는 극히 드물기 때문에 항해에 심하게 불편을 느끼며, 특히 겨울에는 북서풍이 연일 거칠게 불어서 파도가 높아 어선은 항행을 하기 어렵다.

항만

항만으로 가장 좋은 곳은 북부의 장전만(長箭灣)이고, 버금가는 곳으로는 남부의 죽변만(竹邊灣)이 있다. 기타 중부지방에는 거진(巨津)·주문진(注文津)·임원진(臨院津)·가장 북쪽에는 치궁(致弓) 등이 2류에 속한다. 3류로는 아야진(鵝也津)·속진(束津)·안목(安木)[일명 남항진(南項津)]·안인진(安仁津)·건남(建南)·묵호(墨湖)·정라진(汀邏津)·장울리(長鬱理, 일명 장호리莊湖里) 등이 있다. 어느 곳이나 어선

7) 크고 작은 배를 일컫는다.
8) 늪과 호수 즉 호소(湖沼)이다.

의 정박에 적합하고 해마다 일본어선이 와서 고기를 잡으러 오는 경우가 적지 않다.

도서

도서는 국도(國島) · 우도(牛島) · 저도(猪島) · 황도(荒島) · 송도(松島) · 죽도(竹島) · 무로도(無路島) · 덕산도(德山島) · 난도(卵島) 등이 있고 그 중에서도 국도가 가장 크다. 죽도와 무로도는 전죽(箭竹)의 생산지로 유명하다. 울릉도는 원래 본도에 속했으나 교통관계상 지금은 경상남도의 소관이 되었다.

기후

기후는 토지가 대개 높아서 더위는 견딜 만하지만 추위는 매우 혹독하다. 그렇지만 산악이 중첩되어 있음으로 인해 북풍은 매섭지 않다. 그리고 영동지역에 있어서는 해풍의 조화에 의해서 여름과 겨울 모두 온화하다. 강원도 지역에는 아직 측후소(測候所)가 설치되지 않아서 기상관계를 상세히 쓸 수 없지만 비 · 눈 · 서리 · 해무 그리고 사계절의 최다풍향 등에 대해 개설하면 아래와 같다.

우기

우기는 지방에 따라서 많은 차이가 없고 대략 7~8월 두 달에 걸쳐 있는데 다만 영동 남부지방에서는 조금 이른 6월경부터 시작된다. 우기 기간이 마침 정어리의 어획기와 겹침으로서 인해 강우의 다소가 말린 정어리의 생산에 영향을 준다.

눈

첫눈[初雪]은 영서에서는 10월 하순에 보지만, 영동에서는 11월 하순을 보통으로 한다. 그 남부 지방에서는 해에 따라 12월 상순에 보는 것도 있다. 마지막 눈[終雪]은 영동 · 영서가 큰 차이 없고 3월 하순에 이른다. 그렇지만 영서의 산지에서는 5월에 이르고 또한 잔설(殘雪)을 볼 수 있다. 적설은 영동에서는 1척 내외가 보통이고 2척을 넘는 경우가 드물지만, 영서에서는 2~3척이 보통이고 그 북부에서는 5~6척에 달하는 경우도 있다.

서리

서리는 영동에서는 10월 상순 또는 중순에 시작되고 2월 하순 또는 3월 하순에 끝나지만, 영서에서는 9월 중순 또는 하순에서 3월 하순 또는 4월 하순까지 미치는 것이 보통이다.

안개

안개는 3~8월 사이에 많다. 특히 4월과 7~8월경에 가장 많다. 그렇지만 관측된 것이 없으므로 그 횟수를 명확하게 보일 수 없다.

바람

근해의 풍향은 늦은 가을에서 춘계 4월 경까지는 북풍 및 북서풍이 많고 5월에서 9월에 이르는 사이는 남풍 및 남동풍이 많다. 그리고 북풍 및 북서풍은 풍력이 맹렬한 것이 일반적인데 이 연해에서 동계 항해가 특히 곤란한 이유이다.

해류

연해에 한류, 난류 2파의 해류가 흐르는 것은 제1집 제1편 제9장에서 말한 바 있다. 이에 다시 설명하자면 난류는 춘계 4월부터 점차 폭이 넓어져서 한여름에 이르면 방대함이 극에 달해서 연안 부근에까지 미친다. 그리고 추계 10월 하순부터 점차 축소되기 시작해서 엄동(嚴冬)에 이르러서 그 자취를 감춘다. 난류가 축소되어 그 자취를 감추자마자 한류가 이를 대신해서 나타나고 겨울철에 극도에 달했다가 다음해 3월에 이르러 다시 난류에 밀려서 축소된다. 이와 같이 한류와 난류 2줄기는 서로 성쇠해서 연안에 밀려왔다 밀려가기 때문에 연해 각종 어류가 풍부해지는 것을 알 수 있다.

조류

조류의 방향은 일정하지 않다. 혹은 남쪽을 향해서 흐르거나 혹은 북쪽을 향해서 이

동한다. 때로는 수일간 같은 방향으로 흘러가고 때로는 하루 중 수회 남북으로 방향을 바꾸는 경우도 있다. 그 속력도 또한 일정하지 않다. 혹은 1시간 1해리인 경우도 있고 혹은 겨우 미동하는 데 불과한 경우도 있다.

조석

조석의 차는 매우 적어서 동계에 5~6촌, 하계에 1척 5촌 내외가 보통이다. 그렇지만 동풍이 강하게 불면 만조의 수위가 높아지고 서풍이 맹렬하면 간조의 수위가 낮아지는 것을 볼 수 있다. 때문에 이 경우에는 그 차이가 2척 5촌 내외에 달하는 경우도 있다. 아래에 해도에 의거하여 연안 2~3개소의 관측치를 표시한다.

지명	삭망고조	대조승	소조승	소조차
장전동(長箭洞)	2시 56분	1 1/4피트	3/4피트	1/4피트
주문진(注文津)	3시 1분	1피트	1/2피트	1/4피트
죽변만(竹邊灣)	3시 13분	1피트	1/2피트	1/4피트

평지

본도 지역 분수령의 동서에 사면(斜面)을 가지고 있지만 대개 산지에 속하고 평지가 협소한 것은 전에 언급한 바 있다. 이에 주요 평지를 열거하자면 영서에서는 춘천(春川) · 철원(鐵原) · 평강(平康) 각 부근이 평지이고, 영동에서는 흡곡(歙谷) · 통천(通川) · 고성(高城) · 양양(襄陽) · 강릉(江陵) 각 부근이 평지이다. 그리고 영동에 있는 평지는 대개 해안으로 뻗은 충적층이다. 그 중 넓은 것은 통천 평지이고 부근 일대의 경지 면적은 7,800정보라고 한다. 그러나 관개가 편리하지 않아 논이 적고 거의 밭이다. 다른 두 평지[9]는 모두 면적이 1,000정보에 불과하지만 하류에 연해서 지질이 다소 양호하고 각 그 상류에서 비교적 넓은 논을 볼 수 있다.

9) 열거한 영동의 평지 중 어디를 말하는 것인지 분명하지 않다.

도로

강원도의 주요 도로는 (1) 경원(京元) 가도, (2) 춘천(春川) 가도, (3) 강릉(江陵) 가도, (4) 해안(海岸) 가도이다.

경원가도

경원가도는 경성(京城)에서 포천(抱川), 영평(永平)〈이상은 경기도에 속한다.〉· 김화(金化)·금성(金城)·회양(淮陽)〈이상은 강원도에 속한다.〉 등 여러 읍을 지나 철령(鐵嶺)을 넘어서 원산에 이른다. 함경도의 간도에 연결되는 것으로 전체 도로의 총 길이는 700여 리이고 강원도 지역을 통과하는 유일한 국도(國道)이다. 경원가도는 원래 산지를 통과하는 것이므로 비탈길(언덕길)이 많은데, 특히 함경도 경계에 있는 철령은 예부터 경원가도의 큰 난관으로 소문난 곳이다. 그런데 갑오(甲午) 및 갑진(甲辰)의 전쟁〈청일전쟁과 러일전쟁〉 때에 일본군의 병참선로로 선정되었으므로 당시 전체 선로를 개·보수 한 것이 수십 차례이다. 때문에 철령의 경우도 역시 자동차의 운행이 자유로워지게 되었고, 전 선로의 폭이 넓어져서 차마(車馬)가 다니는 데 지장이 없어져 나라 안에서 손꼽히는 가도가 되기에 이르렀다. 현재 경·원 사이의 육송 우편물은 이 가도로 체송되며, 도달 일수는 대략 5일 사이이다. 철령의 남측〈강원도 측〉은 경사가 완만하지만 북측〈즉 함경도 측〉은 급해서 험한 낭떠러지를 이루는 곳이 적지 않다. 그러므로 강원도에서 오르는 것이 쉽고, 함경도에서 오르는 것은 어렵다.

이 도로의 서쪽을 따라 철원(鐵原)·평강(平康)의 여러 읍을 지나서 원산으로 통하는 도로가 있다. 원래 하나의 좁은 길에 지나지 않지만 간도에 비해 험준한 언덕이 적다. 때문에 일찍이 경원철도의 예정 선로로 선정되었던 적이 있다. 그렇지만 이 선로 포설에 있어서 어디를 채택할 것인가는 실측이 완료된 이후에야 알 수 있을 것이다.

춘천가도

춘천가도는 경성에서 경기도 가평읍을 거쳐 춘천에 이르는 것으로서 경성·가평 사이는 160리, 가평 · 춘천 사이는 60리, 도합 220리이다. 춘천은 강원도 관찰도청(觀察道廳) 소재지이다. 도청과 경성의 연결도로이므로 도로 폭이 넓고 왕래가 빈번해서 인마(人馬)가 끊이지 않는다. 그렇지만 험준한 언덕이 많아서 자동차의 통행이 어렵다. 춘천읍에서 남쪽 홍천(洪川) · 횡성(橫城) · 원주(原州)의 여러 읍을 거쳐 평창읍(平昌邑)으로 통하는 도로가 있다. 또 춘천에서 동쪽 양구(楊口) · 인제(麟蹄)의 두 읍을 거쳐 양양(襄陽)으로 통하는 길도 있다. 춘천에서 인제까지는 180리인데, 이 사이는 영서(嶺西) 지방으로 우편물이 체송되지만 인제에서 양양까지는 대관령(大關嶺)이라는 난관이 있어서 교통이 지극히 어렵다. 또 춘천읍에서 북쪽 화천읍을 지나 김화(金化)로 나가서 경원가도로 연결되는 곳이 있다.〈춘천과 화천 사이는 90리, 화천과 김화 사이는 90리이다.〉

강릉가도

강릉가도는 충청북도의 충주에서 충청북도 제천 및 강원도의 평창 등 각 읍을 지나서 강릉으로 통하는 도로이다. 이 도로는 대관령산맥을 통과하는 것이므로 길이 매우 험악하지만 영동 제일의 성읍(盛邑)과 경성을 연결하는 주요 도로이므로 여객의 왕래가 비교적 많다. 대관령은 강원도에서 저명한 높은 산악임은 앞에서 이미 언급한 바이다. 대관령의 서측은 굴곡이 무수히 많고 산과 산이 이어져 험악하다고 하지만 특별히 높고 험준하다고 느끼지는 않는다. 이에 반해 그 동쪽, 즉 동해에 면하는 측면은 급경사로 험준하여 깎아지른 절벽이 천길이고, 높은 곳에서 아래를 내려다보면 발이 오그라든다. 무의식중에 오싹한 느낌을 모두 갖게 될 것이다. 만약 맑은 날이라면 이 고개를 지나면서 시야가 트이고 멀리 볼 수 있어서 한없이 상쾌하다. 호장(豪壯)한 그림 같은 풍경은 실로 조선 안에서 비할 바 없다고 하더라도 전혀 과언이 아니다.

강릉가도 중 평창읍(平昌邑)에서 동쪽 정선읍(旌善邑)까지 지도(支道)가 있는데 그 사이는 70리이다. ▲또 서쪽은 원주(原州)를 거쳐 다시 북진하여 횡성(橫城) · 홍천(洪川)을 지나 춘천읍(春川邑)에 이르는 지도(支道)가 있는데, 앞에서 서술한 바이다. 이 지도는 전체 340리이다.〈평창 · 원주 사이는 150리, 원주 · 횡성 사이는 40리, 횡성 ·

홍천 사이는 70리, 홍천 · 춘천 사이는 80리.〉 ▲또 원주에서 서쪽으로 내려가 경기도의 여주(驪州) · 이천(利川) 두 읍을 지나서 수원읍(水原邑)에 이르는 길이 있는데, 이 사이는 240리이다. ▲충청북도 충주에서 청풍(淸風) · 단양(丹陽) · 영춘(永春) 및 강원도의 영월(寧越) · 정선(旌善) 등 여러 읍을 거쳐 삼척(三陟)에 이르는 길이 있다. 이 도로는 단양에서 영월 사이가 험하고, 특히 충북 단양, 영춘이 가장 험난한 길이다〈청풍 · 단양 · 영춘 · 영월 · 정선 등 여러 읍은 모두 한강의 남쪽 지류에 연하는데, 영춘 이하[10]는 배로 다닐 수 있다.〉. 또 정선 · 삼척 사이는 대관령산맥을 횡단하기 때문에 험악한 것은 말할 필요도 없다. 그러므로 가벼운 차림으로 겨우 통과할 수 있을 뿐이다.

해안가도

해안가도는 원산에서 동남쪽으로 가서 강원도 영동의 9군(郡)을 종관하고, 경북 영해와 기타 여러 읍을 지나 경주로 나가서 대구에 연결되는 것이다. 연도(沿道) 각 읍 사이의 거리는 대략 다음과 같다.

원산, 흡곡 사이는 110리 18정(町) ▲흡곡 · 통천(通川) 사이는 60리 6정 ▲통천 · 장전(長箭)〈장전은 읍이 아니지만 연도에서 저명한 마을로, 강원도 제일의 양항(良港)이다.〉 사이는 80리 18정 ▲장전 · 고성 사이는 40리 ▲고성 · 간성 사이는 90리 ▲간성 · 양양 사이는 90리 ▲양양 · 강릉 사이는 120리 ▲강릉 · 삼척 사이는 120리 ▲삼척 · 울진 사이는 150리 ▲울진 · 평해 사이는 80리 ▲평해 · 영해 사이는 40리 ▲영해에서 경주까지는 210리, 경주에서 대구까지는 160리, 곧 원산에서 대구까지 총 1,360리 6정이다.

해안도로는 원산에서 통천에 이르는 170리 18정 사이는 비교적 평탄하지만 통천에서 고성까지의 125리 사이는 금강외산(金剛外山)이 장전동의 서쪽에 우뚝 솟아 있고, 지맥이 동쪽으로 뻗어서 월이대(月移臺)를 이루고 있다. 때문에 길이 험하여 마필(馬

10) 영춘 지역보다 하류를 말한다.

匹)이 통과하기 어려운 장소가 없지 않다. 고성 이남에서 강릉에 이르는 300리 사이는 평탄해서 해안가도 중 특히 좋은 길이다. 강릉 이남에서 경북 영해에 이르는 390리 사이는 때때로 펼쳐진 골짜기나 들판을 횡단하기도 하지만 대개 험악한 고갯길이다. 특히 강릉의 남쪽인 화비령(火飛嶺), 삼척의 남쪽인 마전치(馬轉峙) 및 소공대(召公台) 같은 곳은 해안가도 중 저명한 난코스로 알려진 곳이다.

해로교통

해로교통은 연해가 직선을 이루고 항만이 부족하기 때문에 동안(東岸) 항로 중 난관으로 유명한 곳이다. 종래 강원도 연안에서 기선(汽船)이 기항했던 곳은 통천군에 속하는 장전만 및 울진군에 속하는 죽변만(竹邊灣)에 불과했다. 그런데 연해 각 읍의 발전에 따라 해로 교통의 필요성이 커지면서 지난해 정부는 항해자를 보조하고 중요 읍들에 매달 2회, 혹은 3회 기항시키도록 했다. 그 기항지는 다음과 같다.〈제1집 제1편 제14장 참조.〉

울진군	죽변만	간성군(杆城郡)	거진(巨津)
삼척군	정라진(汀邏[11]津)	고성군	수원단(水源端)
강릉군	안목(安木)	통천군	장전만
양양군	동진(東津)		

장전만은 강원도 제일의 좋은 항만일 뿐 아니라 동안(東岸)에서 보기 드문 양항이다. 또 죽변은 동안 항행 기선의 중요 기항지임과 동시에 울릉도까지 가장 가깝다. 또 조류·풍향 등의 관계상 여기에서 도항하는 것이 편리하다고 한다. 앞에서 본 각 기항지 사이 및 중요항과의 거리를 대략 살펴보면, 즉 죽변만에서 포항〈경북 迎日郡〉까지 65.5해리, 울릉도까지 60여 해리, 정라진까지 27.1해리이다. ▲정라진에서 안목까지 24.2해리 ▲안목에서 동진까지 25.9해리 ▲동진에서 거진까지 17.7해리 ▲거진에서 수원단까지 15여 해리 ▲수원단에서 장전동까지 10여 해리 ▲장전동에서 원산까지 51.5해

11) 현재 삼척의 정라진의 '라'에는 '羅'자를 사용하기도 한다.

리라고 한다.

통신

통신기관은 아직 완비되지 못했으나 강릉 · 김화 · 춘천 세 곳에 우편국이 있다. 그 외 각 읍에 우편전신 및 우편취급소 또는 우편소 · 우체소 등이 있으며 역시 중요지역에 있는 전보도 취급하기 때문에 심하게 불편을 느끼지 않는다. 그 국소(局所), 소재지를 표시한 바는 다음과 같다.

<table>
<tr><td>우편국</td><td>강릉
(郵 · 電 · 話 · 國)</td><td>김화
(郵 · 電 · 國)</td><td>춘천
(郵 · 電 · 話)</td></tr>
<tr><td>관리사무
분장국</td><td colspan="2">원산</td><td>경성</td></tr>
<tr><td>우편전신 ·
우편
취급소</td><td>회양(우편,전신) 간성(우편,전신)
양양(우편,전신) 삼척(우편,전신)
울진(우편,전신) 장전(우편,전신)</td><td colspan="2">철원(우편,전화)
양구, 홍천, 평창(우편,전신,전화)</td></tr>
<tr><td>우편소</td><td colspan="3">금성(우편,전신)</td></tr>
<tr><td>우체소</td><td>평해 · 흡곡 · 고성 · 통천</td><td colspan="2">안협 · 평강 · 화천 · 인제
횡성 · 영월 · 정선</td></tr>
</table>

행정구획

본도의 지역은 자연구획에 의해서 영동 및 영서로 대별하는 것은 앞서 언급한 바가 있다. 이제 자연구획 하에 행정구역을 나누어 표시하면 다음과 같다.

〈영동 9군〉

흡곡군 통천군 고성군 간성군 양양군 강릉군 삼척군 울진군 평해군

〈영서 17군〉

회양군 금성군 평강군 이천군 안협군 양구군 인제군 횡성군 평창군 정선

군 영월군 철원군 김화군 화천군 춘천군 홍천군 원주군

이처럼 영동의 각 군은 모두 바다에 연한다. 그리고 이 모든 군을 통할하는 관찰도는 춘천읍에 있다.

이사청 관할구역

본도에는 아직 통감부 소속인 이사청[12]은 설치하지 않았다. 현재 본도의 땅은 경성, 대구, 부산, 원산의 각 이사청에서 나누어 관리하는데 다음과 같다.

경성이사청	대구이사청	부산이사청	원산이사청
서부일대지역	남부일대지역	남부 연안일대지역	동북부일대지역
철원 · 김화 · 횡성 · 춘천 · 홍천 · 원주 이상 6군	평창 · 정선 · 영월 이상 3군	평해 · 울진 · 삼척 이상 3군	흡곡 · 통천 · 고성 · 간성 · 양양 · 강릉 · 회양 · 이천 · 안협 · 평강 · 금성 · 양구 · 화천 · 인제 이상 14군

호구

호구는 융희 원년의 조사를 보면 영동이 34,240호 69,879인이며 영서는 104,734호 215,011인으로 통틀어 138,974호이며 284,890인이다. 이외에 일본인 현거주자는 강원도를 통틀어 3백여 호, 650~660명 정도가 있다. 그 거주지를 열거하면 영동에서는 통천 · 고성 · 간성 · 강릉 · 양양 · 삼척 · 울진 · 평해의 각 읍이고 그 외에 장전 · 마차진 · 거진 · 속진 · 주문진 · 안인진 · 등명진 · 임원진 · 죽변 등이고 집단 거주지[集團地]는 강릉 · 울진 두 읍이다. 영서에서는 춘천 · 원주 · 김화 · 금성 · 이천 · 회양 · 철원 · 평창 · 양구 · 인제 · 평강 등 각 읍이고 집단 거주지는 춘천 · 원주 · 김화 · 금성 등이라고 한다.

---

12) 일제가 각 지방에 설치한 통감부의 지방 기관이다.

재판소

지방 재판소는 춘천읍에 두었고 또한 구 재판소를 주요지역에 배치하였다. 그리고 이곳은 경성공소원이 관할하는 곳이며 각 재판소의 소재지는 다음과 같다.

지방재판소	구 재판소
춘천읍	춘천읍 · 금성읍 · 원주읍 · 통천읍 · 강릉읍 · 울진읍

경찰서

경찰서는 영동에서는 통천, 강릉, 울진의 3읍에, 영서에서는 춘천, 철원, 원주, 금성, 평창의 5읍에 두었다. 그 외 각 읍에는 보통 순사주재소를 두었는데 표시하면 다음과 같다.

경찰서	소속순사주재소
춘천	춘천 · 인제 · 양구 · 화천
철원	철원 · 이천 · 평강 · 안협
원주	원주 · 횡성 · 홍천
금성	금성 · 김화 · 회양
평창	평창 · 영월 · 정선
통천	통천 · 장전 · 고성 · 흡곡
강릉	강릉 · 주문진 · 양양 · 간성
울진	울진 · 임원진 · 삼척 · 평해

재무서

재무서는 주요 읍에 있으며 모든 것은 현재 한성재무감독국이 관리하는 바이다. 그런데 동북해안의 모든 읍의 경우에는 아주 멀어 불편이 적지 않지만 머지않아 원산감독국의 관리로 옮겨갈 것이라고 한다. 재무서 소재지는 다음과 같다.

재무서 소재지	통천	고성	양양	강릉	울진	춘천	양구	평창
관할구역	통천군, 흡곡군	고성군	양양군, 간성군	강릉군, 삼척군	울진군, 평해군	춘천군	양구군, 인제군	평창군, 영월군, 정선군

재무서 소재지	금성	회양	철원	이천	원주	화천	홍천	
관할구역	금성군, 김화군	회양군	철원군, 평강군	이천군, 안협군	원주군, 횡성군	화천군	홍천군	

물산

물산은 농산물에서는 쌀 · 보리 · 콩 · 팥과 기타 잡곡 · 마 · 감자 등이 주요 생산물이다. 또 소[生牛]를 생산하는 곳도 많으며 임산물은 적송(赤松) · 전나무[樅] · 오엽송 · 졸참나무 · 밤나무 · 상수리나무 등이 있다. 광산물은 사금 · 흑연 · 철 · 수정이고 기타 각종 수피(獸皮) · 감 · 대추 · 밤 등의 생산이 적지 않다.

수산물

수산물은 해구신[膃肭臍] · 바다표범[海豹] · 강치[海驢] · 고래[鯨] · 돌고래[海豚] · 수달(해달, 水獺) · 정어리[鰮] · 삼치[鰆] · 방어[鰤] · 도미[鯛] · 감성돔[黑鯛] · 고등어[鯖] · 전갱이[鰺][13] · 참치[鮪] · 가다랑어[鰹][14] · 청어[鰊] · 가자미[鰈] · 대구[鱈] · 명태[明太魚] · 까나리[玉筋魚] · 갈치[大刀魚] · 아귀[鮟鱇] · 쥐노래미[あいなめ] · 납자루[たなご] · 돗돔[いしなぎ] · 쥐치[かわはぎ] · 복어[河豚] · 전어[鱅] · 볼락[目張] · 달강어[火魚] · 성대[魴鮄] · 숭어[鯔] · 붕장어[海鰻] · 갯장어[鱧][15] · 보리멸[鱚] · 학꽁치[鱵] · 농어[鱸] · 연어[鮭] · 송어[鱒] · 잉어[鯉]

13) 鰺는 비릴 소이나 일본에서는 전갱이를 나타내는 한자로 쓴다.
14) 鰹은 가물치 등을 나타내는 한자이지만, 일본어에서는 가다랑어를 나타내는 한자로 쓴다.
15) 鱧은 가물치를 나타내는 말이지만 일본에서는 갯장어를 나타내는 한자로 쓴다.

· 가오리[鱝] · 상어[鱶] · 문어[蛸] · 게[蟹] · 새우[鰕] · 갯가재[鰕姑] · 전복[鮑] · 홍합[貽貝] · 굴[牡蠣] · 가리비[海扇] · 소라[蠑螺] · 대합[蛤] · 맛조개[竹蟶] · 해삼[海鼠] · 성게[海膽] · 미역[和布] · 김[海苔] · 파래[青苔] · 우뭇가사리[天草] · 풀가사리[海蘿] · 톳[鹿角菜] · 청각채[みる] 등이다.

고래

고래는 연안에 두루 내유한다. 종류는 북방긴수염고래 · 혹등고래 · 긴수염고래 · 귀신고래 · 보리고래 등이 있고 긴수염고래와 귀신고래가 가장 많다. 조선인은 고래 어획을 하지 않지만 일본인이 왕성히 어획한다.

정어리

정어리는 연안의 도처에서 생산된다. 종류는 멸치를 주로 하고 정어리가 섞여 있다. 매년 4월 하순부터 연안을 북상하여 11월 상순에 이르면 남하하기 시작하지만 그 내유하는 상태가 매우 불규칙해서 집산이 일정하지 않다. 그러므로 종래 여러 차례 일본인이 내어하였지만 대부분이 실패로 끝났다. 아마 강원도의 정어리는 이곳에 계속 머물러 있는 것이 아니기 때문에 이것을 어획하여 이득을 얻기란 어렵다. 조선인은 전적으로 지예망(地曳網)을 이용하여 왕성하게 정어리를 어획한다. 원산에 사는 일본인의 자본 공급에 의존하는 경우가 많다. 어기는 봄 5~7월까지, 가을 9~11월까지이며, 여름에 다소의 어군을 볼 수 있지만 수익이 적으므로 어획하지 않는다.

삼치

삼치[鰆]는 두루 연안에 내유한다. 봄에 난류를 따라서 북상하고 가을에는 남하하기 시작하기 때문에, 어기(漁期)는 남쪽에서는 길고 북쪽에서는 짧다. 그리고 어기 초에 어획하는 것은 대형으로서 중량 1관(貫) 200~300문(匁) 되는 것이 많고 가을에는 몹시 작아서 300~600문 정도를 주로 한다. 어장은 앞바다[沖合] 2~3해리[浬], 수심은 12~25길 되는 곳이다. 어기는 4월 중순에서 11월 하순에 이른다. 조선인은 지예망(地曳

網)・유망 및 예승(曳繩)을 이용해서 어획한다. 일본 유망어선의 내어(來漁)도 역시 매우 많다.

방어

방어[鰤]는 연안 일대에 많이 생산되고 그 이동 방향 및 어기 등은 대개 삼치와 같다. 죽변(竹邊)・장호리[長䕺里]・정라동[佛來]・대포진[漢津]・정동진・동산(銅山)・주문진・속초[束津]・거진(巨津)・저진(猪津)・봉수진(烽燧津)・영호진(靈湖津)・장전(長箭)・두백(頭白)・치궁(致弓)・마차진(痲次津)・칠보동(七寶洞)・연화동(蓮花洞)・압룡(鴨龍) 등은 유명한 어장이다. 어구는 자망(刺網) 및 예승(曳繩)을 이용하고 또 지예망(地曳網)으로 삼치・도미・고등어와 함께 혼획[混漁]한다. 조선인은 이것을 매우 즐겨먹고 생선(生鮮)・염장 모두 수요가 많으며 풍어(豊漁)일 때는 원산에 전송한다.

도미

도미[鯛]도 역시 강원도에서 많이 생산하는 어류 중 하나이지만, 지금까지 조선인은 도미 어획을 전업으로 하는 사람이 없다. 때때로 지예망(地曳網)으로 어획하는 일이 있을 뿐이고, 일본 연승어선이 내어해서 장전(長箭)・치궁(致弓)・압룡(鴨龍) 등을 근거로 하는 자는 있다.

고등어

고등어[鯖]는 연안 일대에서 많이 생산하고 봄, 가을 두 계절에 내유하는 것이 특히 많다. 몸이 아주 비대해서 중량 350문(匁) 정도에 달하는 것이 있다. 지예망(地曳網)을 사용해서 조금 어획하는 경우가 있을 뿐이다.

전갱이

전갱이[鰺]는 고등어와 동시에 연안 각지에 내유하지만 그 무리가 아주 많지는 않다.

오로지 지예망(地曳網)을 이용해 어획한다.

참치

참치[鮪]는 압룡(鴨龍) 부근에 내유하는 것을 본 적이 있고 때때로 지예망(地曳網) 또는 삼치유망에 걸려 올 때도 있다.

가다랑어

가다랑어도 역시 어느 정도 내유한다. 그렇지만 몽치다래[16]에 속한 것들이 아주 많으며, 때때로 큰 무리를 이루어 연안에서 나타난다.

청어

청어는 동계에 전 연안에 내유하는데 그 생산은 많지 않다. 대부망(大敷網) · 방렴(防簾)과 자망(刺網)을 이용해서 어획한다. 후리포(厚里浦) · 장전(長箭) · 합진(蛤津) · 혼진(溷津) 등이 주요 어장이다. 생선(生鮮) · 염장(鹽藏) 모두 수요가 많다.

가자미

가자미는 연안 도처에서 많이 생산된다. 사계절 어획되지만 봄 2월 하순부터 4월 초순, 가을 9~11월까지의 기간에 제일 많다. 그리고 춘계에는 크기가 작은 것들이 대부분이고 추계에는 큰 것들이 많다. 수조망(手繰網) 자망(刺網)을 사용해서 어획한다. 건제(乾製)하여 방매(放賣)하는데, 판매 경로가 매우 넓다.

대구

대구는 11월부터 다음 해 4월까지 연안에 내유하는데 그 생산량이 많지 않다. 속진(束津) · 거진(巨津) · 저진(猪津) 부근에서는 자망을 사용하고 장전(長箭)에서는 청어와

---

16) 종전견(宗田鰹). 일본에서는 농어목 고등어과의 A. thazard(물치다래속)과 A. rochei(몽치다래)를 총칭하는 용어이다.

함께 방렴으로 어획한다. 자망은 앞바다 20~30리, 수심 70~80길에 있는 암초 주위에 설치한다.

명태

명태는 겨울에 고성(高城), 통천(通川) 양 군의 연안에 내유하는데 그 무리가 아주 많지는 않다. 거진·황금진(黃金津)·저진(猪津)·입석(立石)·말구미(末九味)·미무진(未茂津)·낭정진(浪汀津) 등의 주민은 오로지 연승(延繩)을 이용해서 11월부터 다음해 3월까지 사이에 어획한다.

까나리

까나리는 연안 각처에 큰 무리를 이루어 내유한다. 봄·가을 두 계절에 특히 많다. 그렇지만 아직 그것을 어획하는 자가 없다.

아귀

아귀는 연안 도처에 서식하지만 아직 전업으로 해서 그것을 어획하는 자가 없다. 단지 자망(刺網)·예망(曳網)·수조망(手繰網) 등에 들어오는 경우가 있다.

쥐치

쥐치는 연안 각지에 많이 생산된다. 주로 자망과 수조망을 사용하고 총석진(叢石津)에서는 대부망(大敷網)으로 어획한다. 어획기는 3월 중순부터 11월 초순에 걸쳐있으나 3~5월까지 사이가 성기(盛期)이다.

복어

복어는 연안 도처에 서식한다. 특히 영호진(靈湖津)은 그 중 가장 이름난 생산지이다. 종류는 참복을 주로 하며, 생선 그대로 또는 건제하여 판매한다.

전어

전어는 5~6월경 만 내로 들어 오는 것이 상당히 많다. 아직 전업으로 그것을 어획하는 자는 없다. 정어리 지예망으로 혼획할 뿐이다.

볼락

볼락은 전 연안에서 많이 생산된다. 외줄낚시 또는 사수망(四ツ手網)으로 어획하는데 아직 어업이 성행하는 데 이르지는 못했다. 어획기는 한 해에 걸쳐있지만 봄 · 가을 2계절의 어획량이 가장 많다.

달강어

달강어는 자망을 사용하고 다른 연안 물고기와 함께 섞여 잡히지만 어획량이 많지 않다. 어획기는 봄부터 가을에 이르고 겨울에는 앞바다 깊은 곳에 숨어있는 것 같다.

숭어

숭어는 다소 내유하지만 아직 그것을 어획하는 자는 많지 않다. 겨울철에 무리지어 헤엄치는 것을 볼 수 있다.

감성돔

감성돔은 아주 많지는 않지만 지예망에 혼획된다. 3~4월에 특히 많다. 일본인도 또한 도미 연승으로 혼획하는 경우가 있다.

학꽁치

학꽁치는 5~6월 경과 9~10월 경 두 어기에 연안에 내유한다. 몸길이는 6~7촌이고 큰 것은 1척에 달한다. 오로지 연승으로 어획한다.

농어

농어는 내만과 하구 도처에 내유하지만 많지 않다. 지예망으로 다른 물고기와 혼획하는 경우 외에 아직 특별히 어업을 행하는 자는 없다. 어기는 4~10월까지이다.

연어

연어는 하천 중 다소 큰 곳에는 매년 거슬러 올라오지만 그 생산이 많지 않다. 몸길이는 겨우 2척 내외이고 질은 매우 열등하다. 소상기(溯上期)는 9월 하순부터 시작해서 12월 하순에 끝난다. 하중(河中)에서 지예 · 창 · 방렴 등을 사용해서 어획한다.

송어

송어도 또한 그 생산이 많지 않다. 때때로 강 속에 특별한 설비를 해서 어획하는 경우가 있지만 대부분은 하구에서 지예망으로 정어리와 함께 혼획한다. 어기는 4~7월에 이른다.

은어

은어는 도처의 하천에서 조금씩 잡히지 않는 곳이 없다. 고성의 적벽강(赤壁江) · 간성의 명파천(明波川) · 남천(南川) · 양양의 남대천(南大川) · 강릉의 사천(沙川) 및 남대천(南大川) · 삼척의 오십천(五十川) · 교가(交柯) 등에는 다소 많다. 방렴 또는 투망으로 어획한다.

잉어

잉어는 하천과 호소(湖沼) 도처에서 생산된다. 모양은 자못 크고 길이가 3척 이상에 달하는 것도 있다. 그렇지만 맛은 좋지 않다. 방렴을 설치해서 어획한다.

가오리

가오리는 전 연안에 서식하지 않는 곳이 없다. 특히 내만, 하구 등의 진흙 바닥에 많다. 아직 전업으로 그것을 어획하는 자는 없다.

상어

상어는 전 연안 일대에 서식하고 특히 봄, 여름철에 연안에 내유하는 것이 많다. 철갑상어[まぐろ][17] · 흑상어[どた][18] · 백상아리[しろ] · 돌묵상어[ばか][19] · 환도상어[をなが] · 톱상어[のこぎり] · 귀상어[かせ] 등 여러 종류가 있다. 그렇지만 아직 특별히 그것을 어획하는 자는 없다.

문어

문어[20]는 전 연안 일대에 서식한다. 죽변 · 장호리[長轡里] · 동산 · 주문진 · 속초[束津] · 아야진 · 거진 · 황금진 · 저진 · 말구미 · 영호진 · 장전 · 두백 · 치궁 등은 유명한 생산지이다. 특히 영호진 부근에 가장 많다. 그 모양은 큰 것에 이르면 2마리로 네말들이통[四斗樽][21]을 넘는 것도 있다. 일 년 내내 외줄낚시 및 훌치기낚시[掛釣]로 어획하고 건제해서 판매한다. 그 값은 아주 비싸다. 알도 또한 건제해서 판매한다. 1개 가격은 10전에서 20전이다.

게

게는 연안 각처에 서식한다. 가시왕게 · 바다참게 등이 있으며, 죽변 부근에서는 자망으로 1~3월까지 어획하고, 통천군 및 흡곡군 연해에서는 3~4월에 가자미 수조망으로 혼획한다.

새우

새우는 평해군(平海郡) 연해에 많은데, 보리새우에 속한다. 10월부터 이듬해 1월까

---

17) 철갑상어를 일본에서 鮪로 표기하는 경우가 있다. 그러나 철갑상어는 상어류가 아니므로 정확한 뜻을 알 수 없다.

18) どたぶか. 학명은 *Carcharhinus obscurus.*

19) うばざめ 또는 ばかざめ. 학명은 *Cetorhinus maximus.*

20) 일본에서는 문어와 낙지 · 쭈꾸미에 대한 명확한 구분이 없으며, 모두 '타코'라고 한다.

21) 1斗樽=18 *l* 로 4斗樽은 72 *l* 이다.

지 자망을 이용해서 어획하거나 혹은 수조망(手繰網)으로 다른 물고기와 함께 혼획한다. 건제해서 일본으로 수출한다.

전복[鮑]

전복은 연안 도처에 서식한다. 원래 큰 것이 많아서 껍질 길이가 7~8촌인 것도 있지만 남획한 결과 지금은 크기가 현저하게 줄어서, 20~30개로 겨우 마른 전복[乾鮑] 한 근을 얻는 데 불과하다. 주로 일본인이 잠수기를 사용하여 채취한다. 어기는 3~10월까지라고 한다.

홍합[貽貝]

홍합은 전체 연안에서 아주 많이 생산된다. 그렇지만 질이 매우 좋지 않다. 이 또한 주로 일본잠수기업자가 한가할 때 채취하는 경우가 있을 뿐이다.

굴

굴은 전체 연안 암초 사이에 서식하는 것이 있지만 크기가 너무 작아서 품질이 좋지 않다.

가리비

가리비는 장전만구 영호진(靈湖津) 부근에서 풍부하게 생산되는데 주로 일본잠수기업자가 한가할 때 채취할 뿐이다. 채취한 것은 삶아서 건제하여 청국(淸國) 수출품으로 가공하거나 혹은 거의 날것인 채로 부근의 주민에게 판매하는 경우도 있다. 그 껍데기는 조선인이 좋아해서 구입하여 그릇[鍋]을 대신해 사용한다. 한 개의 값은 5~6전(錢)이다.

해삼

해삼은 전체 연안에서 생산되지만 조선인은 일본잠수기업자의 채취에 맡기고 돌아보지 않는다. 잠수기업자가 도래하기 시작한 것은 실로 십수 년 전의 일로, 당시는 하루에 능히 7~8통을 수획했지만 해마다 감소해서 지금은 겨우 1~2통을 얻는 데 불과하다. 후리포(厚里浦)·장울리(長鬱里)·한진(漢津)·사진(沙津)·주문진(注文津)·속진(束津)·아야진(鵝也津)·거진(巨津)·황금진(黃金津)·저진(猪津)·말구미(末九味)·영호진(靈湖津)·장전(長箭)·남애(南涯)·두백(頭白)·금란(金蘭)·치궁(致弓) 등은 유명한 근거지이다. 어기는 봄 3월 하순부터 6월 하순까지 및 가을 9월 초순부터 11월 초순까지라고 한다.

미역

미역은 전체 연안에서 많이 생산된다. 조선인은 미역을 아주 왕성하게 채취한다. 그 시기는 3월 하순부터 6월까지이다.

김

김은 연안 각지의 암초에서 생산된다. 2월 하순부터 5월까지의 사이에 연안의 여자들이 이것을 채취해서 건제(乾製)하여 각지로 수송한다.

파래[靑苔]

파래는 전체 연안에서 풍부하게 생산된다. 이것 역시 여자들이 부업으로 3월 초순부터 4월까지 채취해 원형의 체로 걸러서 건제하여 시장에 낸다. 수요가 매우 많다.

우뭇가사리[天草]

우뭇가사리는 전체 연안 일대에서 생산되지만 조선인 및 일본인 모두 아직 채취하는 자가 없다. 아마도 파도가 거칠고 조업이 곤란한 데 따른 것으로 보인다.

주요 어업

강원도 수산물의 개요는 이와 같고 그 중 주요한 것을 정어리라고 한다. 생각건대 강원도의 정어리어업은 함경도의 명태어업, 전라도의 조기어업과 나란히 거론할 만한 것으로, 곧 조선의 3대(大) 어업 중 하나라고 한다.

어구

어구는 일반적으로 지예(地曳)를 가장 왕성하게 사용한다. 그런데 큰 것은 1통(統)이 1,200원의 가격이고, 수선비용 역시 해마다 150원에서 300원을 필요로 한다고 한다. 이처럼 지예가 성한 것은 아마도 연안의 형세에 따라 자연히 발달하게 되었을 것이다.

제염

연안은 사빈(沙濱)이 풍부하지만 대개 직선을 이루고 물결이 높아서, 염전을 개발하기에 적당한 곳이 적다. 그렇지만 연해의 각 군이 대체로 염전을 운영한다. 단 대부분은 농가가 자가(自家)에 사용할 목적으로 끓여서 제염하는 데 불과하다. 관찰도의 보고에 의하면 평균 1년의 제염 생산은 5,518석(石)이고, 그 가액은 29,221원이라고 한다. 즉 1석의 단가가 평균 약 5원 30전의 비율인 것이다.

제1절 흡곡군(歙谷郡)

개관

연혁

흡곡군을 둔 것은 건양개혁 후의 일이다. 그 이전은 강릉대도호부의 속현으로 진관(鎭管) 지역이었다.

경역(境域)

강원도의 가장 북쪽에 위치하고, 서쪽은 함경남도 안변군에, 남쪽은 통천군에 접하며,

북쪽과 동쪽은 바다에 연한다. 속도(屬島)는 국도(國島) · 우도(牛島) 등이 있다.

지세

군의 서쪽은 산악이 중첩되어 있지만 해안 부근은 비교적 평탄하다. 그래서 지세는 서쪽이 융기하고 동쪽으로 갈수록 낮아진다.

하천

하천은 남쪽으로 통천군 경계에 있는 것이 다소 크다. 그렇지만 운수의 이로움은 없다. 또 수산의 이로움도 없다.

해안선

해안선은 2면이 바다에 접하기 때문에 비교적 길어 약 33해리이다. 그리고 형세는 함경남도 안변군 경계의 돌각(突角)인 압룡갑(鴨龍岬) 및 치궁(致弓) 부근의 기타 한두 곳을 제외하면 모두 평탄한 사빈이다. 특히 마차동(麻次洞)에서 연화동(蓮花洞) 사이는 사빈이 이어져 40리에 이른다. 연안 부근의 수심 17~18길에 이르는 해저는 모래이고 평탄하므로 지예망을 사용하는 데 적합하여 정어리 어장으로 유명하다. 어기에 들어서면 부근의 어부나 일본어부가 내어하는 자들이 적지 않다.

군 안에서 주요한 어촌으로 또한 배를 대어두기 편리한 곳은 치궁 · 마차동 및 압룡이다. 그 중 치궁은 규모가 크지 않지만 어선의 정박지로는 강원도에서 손꼽히는 곳이다.

군읍(郡邑)

군읍 흡곡은 군의 남쪽 통천의 경계에 있고, 군아 외에 순사주재소 및 우체소를 두었다. 인가가 다소 밀집해 있고 이 지방에 있는 집산지 중 하나이다.

교통

교통은 원산을 주로 한다. 안변읍을 거쳐 가면 115리이지만 도로가 양호하므로 비교적 편리하다. 이웃한 통천읍까지 70여리인데 이 또한 도로가 불량하지 않다.

통신

통신 기관은 우체소가 설치되어 있는 데 불과하지만 읍이 원산, 강릉 사이 왕복 통로에 해당하기 때문에 거의 격일 간격으로 우편 배달이 이루어진다. 그래서 우편은 원산에 2일 만에 도달한다.

장시

군 내에 장시는 읍장 및 구읍장(舊邑場) 두 개의 장이 있다. 개시는 읍장이 2 · 7일 ▲구읍장(舊邑場)은 1 · 6일이고, 집산 물화는 쌀 · 콩 · 기타 잡곡 · 마포 · 목면 · 어류 등인데 모두 다소 활발하다.

물산

물산은 수산을 주로 한다. 주요한 것은 정어리 · 삼치 · 청어 · 방어 · 도미 · 고도리 등인데 그 중 정어리가 어획이 많다.

구획 및 임해면

군 안을 구획하면 학삼(鶴三) · 군내(郡內) · 학일(鶴一) · 군남(郡南) · 답전(踏錢) · 영외(嶺外)의 6개 면이다. 그리고 각 면은 북쪽에서 순차적으로 나란히 늘어서 모두 바다에 연한다. 임해 마을의 개황은 다음과 같다.

학삼면(鶴三面)

서쪽은 함경남도 안변군에 남쪽은 군내면에 접한다. 북쪽 일대는 조선해만에 연하며 해안선이 비교적 길다. 임해마을을 열거하면 구진(漚津) · 합진(蛤津) · 웅진(熊津) · 장진(長津) · 자산(慈山) · 도청(道淸) · 압룡(鴨龍) 등이 있다. 아래에 각 마을과 연안의 개세를 서술한다.

구진(溷津)

구진[22]은 면의 서쪽 안변군 경계에 위치하고 두 마을로 되어있다. 서쪽을 그냥 구동이라 칭하고 동쪽인 곳은 하구동이라 부른다고 한다. 그리고 두 동 사이는 사빈이다.

합진(蛤津)

하구진 동쪽의 작은 구릉이 북쪽으로 뻗어 하나의 돌각을 이루고 그 갑단(岬端)에 한 마을이 있다. 그곳을 합진이라 한다. 갑단에 접하여 떠있는 섬이 우도(牛島)이다.

웅진(熊津)

합진의 남쪽 약 1해리 사이는 사빈이다. 그 안에 면적이 다소 큰 못이 있다. 이 못을 기점으로 동쪽은 구릉이 바다에 잠겨있고 해안에는 암초가 흩어져있다. 이 구릉의 동측에 마을이 있는데 그곳을 웅진이라 한다. 웅진으로부터 동쪽 압룡단에 이르는 사이는 완만한 만형을 이루며 연속해서 사빈이고 장진 · 자산 · 도청 등이 나란히 있다.

장진(長津)

장진은 송양동(松陽洞) 및 하장진(下長津)의 두 마을로 이루어져 있다.

자산(慈山)

자산은 이 만 내의 튀어나온 부분이며 인가는 언덕의 동서쪽에 위치한다.

도청(道淸)

도청은 해도에 도청(都靑)이라고 기록되어 있다. 압룡단의 서쪽 약 1해리에 있다. 이곳으로부터 동북쪽 압룡에 이르는 사이는 작은 구릉이 이어져 연안에 암초가 흩어져

22) 溷은 음이 '혼'인데, '구'로 읽었다.

있다.

압룡동(鴨龍洞, 안룡)

압룡동[23]은 영흥만의 남동쪽 끝의 코드리카각(コドリカ角)[24] 서북 쪽에 위치한다. 좌우 양쪽 언덕에 늘어선 기암괴석이 자연적으로 만형을 형성하였는데 좋은 항만은 아니다. 그렇지만 수심 4~9길인 곳으로 어선의 계류에 편리하다. 호수는 29호가 있는데 작은 산으로 둘러싸여 있다. 그 중 20호는 어업을 주로 한다. 땔감과 식수 모두 충분하지 않다. 어획이 많은 것은 정어리이며 청어 · 방어 · 복어 · 고도리 · 상어의 순서로 이어진다. 매년 일본 잠수기선이 내어하는 경우가 적지 않다.

군내면(郡內面)

서북쪽은 학삼면에 남쪽은 학일면에 접한다. 동쪽은 바다에 면하고 하나의 큰 염수호[鹹水湖]가 있어 임해구역이 아주 협소하다. 이 염수호를 천하포(天河浦)라고 칭한다. 강원도에서 가장 큰 호수이다. 본 면의 임해마을로는 연화동 및 염창이 있다.

연화동(蓮花洞, 령화) · 염창(鹽倉)

연화동은 압룡단의 남쪽 염수호 입구의 북측에 위치한 작은 마을이다. 마을 사람 모두 어업을 생업으로 한다. 염창은 염수호와 외해를 구분 짓는 사구지에 있다. 이곳 역시 작은 마을이며 마을 사람 대부분은 어업에 종사한다. 연화동을 기점으로 남쪽의 학일면에 속한 마차동에 이르는 일대는 사빈으로 지예망에 좋은 장소임을 본군의 개세에 대해 언급한 적이 있다. 정어리 어기에 들어서면 마을 사람이 정어리 어획에 종사한다.

---

23) 한자는 압(鴨)이지만 우리말 음은 안으로 되어 있다.
24) 현재의 압룡단이다.

학일면(鶴一面)

북쪽은 군내면에 남쪽은 군남면에 접한다. 동쪽 일대는 바다에 면하고 중앙에는 한줄기 시냇물이 흐른다. 본 면의 임해마을을 열거하면 칠보동(七寶洞)·연호동(蓮湖洞)·석대동(石坮洞)·괴화동(槐花洞)·마차동(麻次洞) 등이 있으며 그 중 주요한 곳은 칠보동 및 마차동이라고 한다.

칠보동(七寶洞)

칠보동은 마차동에서 약 5리 떨어진 북동쪽에 위치한다. 해안의 굴곡이 적어 계선이 편리하지 않지만 일대가 사빈이므로 지예망에 적합하다. 인가 43호가 있으며 어업을 주로 하는 자가 20호이다. 땔감·식수는 모두 부족하다. 어획물은 압룡동과 다르지 않다.

마차동(麻次洞, 마자)

마차동은 칠보동에서 남쪽으로 5리에 있다. 만입이 적어 계선이 편리하지 않지만 마을의 북쪽으로 약 3정 거리에 실개천이 흐른다. 하구가 좁아 폭은 5~6칸, 수심은 3척에 불과하지만 점차 거슬러 올라가면 폭이 넓고 수심 역시 깊다. 사방의 풍파를 피하기에 안전하다. 인가는 30호이며 그 중 어업을 주로 하는 자는 10호가 있다. 어채물은 정어리·방어·도미·삼치·복어 등이다. 마을 남서쪽에 하나의 큰 호수가 있는데 대중호(待中湖)라고 하며 호수는 군남면에 속한다. 그리고 본 마을은 호수 개구(開口)의 북쪽에 있다.

군남면(郡南面)

북쪽으로 학일면, 남쪽으로 답전면(踏錢面)[25]과 접하고 동쪽으로는 바다와 면한다. 연안의 형세는 암초가 흩어져 있고, 사빈을 이루는 곳은 이 마을의 일부분에 지나지 않는

25) 원문에는 답전면의 한자가 도전면(蹈錢面)으로 잘못 기재되어 있다.

다. 임해마을로는 석도동(石島洞)과 오매동(梧梅洞)이 있고 석도동의 서북쪽에 대중호(待中湖)가 있다.

석도동(石島洞, 셕도)

석도동은 마차동(麻次洞)으로부터 남쪽으로 5리 떨어진 곳에 있다. 굴곡이 적은 사빈이어서 계선(繫船)에 불편하지만 경사가 적어서 배를 예양(曳揚)하는 데 용이하고 지예망 이용에도 적합하다. 인가는 35호이고 어업을 주로 하는 호는 15호이다. 땔감과 식수가 모두 부족하다. 주요 해산물은 정어리 · 고도리 · 전복 등이다.

오매동(梧梅洞, 오ᄆᆡ)

오매동은 석도동에서 남쪽으로 5리 떨어진 곳에 있다. 북쪽을 향하고 있고 남쪽으로 만입(灣入)되어 있지만 만 입구가 넓어 북풍을 피하기에 부족하다. 서쪽의 구릉 아래에 인가 10호가 있다. 땔감과 식수가 모두 충분하지 않다.

답전면(踏錢面)

북쪽으로 군내면, 남쪽으로 영외면(嶺外面)과 접하고 동쪽으로는 바다와 면한다. 임해마을로는 치궁동이 유일할 뿐이다.

치궁동(致弓洞)

치궁동은 만 입구가 남쪽을 향한다. 그 북동쪽의 돌출된 일각부터 점차 서남쪽으로 나선으로 굽어 천연적으로 파도를 피할 수 있는 형세를 취한다. 만 내가 넓지 않지만 수심이 3~4길이라 2~3백석을 적재할 수 있는 범선이 정박하기에 충분하다. 만 입구의 동남쪽에 3개의 섬이 있다. 동덕도(東德島) · 을도(乙島) · 천도(穿島)라고 하는데 풍파를 차단하기에 편리하다. 인가 40여 호가 만의 서쪽 깊은 곳, 구릉 아래에 있다. 인정이 평온하고 대체로 농업으로 생계를 조금씩 꾸려 나간다. 동 내에 상가 5~6가가 있다. 땔감은 부족하지만 식수는 많다. 근해에서 정어리 · 삼치 · 방어 · 도미 등의 내유가 많다. 이곳은 봄철에 일본 잠수기선의 근거지로서는 군내에서 으뜸일 것이다. 또한 몇 년 전부터, 가을에 삼치 유망으로 출어하는 자가 있어 장래에 근거지로서 촉망되는 곳이다.

영외면(嶺外面)

북쪽으로 답전면, 남쪽으로는 통천군(通川郡)에 속하는 순달면(順達面)과 접한다. 동북쪽 일대가 바다와 면하는데 그 연안은 대체로 사빈이다. 임해마을로는 흥운(興雲) · 고저(庫底) 두 곳이 있다.

흥운(興雲)

흥운은 치궁의 정박지를 감싸고 있는 남동각의 남측에 있고 답전면에 걸쳐있다. 앞쪽으로 사빈이어서 지예망 어업을 하기에 적합하다.

고저(庫底, 고져)

고저도 통천군에 걸쳐있다. 만을 사이에 두고 흥운과 마주보고 있다. 남동풍을 피하기에 적당하다. 인가는 190여 호로 대부분 농업을 생업으로 하고 어호는 5~6호에 불과하지만 매년 정어리의 어기에 들어서면 마을 주민들이 그 어획에 종사하여 다소 성하다.

제2절 통천군(通川郡)

개관

연혁

원래 고구려의 휴양군(休壤郡, 일명 금뇌金惱)을 신라가 금양(金壤)으로 바꾸었으며 고려 충렬왕 때 통주(通州)라 칭하고 방어사(防禦使)를 두었는데 조선 태종 때 다시 군(郡)으로 삼고 지금의 이름으로 고쳤다.

경역

북쪽으로는 흡곡군에, 남쪽으로는 고성군에 접하고 동쪽 일대는 동해에 임하며, 속하는 섬으로 송도(松島)·난도(卵島)·저도(猪島)·황도(荒島)·사도(沙島)·기타 작은 섬이 있다.

지세

통천군의 서쪽에는 높은 산악이 연이어져 있고, 남쪽 고성군 경계에는 금강외산(해발 1,886피트)이 우뚝 솟아있으며, 해조가 그 아래로 밀려든다고 한다. 때문에 이 부근은 경사가 급하여 평지가 많지 않지만 북쪽 연해에는 평지가 펼쳐져 있어 읍성을 중심으로 동자원(童子院)에서 고저(庫底)에 이르는 약 35리에 달한다. 이 평지는 소위 통천평지로서 토지 생산력이 양호하지는 않지만 개간이 되어 경지 면적이 넓어서 영동 제일이라고 일컬어진다.

하천

하천은 광교천(廣橋川) 및 여러 줄기가 있다고 하지만 모두 작은 시내로서 배[舟楫]편, 관개의 이로움 모두 부족하다.

해안선

해안선은 길이가 약 31해리에 달하지만 출입이 적다. 그렇지만 남쪽 고성 경계에 접하여 강원도에서 가장 좋은 장전만(長箭灣)의 정박지[錨地]가 있다. 만(灣)은 큰 배를 수용하기에 충분하다. 또 어선을 묶어 두기에 적당하고 기타 금란(金蘭) · 두백(荳白) · 남애(南涯) 등의 포구가 있다. 모두 배를 묶어 두기에 안전하고 고기잡이가 성한 곳이다.

군읍

군읍인 통천은 군의 연해 평지에 위치해서 인가가 다소 조밀하다. 군아 이외에도 구재판소 · 경찰서 · 재무서 · 우체소가 설치되어 있고 일본 상인도 또한 다소 거주하고 있는 자가 있다.

교통

교통은 강원도 해안 가도에 연해있고 이웃 읍 흡곡까지는 70여 리, 장전동까지는 85리이다. 장전동은 장전만 안에 있는 하나의 작은 마을에 지나지 않지만 만은 강원도 제일의 좋은 만으로서 정기선과 기타 부정기선이 기항하기 때문에 해로로 각지에 이르기에 편하다.

통신

통신기관은 통천읍에 있는 우체소 외에 장전동에 우편전신취급소가 있다. 게다가 육지 수송편 외에 해로편이 있어 다소 편리하다.

구획 및 임해면

군내를 구획하여 일곱 면으로 한다. 그 바다에 면해있는 것은 순달(順達) · 용수(龍守) · 양원(養元) · 산남(山南) · 임도(臨道)의 다섯 면이다. 그리고 순달은 북단 흡곡군에 속하는 영외면(嶺外面)에 접하고 그 나머지는 차례대로 늘어서 있으며 임도는 고성군에 속하는 이북면(二北面)에 접한다.

시장

군내 시장은 읍내, 고저, 월현점(月峴店)의 세 곳에 있다. 그리고 그 개시(開市)는 읍내 매 5 · 10일 ▲고저 매 3 · 8일 ▲월현점 매 4 · 9일로서 집산물은 쌀 · 콩 · 팥 그 외에 잡곡 · 면포 · 옥양목 · 면화 · 석유 · 연초 등이 있다.

물산

군의 물산은 농산을 주로 한다. 기타 물고기, 소금도 적지 않다. 주요 어획물은 정어리 · 방어 · 삼치 · 대구로서 1년 중의 어획은 대략 6,300원 내외라고 한다.

제염지

제염지를 열거하면 순달면에 속하는 철산(鐵山) ▲용수면에 속하는 동정(東亭) ▲산남면에 속하는 동자원(童子院) · 외렴성(外濂城) · 외호(外湖) ▲임도면에 속하는 두백(荳白) · 다전(多田) · 두곡(斗谷) · 주험(周驗) · 장전(長箭)[26] 등으로서 1년에 생산은 340여 석, 가액은 7,290원에 이른다고 한다.

순달면(順達面)

통천군(通川郡)의 연해 최북단에 위치하며 북쪽으로는 흡곡군(翕谷郡)에 속하는 영외면(嶺外面)에, 남쪽으로는 통천군의 용수면(龍守面)에 접하고, 동쪽 일대는 바다에 면한다. 연해마을로 고저(庫底) · 총석(叢石) · 포항(浦項) · 전산(錢山) 등이 있다. 그리고 고저는 흡곡군(翕谷郡)에 걸쳐 있으며 그 상황은 전에 개략적으로 서술한 바 있다.

---

26) 원문에는 한자 표기가 長田으로 되어 있다.

총석(叢石, 총셕)

남쪽으로 면하는 사빈(沙濱)으로 인가 31호가 있다. 어업에 종사하는 15호는 춘추 두 기간 사이에 정어리 · 방어 · 삼치 · 고등어 등을 어획하여 이득이 많고 한 해의 어획은 1400원 내외에 달한다. 어선 5척이 있고, 어구는 거망(擧網)을 쓴다. 어살[網代]은 개인의 소유이고 전매(典賣)[27] 혹은 대차(貸借)하는 관행이 있다. 이 지역은 강원팔경의 하나로서 이름이 높다. 수십 개의 석주가 바다 가운데에 모여 서 있는데 모두 육각기둥형[六方形]을 이룬다. 높이는 각 5~6장(丈)이다. 해풍을 맞고 조수에 침식되어 깎아 만든 옥과 같다. 그중에서도 네 석주가 가장 높은데 사선봉(四仙峰)이라고 부른다. 벼랑 끝[斷崖]에는 정자가 있는데 이른바 총석정(叢石亭)이라고 하며 경치가 좋아 풍류객[騷人][28]이라면 한번 들러볼 가치가 있음에 틀림없다. 또한 마을의 서쪽에 언덕 하나가 있는데 어망산(魚望山)이라고 부른다. 이 곳 역시 조망이 좋은 명승지 중 한 곳이다.

포항(浦項)

포항은 총석의 남쪽으로 쑥 들어간 부분에 위치한다. 철산(鐵山)은 그 남쪽에 있는데 한 시내(溪流)의 개구부에서 오른쪽 기슭에 위치한다. 일대는 모두 평지이면서 연안은 사빈이다.

용수면(龍守面)

북쪽의 한 계류로 인해서 순달면과 경계를 이루며 남쪽으로 양원면(養元面)에 접하고 동쪽으로 바다에 면한다. 용수면의 남쪽 경계 근처에 다소 큰 시내의 개구부가 있다. 서쪽 회양군(淮陽郡) 경계에서 발원하여 군읍 통천의 남쪽을 통과해 오는 것으로서 이를 광교천(廣橋川)이라고 한다. 용수면의 임해마을로 평리(坪里) · 동정(東亭) · 금란

27) 의미가 확실하지 않음.
28) 시인과 문사(文士)를 통틀어 이르는 말. 중국 초나라의 굴원이 지은 〈이소부(離騷賦)〉에서 나온 말이다.

(金蘭) · 전진(前津)이 있다.

평리(坪里) · 동정(東亭, 동정)

평리는 순달면과 구획하는 한줄기 시내의 개구부의 왼쪽 구릉에 위치하며 동정(東亭)은 그 남쪽에 있으며 광교천 하구[開口]에 오른쪽 구릉에 위치한 금란과 마주본다. 이 부근 역시 일대가 평지이며 연안은 전부 사빈이다.

금란(金蘭, 금남)

왕년에는 만호(萬戶)가 있었던 지역이었던 적이 있었다. 군읍에 가까워서 양 지역 사이에 왕래가 많았다. 북동쪽을 향한 사빈으로 인가 70여 호가 있어 어업에 종사하는 자들이 많다. 주된 어획물은 정어리 · 삼치 · 방어 등으로서 한해 생산액은 1,400여 원이다.

양원면(養元面)

북쪽은 용수면에, 남쪽은 산남면에 접하고 동쪽은 바다에 면한다. 일대가 평지로서 경작지가 많고 통천군의 주요 농산지이다. 그리고 그 임해마을로 가평(柯坪)이 있지만 또한 농업을 주로 하고 어업에 종사하는 자는 없다. 본 면의 앞에 섬 하나가 있는데 이 섬이 바로 난도(卵島)이다.

산남면(山南面)

북쪽은 양원면에, 남쪽은 임도면(臨道面)에 접하고 동쪽은 바다에 면해 있으며 임해지역이 매우 좁다. 면의 중앙으로 계류 한줄기가 통과한다. 그 유역에 다소의 경작지가 있는데 본 면 이남은 산악과 구릉이 들쑥날쑥[起伏]해서 평지가 적다. 해안도 또한 사빈이 적다. 임해 마을로 동자원(童子院) · 말구미(末九味) · 외호(外湖) 등이 있다. 또 본 면의 앞에는 백도(白島)와 송도(松島)가 떠있다.

동자원(童子院, 동ᄌᆞ원)

양원면의 경계에 위치하고 북동쪽 방향의 사빈이다. 인가는 20여 호이고 정어리 · 삼치 · 방어의 성어지이다. 마을 부근에 울창한 수림이 있고 땔감과 식수가 모두 풍부하다.

말구미(末九味) · 외호(外湖)

서로 붙어 있고 앞쪽은 완만한 만의 형태를 이루는 사빈이다. 지예 망대(網代)를 설치하기에 좋다.

임도면(臨道面)

북쪽은 산남면에, 남쪽은 고원군(高原郡)에 속하는 일북면(一北面)에 접하고 동쪽 일대는 바다에 면한다. 본 면은 해안선이 가장 길고 특히 그 남단인 고성군 경계에는 하나의 큰 만입이 있다. 강원도의 유명한 좋은 만인 장전만이 바로 이곳이다.

임해마을을 열거하면 두백(荳白) · 장룡(長龍) · 하다전(下多田) · 두암(斗岩) · 남애(南涯) · 사진(沙津) · 주험(周驗) · 장전(長箭) 등이 있다. 이 중 장전 다음으로 배를 묶어둘 만한 곳은 두백과 남애이다. 또 속해있는 섬으로 삼도(三島) · 형제도(兄弟島) 등이 있다.

두백(荳白, 두ᄇᆡᆨ)

또는 두백(頭白)이라고도 쓴다. 연안은 사빈이지만 배후는 구릉이 뻗어나와 북동쪽으로 돌출되어 있다. 또 앞쪽에는 송도가 떠있어서 남서북 방향의 풍랑을 피하기에 적당하다. 마을은 만의 북동측에 있고 호수는 80여 호, 어호는 그 절반을 점한다. 이 지방의 성어지이다. 주요 어획물은 정어리 · 방어 · 삼치이고 1년 어획고는 800~900원이라고 한다. 매년 봄에 일본 잠수기선이 내어하는 경우가 있다.

장룡(長龍, 쟝룡) · 하다전(下多田, 하다뎐)

모두 굴곡이 완만한 사빈에 위치한다. 장룡의 북동쪽에 떠있는 도서는 바로 삼도이다. 3개의 섬으로 이루어져 있기 때문에 붙여진 이름이다.

두암(斗岩)

하다전의 남쪽에 다소 돌출한 곳에 있고 두백에서 10여 리 떨어져 있고 북쪽을 향한 사빈이다. 인가는 10여 호이다.

남애(南涯, 남히)

두암의 남쪽에서 약 10리 떨어진 곳에 있고 북동쪽으로 면한다. 만 입구는 다소 넓지만 피박하기에 적당하다. 인가는 30여 호이고 인정이 있고 부드럽다. 마을의 동쪽에 울창한 수림이 있어서 땔감이 풍부하다. 어채물로 주요한 것은 정어리 · 방어 · 전어 · 문어 등이고 1년 어획고는 800원 내외에 이른다. 연안의 수심은 2~7길이다.

사진(沙津)

남애의 남쪽에서 약 5정 내외, 장전에서 북쪽으로 20리 떨어진 곳에 있다. 북동쪽에 면하는 사빈이고 지예망 어장으로 적당하지만 배를 묶어두기에 편리하지 않다. 돌출한 부분은 수림이 울창하고 무성하다. 인가는 34호이고 그 중 어호는 7호이다. 땔감과 식수 모두 많다. 어채물은 정어리 · 문어 · 방어 등이고 1년 어획고는 800원 내외라고 한다.

장전동(長箭洞, 쟝젼)

장전(長箭)은 강원도 제일의 양항(良港)인데, 일본 어부는 군함항(軍艦港)이라고 한다. 아마도 만 내가 넓고 물이 깊어서 큰 배의 정박에 적당해서, 각국 군함이 때때로 입진(入津)하기 때문일 것이다. 만구는 동쪽으로 열려 있고, 동남쪽 월이대(月移臺)에서 꺾여 서쪽으로 만입한다. 배후에는 금강외산(金剛外山) · 장안산(長安山) 등이 우뚝 솟아 있고, 그 지맥이 뻗어 만의 남 · 서 · 북쪽을 에워싸기 때문에 북 · 서 · 남쪽의 바람을 피하기 좋다. 어선 정박장은 만의 북쪽 귀퉁이 장전동 마을의 앞쪽으로, 모든 바람에 안전하다. 그렇지만 겨울이 되면 금강산에서 내리지르는 바람이 맹렬해서 입항(入港)이 곤란한 일도 자주 있다. 근해(近海)는 청어 · 정어리 · 방어 · 삼치 등의 어장으로 유망하다. 매년 일본 정어리 망선(網船)의 출어가 적지 않다.

이곳은 예전에 러시아 포경선이 고래해체작업장을 두었던 곳으로 당시 포경선의 기항이 많았다. 어기에 들어서면 부근 마을에서 출가노동자가 모여서 번영이 극성이었지만 러일전쟁 후 러시아 포경선이 떠나버렸다. 고래해체작업장은 일본동양어업회사(日本東洋漁業會社) 및 나가사키포경회사[長崎捕鯨會社]에서 승계했는데 두 회사 모두 주로 울산 장승포(長承浦)에 근거하여, 이곳으로 오는 일은 드물다. 따라서 예전과 같은 성황을 볼 수 없지만 최근 일본인 정주자(定住者)가 날이 갈수록 증가하고 있다. 부산 북관(北關) 사이를 항해하는 기선이 기항하고 있고, 운수 교통편이 열려 점차 발전의 기운이 고조되고 있다. 항내에는 거망(擧網) 및 방렴(防簾)을 정치(定置)하는 자도 있는데 마을 사람들이 공동으로 경영한다.

제3절 고성군(高城郡)

개관

연혁

본래 고구려의 달홀(達忽)이었는데, 신라 진흥왕 때 주로 삼았으나 후에 군으로 삼았고 지금의 이름으로 고쳤다. 고려를 거쳐 조선도 역시 이에 따랐고 지금에 이른다.

경역

북쪽은 통천군에 남쪽은 간성군에 접하고 서쪽은 금강산맥에 의해서 구획된다. 동쪽 일대는 동해에 면하고 그 연해에 갈도(渴島)·포도(浦島)라는 작은 섬이 있다.

지세

군의 서북 경계지역에 금강외산이 자리하고 있고 지맥이 동쪽으로 달려 장전만을 에워싸고는 월이대로 두출된다. 때문에 수원단 부근에서 장전만에 이르는 연안은 경사가 급하고 평지가 넉넉하지 않지만 그 남측은 다소 완만한 경사지를 이룬다. 특히 군의 중앙을 흐르는 적벽강(赤壁江) 유역은 비교적 넓어서 기름진 논으로 이어져 있는 것을 볼 수 있다. 이 개활지는 소위 적벽강평지로 영동 제일의 쌀 생산지이다.

하류

하류는 적벽강을 제외하고는 큰 강이 없다. 적벽강은 인제와 간성군 경계에서 발원하여 북동쪽으로 흘러 간성군을 통과하여 군읍인 고성의 서쪽으로 흘러내리다 꺾여서 동쪽으로 흐른다. 고성의 남쪽을 지나 봉수진(熢燧津)에 이르러 개구(開口)한다. 본강은 유역이 장대하고 하구 폭이 넓어 영동 제일이지만 역시 하운[舟楫]의 편리함이 없다. 그렇지만 관개의 이로움이 적지 않기 때문에 이 유역에 기름진 논이 있는 것은 앞서 본 바와 같다. 그리고 연어 등 기타 담수어를 생산하여 수산의 이로움 역시 적지 않다.

해안선

해안선은 장전만 안에서 월이대를 지나는 사이는 동서로 달리지만 갑단을 일단 돌면 남쪽으로 바뀌어서 간성군 경계에 도달한다. 그 연장은 22해리 남짓에 이른다. 그리고 연안의 개세를 보면, 수원단을 기점으로 북쪽은 다소 굴곡이 있다. 월이대에 이르는 사이는 사빈이 넓지만 수원단을 기점으로 남쪽은 거의 직선을 이루는 사빈이다. 이 때문에 본군에서 어선을 매어두기에 적합한 땅은 대개 수원단을 기점으로 북쪽에 있다.

구획 및 임해면

군의 행정구획은 8개면이다. 바다에 연한 면은 이북(二北) · 일북(一北) · 동면(東面) · 안창(安昌)이다. 이북 · 일북면은 수원단보다 북쪽에 위치하고, 동면과 안창면은 그 남쪽에 있다.

군읍

군읍인 고성은 옛이름을 농암(農巖)이라 칭했다. 적벽강의 오른쪽 기슭에 있으며 해안가도에 연하고 하구에 있는 봉수진(烽燧津)까지 10리에 불과하다. 군아 이외에 경찰서 · 우체소 등을 두었고 일본인도 약간 거주하며 시가가 제법 번성하다.

교통

교통은 통천군에 속한 장전동까지 40리, 수원단까지 10리에 불과하다. 이 두 지역은 기선이 정기적으로 기항하기 때문에 다소 편리하다.

통신

통신기관은 읍성에 우체소를 둔 것에 불과하지만 장전으로부터 멀지 않기 때문에 심한 불편을 느끼지 않는다.

장시

장시는 읍내에 오직 한 곳이 있을 뿐이다. 음력 매 3 · 8일에 개시되고 하루 개시의 집산액이 800원 내외라고 한다.

물산

물산은 농산물과 해산물을 주로 한다. 농산물로는 미곡이 가장 중요하고 또한 마포 ·

소 · 소가죽을 생산하는 것도 적지 않다.

수산물은 정어리 · 청어 · 삼치 · 방어 · 대구 · 가오리 · 도루묵 · 연어 · 문어 · 해삼 등이고 매년 봄, 가을 삼치 어기에 들어서면 일본어부가 내어하는 경우가 적지 않다. 또한 매년 잠수기선이 내어하는 경우도 있다. 본군에서 1년 중 어류 어획고[水揚高]는 대략 500~600원이라고 한다.

제염지

식염도 역시 다소 생산한다. 제염지를 열거하면 이북면의 성직진(城直津) ▲일북면에는 이동진(梨洞津) · 낭정진(浪汀津) ▲안창면에는 포외진(浦外津) · 송도진(松島津) · 지경진(地境津) 등이다. 1년 제염 생산은 130석이고, 가격은 3,370여 원이라고 한다.

이하 각 면에 대한 임해마을의 개황을 차례로 서술하겠다.

이북면(二北面)

북쪽은 통천군에 속한 임달면에 동쪽은 본군의 일북면에 접한다. 북쪽은 장전만에 근접하고 그 해안선은 짧고 작다. 임해마을은 성직진(城直津) 및 오리진(五里津)이 있다.

성직진(城直津, 셩직)

성직진은 장전만 안의 남쪽 모퉁이에 위치하고 어선을 매어두기에 적당하다.

오리진(五里津)

오리진은 성직진에서 동쪽으로 17~18정에 있다. 해저는 모래바닥이고 종종 암초가 가로놓여 있어서 지예망을 사용하는 것이 어렵다. 인가는 모두 20~30호가 있고 주요 어획물은 청어 · 대구 · 정어리 · 삼치 · 방어 · 도미 등이고 그 중에서 청어어획이 성행한다.

일북면(一北面)

서쪽은 이북면에, 남쪽은 동면에 접한다. 북쪽과 동쪽 두 면은 바다에 면한다. 그리고 본 면에는 월이대가 두출해 있기 때문에 해안선은 비교적 길어서 그 길이는 대략 8.5해리에 이른다. 본 면의 임해마을은 영호진 · 서진 · 이동 · 후진 · 낭정진 등이 있다.

영호진(靈湖津, 령호)

장전만의 남동쪽 모퉁이인 월이대의 북단에 위치하며 어선을 매어둘 수 있다. 인가 수는 수십 호이고 대부분 어업을 생업으로 한다. 어획물은 문어 · 방어 · 삼치를 주로 한다. 특히 문어는 이 지역의 특산물로 형체가 매우 크다고 이름나 있다. 큰 것은 두 마리로 4말들이 통을 가득 채운다. 이 지역은 일본 잠수기선의 중요한 근거지로 매년 내어하는 자가 적지 않다.

월이대(月移臺, 월이ᄃᆡ)

또는 월위대(月位臺)라고도 쓴다. 멀리 북쪽으로 두출하고 그 갑단은 수림이 매우 무성하여 짙은 흑색을 띠고 있어 항해자에게 좋은 표지가 된다. 그렇지만 그 돌각에서 북서쪽으로 650간[29] 정도 지점에 마암(馬岩)이 있다. 세암(洗岩)이기 때문에 확인하기 쉽지만, 그 부근에는 암초가 있어 기선항로의 경계 구역이다.

서진(西津, 셔진)

또는 서허(西墟)라고 부른다. 월이대의 동측에서 대륙으로 만입하는 완만한 작은 만이 이곳이다. 마을은 만의 북쪽 모퉁이에 있으며 남동쪽에 면한다. 만은 사빈으로 지예에 적합하다.

---

29) 1간(間)은 1.818m이고 650간은 약 1.2km이다.

이동(梨洞, 리동)

서진에서 동남쪽으로 16~17정에 있고 배후는 구릉으로 북동쪽으로 탁 트인 사빈의 서북단에 있다.

후진(後津)

앞에서 언급한 사빈의 동쪽 끝에 위치하여 이동과 동서로 마주본다. 모두 작은 마을에 불과하지만 읍성과의 거리가 멀지 않다. 특히 본진에서 읍성에 이르는 데 10리에 불과하고 도로가 평탄하기 때문에 왕래가 편리하다.

낭정진(浪汀津, 랑듸)

후진의 동쪽 10정 정도 거리에 있다. 군읍 고성의 북쪽을 통과하는 계류가 본진의 동쪽을 흘러 바다로 들어간다. 이 부근은 곧 일북면의 동쪽 경계이다.

동면(東面)

북쪽으로 일북면, 남쪽으로 안창면과 접하고 동쪽은 바다와 면한다. 그 해안에 수원단(水源端)이 두출(斗出)해 있다. 또 그 남쪽에 적벽강(赤壁江)이 개구(開口)한다. 임해마을은 말무진(末茂津)·입석진(立石津)·봉수진(烽燧津) 3개가 있을 뿐이다. 대략 다음과 같다.

말무진(末茂津)

말무진[30]은 수원단의 북쪽에 있는 작은 마을이다. 일북면에 속하는 낭정진과 동서로 마주보며 말무진의 앞쪽은 암초와 암암(暗岩)[31]이 흩어져 있다. 수원단에 기항하는 기

---

30) 본문에 미무진으로 되어 있으나 실제 지명은 '말무'이다.
31) 물 속에 있는 큰 바위를 말한다.

선(汽船)이 말무진에 입항한다.

수원단(水源端)

수원단은 강원도의 저명한 갑각(岬角)[32]으로 그 위치를 최근에 간행된 해도(海圖, 명치 42년 6월 간행 제506호)에서 보면 북위 38도 41분 5초, 동경 128도 21분 3초에 해당한다. 갑단에 등대가 있고 그 등대는 연섬(連閃)) 백색으로 매 12초 간격으로 3초에 두 번 연이어 발광한다. 명호(明弧)는 남쪽 36도 13분 남으로부터 남서쪽을 지나 북쪽 2도 서까지 205도 13분이며 광달거리는 17해리이다. 무적(霧笛)을 갖추고 있다(제1집 1편 7장 참조). 이 갑단부터 장전만 안에 이르는 해로는 약 10해리이다.

입석진(立石津)

입석진은 수원단의 남쪽에 있다. 만의 입구가 얕아 계선에 적합하지 않지만 해안은 사빈이라 지예망을 사용할 수 있다. 마을은 해안에서 2~3정 떨어진 곳에 있다. 호수는 30여 호이고 그 대부분이 어업에 종사한다. 마을의 북쪽에 울창한 수림이 있지만 일대가 민둥산이라 땔감이 부족하다. 그러나 식수는 풍부하다. 이 부근에는 내유하는 각종 어류가 풍부하고 특히 근해에서 10~11월 경에 삼치 어군을 여러 차례 볼 수 있다. 주요 어채물은 정어리 · 고도리 · 아귀 · 방어 · 삼치 등이다.

봉수진(烽燧津, 봉슈)

봉수진은 입석진 남쪽, 적벽강 개구의 우안(右岸)에 있다. 그 위치는 군의 집산지에 해당하지만 탁 트인 사빈으로 배를 매어두기에 불편하다. 동쪽으로 1해리 남짓한 곳에 갈도(渴島)가 떠 있고 작은 섬과 암초가 점점이 흩어져 있다.

32) 바다 쪽으로, 부리 모양으로 뾰족하게 뻗은 육지를 말한다.

안창면(安昌面)

북쪽으로 동면, 남쪽으로는 간성군에 속하는 현내면과 접한다. 군의 남동쪽 끝에 있는 땅이 바로 이 안창면이다. 해안은 사빈이며 직선을 이룬다. 임해마을로는 포외진(浦外津)·송도진(松島津)·지경동(地境洞)이 있고 속도(屬島)로는 포도(浦島)가 있다. 개황은 다음과 같다.

포외진(浦外津)

포외진은 봉수진의 남쪽에 위치하며 만은 반월형을 이룬다. 그 북단은 구릉으로 이루어진 돌출된 갑각이고 그 아래는 암초가 겹겹이 점재(點在)하여 자연적 방파제가 된다. 그러므로 북서쪽의 풍파를 피하기에 충분하다. 수심은 5~6길이고 해안은 사빈으로서 지예망을 사용하기에 적합하므로 정어리어업이 매우 번성하다. 마을은 만의 북서부에 있고 인가가 53호, 그 중 30호가 어업을 주로 한다. 식수가 풍부하지만 질이 좋지 않다. 지예망, 자망을 갖고 있으며 삼치끌낚시[鰆曳釣]를 영위하는 자가 있다. 주요 어채물은 정어리·고도리·방어·삼치·전복 등이다.

송도진(松島津)

송도진은 포외진의 남쪽에 있고 해안은 사빈이다. 그러나 앞바다에서 5리 쯤에 이르면 암초가 흩어져 있어 어구의 사용이 용이하지 않다. 또 연안은 계선이 불편하다. 인가는 26호이고 그 중 10호가 어업을 주로 한다. 식수와 땔감이 풍부하다. 부망(敷網), 지예망을 갖고 있다. 주요 어채물은 정어리·방어·메가리[小鰺]·전복·고도리 등이다.

지경진(地境津)

지경진은 송도진의 남쪽 10리 쯤으로, 군의 남단에 위치하며 간성군의 저진(猪津)에서 18정 떨어진 곳에 있고 북동쪽은 바다에 면한다. 연안의 수심이 5~6길이고 암석이 많아서 계선에 불편하다. 인가가 17호이고 그 중에서 어업을 하는 호는 3호로 제염(製

鹽)도 겸한다. 땔감과 식수 공급이 부족하지 않다. 어업은 정어리지예망, 방어부망과 삼치끌낚시 등으로 한다. 또 삼치 · 메가리[小鰺] · 전복 등의 어획이 많다.

제4절 간성군(杆城郡)

개관

연혁

본래 고구려의 수성군(迂城郡, 일명 加羅忽)이었다가 신라 때 수성(守城)으로 고쳤다. 고려 때 현으로 삼아 후에 군으로 회복시키는 동시에 지금의 이름으로 고치고 고성군을 관할하게 하였다가 고려 말 공양왕 때 다시 분리되어 지금에 이르고 있다.

경역(境域)

북쪽은 고성군, 남쪽은 양양군과 접하고 동쪽 일대는 바다와 면한다. 속도(屬島)로는 저도(猪島) · 초도(草島) · 죽도(竹島) · 백도(白島) · 가도(駕島) · 무로도(無路島) · 광포죽도(廣浦竹島) 등이 있지만 모두 작은 도서(島嶼)에 불과하다.

지세(地勢)

해안부터 서쪽으로 길게 뻗어 있는 척량산맥에 이르는 50~100리의 지맥이 종횡한다. 그러므로 평지는 매우 협소하다. 그러나 해안 부근은 비교적 완만한 경사지가 많다.

해안선

해안선의 길이는 22해리에 달하지만 대개는 사빈으로 평탄하다. 그 중 조금 돌출된 것이 북쪽에서는 저진단(猪津端), 남쪽으로 내려와서는 거진단(巨津端) · 덕포단(德

浦端)·망포단(望浦端)이다. 그러나 현저한 표지[目標]가 없어서 항해자들이 어느 곳이 어느 곳인지 분별하기가 어렵다. 그 중 다소 분별이 가능한 것은 거진과 아야진(鵝也津)이며 거진은 연안 항해기선의 기항지이다.

하천

하천은 군의 중앙을 흐르는 북대천(北大川)·남대천(南大川)이 있고 그것과 나란히 북쪽에 명파천(明波川)·거춘천(巨春川)이 있고 남쪽에 성천(城川)이 있지만 모두 세류(細流)에 불과하다.

호소(湖沼)

호소로는 연안의 북쪽에 화진호(花津湖), 중앙에 송지포(松池浦)가 있고 남쪽에 강호(康湖)·영랑호(永郎湖) 등이 있다. 이 중 강호와 영랑호는 담수호(淡水湖)이지만 다른 곳은 바닷물이 드나든다.

경지(耕地)

경지로 크게 볼 만한 것이 없지만 연안의 주요 경지는 거진과 오리진(五里津) 부근이다. 모두 논으로 400~500정보(町步)이다. 이 경지들은 간성군 제1의 쌀 생산지로 매매가격은 논 1단보(段步)에 상전(上田)은 30원 정도, 하전(下田)이 12~13원이고 밭은 500평에 14~15원이다.

산악이 중첩되어 끊임없이 뻗어 있으나 겨우 어린 소나무와 잡목이 드문드문 자라는데 그쳐서 삼림으로 볼 만한 것이 없다.

구획과 임해면(臨海面)

군내는 14개의 면이 있다. 그 중 바다에 면한 것은 현내(縣內)·오현(梧峴)·대대(大岱)·왕곡(旺谷)·죽도(竹島)·토성(土城) 6개 면이다. 현내면은 북쪽에 있고 고성군에 속하는 안창면과 접한다. 이하 순서대로 이어져서 토성면은 양양군에 속한 소천면과 접한다.

군읍(郡邑)

군읍 간성은 수성(迂城) 또는 수성(水城)으로 불린다. 군내면(郡內面)에 있고 거진에서 서쪽으로 20리가 채 못 되는 거리에 있다. 군아(郡衙) 외에 순사주재소 · 우편전신취급소가 있다. 상업도 조금 번성한 편이다. 일본인 거주자로는 올해 말 현재 9호 15인이 있다.

교통

교통은 해안가도가 종관하고 도로가 평탄해서 비교적 편리하다. 북쪽의 고성읍까지 90리, 남쪽의 양양읍까지 90리이다. 해로교통은 거진으로 정기선이 들어와서 불편을 다소 해소할 수 있다.

통신

통신은 읍성에 우편전신취급소가 있어서 비교적 편리하다.

시장

시장은 읍성과, 토성면에 속하는 교암(橋岩) 2곳에 있다. 개시는 읍성장이 매 2 · 7일. ▲교암장이 매 1 · 6일이다. 집산물은 잡곡 · 어류 · 소[生牛] · 면포 · 옥양목[金巾] 그 외 잡화이다. 집산구역은 읍성장은 중앙과 북쪽 , 교암장은 남부 일원이다.

물산

물산은 농산과 수산을 주로 한다. 그러나 평지가 협소하고 경지가 적어서 곡류의 생산이 많지는 않다.

수산물은 정어리 · 방어 · 삼치 · 상어 · 전어 · 도미 · 고등어 · 대구 · 명태 · 연어 · 송어 · 미역 등으로 그 중, 정어리의 어획이 가장 많다.

제염고(製鹽高)는 관찰도의 보고에 의하면 1년 생산량이 1,068석, 가격은 3,258원이다. 그 산지를 나열하면 다음과 같다.

현내면	명파리(明波里) · 마차진(麻次津) · 초도(草島) · 사천(泗川)
오현면	수외리(水外里)
대대면	송호진(松湖津)
왕곡면	선유리(仙遊里)
죽도면	오리진(五里津) · 망포리(望浦里)
토성면	교암리(橋岩里) · 천진리(天津里) · 사진(沙津)

현내면(縣內面)

북쪽은 고성군에 속하는 안창면에, 남쪽은 간성군의 여산(驪山)과 오현(梧峴)의 두 면에 접한다. 동쪽 일대는 바다에 면하고 현내면 임해마을에 저진(猪津) · 명파리(明波里) · 마차진(麻次津) · 대진(大津) · 초진(草津) · 초도리(草島里)가 있다. 또 속하는 섬에 석도(石島)와 초도(草島)가 있다.

저진(猪津, 져진)

저진은 간성군의 북쪽 경계에 위치하여 고성군 경계의 남쪽 10리 쯤에 있다. 만구는 동쪽을 향하고 만의 남서쪽 끝에는 해발 70~80피트의 작은 언덕이 연이어져 있어 표지가 된다. 마을은 만 내의 서남쪽에 흩어져 있는데 인가는 56호이고, 그 절반 이상이 고기잡이를 주로 하고 지예망 1통, 어선 1척을 가지고 있다.[33] 만 내의 각 곳에 위험한 바위가 점점이 흩어져 있다. 지구도 역시 협소하여 지예망은 현재 더 이상 수용하기 어렵다. 그렇지만 이곳은 잠수기선의 근거지로서 적당할 것이다. 주요 해산물은 정어리 · 방어 · 대구 · 삼치 · 볼락 · 전복 · 김 · 파래 등이다.

33) 인가 56호의 절반 이상 즉, 대략 28호 정도가 어업에 종사하는데 겨우 지예망 1통과 어선 1척밖에 없다는 것은 의문스럽다.

명파리(明波里, 명하)

명파리는 저진의 남쪽, 명파천 개구의 왼쪽 언덕에 위치하고 제염지로서 고기잡이는 성하지 않다.

마차진(麻次津, 마자진)

마차진은 저진의 남쪽에 위치하고 만구는 동쪽에 면하며 폭은 약 100간(間)[34]이다. 만 내는 일대가 사빈으로서 남북 양쪽 끝 즉 만의 갑각을 이루는 수림이 무성하여 백사청송이 벽해에 비쳐 풍경이 볼 만하다. 마을은 사빈을 따라서 56호가 있다. 그 중 고기잡이를 영위하는 자는 20호이고, 땔감과 물도 모자라지 않고 지예망 1통, 어선 3척이 있다. 주요 해산물은 정어리 · 방어 · 대구 · 볼락 · 문어 · 해삼 · 미역 등이다. 이곳에 일본인 거주자는 1호 4명이고 매년 봄철에 이르면 그 잠수기선의 내어가 적지 않다.

대진(大津, ᄃᆡ진)

대진 또는 황금진(黃金津)이라고 칭하고 마차진의 남쪽, 초도리의 북쪽에 위치한다. 만구 동쪽에 면하고 배후로는 구릉을 등져서 서북풍을 피하기에 적당하다. 만의 양 끝에는 2~3개의 암초가 흩어져 있지만 위험하지는 않다. 만 내 수심은 1~2길로서 다소 대형 어선이 계류할 수 있다. 마을은 만 내의 정면에 있고 인가는 50호이며 그 절반 이상이 고기잡위를 영위한다. 이곳은 땔감은 부족하지만 식수는 충분히 있고 해산물에는 정어리 · 대구 · 삼치 · 도미 · 명태 등이 넉넉히 생산된다. 봄 · 가을 두 계절에는 일본의 고등어 · 삼치 어선이 내어하는 경우도 있고 봄철에는 잠수기선이 근거지로 삼는 경우도 있다.

초도리(草島里, 죠도리)

초도리는 대진의 남쪽, 초진의 북쪽에 위치하고 일대가 사빈이고 전면에 작은 섬이

---

34) 본문에서는 간(間)이 문(問)으로 잘못 표기되어있다. 1간은 약 1.82m이다.

하나 있는데 초도라고 부른다. 마을은 만의 정면에 있고 인가는 30호이고 그 중 고기잡이를 영위하는 자는 10호이며, 배후에 논은 10여 정보가 있다. 식수는 부족하지 않지만 땔감은 부족하다. 해산물은 마차진과 같다.

오현면(梧峴面)

북쪽으로 현내면(縣內面)에, 서쪽으로 여산(驪山)・구산(邱山) 2면에 남쪽으로 대대면(大岱面)에 접하고, 동쪽은 해안에 면한다. 연안에 아주 큰 염호[鹹湖]가 있다. 그것을 화진호(花津湖)라고도 한다. 호수에 연한 곳으로 장평진(長坪津)・화진포(花津浦)가 있고, 연해에는 수외리(水外里)・거진(巨津)이 있다. 거진은 간성군 제일의 항구[良津]로서 증기선의 기항지라는 사실은 이미 언급한 바 있다.

장평진(長坪津, 쟝평)

화진호(花津湖) 개구부 우측에 있으며 인가 20여 호 중 어호(漁戶)는 5호가 있다. 지예망(地曳網) 1통, 어선 3척을 소유하고 있다. 근해는 지예(地曳)에 적합하지 않지만 대부망(大敷網)을 사용하기에 알맞다. 정어리・삼치・방어・도미의 회유(回遊)가 많다.

거진(巨津)

오현면(梧峴面)의 남동쪽 끝에 위치하고, 구릉으로 이루어진 갑각(岬角)은 그 동쪽으로 돌출되어 북쪽과 북동쪽을 막는다. 그렇지만 남동쪽은 탁 트여있다. 만 내에서 남서쪽 일대는 모두 사빈으로 지예(地曳)에 적합하다. 이 지역은 간성군 유일의 증기선 기항지로서 월 2~3회 정기선이 기항한다. 거진으로부터 북쪽 장전(長箭)에 이르는 항로는 29해리이고, 남쪽 양양군(襄陽郡) 속진(束津)까지는 17여 해리 정도이다. 읍성(邑城)에 이르는 20리 길은 다소 멀지만 평탄하기 때문에 차마가 통행하기에 충분하다. 남쪽으로 수외리(水外里)에 이르는 일대는 경지가 잘 개척되어 논이 넓게 펼쳐진 것을 볼 수 있다. 이곳은 바로 간성군의 주요 쌀 생산지이다.

이 지역은 강원도에서 손꼽히는 성어지(盛漁地)로서 일본인의 거주(居住)는 올해 말 현재, 3호 8인이다. 주요 어획물은 정어리 · 삼치 · 방어 · 고등어 · 전갱이 · 도미 · 해삼 · 전복 등이고, 정어리 · 전복 · 전갱이는 봄 3~6월까지, 가을 8~10월까지이고, 방어는 9~10월 경에 부망(敷網)으로 잡는다.

수외리(水外里)

거진(巨津) 남서쪽에 흐르는 작은 개울[溪流] 거춘천(巨春川)의 오른쪽 기슭에 있어 대대면(大岱面)에 속하는 송호(松湖)와 마주한다. 염업지(鹽業地)로서 고기잡이는 성하지 않다.

대대면(大岱面)

북쪽으로 구산(邱山)과 오현(梧峴)의 2면에, 남쪽으로 군내(郡內)와 왕곡(旺谷) 2면에 접하고 그 연해는 곧게 뻗은 사빈이며, 임해마을로 송호(松湖) · 반암(盤巖) · 죽동(竹洞) 등이 있다.

송호리(松湖里)

송호리는 대대면(大岱面) 북쪽에 있으며, 사천(蛇川)을 끼고, 오현면(梧峴面)에 속한 수외리(水外里)와 마주한다. 마을 사람들은 염업(鹽業)에 종사하는 자들이 있다.

반암(盤巖)

송호리(松湖里) 남쪽에 위치하고 앞쪽은 탁 트인 사빈이다. 마을 사람들은 지예(地曳)에 종사하는 자들이 있다.

죽동(竹洞, 죽동)

반암 남쪽에 위치하며 개울[溪流] 하나와 연한다. 이 지역도 역시 염업(鹽業)에 종사하는 자들이 있다.

왕곡면(旺谷面)

북쪽으로 군내(郡內), 대대(大垈) 2면과, 남쪽으로 죽도면(竹島面)에 접하고, 그 연해에 북천(北川)과 남천(南川)이 개구한다. 임해마을으로 선유(仙遊) · 용포(龍浦) · 가진(加津) · 덕포(德浦) · 공수(公須) · 송지포(松枝浦) 등이 있다.

선유(仙遊), 용포(龍浦, 룡포)

선유는 북대천(北大川)의 왼쪽 기슭에 있고, 용포(龍浦)는 남대천(南大川) 오른쪽 기슭에 있다. 모두 제염지(製鹽地)이다.

가진(加津)

또한 가진(可津)이라고도 쓴다. 남대천(南大川)의 왼쪽 기슭에 있다.

덕포(德浦)

덕포는 왕곡면(旺谷面) 중앙 돌출부의 북쪽에 있다. 앞쪽에는 탁 트인 사빈이 있다.

공수진(公須津, 공슈진)

공수진은 덕포 남쪽에 있는데, 연안에 암초가 흩어져 지예(地曳)에 적합하지 않다.

송지포(松枝浦)

송지포는 아주 큰 염호[鹹湖]와 연하고 죽도면(竹島面)에 속하는 오리진(五里津)과 마주한다.

이상은 전부 작은 마을로서, 어업이 부진하다.

죽도면(竹島面)

북쪽으로 군내(郡內), 왕곡(旺谷) 2면에, 남쪽으로 토성면(土城面)에 접하고, 임해 마을로 오리진(五里津) · 망포(望浦) · 괘진(掛津)이 있다. 연해는 암초가 흩어져 있지만 또한 사빈이 많다. 속도(屬島)로 죽도(竹島) · 백도(白島) · 가도(駕島) · 무로도(無路島) 등의 작은 섬이 있다.

오리진(五里津)

죽도면 북쪽에 있고 염호[鹹湖]인 송지포(松池浦)의 개구부에 위치한다. 앞쪽은 완만하게 굽어있는 사빈이지만, 부근에 암초가 흩어져 있다. 또한 남북에 두 개의 섬이 떠 있는데, 북쪽은 죽도(竹島), 남쪽은 백도(白島)이다. 죽도는 예로부터 전죽(箭竹)의 생산지로서 유명하다. 그리고 그 주변에는 해삼 · 전복 · 기타 해조류가 많이 난다.

송지포(松池浦)

송지포는 왕곡면(旺谷面) 경계에 있는 큰 염호이고, 선유담(仙遊潭)이라고 부른다. 포의 서북쪽에 마을 하나가 있다. 호수의 이름과 마찬가지로 송지포(松池浦)라고도 하고, 송지포(松枝浦)라고도 쓴다. 호수 남서쪽 모퉁이에 계류가 흘러오는 부근은 논이 잘 개척되어 간성군에서 손꼽히는 곳이다.

망포(望浦)

오리진(五里津) 남쪽에 있는 돌출부 서쪽에 있어서, 서풍과 북풍을 피할 수 있다. 그렇지만 그 규모가 매우 작다.

괘포(掛浦)

망포(望浦) 남쪽의 한 시내 개구부의 왼쪽 기슭에 있어 망포와 마주한다. 앞쪽은 다소 만입하지만 암초가 많다. 그 남쪽에 떠있는 작은 섬 하나는 즉, 가도(駕島)이다. 이곳에서도 역시 제염(製鹽)에 종사하는 자가 많다.

토성면(土城面)

군의 남단에 위치하고 북쪽은 죽도면에, 남쪽은 양양군에 속하는 소천면(所川面)에 접한다. 임해 마을로 교암리(橋岩里) · 아야진(鵝也津) · 청동(淸洞) · 천진(天津) · 광포(廣浦) · 사진(沙津)이 있다. 속한 섬으로는 광포죽도(廣浦竹島) · 사진(沙津) · 형제서(兄弟嶼)가 있다.

교암리(橋岩里)

죽도면에 속하는 괘포(掛浦)와 이어져 있다. 시장이 있는데 음력 매 1 · 6일에 열리고 간성군 남부의 집산지이다. 어업은 부진하다. 마을 사람들 중 염업에 종사하는 자가 있다.

아야진(鵝也津)

죽도면에 속하는 괘포의 남쪽에 위치하고 거진에서 남쪽으로 85리 떨어진 곳에 있다. 만은 동쪽으로 열려있고 남북의 둘로 나뉜다. 북만은 입구가 20간 정도, 수심은 1길로 암초가 많지만, 남만은 입구가 약 100간, 수심은 2.5길로 모래·진흙 바닥이고 구릉으로 에워싸고 있기 때문에 남서 · 남북풍을 피하기에 적당하다. 때문에 어선이 피항하는 곳으로 종래 일본어부 사이에 그 이름이 알려져 있었다. 그렇지만 만 입구에는 암초가 흩어져 있기 때문에 동북풍이 조금 거칠 때는 출입이 매우 위험해서 때때로 난파되는 경우도 있다. 마을은 만의 서쪽 안에 있고 인가는 75호이다. 거의 어업을 생업으로 하고 거진과 나란히 간성군의 제일의 성어지이다. 어선 6척, 방어·대구 부망 2통이 있다. 주요 해산물은 정어리 · 방어 · 삼치 · 도미 · 대구 · 명태 · 볼락 · 문어 · 해삼 · 전복 · 미역 · 김 등이다. 일본인 모리 만지로[森萬次郎]라는 자가 7~8년 전부터 이 지역에 거주하면서 상업과 어업에 종사하고 있는데 마을 사람들 사이에 신용이 두터워서 그의 이름을 수백 리 밖에서도 알고 있다. 이 지역은 매년 봄철에 일본잠수기선이 내어하는 경우가 많아서 그 때가 되면 만 내 남북 양 기슭에 창고를 짓고 성황을 이룬다. 또 최근 연안을 항행하는 기선이 월 1회 왕복 기항하는 것이 있다.

청간리(淸澗里)

아야진의 남쪽 10정에 위치하고 작은 계류인 지성천(至誠川)의 하구에 있다. 호수는 30여 호이고 절반이 어업에 종사한다. 어선 12척, 지예망 2통, 부망 1통이 있다. 주요한 해산물은 아야진과 같다. 연안은 하얀 모래가 펼쳐져 있어서 풍경이 좋다. 관동팔경 중 하나로 청간정(淸澗亭)이라는 이름은 바로 이 마을에서 나온 것이다.

광포(廣浦)

청간리의 남쪽 17정 정도에 있다. 호수는 50여 호이고 거의 모두 어업을 생업으로 한다. 어선 10척, 지예망, 부망 모두 2통이 있다. 이 지역에 담수호가 있는데 경호(庚湖)가 바로 이것이다. 광호(廣湖)라고도 쓴다. 또 여은포(汝隱浦)라고도 부른다. 면적은 50여 정, 수심은 1길 내외이고 숭어 · 붕어 · 잉어 등을 다소 생산한다.

사진(砂津)

광포리에서 남쪽으로 30정 떨어져 있고 군의 남단에 위치한다. 호수는 40여 호이고 절반은 어호이다. 어선 6척, 지예망, 부망 모두 3통이 있다. 부근에 면적 약 500정, 수심 2~3길에 달하는 호수가 있다. 영랑호(永郎湖)라고 부른다. 호수의 기슭에는 구불구불하고 기이하게 생긴 바위가 점점이 늘어서 있다. 작은 봉우리가 솟아 호수의 한가운데로 뻗어 있다. 푸른 산과 맑은 물이 서로 어울려 풍경이 아름답다. 이 지역도 또한 관동경승의 하나로 유명하다.

제5절 양양군(襄陽郡)

개관

연혁

원래 고구려 때 익현현(翼峴縣, 혹은 이문현伊文縣이라고 한다.)이었는데, 신라가 군(郡)으로 삼아서 수성(守城)이라고 하였다. 고려 고종(高宗) 때 양주(襄州)라고 하였고, 조선 태종(太宗) 13년에 도호부(都護府)로 삼고, 태종 16년에 지금의 이름으로 고쳤다.

경역(境域)

북쪽은 간성군에, 남쪽은 강릉군에 접한다. 동쪽 일대는 바다에 면하며, 속도(屬島) 2개가 있다. 북쪽에 있는 것은 난도(卵島)이고, 남쪽으로 강릉군 경계 부근에 떠 있는 것은 조도(鳥島)이다.

지세(地勢)

서쪽 일대는 분수령으로 경계를 이루며 그 지맥이 양양 지역을 종횡으로 길게 뻗어 있는 것은 간성군과 다르지 않다. 그렇지만 산정(山頂)은 대개 광활해서 그다지 험준하지는 않다. 해안 부근에서는 완경사를 이루는 구릉지가 많다.

해안선

해안선은 총 길이가 약 22해리에 이르지만 대개 사빈(砂濱)이고 직선을 이룬다. 연안 중에 다소 돌출한 곳은 북쪽 경계인 속진(束津)의 비선장(飛仙場)이고, 남하하면 옹진단(甕津端) · 낙산단(洛山端) · 수산단(水山端) · 기사문단(其士門端) · 남애단(南涯端) 등이다. 항만 중에는 양호한 곳이 없다. 그 중 다소 괜찮은 곳은 속진 및 옹진이다. 모두 양양군의 북쪽에 위치하는데, 속진은 양양군에 있는 유일한 기선(汽船)

기항지이다.

하류(河流)

하류(河流)는 여러 줄기가 있지만 모두 가는 물줄기에 불과하다. 그 중 다소 커서 유명한 곳은 남강(南江)이라고 한다. 군의 중앙을 흘러 군읍의 남쪽을 지나 바다로 들어간다. 배의 운항상 편의는 없지만 연어와 기타 담수어가 다소 생산된다.

산림(山林)

산림은 대개 간성군과 같다. 대부분은 잡목이 무성할 뿐이다. 전진(前津) 부근에 소나무숲이 한 곳 있는데, 멀리 10리까지 뻗어있고 면적이 약 2만 평(坪)에 이른다. 그 중 둘레가 3~5척에 달하는 큰 나무도 적지 않다.

호소(湖沼)

호소로 청행호(靑幸湖)·쌍호(雙湖)·경호(庚湖)가 있다. 청행호는 북쪽 경계에 있는 영랑호(永郎湖)와 나란히 있는데 이 호소들 중에서 크다. 염수호[鹹水湖]로 둘레가 약 50정(町)에 달하며, 깊은 곳은 2길 내외에 달한다. 쌍호는 중앙의 수산진(水山津) 부근에 있고 가장 작다. 경호는 남단(南端)에 있는 남애(南涯) 부근에 있으며 크기는 청행호 다음이다. 이 두 개 호(쌍호와 경호)도 역시 다소 염수가 섞여 있다.

구획 및 임해면

양양군 내 구획은 12면(面)이며, 그 중 해안이 있는 곳은 소천(所川)·도문(道門)·강선(降仙)·사현(沙峴)·위산(位山)·동면(東面)·남면(南面)·현북(縣北)·현남(縣南)의 9개 면이다. 그리고 배열은 소천면이 가장 북쪽에 위치하고 간성군에 속하는 토성면과 경계를 이룬다. 도문 이하는 차례로 늘어서 있고, 현내면은 가장 남쪽에 위치하여 강릉군의 신리면(新里面)과 이어진다.

군읍(郡邑)

군읍인 양양은 위산면에 있고, 속진과 남서쪽 40리 거리에 위치한다. 옛날 도호부를 두었던 곳으로 인가가 다소 조밀하다. 군아 외에 재무서 · 우편전신취급소 · 순사주재소가 있다. 올해 말 일본인 현재 거주자는 15호, 20인이며 상업이 다소 번성하다.

교통

교통은 강릉읍을 주로 하는데, 이 읍까지는 120리이다. 다소 멀긴 하지만 길이 험하지 않고, 차마(車馬)가 다니는 데 지장이 없다. 해로 교통은 속진에 기선이 기항하지만 월 1회 왕복하는 데 그칠 뿐이다. 바로 연결되는 해로 교통지는 북쪽 간성의 거진(巨津), 남쪽 강릉의 주문진(注文津)이다.

통신

통신기관을 둔 곳은 오직 군읍인 양양 뿐이다. 그렇지만 그 곳에서는 전보도 취급하므로 다소 편리하다.

장시

장시는 읍하(邑下) · 물류(沕溜) · 동산(洞山) 세 곳에 있다. 개시는 읍하 음력 매 4 · 9일 ▲물류 매 5 · 10일 ▲동산 매 5 · 10일인데, 읍하가 가장 성행한다. 집산물화 중 주요한 것은 소[生牛] · 어류 · 면포(綿布) · 옥양목 · 목화[棉花] · 석유 등이라고 한다.

물산

물산은 잡곡 · 소 · 마포(麻布) 및 어염(魚鹽) 등이다. 소는 해마다 200~300마리를, 마포는 3천여 필(疋)을 생산한다. 소는 원산 및 부산에 거주하는 일본상인이 매수하는 경우가 적지 않다. 마포는 부근 장시에 내다 팔고, 또 원산 · 경성 지방으로 수송된다.

수산물

수산물 중 주요한 것은 정어리이다. 이에 버금가는 것은 방어 · 삼치 · 고등어 · 상어 · 도미 · 전어 · 문어 · 전복 · 해삼 · 홍합 · 미역 · 연어 · 송어 등으로, 1년 생산액은 2,300~2,400원(圓)이라고 한다.

제염고 및 제염지

식염의 생산량은 관찰도의 보고에 의하면, 평균 1년의 생산이 2,345석(石), 가액은 4,688원이라고 한다. 소금 생산지를 기록하면 다음과 같다.

소천면(所川面)	부월리(扶月里)	남면(南面)	여운포(如雲浦)
도문면(道門面)	내물류(內沕溜)	현북면(縣北面)	하광정(下光丁)
사현면(沙峴面)	정암리(釘岩里)	현남면(縣南面)	동산리(洞山里) · 남애(南涯) · 지경(地境)[35]
위산면(位山面)	조산리(造山里)	동면(東面)	가평(柯坪) · 학포(學浦) · 굴포(屈浦)

소천면(所川面)

북쪽은 간성군에 속하는 토성면(土城面)에, 남쪽은 양양군의 도문면에 접한다. 해안선은 짧지는 않지만 영랑호(永郎湖) · 청초호(青草湖) 등의 큰 염호[鹹湖]가 임해지역의 태반을 차지하고 있기 때문에 여유지[餘地]가 좁고, 마을에는 지경(地境) · 속진(束津) · 부월리(扶月里) · 외옹진(外甕津)이 있을 뿐이다. 그리고 연해에 난도(卵島)가 떠 있다.

속진(束津)

속진은 간성군 사진(砂津)과 남쪽으로 10정(町) 거리에 있다. 남북으로 약간 돌출해

---

35) 본문에는 北境이라고 되어 있으나 지도를 보면 地境으로 보인다.

있어서 만형(灣形)을 이룬다. 그리고 만 내의 서쪽에서부터 북쪽의 돌각(突角), 즉 비선장(飛仙場)까지 다소 높은 구릉이 둘러싸서 서쪽과 북쪽을 병풍처럼 막아준다. 또 그 돌각 부근에는 노암(露岩)이 점점이 늘어서서 만구(灣口)를 향해 있어서, 외해(外海)에서 밀려오는 파도가 부서진다. 때문에 속진은 서풍과 북풍을 피할 수 있을 뿐 아니라 동풍도 다소 견딜 수 있다. 만 내의 수심은 약 3길이고, 바닥은 사토(砂土)이다. 대부분의 선박이 출입하고 정박하는 데 지장이 없지만 만 내는 넓지 않다. 또 적당히 만구를 막아주는 것이 없으므로 원래 양항이라고 할 만한 곳은 아니다. 오직 양양군 안의 각 진(津)·포(浦) 중 다소 정박 가능한 항에 속할 뿐이다. 그렇지만 속진은 양양군에서 유일한 기선 기항지이며, 월 1회 정기적으로 왕복 기항하는 것이 있다. 이곳은 땔감과 식수가 모두 풍부해서 입항하는 선박의 공급에 지장이 없다. 만구 및 그 부근에는 암초가 드러나지만 만 내는 장애물이 없다. 지예망 및 충취망(沖取網) 등의 사용에 지장이 없다. 어획이 많은 것은 정어리이고, 기타 방어·삼치·상어·전어 등이 그 다음이다. 마을은 만의 북서쪽에 있는데, 호수 78호, 인구 360여 인이 있다. 그 중 어업을 영위하는 것이 67호이다. 어선 16척, 지예망 3통, 자망(刺網) 6통이 있다. 봄·가을 두 계절에 일본어선이 내어하는 경우가 적지 않다.

부월리(扶月里)

부월은 염수호인 청초호의 남쪽 기슭에 위치하고, 어업은 정어리어업을 주로 한다. 또 제염에 종사하는 자가 있다.

외옹진(外瓮津)

외옹진은 면의 남쪽 끝에 있는데 도문면에 속하는 내옹진(內瓮津)과 함께 하나의 마을을 이룬다. 만은 작은 언덕으로 이루어진 돌각, 즉 옹진단(瓮津端)의 남북 양측에 있다. 즉 북쪽에 있는 것은 외옹진이고, 남쪽에 있는 것은 내옹진이다. 외옹진은 동쪽으로 면해서 활모양을 이루는 것 외에는 아무것도 만구(灣口)를 막아주는 것이 없으므로 원래부터 풍파를 견딜 만하지 않지만, 내옹진은 어선을 매어두기에 안전하다. 상황은 내옹진에서 서술할 것이다.

난도(卵島, 랑도)

난도는 속진의 남쪽 1해리 내외에 떠 있는 둘레 3정(町) 가량의 작은 섬으로, 해도(海圖) 306호〈명치 43년(1910) 6월 18일 간행〉에 조도(鳥島)라고 기록되어 있다.36) 얼룩조릿대[熊笹]가 울창해서 무성하지만 수목은 큰 것이 없다. 가장 큰 것은 83피트이다.

도문면(道門面)

북쪽은 소천면에, 남쪽은 강선면에 접하고, 해안선은 극히 짧다. 그러므로 임해마을로는 내옹진(內甕津) 및 내물류진(內沕溜津) 두 곳이 있을 뿐이다.

내옹진(內甕津, 닉옹진)

내옹진은 앞에서 본 것처럼 소천면에 속하는 외옹진과 남북으로 붙어서 하나의 마을을 이룬다. 내옹진은 옹진단을 향해 남쪽에서 북쪽으로 만입하고 만구는 매우 협소해서 마치 염낭[巾著]모양을 이룬다. 때문에 동서남북 어느 방향의 풍파에도 걱정할 필요가 없지만 만구가 좁을 뿐만 아니라 부근에는 암초가 무수히 흩어져 있으므로 풍파가 일 때에 입항하려면 매우 어렵다. 게다가 만 내도 역시 넓지 않아 겨우 몇 척의 어선을 수용하는데 족할 뿐이다. 단 풍파가 밀려오기 전에 입항하면 아주 안전하다. 인가는 내옹진·외옹진을 합해서 약 50호이고, 농사를 주로 하며 어업은 정어리 지예망, 대구 자망, 삼치 유망 등을 행한다. 어선이 몇 척 있다.

내물류(內沕溜)

내물류는 외옹진의 남쪽에 위치한다. 일대가 사빈으로 어선을 매어두기에 편하지 않다. 어업은 정어리 지예망을 주로 하고, 또 제염에 종사하는 자도 있다.

---

36) 앞에서는 난도·조도를 별도의 섬으로 기록하고 있다.

강선면(降仙面)

북쪽은 도문면에 남쪽은 사현면에 접한다. 해안선이 짧고 적으며 임해마을로는 물류(沕溜)가 유일할 뿐이다.

물류(沕溜)

물류는 도문면에 속한 내물류의 남쪽에 위치하고 한 계류에 연한다. 군내에는 장시가 하나 있는데 음력 매 5 · 10일이 개시 날이다. 집산구역은 본군의 해안 북부지역과 간성군에 속한 남부지역이라고 한다.

사현면(沙峴面)

북쪽은 강선면에 남쪽은 위산면에 접한다. 연안은 다소 돌출되어 있는데 이것이 낙산단(洛山端)이다. 임해마을로는 정암리 · 후진 · 북진이 있다.

정암리(釘巖里, 뎡암)

정암리는 강선면에 속한 물류의 시장 남쪽에 있는 농촌이고 마을 사람 중 제염에 종사하는 자가 있다.

후진(後津)

후진은 본군 연안에 돌출한 낙산단의 북측에 있으며 열려있는 사빈이다. 어업은 정어리 지예망 · 삼치 유망 등을 행하며 1년 어획액은 1,000원 정도라고 한다.

전진(前津, 젼진)

전진 또는 북진이라고도 한다. 낙산단의 남측에 있으며 후진과는 남북으로 표리를 이룬다. 마을 사람은 농사를 주로 하지만 어업을 생업으로 하는 자는 적다. 어채물은 후진과 같지만 어획고는 1년에 200~300원에 불과하다고 한다.

위산면(位山面)

군의 중앙에 위치하여 북쪽은 사현면에 남쪽은 동면에 접한다. 토지는 평탄하고 해안은 모두 사빈이다. 그 중앙에는 남강이 개구하고 하구의 우측 언덕에 조산리가 있다. 이곳은 본 면의 유일한 임해마을이라고 한다.

조산리(造山里, 됴산)

조산리는 남강 하류의 북쪽 언덕에 있다. 남강의 하구는 토사가 넓게 퇴적되어 있고 수로가 매우 협소함에도 불구하고 어선이 돛을 편 채로 진입하는 데 지장이 없다.

또한 강 내는 다소 물이 넓고 얕지만 보통 범선을 매어두기에는 족하다. 이 지역의 개세는 이와 같으며 군읍까지 가장 가깝다. 때문에 집산지[呑吐口]로 상선이 출입이 끊이지 않는다. 매년 동계 11월 말경부터 살얼음이 얼지만 선박출입에는 큰 장해가 되지 않는다. 이듬해 3월 중순경부터 얼음이 녹는다. 어업은 정어리 지예를 주로 하고 남강에서 연어 및 기타 담수어를 포획한다. 또한 염업을 영위하는 자도 있다.

동면(東面)

북쪽은 위산면에 남쪽은 남면에 접한다. 연안에 있는 돌각이 곧 수산단(水山端)이다. 임해마을로는 가평리(柯坪里) · 오산진(鰲山津) · 수산진(水山津) · 학포(學浦) · 굴포(屈浦) 등이 있다.

가평리(柯坪里)

가평리 또는 갈평리(葛坪里)라고도 쓴다. 남강의 좌측 언덕에 위치한 작은 마을로 마을사람은 주로 농업에 종사하고 또한 염업을 영위하는 자도 있다.

오산진(鰲山津) · 수산진(水山津)

오산진은 남강 하구의 남쪽 1해리 남짓에 있다. 수산진은 오산진의 남쪽인 수산단의 남측에 있다. 이 부근의 해안선은 다소 굴절을 이루지만 항만을 형성하는 데 이르지 못했다.

두 진의 중간에 담수호인 쌍호(雙湖)가 있으며 붕어를 생산한다.

학포(學浦) · 굴포(屈浦)

학포는 수산진의 남쪽에 있다. 굴포는 학포의 남쪽에 있으며 두 포는 모두 정어리 지예를 주로 하고 염업에 종사하는 경우도 있다.

남면(南面)

상운리(祥雲里) · 여운포(如雲浦)

북쪽은 동면에 남쪽은 현북면에 접한다. 연안은 일직선을 이루는 사빈이고 그 중앙에는 다소 큰 계류가 흐른다. 계류의 하구 남 · 북쪽 언덕에 마을이 있는데 북쪽은 상운리(祥雲里)이고 남쪽은 여운포(如雲浦)이다. 모두 농촌이지만 여운포에는 염업에 종사하는 자가 있다.

현북면(縣北面)

북쪽은 남면에 남쪽은 현남면에 접한다. 연안에는 약간 두드러진 돌각(突角)이 있는데 사문단(士門端)이 그것이다. 사문단 갑각 이북과 간성군 경계에 이르는 사이의 해안 부근은 완경사로 작은 구릉 또는 평지이다. 연안에는 옹진(瓮津) · 낙산(洛山) · 수산(水山) 등의 돌각이 있지만 대체로 일직선을 이루는 평평한 사빈이다. 그리고 이 갑각 이남과 강릉군 경계에 이르는 사이는 해발 400~500피트에서 820~830피트에 달하는 산악과 구릉이 바다로 들어가기 때문에 험한 절벽이 적지 않다. 본 면의 임해마을로는 하광정, 기사문진이 있고 부속섬에는 조도(鳥島)가 있다.

하광정(下光丁, 하광뎡)

하광정은 기사문단 북쪽의 작은 계류에 연하고 해안은 사빈이다. 마을 사람 중 염업에 종사하는 자가 있다.

기사문진(其士門津)

기사문단의 남쪽에 있다. 동남쪽을 향하고 북서쪽 두 면은 높은 구릉이 에워싸는데 또한 만구의 동단에는 거대한 암초가 흩어져있고 전면에 떠있는 조도까지 이어진다. 때문에 동풍을 막기에는 충분하지만 바다가 거칠어지는 때는 배를 매어두기 어렵다. 인가 30여 호가 있고 어업을 주로 한다. 정어리 지예 · 삼치 유망 · 방어 자망 등을 행하고 어선 5척이 있다.

현남면(縣南面)

북쪽으로 현북면(縣北面)과 접하고 남쪽으로는 강릉군에 속하는 신리면(新里面)과 접한다. 연해에 북분리(北盆里) · 동산진(洞山津) · 광진(廣津) · 남애진(南涯津) · 지경진(地境津) 등이 있다.

북분리(北盆里)

북분리는 기사문진(其士門津)의 남쪽에 위치하며 마을은 해안에서 몇 정(町) 떨어진 계곡에 있다. 농업을 주로 하며 어업에 종사하는 자도 있다.

동산진(洞山津)

동산진은 북분리의 동남쪽에 있다. 작은 갑각이 동쪽으로 돌출해 있는데 그 남북 양쪽으로 작은 만입을 이루는 것이 동산진이다. 갑각 북쪽의 만입은 다소 넓지만 북동쪽으로 열려있고 아무것도 막아주는 것이 없다. 그러므로 풍파가 거칠면 닻을 내리기가 어렵다. 그에 반하여 남쪽의 만입은 동남쪽으로 열려있고 북부는 일대가 구릉으로 이루어져 있다. 동남쪽은 거암(巨巖)이 무수히 들어서 있어서 파도를 막아주기 때문에 동쪽과 남쪽의 바람도 피하기에 충분하다. 배를 정박시키는 데 안전하기로는 양양군 제일이다. 그러나 만 내가 협소하여 많은 배를 수용하기가 어렵다. 마을은 돌출부에 흩어져 있고 북만(北灣)과 남만(南灣)에 연해 있다. 호수는 40여 호이고 대부분이 어업을 주로 한다. 정어리 지예 · 방어 자망 · 삼치 유망 · 루어낚시 등으로 하며 어선 8척을 갖고 있다. 이곳에는 시장이 있는데 매 2 · 7일에 열린다. 집산이 다소 번성하다. 또 염업을 영위하는 자도 있다.

광진(廣津)

광진은 동산진의 남쪽 작은 계류의 남안(南岸)에 있다. 연안은 작은 만입을 이룬다. 어업을 주로 하며 염업에 종사하는 자도 있다.

남애진(南涯津, 남히)

남애진은 광진의 남쪽인 남애단(南涯端)의 남쪽에 있는 작은 만이다. 만의 북동각, 즉 남애단의 동남쪽에는 거암과 암초들이 흩어져 있어서 다소 동쪽의 파랑을 차단할 수 있다. 그러나 이 만도 규모가 작아서 어선 몇 척을 수용하기에 충분할 뿐이다. 인가는 40호 내외인데 대체로 농가이며 어호(漁戶)는 2~3호에 불과하다. 남애단부터 광진까지는 직선을 이루는 사빈이다. 그 사이의 연안 부근에 호수가 하나 있는데 경호(庚湖)이다. 경호는 광호(廣湖)라고도 한다. 수심은 2길 내외이고 함수가 섞여 있는데 숭어 · 뱀장어가 생산된다.

제6절 강릉군(江陵郡)

개관

연혁

옛날에 예국(濊國, 철국鐵國 또는 예국[37])의 도읍지였는데 고구려가 다스리면서 하서량(河西良, 또는 하슬라[38])이라 하였다. 신라 때 소경(小京)으로 삼았는데 말갈에 인접한 땅이라 하여 고쳐서 주로 하였다가 후에 명주(溟州)로 하였다. 고려 태조에 이르러서 동원부(東原府)로 이름하고 성종 때 하서부(河西府)라고 하였다. 이윽고 명주도독부(溟州都督府)가 삼았다가 목(牧)으로 승격시켰다. 후에 단련사(團練使), 방어사(防禦使)로 고쳤다가 원종 때 도호부로 승격시켜 경흥도호부라 칭했다. 충렬왕 때 지금의 이름으로 고쳤다. 공양왕 때 대도호부로 승격시켰다. 조선에서 이에 따랐고 지금으로부터 십수 년 전에 군으로 삼아 지금에 이르고 있다.

경역(境域)

북쪽으로 양양군, 남쪽으로 삼척군과 접하고 동쪽 일대는 바다에 면한다. 동서 약 140리, 남북 150여 리로 그 면적이 강원도 여러 군 중에서 두 번째이다.

지세

군읍 강릉의 남동쪽인 안인(安仁)의 북쪽부터 양양에 이르는 사이는 서쪽에 오대산과 대관령 등 높은 산이 줄지어 있음에도 불구하고 해안 부근은 비교적 경사가 완만하고 구릉이나 평지가 많다. 특히 강릉읍 부근, 즉 남천(南川) 유역 일대의 평지 같은 곳은 영동에서는 드물게 보이는 것이다. 강릉군 북쪽은 지세가 이와 같으나 그에 반해 남쪽, 즉 안인진의 남쪽부터 삼척군 경계에 이르는 사이는 험준한 산과 봉우리들이 중첩하여

---

37) 원문의 글자 모양은 藻(조)이나 세종실록 지리지에 철국(鐵國) · 예국(蘂國)으로 기록되어 있다.
38) 원문에 하슬라주로 되어 있으나 512년(신라 지증왕 13년)에 신라가 하슬라주로 삼았다고 한다.

바다에 가까이 있어서 평지가 매우 적다.

해안선

지세가 이와 같으므로 연안도 역시 이에 따라 그 북쪽 양양군의 경계에서 안인진에 이르는 사이는 모두 사빈이지만, 안인진 이남은 사빈과 험한 절벽이 반반이다. 그리고 해안선의 길이는 남북이 각각 15해리여서 모두 30여 해리에 이른다. 그렇지만 전체 해안선은 거의 일직선을 이루어 굴곡이 적다. 연안 중에 다소 돌출된 것은 북쪽에 있는 주문진단, 남쪽에 있는 정동단[39]뿐이다. 그런데 이 두 곳이 돌출되었다고는 해도 두드러지지 않아서 원래부터 기항자의 표지[目標]가 될 수 없다. 형세가 이와 같아서 항만으로 양호한 것이 없다. 그 중에 비교적 괜찮은 곳은 주문진 · 사화진(沙火津)[40]과 남항진(안목이라고 한다)뿐이다. 세 진 중에 주문진은 강원도 항만 중에 이름있는 것이지만 군읍에서 멀리 떨어져 있기 때문에 정기선의 기항지로는 남항진이 선택되었다.

하류

하류는 몇 줄기가 있지만 그 중에서 다소 큰 것은 북천과 남천 두 줄기에 불과하다. 북천은 오대산의 여러 봉우리 동쪽의 모든 물을 모아 동쪽으로 흘러 사화면에 속하는 영진에 이르러 바다에 들어간다. 북천은 유역이 가장 장대하지만 험준한 봉우리와 높은 산 사이를 통과해 오는 것으로서 강바닥의 경사는 매우 급하다. 평소에는 흐르는 물이 적지만 일단 비가 내리면 급류가 쏜살같이 사방으로 범람하는 것이 보통이다. 남천은 성남천이라 하고 대관령의 여러 봉우리에서 발원한다. 군읍 강릉의 남쪽을 통과해 소견, 남항진의 사이를 가로질러 바다로 들어간다. 남천은 하구에서 가까운 거리 사이까지는 수운의 편리함이 있다.

---

39) 본문에는 正東端이라고 기재되어있다. 正東端의 잘못이다.
40) 후에 沙川津으로 이름이 바뀌었다.

호소

호소에 향호(香湖) · 경포(鏡浦) · 풍호(楓湖)가 있다. 향호는 군의 북쪽 경계 부근에, 경포와 풍호는 중앙에 위치하고 모두 해수와 서로 통한다. 경포는 가장 커서 둘레가 20리이고 물은 얕아서 겨우 사람 어깨가 잠기는 데 지나지 않지만 매우 맑아서 밑바닥이 비쳐 푸른 거울같다. 그래서 경포라고 한다. 관동 팔경 중에서 최고로서 예로부터 그 명성이 높다.

삼림

삼림은 대관령과 읍에서 서쪽으로 130리 정도 떨어져 있는 모로현산(毛老峴山)에 울창한 곳이 있다. 수목의 종류는 소나무 · 밤나무 · 상수리나무 · 너도밤나무[山毛] · 느티나무[欅] 등으로 영동 중에서 유명하다.

구획

군내를 구획하여 15면으로 하였는데 그 중 해안이 있는 것은 신리 · 사화 · 하동 · 정동 · 남일리 · 덕방 · 자가곡 · 옥계 · 망상의 9면이다. 그리고 신리는 최북단에 위치하여 양양군에 접하고 망상은 최남단에 있어서 삼척군과 경계를 이룬다.

강릉읍

군읍 강릉은 남일리면에 있으며 군의 거의 중앙에 위치한다. 옛날 예국[41]의 수도인 곳으로서 고구려가 그 땅을 병합한 이래로 신라, 고려를 지나 근대에 이르기까지 오랜 세월이 지났지만 항상 이 땅에 수부(首府)를 세워서 영동 일대의 땅을 지배했다. 소경(신라 선덕왕 때 명명하였다.) · 동원경(고려 태조 19년 개칭) · 하서부(고려 성종 2년 개칭) · 명주부(성종 5년 개칭) · 경흥부(원종 원년 개칭) 등이라 칭한 것은 즉 이 땅의 옛 이름이다. 이 땅은 이러한 연혁을 가지고 있어서 인가가 조밀하고 상업은 번성한 것이

41) 삼국 시대 초기의 부족 국가로 동예라고도 한다.

영동의 제일이다. 일본인의 거주자도 역시 적지 않아서 작년 말 현재의 조사에 따르면 호수는 51호, 인구는 165인임을 알 수 있다. 군아 외에 경찰서 · 우편전신취급소 등이 있다.

교통

교통은 해안가도와 강릉 · 충주가도가 이어져 있다. 그리고 해안가도는 강릉읍 북쪽에서는 평탄하지만 그 남쪽은 험로가 많다. 강릉 · 충주가도는 대체로 험준하여 차마가 통행하기 어려운 구간이 적지 않다. 강릉읍에서 북쪽 여러 읍을 지나 원산에 이르는 600리, 남쪽 삼척 이남의 여러 읍을 지나 대구에 이르는 760리, 서쪽 평창읍에 이르는 170리 20정, 평창읍 영월과 충청북도의 제천을 지나 충주에 이르는 370리 31정이다. 해로교통은 남항진(南項津)에 정기선이 기항하고 있다.

통신

통신기관은 군읍에 우편전신취급소가 하나 있을 뿐이지만 북쪽 원산, 서쪽 충주, 서남쪽 대구와 해로편 등 사방으로 집배한다. 그리고 ▲충주 · 강릉 사이는 월 5회 발송[差立]으로 그 간격은 4~6일 ▲강릉 · 대구 사이는 월 5회로 4~9일 ▲강릉 · 부산 사이는 위와 같다. ▲강릉 · 원산 사이는 1일 1회 발송으로 도달일수는 2~12일이다.

장시

장시는 읍하, 연곡, 옥계의 세 곳에 있고 개시는 ▲읍하(邑下) 매 2 · 7일 ▲연곡(連谷) 매 3 · 8일 ▲옥계(玉溪) 매 4 · 9일로 주 집산물은 면포 · 생마 · 석유 · 소 · 소가죽 · 어류 · 해조 등이다.

물산

물산은 잡곡 · 마 · 약초 · 봉밀 · 배 · 대추 · 밤 · 은행 · 감 · 모과 · 소 · 해산물 등인데 소는 경성지방에 운송되는 것이 1년에 약 300마리 이상이고, 한 마리 가격이 대개

5~15관문이다. 또한 활 제작에 쓰는 뽕나무와 죽전은 예부터 강릉군의 산물로 유명하다.

수산물

수산물로 주요한 것은 정어리 · 방어 · 삼치 · 상어 · 전어 · 고등어 · 도미 · 대구 · 연어 · 송어 · 넙치 · 문어 · 해삼 · 전복 · 대합 · 미역 등으로 1년 생산액이 약 4,000~5,000원이다.

제염

제염 생산량은 이곳 관찰도의 보고로 보면 1년 544,250여 근으로 가액 16,170여 원을 헤아린다. 그 제산지를 열거하면 다음과 같다.

제염지

신리면(新里面)	비석리(碑石里)	제장포(堤長浦)
사화면(沙火面)	가평리(柯坪里)	
자가곡면(資可谷面)	염전리(鹽田里)	정동리(正東里)
망상면(望祥面)	사봉리(沙峰里)	
하남면(河南面)	휘라둔(揮羅屯)	순포리(蓴浦里)
남일리면(南一里面)	견소진(見召津)	
옥계면(玉溪面)	조산리(助山里)	

신리면(新里面)

북쪽은 양양군(襄陽郡)에 속하는 현남면(縣南面)에, 남쪽은 강릉군 사천면(沙川面)에 접한다. 그 연해에 제장포(堤長浦) · 비석리(碑石里) · 우암진(牛巖津) · 오리진(梧里津) · 주문진(注文津) 등이 있다.

우암진(牛巖津)

동쪽에 면한 사빈으로 굴곡이 적어 어선을 매어두기에 편하지 않다. 그렇지만 지예의 좋은 어장이다. 호수 24호, 인구 110여 명이 있는데 농업과 어업을 겸하고 어선 8척, 지예망 2장, 자망 3장이 있다. 중요한 수산물은 정어리 · 방어 · 삼치 · 상어 · 대구 · 넙치 · 전어 · 문어 · 도미 · 미역 등이며 ▲정어리 지예 어기는 봄 4~5월, 가을 8~9월의 두 기간이라고 한다. ▲방어 · 삼치 지예는 6~10월까지, ▲삼치 끌낚시는 8~11월까지라고 한다. 멀리 나갈 때는 앞바다 200리 내외의 곳에 이르는 경우가 있다. 우암진의 북동쪽 5~6해리 앞바다에 1피트 간출(干出)하는 바위[露嵓]가 있다. 또 동쪽에서 남쪽 주문진단에 이르는 사이에 암초(岩礁)가 많다. 또 우암진의 북쪽에 다소 큰 염호가 있다. 이곳을 향호(香湖)라고 한다.

오리진(梧里津)

오리진은 두암진의 남쪽에 접하는 작은 마을이다. 어업은 대개 두암진과 같고, 특별히 기록할 것은 없다.

주문진(注文津, 쥬문)

주문진은 남쪽으로 면하고, 약간 북쪽으로 만입하는데, 그 남동각은 바로 주문진단(注文津端)이다. 구릉이 서북쪽을 둘러싸며 이어져 갑단(岬端)에서 융기한다. 때문에 서북풍을 피할 수 있다. 주문진은 강릉군 제일의 양진(良津)으로 기선(汽船)이 정박할 수 있지만 남풍과 북풍을 피하기는 어렵다. 인가가 83호인데 만의 북쪽 안에 있으며, 그 중 어업을 주로 하는 호가 20여 호이고, 농업과 상업을 겸업으로 하는 자도 적지 않다. 지예망(地曳網) 2통(統), 자망(刺網) 5통(統), 어선 8척이 있다. 어업이 매우 성행하고, 그 중 지예망 어장이 가장 많다. 어채물 중 주요한 것은 대구 · 방어 · 삼치 · 정어리 · 도미 · 상어 · 넙치[比目魚] · 전어[鰶] · 문어[大蛸] · 미역 등이다. 대구 어장은 앞바다[沖合] 4~5해리, 수심 140~150길인 곳이며, 어기는 10월부터 이듬해 2월까지이다. 한 어기의 어획이 풍어일 때는 1만 마리 내외이고, 흉어일 때에도 2천 마리 내외에 달한다. 주문진은 일본 잠수기선의 중요한 근거지로 성어기에 이르면 폭주하는 것이 20~30척에 이를 정도이다. 창고는 만 내 북쪽 안에 있는 마을 부근에 설치하는데, 민심이 정온(靜穩)하다. 땔나무는 공급이 부족하지는 않다고 하지만 음료수는 수질이 좋지 않다. 이곳에는 순사주재소가 있고, 일본 상인도 또한 거주한다. 올해 현재의 조사에 따르면 호수는 7호이고, 인구는 남자 14인 · 여자 7인으로 총 21인이라고 한다.

사천면(沙川面)

북쪽은 신리면(新里面)에, 남쪽은 하남면(河南面)에 접한다. 그 연안은 직선을 이루는 사빈이다. 중앙에 계류 한 줄기가 개구하는데, 북천(北川)이 이것이다. 사천면의 임해 마을로 영진(領津) · 사천진(沙川津) · 사천(沙川) · 염전촌(鹽田村)이 있다.

영진(領津)

영진은 주문진 정박지의 서쪽에 위치하고 북쪽은 멀리 주문진을 바라본다. 연안은 사빈으로 탁 트여있어서 배를 매어두는 데 편리하지는 않다. 그렇지만 지예망에 좋은 어장이다. 인가는 약 40호인데 그 중 어업자가 30호로 어업이 활발하다. ▲정어리의 어기는 봄 4~5월, 가을 8~9월이다. ▲도미는 4~5월 무렵이다. ▲방어 · 삼치는 7~9월 경이며 어획이 많다. 기타 어채물 중 주요한 것은 넙치[比目魚] · 상어 · 문어 · 미역 등이다.

사천진(沙川津, 샤전)

사천진은 사월(沙月) 또는 사화(沙火)라고도 한다. 영진의 남쪽을 흐르는 계류인 사천의 오른쪽 기슭에 있다. 하구(河口)가 좁고 암초가 흩어져 있기 때문에 출입할 때 매우 주의를 요하지만, 여기를 통과하면 강 안이 다소 넓어 선박 20여 척을 매어둘 수 있다. 그렇지만 물이 깊지 않아서 큰 배를 들일 수는 없다. 사천진은 강릉군 내에서 3대 양진

(良津) 중 하나인데 오직 어선이 피박(避泊)하기에 안전한 데 그칠 뿐이다. 단 사천진의 정면, 즉 동쪽으로 면하는 장소는 사빈으로 굴곡이 적고 또 막아주는 것[障屛]이 없으므로 바람을 피하는 데 적당하지 않다. 그렇지만 지예어장으로는 적합하다. 인가는 정면의 사빈 안쪽에서 뒤쪽의 하류(河流)에 연하여 마을이 형성되어 있다. 즉 외해(外海)와 계류의 중간에 끼여 있다. 인가는 80여 호인데, 대부분은 어호(漁戶)여서 어업이 매우 번성하다. 인심이 정온(靜穩)하고 땔나무와 물이 풍부하다. 매년 일본 잠수기선의 내어가 적지 않다. 어채물 중 주요한 것은 정어리 · 삼치 · 대구 · 방어 · 도미 · 넙치 · 상어 · 문어 · 미역 · 김 · 홍합 등이다. 정어리의 어기는 가을 8~9월이고, ▲삼치는 8~10월까지, ▲대구는 11월부터 이듬해 정월까지라고 한다.

하평리(河坪里)

사천진의 남쪽으로 강 하나를 사이에 두고 작은 마을이 있는데, 하평리(河坪里)라고 한다. 염업(鹽業)에 종사하는 자가 있다.

하남면(河南面)

휘라리(揮羅里) · 순포리(蓴浦里)

북쪽은 사천면에, 남쪽은 정동면(丁洞面)에 접한다. 연해에 휘라둔(揮羅屯), 순포리(蓴[42]浦里)가 있다. ● 휘라둔(揮羅屯, 기라둔)은 사천(沙川)의 남쪽에 위치하고, 그 앞쪽은 직선을 이루는 사빈이다. ● 순포리(蓴浦里, 젼포)는 휘라둔의 남쪽에 위치하고 소류(小流)의 출구[注口]에 걸쳐 있다. 이 소류는 안이 넓고, 포구[浦]를 형성하고 있는데, 이것을 순포라고 한다. 두 마을 모두 어업으로 정어리 지예를 주로 한다. 또 염업에 종사하는 자도 있다.

---

42) 본문에는 "전(篿)"으로 적혀 있으나 "순(蓴)"으로 수정하였다.

정동면(丁洞面)

북쪽은 하남면에, 남쪽은 남일리(南一里)에 접한다. 그 연해는 큰 함호(鹹湖)로 채워져 있어 여유 토지가 없다. 이 함호가 바로 경포(鏡浦)이다. 함호에 연한 것으로 망해정(望海亭)이 있다. 작은 구릉에 의지하여 남쪽으로 면하여 함호를 내려다본다. 경승지로 관동팔경 중 하나이다.

남일리면(南一里面)

북쪽은 정동면에, 남쪽은 남천으로 덕방면(德方面)과 구획된다. 연안은 일직선으로 이루어진 사빈이다. 연해에 강문동(江門洞) · 팔송정(八松亭) · 견소진(見召津) 등이 있다.

강문동(江門洞)

강문동은 하남면(河南面)에 속하는 경포(鏡浦)의 개구(開口)를 사이에 두고 있으며, 지예에 좋은 어장이다. 마을 사람은 어업을 생업으로 하는 자가 많으며, 이 부근에 있는 성어지 중 하나이다. 주요 어채물은 정어리 · 상어 · 삼치 · 방어 · 도미 · 넙치 · 미역 등이라고 한다.

팔송정(八松亭, 팔송뎡)

팔송정은 강문동의 남쪽에 위치하고, 마을 사람들은 농업을 생업으로 한다. 어업은 주로 정어리 지예를 영위하는 데 그칠 뿐이다.

견소진(見召津, 견쇼진)

견소진은 남천의 북쪽 기슭에 위치하고, 덕방면에 속하는 남항진(南項津)과 마주보고 있다. 인가는 50여 호로 큰 마을을 이루지만 주민은 농업을 주로 하고, 어업은 정어리 지예에 그칠 뿐이다. 또 염업에 종사하는 자도 있다.

덕방면(德方面)

북쪽은 남일리면에, 남쪽은 자가곡면(資可谷面)에 접한다. 바다에 연하는 곳은 아주 적다. 따라서 임해마을로는 남항진(南項津)이 유일하다.

남항진(南項津)

남항진은 안목(安木)이라고도 한다. 남일리면에 속하는 견소진과 마주하고 있고, 남항진의 남쪽 기슭에 있다. 하구(河口)가 넓지는 않지만 어선의 출입에 지장이 없다. 그리고 강 안으로 들어서면 다소 넓어 십수 척의 배를 수용할 수 있다. 특히 남항진은 군읍인 강릉까지 가장 가깝고 도로가 평탄해서 왕래가 편리하므로 집산항으로서 상선의 출입이 빈번하다. 남항진은 종래 일본 잠수기선이 기항하는 일도 많았다. 그런데 근래 강릉읍이 발전함에 따라 연안 항행기선이 월 1회 왕복기항하기에 이르러서 이 곳도 점차 발전할 것이다. 남항진 하구의 북쪽 기슭인 돌각 부근에는 암초가 흩어져 있기 때문에 출입하는 배가 경계해야 한다. 마을은 강의 남쪽 기슭에 있다. 호수는 58호이고, 어업을 주로 하는 자가 80%를 점한다. 어선 9척, 지예망 3통, 자망 6통이 있다. 땔감과 물 모두 풍부하다. 동쪽으로 외해(外海)에 면하는 연안은 사빈으로 지예망의 사용에 적합하다. 어채물은 정어리 · 방어 · 삼치 · 도미 · 상어 · 대구 · 넙치 · 가자미 · 연어 · 문어 등이다. ▲삼치는 6~8월까지, ▲방어는 9~10월을 어기로 한다. 또 남천은 늦가을부터 겨울에 걸쳐 연어가 거슬러 올라오는데, 남천의 연어는 맛이 매우 좋은 것으로 유명하다.

자가곡면(資可谷面)

북쪽은 덕방면에, 남쪽은 옥계면(玉溪面)에 접한다. 그 연안은 북쪽 덕방면 경계에서 안진단(安津端) 사이가 사빈이지만, 이 갑각 이남으로 옥계면의 경계에 이르기까지의 일대는 험안 절벽이 많다. 해안선은 강릉군 안에서 가장 길어서 해안 길이가 약 8해리에 달한다. 따라서 임해 마을이 적지 않다. 주요 마을로 안인(安仁) · 등명진(燈明津) · 고성리(古城里) · 정동(正東) · 심곡(深谷) · 건남(建南) 등이 있다.

안인진(安仁津)

강릉군 연안의 평지와 구릉지와의 분계점에 위치하며, 낮은 구릉이 동쪽으로 이어져서 작은 돌각이 안인단(安仁端)을 이루고 완만한 만을 형성하는 곳이 있다. 그곳을 안인진이라 한다. 만은 남동쪽으로 향하여 열려있기 때문에 계선에 편리하지 않다. 마을의 북동쪽으로 한 계류가 흐르고 갑각의 북측으로 흘러간다. 그 북쪽으로 함호가 있는데 풍호(楓湖)라고 한다. 수로는 계류와 서로 통하고 하나의 입구를 이룬다. 호수와 외해 사이는 인가가 점점이 있는데 이곳을 안인염전촌(安仁鹽田村)이라고 한다. 마을 부근이 염전으로 개척되어 모두 제염에 종사하기 때문에 이 같은 이름이 붙었다. 안인은 옛날에 진을 두었던 만호의 땅이었다. 진이 사라진 이래로 수십 년이 지나 지금은 당시의 모습을 볼 수 없지만 여전히 인가 50여 호, 인구 220여 명이 있다. 어업은 정어리 지예망 · 방어는 자망 등을 행하며 이 지역은 대구 · 삼치 · 도미 · 상어 · 넙치 · 전어 · 전복 · 미역 등을 생산한다. 어기는 정어리가 5~10월까지 ▲도미는 5월 ▲삼치는 6~9월까지 ▲방어는 8~10월 ▲대구는 11월부터 이듬해 2월경까지라고 한다. 이 지역에는 올해 말 현재까지 일본인 1호, 3인이 있다.

등명진(燈明津, 동명진)

서쪽은 산에 의지하고 있고 전면은 탁 트인 사빈이다. 주로 정어리 · 고도리를 어획한다. 이 지역에 일본인 거주자는 1인이 있다.

고성리(古城里, 고셩)

등명진의 남쪽에 위치하고 마을 사람은 농업을 주로 하고 어업은 활발하지 않다.

정동진(正東津, 졍동)

고성리의 남쪽에 계류가 흐르는 입구의 왼쪽 기슭에 있고 전면은 다소 사빈을 이루지만 남쪽의 돌출지인 정동단에 이르는 일대는 대개 험한 지역이다. 본 진은 이 지방에서 요지이며 일본인 거주자가 올해 말 현재까지 2호 7인이 있다. 주민은 농업을 주로 하지만 어업을 영위하는 자도 있다. 그리고 어업은 청어 끌낚시 · 삼치 유망 · 방어 자망 등을 행한다.

심곡(深谷)

정동단의 남측에 위치하고 북서쪽으로 높은 구릉이 길게 뻗어 정동단을 이루고 바다에 잠기면서 다소의 암초가 형성되어 있다. 그렇기 때문에 이들은 서로 의지해서 외해로부터 밀려오는 파도를 차단하는 역할을 하지만 바다가 거칠어질 때에는 전혀 안전하지 않다. 정동단은 일본어부가 동학당(東學黨)의 코라고 부른다. 아마 작년에 동학당이 봉기했을 때 일본 잠수기선이 큰 상해를 입은 까닭이다. 인가 60여 호가 있고 반농반어를 행한다. 지금도 여전히 일본 잠수기선이 때때로 내어하는 경우가 있다. 주요 수산물은 방어 · 삼치이며 이 지역은 대개 안인진과 동일하다.

건남진(建南津)

심곡의 서남쪽에 위치하고 남동쪽에 면한다. 연안은 암초가 많아서 계선에 편리하지 않다. 마을은 옥계면에 걸쳐있고 인가 40여 호이며 대부분은 어업을 영위한다. 어업은 삼치 끌낚시가 7~10월까지 ▲삼치 유망은 4~7월까지라고 한다.

옥계면(玉溪面)

북쪽으로 자가곡면(資可谷面), 남쪽으로 망상면(望祥面)과 접한다. 그 연안은 북쪽으로 자가곡면에 속하는 정동단(正東端)과 남쪽으로 망상면에 속하는 한진단(漢津端)의 사이에 있는데 일대가 완만한 만입을 이룬다. 그 중앙에 한 계류가 있으며 사빈인 곳이 많다. 옥계면의 임해마을로는 건남(建南) · 금진(金津) · 광진(廣津) · 조산(助山) · 신기(新基) · 도직(道直) 등이 있다. 그러나 건남은 자가곡면에 걸쳐 있으며 그 개황을 앞에서 서술한 바 있다.

금진(金津)

금진은 건남의 남쪽에 있고 그 연안은 사빈이다. 앞쪽에 암초가 가로놓여 있어서 다소 파랑을 피할 수 있지만 구역이 협소하여 4~5척의 어선을 수용하기에 족할 뿐이다. 마을은 만의 북서쪽 구석의 계류 좌안에 있다. 인가는 80여 호, 대부분이 농업을 주로 하지만 어업을 영위하는 경우도 적지 않다. 정어리 지예망, 삼치 · 방어 지예망 각 2통을 갖고 있다. 땔감과 식수는 모두 풍부하다.

광진(廣津)

광진은 금진의 남쪽에 있고 옥계면의 중앙을 통과하여 흐르는 개울[溪川]이 개구하는 우안에 있다. 연안이 사빈이라 계선에 불편하다. 이곳은 강릉군 장시의 하나로서 개시는 음력 매 1 · 6일이고 집산구역은 남쪽 일대이다. 주민은 농업을 주로 하고 상업을 영위하는 경우도 있다. 또 염업에 종사하는 경우도 있는데 다소 번성하다. 어업은 정어리 지예를 주로 하고 그 외 어업은 부진하다.

조산(助山, 조산)

조산은 계류의 개구 남안에 있고 광진과 마주보고 있다. 이곳도 역시 농업과 염업을 주로 하고 어업은 성하지 않다.

신기(新基, 신긔)

신기는 조산의 남쪽에 있다. 일직선의 사빈이지만 마을의 북단에서 20여 정 떨어진 곳에 암초가 모여 있어서 파랑을 차단할 수 있다. 그래서 그 안쪽으로 2~3개의 작은 기선을 댈 수 있지만 비바람을 막기에는 부족하다. 주민은 전적으로 농업을 주로 하고 어업은 그저 부업에 불과하다.

도직(道直)

도직은 신기의 남쪽에 있다. 연안은 신기와 마찬가지로 직선을 이루는 사빈이어서 지예에 좋은 어장이다.

사봉동(沙峰洞)

사봉동은 옥계면 경계에 가까우며 작은 계류의 개구에 있고 연안은 모래펄이다. 마을 사람들은 농업을 주로 하는데 제염에 종사하는 사람도 있다.

한진(漢津)

한진은 군 남단의 돌출지, 즉 한진단에 있으며 작은 만을 형성한다. 만 입구는 북쪽으로 열려 있고 주위는 험한 암초로 둘러싸여 있다. 언뜻 보면 그 광경이 엄청나서 대단히 위험한 것 같은 느낌이 든다. 그러나 이 무서운 암초 안쪽에 어선 20여 척을 넉넉하게 매어놓을 수 있다. 또한 대개의 비바람에도 안전하다는 것은 정말 뜻밖이다. 그리고 만내는 완만한 경사의 사빈이다. 그래서 만일의 큰 비바람이 있다 하더라도 배를 예양하기에 용이하다. 그러나 암초가 줄지어 있어서 만 입구가 협소하므로 어느 날 갑자기 바다가 거칠어지면 성난 파도가 암초를 덮치는데 그 엄청난 모습은 말로 표현할 수 없을 정도이고 선박이 출입하려 해도 전혀 불가능하다. 인가는 20여 호이고 농업을 주로 하는데 어업은 여가에 한다. 연안에 암초가 많아서 지예망에 적합하지 않지만 조금 앞바다에 나가면 유망 또는 자망을 사용할 수 있다.

일본어부들은 한진을 세노미나토(瀨の港)[43]라고 한다. 아마도 거친 여울이 있기 때문일 것이다. 한진은 이 지방에서 피박지(避泊地)일 뿐만 아니라 잠수기선의 근거지로 적당하다. 부근에는 해삼 · 전복 어장이 많아서 매년 일본 기계선이 출어하는 경우가 적지 않았다.

---

43) '여울이 있는 포구'라는 뜻인 것 같다.

망상면(望祥面)

북쪽으로 옥계면, 남쪽으로 삼척군에 속하는 도정면과 접한다. 연안은 대개 험한 절벽이다. 망상면의 주요한 임해마을로는 사봉동(沙峰洞)·한진(漢津)·어달(於達)·묵호(墨湖)·외묵호(外墨湖) 등이 있다.

어달(於達, 오달)

어달은 한진의 남쪽, 한진단의 중앙 근처에 있다. 연안의 형상은 한진과 마찬가지로 암초가 흩어져 있어서 계선이 어렵다.

묵호(墨湖, 목호)

묵호와 외묵호는 한진단의 남쪽에 있는 만입으로 묵호는 북동쪽, 외묵호는 남서쪽에 있어 서로 마주본다. 만은 남동쪽과 마주하며 북서쪽은 높은 언덕으로 둘러싸여 있고 그 남동각의 앞쪽에 암초가 가로 놓여 있어서 다소 동쪽의 파랑을 차단한다. 규모가 작지 않고 수심은 6~7길에 달하여 기선이 피박할 수 있다. 강릉군의 양진(良津) 중 하나이고 정어리 지예망·대구 자망·삼치 끌낚시 등을 행하며 문어를 생산한다.

제7절 삼척군(三陟郡)

개관

연혁

옛날 실직국(悉直國)[44]의 땅으로, 신라 파사왕(婆娑王)[45] 때 이곳을 병합했고 후에

---

44) 진한(辰韓)에 속한 나라. 지금의 강원도 삼척시에 있었는데 신라 파사왕 23년(102)에 신라에 합병

실직주(悉直州)라고 했다. 경덕왕에 이르러서 군(郡)으로 하여 지금의 이름으로 고쳤고 고려 성종 때 척주단련사(陟州團練使)[46]라 하고 후에 현(縣)으로 강등되었다. 다시 지군사(知郡事)[47]로 승격되었지만 조선 태종 2년에 목조의 외향(外鄕)[48]이라는 이유로 승격되어 부(府)가 되었다. 태종에 이르러 다시 도호부로 승격되어 최근에 이르렀는데 건양 개혁에 의해서 다시 군이 되어 지금에 이른다.

경역

북쪽으로는 강릉군에, 남쪽으로는 울진군에 접하고 동쪽 일대는 바다에 면하며 넓이[廣袤]가 동서로 110리, 남북으로 140리이다.

지세

지세는 강릉군의 중부 이남과 마찬가지로 척량산맥(脊梁山脈)[49]이 가까이 있어서 대개 높고 산악이 중첩되어 험하다. 하천은 모두 작은 시내로서 그 유역에 평지를 형성한 곳이 적어 수운이 편리한 곳이 없다. 그중에서 다소 큰 것은 군읍의 북쪽을 통과해서 정라진의 남쪽에서 개구하는 오십천이 그것이다.

해안선

해안선은 길이가 30여 해리에 이르지만 굴곡이 적다. 연안 중 다소 돌출된 것은 비말(飛末) · 사일단(斜日端) · 갈산말(葛山末) · 임원말(臨院末)로서 그 중 임원말은 좀 더 두드러져 있다. 그리고 그 형세로는 사일단 이북은 사빈이 풍부하지만 사일단 이남은 대체로 험한 벼랑으로서 파도가 암초에 세차게 부딪히는 사이사이로 얼마간 사빈을 볼

됐다고 한다.

45) 신라의 제5대 왕(재위 80~112). 가야가 마두성을 포위 공략하자 이를 물리쳤고, 음즙벌국(音汁伐國) · 실직국(悉直國) · 압독국(押督國) 등 세 나라를 합병하여 국세를 넓힌 데 이어 비지국 · 다벌국 · 초팔국 등을 합병하는 등 현군으로서 추앙을 받았다.

46) 고려 시대에 척주(陟州)에 파견한 지방관의 직함이다.

47) 고려 시대에 둔 군(郡)의 으뜸 벼슬. 현종 9년(1018)에 두었다.

48) 임금의 외가(外家)가 있는 곳을 말한다.

49) 어떤 지역(地域)에 있어서 가장 주요(主要)한 분수계(分水界)를 이루는 산맥(山脈).

수 있을 뿐이다. 항만으로는 양호한 곳이 없다. 그중 다소 괜찮은 것은 장호 · 정라진 그리고 묵호 세 항이다.

경지

삼척군 내에 산악이 중첩되어 평지가 적기 때문에 경지를 개척할 수 없다. 논은 추천 · 원평 · 부호진 부근에 조금 있을 뿐이다. 밭도 역시 면적이 큰 것이 없고 완만한 경사지가 곳곳에 산재하는 것을 볼 수 있을 뿐이다. 산림은 참나무 · 소나무 · 잡초가 우거져 있을 뿐으로 다른 것은 볼 만한 것이 없다.

구획과 임해면

삼척군 내를 구획하여 12면으로 하였다. 바다에 연하는 것은 도하 · 견박 · 부내 · 근덕 · 원덕 5면이다. 그리고 도하는 북쪽 강릉군에 속하는 망상면에 접하고 이하 순서대로 늘어서서 원덕은 울진군에 속하는 원북면에 접한다.

군읍

군읍 삼척은 옛 이름을 실직 · 척주 · 진주(眞州) 등으로 불렀다. 정라진의 서쪽에서 가까운 거리에 있다. 원래 도호부를 설치했던 곳으로서 강릉대도호부의 관할에 속하여 강원도 남쪽의 군현을 지배하였다. 읍내 인가는 70호, 인구는 약 300인, 일본 상인도 역시 거주하여 상업이 다소 번성한다. 군아 외에 우편전신취급소 · 순사주재소 등이 있다.

교통

교통은 산악지라서 도로가 험하며 보행하기도 아주 곤란하다. 북쪽은 강릉읍까지 120리, 남쪽은 울진읍까지 150리라고 한다. 또 서쪽 정선읍에 이르는 도로가 있지만 아주 험악하여 교통이 용이하지 않다. 해로 교통은 정라진에 월 1회 왕복하는 정기선이 기항할 뿐이다.

통신

통신기관은 읍성에 오직 하나뿐이지만 전보를 취급하기 때문에 다소 불편을 덜 수 있다.

물산

물산은 농산과 수산을 주로 하지만 농산물은 아주 적다. 수산물은 정어리 · 방어 · 삼치 · 대구 · 도미 · 아귀 · 넙치 · 상어 · 문어 · 해삼 · 전복 · 미역 등이고 또 각 하천에서 연어 · 송어 · 은어 그 외 담수어를 생산한다. 관찰도의 보고에 의하면 이들 수산물은 1년 산출액이 평균 8,000원 내외라고 한다.

장시

장시는 읍하 · 북평(견박면에 속한다) · 교가(근덕면에 속한다) 세 곳에 있다. 개시는 읍하 매 2 · 7일 ▲북평 매 3 · 8일 ▲교가 매 1 · 6일이다. 수산물 중 시장에 많이 나오는 것은 정어리이고 그 외에는 염장한 방어 · 삼치 · 대구 등이다.

도하면(道下面)

북쪽으로 강릉군에 속하는 망상면에, 남쪽으로 삼척군의 견박면(見朴面)에 접하고, 연안은 사빈이 풍부하다. 그리고 연해마을로 서포(西浦) · 하평(下坪) · 북평(北坪) · 용정(龍井) · 송정(松亭) 등이 있다.

북평(北坪)

도하면 연안 중앙쯤에 위치한다. 앞쪽은 평탄한 사빈으로서 지예에 적합하다. 장시가 있어 삼척군 북쪽의 집산지 중 하나로 전에 한 번 언급했던 것과 같다. 어업은 정어리를 주로 하고, 다른 어업은 성하지 않다. 기타 마을 중 주로 어업이 행해지는 곳은 송정진이고 정어리 지예를 제외하고 특히 주된 어업은 대구 연승 · 삼치 끌낚시 · 방어 자망 등이다. 대구는 어획이 가장 많고 어장은 앞바다 30~100리, 수심 100길 내지 150~160길 정도 되는 곳이고 어기는 1~3월까지이다.

견박면(見朴面)

북쪽으로 도하면에, 남쪽으로 부내면에 접하여 연해구역이 매우 좁다. 그래서 그 임해마을로는 추암진 오직 하나가 있을 뿐이다.

추암진(湫岩津, 츄암)

도하면에 속하는 송정진 남쪽 10리에 위치하여 갈천(葛川)이라는 작은 개울에 연한다. 연안은 직선을 이루는 사빈으로서 지예에 적합하다.

부내면(府內面)

북쪽으로 견박면에, 남쪽으로 근덕면에 접하고 연안은 사빈이 풍부하다. 그래서 그 임해지역은 후진(後津) · 광진(廣津) · 정라진(汀羅津) · 오분진(五分津)이 있지만 배를 매어두기가 그런대로 괜찮은 곳은 정라진이 유일할 뿐이다.

후진(後津)

부내면의 북쪽에 위치하여 견박면에 가까이 접한다. 연안이 북동쪽을 향하고 있으며 암초가 많고 사빈이 보이는 곳이 적다. 인가 20여 호, 어업은 대구 · 가자미 자망 · 삼치 끌낚시 등이 행해진다.

광진(廣津)

후진의 남쪽에 돌출된 곳, 즉 광진단에 있다. 이 지역도 역시 연안에 암초가 많고 지예에 적합한 곳이 없다. 어업은 대략 후진과 같다. 이 지역은 문어와 게를 생산하는 것이 적지 않다.

정라진(汀羅津, 뎡라진)

한편으로 고목진(古目津)·불래(佛來)라고도 부른다. 옛날에는 삼척포(三陟浦)라고 불렀던 곳이 곧 이곳이다. 정라진[50]은 오십천의 하구에 위치하는데 군읍인 삼척까지 10리가 채 안 된다. 오십천은 그 하구에서 퇴적된 토사에 의해 남북의 두 줄기로 나누어지는데 그 남쪽 줄기는 물이 얕은 데다가 때때로 막히는 경우도 있지만 북쪽 줄기는 다소 수심이 있어 대부분의 어선이 자유롭게 출입한다. 단지 북쪽 입구의 앞면에는 암초가 돌출됨으로 인해 풍랑이 거친 날에는 입구에서 위험을 면하기 어렵지만 한번 강 안에 들어가면 어떠한 기상에도 파도의 물결이 닥칠 염려가 없고 배를 대어두면 매우 안전하다. 강 입구 안에 있어서 수심은 약 1길이고 조수간만의 차이가 적고, 바닥은 모래이다.

외해에 연하는 부분은 일대가 사빈으로 지예 어장에 적합하다. 마을은 강의 양 기슭에 있으며 인가는 60여 호이고, 농사를 주로 하지만 어업도 역시 성하다. 어선 3척, 지예망 2통, 자망 6통이 있다. 그 어채물로 주된 것은 대구·삼치·정어리·도미·방어·게 등으로서 특히 대구의 생산이 많다. 무릇 이 지역은 원래 대구의 성어지로 이름났던 곳이다. 그리고 어장은 앞바다 30리, 바닥이 진흙이며 수심 130길 내외의 곳이다. 어기는 11월부터 다음 해 3월까지이고 어장은 앞바다 17~18정(町)의 해저 자갈, 수심 70길 내외의 곳이 좋다고 한다. 정라진은 인정이 온화하며 땔나무와 식수의 공급이 모자라지 않고, 출어자들이 근거지로 삼기에 충분하다.

오분진(五分津)

정라진의 남쪽에 위치하고 북동쪽으로 면한 연안 일대는 암초가 많아 배를 매어두기에 좋지 않다. 인가 30호, 인구 30여 인, 오로지 어업을 생업으로 한다. 어선 4척, 자망 5통이 있고 대구·삼치의 어획이 많다.

---

50) 원문의 한자는 汀인데 음은 대로 표기하고 있다.

근덕면(近德面)

북쪽은 부내면(府內面)에, 남쪽은 원덕면(遠德面)에 접한다. 그 연안은 사빈과 험한 절벽이 반반이다. 해안선이 다소 돌출한 곳은 비말(飛末)이다. 근덕면의 임해 마을로는 덕산(德山) · 부남(府南) · 대진(大津) · 추천(湫川) 등이 있다.

덕산진(德山津)

비말의 북측인 교가천(交柯川) 하구의 남쪽 기슭에 위치한다. 그리고 해안은 사빈이지만 암초가 많다. 호수는 72호, 인구는 278인인데, 농업과 상업을 생업으로 하는 자가 많고, 어업도 또한 성행한다. 어선 4척, 지예망 2통, 자망 7통이 있다. 주요 어채물은 정어리 · 방어 · 삼치 · 대구 · 미역 등이다. 덕산진의 서쪽 14~15정쯤, 교가천의 북쪽 기슭에 교가시(交柯市)가 열린다. 개시일은 1 · 6일이고, 삼척군 남부의 대표적인 집산지이다.

부남(府南)

부남은 덕산진의 남쪽에 위치하며, 연안은 약간의 사빈이 있다. 그렇지만 암초가 많아서 계선에 편하지 않다.

대진(大津, 듸진)

대진은 부남의 남쪽에 위치한다. 연안은 매우 험한 절벽이고, 또 부근에 노암(露岩), 암초가 흩어져 있어서 계선이 편하지 않다. 부남과 대진 모두 인가 20호 내외이다. 어업은 대구 · 방어 · 게 등의 자망 및 삼치 끌낚시 · 대구 연승 등을 행한다.

추천진(湫川津, 츄쳔)

추천진은 남쪽은 원덕면에 속하는 사일단(斜日端)에서 서쪽을 향해 들어간 얕은 만의 북서쪽 귀퉁이에 위치하고, 계류인 추천의 개구부 북쪽 기슭에 마을이 있다. 추천진 이북의 연안은 험한 절벽을 이루고 암초가 많지만 그 이남에서 원덕면에 속하는 초곡(草

谷)까지의 사이는 사빈이 이어져 지예의 좋은 어장이다. 어업은 정어리 지예 · 방어 자망 · 방어 유망 · 삼치 끌낚시 · 상어 연승 등을 행한다.

원덕면(遠德面)

북쪽은 근덕면에, 남쪽은 울진군에 속하는 원북면(遠北面)에 접한다. 연안에는 사일단(斜日端) · 갈산말(葛山末) · 임원말(臨院末) 등이 있고 해안선이 다소 굴곡을 이루지만 만입이 두드러진 곳은 없다. 또한 험한 절벽이 많다. 그러므로 해안선의 길이는 12해리 남짓에 이른다. 임해마을로는 원평(院坪) · 초곡(草谷) · 조령(鳥嶺) · 분토(粉土) · 장호(莊湖) · 갈산(葛山) · 신남(新南) · 임원(臨院) · 비화(飛花) · 노곡(蘆谷) · 작진(鵲津) · 부호(芙湖) · 재산(才山) · 월천(月川) · 고포(姑浦) 등이 있지만 계선할 수 있는 곳은 장호 · 신남 및 임원 3곳뿐이다.

원평(院坪)

원평은 계류인 추천을 끼고 근덕면에 속하는 추천진과 마주한다. 마을 사람은 농업을 주로 하고, 또 염업도 영위한다. 어업에 종사하는 자는 없다.

초곡진(草谷津, 됴곡)

초곡진은 사일단의 북쪽에 위치하고, 추천진과 남북으로 바라본다. 초곡진 이북에서 추천진까지의 사이는 사빈이 이어져 있지만 그 이남은 험한 절벽이 많고, 그 곳을 따라 암초도 또한 적지 않다. 인가는 30여 호이다. 어업은 정어리 지예를 주로 하고, 기타 방어 자망 · 삼치 끌낚시 등이 행해진다. 또 가까운 연안에서 미역을 생산한다.

조령진(鳥嶺津, 죠령)

조령진은 북쪽 사일단에서 해안선이 서쪽으로 꺾여 작은 만을 형성하고, 만 내는 다시 약간의 굴곡을 이루며 세 개의 마을이 있다. 그 북서쪽에 있는 것이 조령진이고, 중앙에 있는 것은 분토, 남쪽에 있는 것은 장호이다. 조령진은 동쪽으로 열려있는 사빈으로 만구가 넓고, 아무것도 막아주는 것이 없기 때문에 계선에 편리하지 않지만 지예망 장소로 적합하다.

분토진(粉土津)

분토진의 위치는 앞에서 본 것과 같고, 서남으로 만입하는 곳이 다소 깊지만 수심은 얕다. 계선하기는 어렵다. 조령 및 분토진에 있는 어업은 정어리 지예를 주로 한다. 또 방어 · 대구 · 가자미 자망, 삼치 끌낚시를 행하는 것이 부근 각 지역과 마찬가지이다.

장호진(莊湖津)

장호진은 혹은 장울리(長鬱里)라고도 한다. 삼척군 연해 제일의 양항이다. 그래서 옛날에는 수군(水軍)의 진영이 설치되었고, 지금은 일본어업자의 근거지로서 주요한 곳으로 손꼽힌다. 항구는 북동쪽으로 열려있고, 남쪽으로 만입하는 곳은 깊다. 남동쪽은 구릉으로 둘러싸여 소나무가 울창하기 때문에 항해자가 표지로 삼을 만하다. 또 남서풍을 막아준다. 만 내는 수심이 6~7길에 달하여 대형 어선을 매어두기에 충분하지만 항구를 막아주는 것이 없다. 또 암초가 흩어져 있기 때문에 북동풍이 거칠게 불 때에는 큰 파도가 일어 정박한 배가 왕왕 난파될 위험을 만나는 경우도 있다. 매년 봄이 되면 일본잠수기선이 폭주해서 많을 때는 40~50척에 달하는 경우도 있다. 창고는 만의 동안과 서안에 만들어진다. 이곳은 인가가 23호이고, 생업은 어업을 주로 한다. 또 농 · 상업을 겸하여 영위하는 자도 있다. 어선 2척, 자망 9통이 있다. 민심은 온화하고 일본출어자와도 매우 친밀하다. 삼척읍까지는 약 60리인데, 교통이 편리하지 않은 것이 안타깝다. 이 지방에서의 주요 어채물은 정어리 · 방어 · 삼치 · 미역 등이다.

갈산진(葛山津)

갈산진은 장호의 남쪽 갈산단의 북측에 위치한다. 만구는 북쪽으로 열려 있고, 부근에 암초가 많다. 그래서 계선이 편리하지 않다. 호수는 32호, 인구는 150여 인이며,

어선이 3척 있다.

신남진(薪南津)

신남진은 갈산단의 남측에 있는 만의 안쪽에 위치한다. 그리고 그 서쪽 및 남쪽에는 해발 1,000~1,140피트에 달하는 높은 봉우리들이 솟아 있다. 뻗어서 북동쪽으로 달리는 것은 갈산말이고, 남동쪽으로 달리는 것은 임원말이다. 경사가 매우 급해서 만은 서쪽과 남북쪽의 각 측면이 모두 험한 절벽을 이루어 마치 병풍으로 둘러싸고 있는 것 같다. 때문에 동풍을 제외한 모든 바람을 막을 수 있다. 특히 서풍에 안전하다. 호수는 30여 호, 인구는 160여 인이다. 어선은 5척이 있고, 어업은 정어리 지예, 방어 · 가자미 자망, 삼치 끌낚시 등을 한다. 방어 · 삼치는 지예로 어획하는 경우도 종종 있다. 또 근처 연안은 미역이 많이 착생한다.

임원진(臨院津, 림원)

임원진은 신남의 남쪽 임원말 남측의 만입한 부분 서북쪽 귀퉁이에 위치한다. 임원말은 삼척군 연안에서 다소 현저하게 돌출되어 있으므로 임원진은 북풍과 서풍을 막아주는 것이 신남보다 뛰어나지만 연안에 암초가 많은 것이 결점이다. 그렇지만 조금 연안과 떨어지면 장애가 없다. 수심은 기선이 정박하는 데 지장이 없을 정도이다. 만 내에 약간의 사빈이 있어 지예를 운영하기에 좋다. 호수는 97호, 인구는 430여 인이다. 어선이 6척, 지예망 3통, 자망 11통을 가지고 있다. 삼척군 연해 제일의 큰 마을이고, 또 연해 제일의 성어지이다. 이 곳에는 순사주재소가 있고, 울진경찰서가 관할하는 곳이다. 일본 상인도 또한 거주하는 자가 있다.

비화진(飛火津)

비화진은 혹은 "비화진(飛花津)"이라고도 쓴다. 임원의 남쪽에 위치하고 남북으로 서로 마주한다. 호수는 9호, 인구는 30여 인에 불과한 작은 마을이다. 그 앞쪽에는 암초가 흩어져 있지만 임원까지의 사이는 사빈으로 장애가 없다. 이곳을 지예 어장으로 삼는다.

노곡진(蘆谷津, 로곡)

노곡진은 비화진의 남쪽에 구릉 하나를 사이에 두고 서로 붙어 있다. 남동쪽으로 열려있는 사빈이 있지만 굴곡이 적고, 또 암초가 많다. 호수는 26호, 인구는 120여 인이다. 어선 3척, 자망 3통을 가지고 있다.

작진(鵲津, 쟉진)

작진은 노곡진의 남쪽과 접한다. 연안의 상황 등은 노곡진과 다를 바 없다. 그렇지만 이곳의 만입은 비교적 깊고 계선의 편의가 노곡진보다는 나은 것으로 보인다.

부호진(芙湖津)

부호진은 작진의 남쪽에 위치한다. 북동쪽으로 면하는 사빈으로 지예에 적합하다. 그렇지만 앞쪽에 남쪽으로 암초(暗礁)가 있다. 호수는 54호, 인구는 260여 인이다. 어선 5척, 지예망 2통, 자망 9통을 가지고 있다.

재산(才山)

재산은 부호의 남쪽과 접하는 작은 마을로, 호수 7호, 인구 30여 인에 불과하다. 마을 사람은 염업에 종사하고 어업을 영위하는 자는 없다.

월천진(月川津, 월젼)

재산의 남쪽에 있는데, 계류를 끼고 남북으로 마주한다. 암쪽은 사빈으로 지예에 적합하다. 이곳에서 재산까지의 일대에는 염전(鹽田)이 많이 개척되어 있다. 호수는 40여 호이고 농업 및 염업을 영위한다. 어업은 정어리 지예, 기타 해조류 채취에 그칠 뿐이다.

고포(姑浦)

월천진의 남쪽 울진군의 경계에 위치한다. 서쪽은 삼척군 경계인 사질령(砂質嶺, 1,387피트)이 뻗어서 바다로 잠긴다. 고포의 뒤쪽은 바로 915피트의 고도를 나타낸다. 따라서 그 연안은 경사가 급하고 깎아지른 절벽을 이루는 곳이지만 또한 비교적 사빈이 풍부하다. 호수는 21호인데, 주로 어업을 생업으로 한다. 어선 8척, 지예망 2통이 있다. 어채물은 정어리 · 방어 · 삼치 · 대구 · 가자미 · 미역 등인데, 그 중 정어리 어업이 성하다.

제8절 울진군(蔚珍郡)

개관

연혁

본래 고구려 때 천진현(千珍縣)에서 신라 때 지금의 이름으로 고쳐 군으로 삼았으나 고려 때 다시 현으로 강등되었다. 조선은 이에 따르다가 건양개혁 때 군으로 삼아 지금에 이른다.

경역

북쪽은 삼척군에 남쪽은 평해군에 접한다. 동쪽 일대는 바다에 면하며 면적은 동서가 110리, 남북이 90리에 이른다.

지세

지세는 산악이 중첩되어 있는 삼척군에 비해 오히려 심하고 평지는 지극히 적다. 죽변 용추갑의 남북 양측 및 군읍인 울진 부근에 약간의 완경사지가 있는 데 불과하다.

하류

하류는 다소 큰 것이 3개가 있는데 흥부강(興富江)·읍천(邑川)·수산강(壽山江)이 그것이다. ▲흥부강은 군의 북부를 흐르는 것인데 서쪽 응봉산(鷹峯山)에서 발원하여 서면의 온정곡(溫井谷)을 지난다. 멀리 북면의 덕구동(德邱洞) 부근에서 삼척군으로부터 남쪽으로 흘러오는 물줄기와 합쳐져 흥부장 터를 돌아 염구진을 거쳐 바다로 흘러든다.

읍천은 군읍의 남쪽을 흐르는 것이며 수원은 서면 냉수정(冷水亭) 부근에서 발원한다. 가원동을 돌아 남동쪽으로 흘러 구만동(九萬洞)·지로동(旨老洞)을 지나 공세(貢稅)를 거쳐 바다로 흘러든다. 수산강은 남쪽으로 열려있는 것이고 세 하천 중 가장 장대하다. 수원은 평해 및 경북 봉화군 경계에서 발원해서 북쪽으로 흐른다. 남수산(濫水山)의 서쪽 기슭을 돌아 동쪽으로 흘러 돌아서 근남면 수영이 있는 동쪽에서 흘러내리는 것과 합쳐진다. 수산동에 이르면 깊은 강을 이룬다. 둔산·세포 사이를 통과하여 바다로 흘러든다.

이 같은 강들은 유역이 큰 것도 60~70리이며 짧고 작은 것은 50리 남짓에 불과하다. 그리고 지세에 따라서 강바닥의 경사가 아주 급하기 때문에 평상시에 물이 있는 경우가 적다. 가뭄일 때에는 하류라고 해도 갈수(渴水)인 경우가 있지만 여름에 강우가 여러 날 계속되면 순식간에 범람하는 경우가 매년 있다. 운수는 편리하지 않고 관개(灌漑)의 이로움 역시 적다. 다만 겨우 연어·송어·기타 담수어를 생산할 뿐이다.

해안선

해안선의 연장은 21해리에 걸쳐있지만 굴곡이 많지 않다. 다소 뚜렷하게 돌출된 것은 죽변의 용추갑이 있을 뿐이다. 그리고 연안은 지세에 따라 험한 지역이 많다. 그렇지만 곳곳에 지예에 적합한 사빈이 있으며 가장 이름난 곳은 죽변만·염구(鹽邱)·곡해(曲海)·흑포(黑浦)·전반(仝反)·초산(草山) 등의 부근이라고 한다.

경지

경지는 적지만 그 중에 개척이 이루어진 것은 원북면·상군면·하군면·근남면 등

4개 면이라고 한다. 역토(驛土)라는 이름을 가진 곳은 원북면 흥부역토(興富驛土) ▲근남면 수산역토(守山驛土) ▲원남면 덕소역토(德所驛土) 등이 있다. 마을 사람은 이곳을 대전토(大田土)라고 부른다. 비료를 많이 주지 않지만 적당한 비가 내리면 풍작을 볼 수 있다.

삼림

삼림은 옛날에 곳곳이 울창하여 매우 풍부했지만 남벌한 결과 현재 연안 부근은 거의 전부가 민둥산으로 변했다. 하지만 조금 서쪽 산골짜기 땅에 들어가면 소나무 · 참나무 종류가 울창하고 거목을 이룬다. 또한 대나무숲도 빽빽해서 구름과도 같고 중앙에는 매우 굵은 대가 자라는 곳도 있다. 도로는 험한 산길로 운반이 곤란하기 때문에 이용이 자유롭지 않다. 안타깝게도 깊은 골짜기 중에는 죽어서 썩는 경우가 적지 않다.

구획과 임해면

군을 구획하여 원북 · 근북 · 상군 · 하군 · 근남 · 원남 · 서면 7개면으로 한다. 원북면은 가장 북쪽에 위치하여 삼척군에 속하는 원덕면과 접한다. 이하 순서대로 쭉 늘어서서 원남면은 남쪽의 평해군에 속하는 원북면과 접한다. 서면만 산지에 있고 경상북도 봉화 · 영양 두 군과 경계를 이룬다.

군읍

군읍인 울진은 죽변으로부터 남쪽으로 20리 떨어진 곳에 위치하며 읍천의 북쪽에 있다. 인가가 조밀하고 상업이 다소 번성하는 곳으로 군아 외에 경찰서 · 재무서 · 우편전신취급소가 있다. 일본인 거주자가 적지 않아 올해 말 현재, 조사에 의하면 울진군 거주자가 32호, 74인으로 대부분은 울진읍에, 일부는 죽변에 살고 있다.

교통

교통은 도로가 대체로 험준하여 불편하다. 북쪽으로 삼척읍까지 150리, 남쪽으로 평해읍까지 80리, 평해와 경상북도에 속하는 연안의 여러 읍 및 경주를 지나 대구에 이르기까지는 490리이다. 해로교통은 죽변만에 기항하는 정기선 외에 임시기선이 있어 다소 편리하다.

통신

통신기관은 군에 딱 하나가 있을 뿐이다. 울진읍에서 관찰도 소재지인 춘천읍 · 경성에 이르는 우편 도달일수는 8일 내지 12~13일이 소요된다. 그러나 최근에 전보를 취급하기에 이르러서 다소 불편을 면하게 되었다.

물산

물산은 해산물을 주로 하고 그 외 칠(漆) · 약초 · 벌꿀 · 죽전(竹箭, 죽변 부근에서 생산됨) 등이다. 미곡은 생산이 적어 부산지방에서 공급받는다.

해산물

해산물 중 생산이 많은 것은 정어리 · 방어 · 도미 · 삼치 · 대구 · 고등어 · 넙치 · 상어 · 전복 · 해삼 등이고 그에 뒤따르는 것이 게 · 미역 · 김 등이다. 어기는 경상북도 연해와 큰 차이가 없지만 방어와 삼치 어기는 다소 늦는 경향이 있다. 1년간 수산물 생산액은 대략 7천 원 내외라고 한다.

식염

식염의 생산액은 1년에 평균 770석, 가격은 2,540원이라고 한다. 그 생산지는 다음과 같다.

원북면	흥부동	근남면	수산동 · 둔산동 · 세포동
상군면	곡해동	원남면	초산동 · 덕동 · 후리동

시장

시장은 읍하 · 흥부(원북면에 속함) · 매화리(원남면에 속함) 3곳에 있다. 개시는 ▲읍하 매 2일 ▲흥부 매 3일 ▲매화 매 1일이다. 3개 중 번성한 것은 읍하 · 흥부 두 곳이다. 집산물은 여름에는 옥양목 · 목면 · 밀가루 · 질그릇 등이고 가을에는 목면 · 담배 등이 많다. 한 장시의 집산액은 읍하와 흥부가 모두 300~1,000원이고, 매화는 100~300원 정도이다.

원북면(遠北面)

북쪽은 삼척군에 속하는 원덕면(遠德面)에, 남쪽은 울진군의 근북면(近北面)에 접한다. 그 연해의 중앙에 흥부강이 흘러들고 그 개구 이북의 연안은 산악이 바다로 들어가서 사빈이 적지만 이남은 일대가 직선을 이룬 평평한 사빈이다. 그리고 그 임해 마을로는 고포(姑浦) · 나곡(羅谷) · 석호(石湖) · 염구(鹽邱) · 마분(馬墳) 등이 있다. 단 고포는 삼척군의 경계에 걸쳐있어 삼척군과 울진군 양쪽에 속한다. 흥부강의 상류 하구에서 15리 쯤에 있는 덕구동에 온정(溫井)[51]이 있다. 피부에 효과가 있다고 하여 목욕하러 오는 손님이 끊이질 않는다.

나곡동(羅谷洞, 라곡)

나곡동 또는 나실(羅室)이라고도 쓰고 활모양을 하고 있는 작은 만이다. 서풍을 제외하고 그 외의 바람을 피하기에 적합하지 않다. 만 내는 사빈으로서 그 중앙에 작은 강줄기가 흘러들고 마을은 이 작은 강줄기의 남쪽 기슭에 있는데 인가 23호가 있다. 그 대부분은 어호로서 어선 4척, 지예망, 자망 각 2통이 있다.

---

51) 땅 속에서 솟는 더운 물, 또는 그 우물이라는 뜻으로 온천(溫泉)을 말한다.

석호(石湖, 셕호)

석호는 나곡의 남쪽에 위치하고 하나의 작은 만을 형성한다. 바람을 피하기에 적합하지 않지만 지예에 좋은 어장이다.

염구(鹽邱)

염구는 흥부동의 일부로서 염전촌이라고도 부른다. 흥부강 입구의 왼쪽 기슭에 있고 그 연안은 직선을 이루는 사빈이다. 울진군 제일의 염업지이며 어업은 지예를 주로 한다. 정어리 · 고도리 · 방어 · 삼치 · 가자미 · 메가리 등이 생산된다.

마분(馬墳)

마분은 남쪽에 위치하는 하나의 작은 마을이다. 연안의 상황과 어채물 등은 염구와 동일하다.

근북면(近北面)

북쪽은 원북면(遠北面)에, 남쪽은 상군면(上郡面)에 접하고 연안의 중앙에 용추갑이 돌출되어 있어서 그 이북은 북동쪽에 면하고 이남은 남동쪽을 향하고 있다. 임해 마을로는 봉묘(烽峀) · 죽변(竹邊) · 초평(草坪) · 곡해(曲海) 등이 있다.

봉묘(烽峀)

봉묘는 용추갑의 북측에 위치하여 북동쪽에 면하고 연안은 경사가 급하며 전면에 암초가 많다. 마을은 구릉에 산재하고 호수는 35호이며 거의 전부가 어업을 영위하며 살고 있다.

죽변(竹邊, 죽변)

죽변 용추갑은 높은 봉우리가 북서에서 남동으로 뻗어 있다. 그 남단은 다소 서쪽을 향하여 남서측에 반달 모양을 이루는 하나의 만을 형성하고 있다. 죽변만이 즉 이것이다. 만은 죽변 갑단에서 마주보는 언덕인 곡장(谷長)의 동대갑(洞臺岬)까지 폭 1해리 4케이블[鏈], 만입 죽변갑단 부근에서 북쪽 죽변 마을의 연안까지 약 300간[間]으로서 서쪽과 북쪽의 풍랑을 피할 수 있을 뿐만 아니라 동풍도 다소 막아낼 수 있다. 그렇지만 이 만입은 물이 얕아서 갑단 부근에서 북쪽 만 내에 이르는 사이가 깊은 곳이라도 역시 2길 내외에 지나지 않아서 큰 배를 수용할 수 없다. 갑단에서 서쪽 대륙에 이르는 대각선 부근에서는 수심 5~6길에 달하고 모래바닥이다. 이곳은 기선의 정박지인데 서북의 풍랑을 피하기에 적합하지만 북풍이 강렬해지면 닻을 내리기가 매우 어렵다. 만의 연안은 모두 백사(白砂)이다. 만 내는 넓고 얕으며 장애물이 없어서 지예에 좋은 어장으로서 저명하다.

마을은 만 북쪽 기슭의 남쪽에 면하는 완만한 경사지에 있다. 호수는 72호이고 그 대부분은 어업을 영위한다. 어선 6척, 지예망 3통이 있다. 주된 어채물은 정어리 · 삼치 · 방어 · 대구 · 고등어 · 전어 · 도미 · 문어 · 게 등으로 1년 생산액이 1,500원 정도이다. 정어리는 일광 건조시켜 부산에 보내고 그곳에 출매하는 상인에게 판매한다. 그 외의 것은 군읍, 각지에 운송하여 방매한다.

이 지역 백성들의 인심은 선량하지 않아 예전에는 일본어부들과 다투었던 일이 누차 있었으나 지금은 감정이 서로 화합하여 서로 친근해지기에 이르렀다.

이 지역은 종래 일본잠수기선의 중요한 근거지로 그 이름이 알려졌는데 매년 4~5월경에 이르면 그 내어하는 경우가 수십 척에 달해 대단한 성황을 이룬다. 최근 시마네현[島根縣]은 이 곳을 그 어업근거지로 선택하고 어민들이 살 집을 건축해 매년 사업을 확장하여 그 어민들을 이주시킬 계획이다.

죽변만(竹邊灣)으로부터 육로로 울진(蔚珍)까지 20리, 해로로 영일만(迎日灣)의 포항까지 65해리, 삼척군의 정라진까지는 27해리이다. 죽변만에서는 연안을 항해하는 정기선이 기항할 뿐만 아니라, 용추갑(龍鄒岬) 이북의 수원단까지 112해리의 장거리 사이에 적당한 기항지가 없고 부산, 원산 간의 항로 사이는 항해하기 어렵기로 유명하기 때문에 북쪽으로 가는 선박이 여기에서 바람을 기다리는 경우가 적지 않다. 또한 울릉도에 이르는 데는 이 지역이 가장 가까워서 역시 항해에 편리하기 때문에 왕래하는 배 다수가 기항한다.

우편물 집배는 울진우편국의 관할에 속하며 이 지역은 아직 그 기관이 설치되지 않았다. 그렇지만 양 지역 간의 왕래가 빈번하기 때문에 심한 불편함을 느끼지 않는다.

일본수로부(日本水路部)가 간행한 『조선해수로지(朝鮮海水路誌)』에 의하면 조수는 삭망고조(朔望高潮)가 3시 13분이고 대조승(大潮昇)은 1피트이고 소조승(小潮昇)은 0.5피트이며 소조차는 1/4피트라고 한다. 기타 암초경계구역 등은 『조선해수로지』 489쪽을 참조할 필요가 있다.

초평(草坪, 됴평)

죽변의 남쪽 15~16정(町)에 위치한다. 연안은 죽변으로부터 이 마을을 지나 남쪽 죽변만의 남서각인 동대갑(洞臺岬)에 이르는 사이가 모두 직선을 이루는 사빈이다. 그러므로 배가 정박하기 좋지 않지만 지예에는 적합하고 그 어장으로서 유명하다.

곡장(谷長, 곡쟝)

또는 골장(滑長)이라고도 쓴다. 동대갑의 남쪽에 위치하며 앞쪽은 사빈이다. 동대갑은 작은 언덕이 정상에서 동쪽으로 돌출되어 있고 그 앞쪽에 큰 바위와 암초가 흩어져 있어서 북풍을 막는다. 또한 마을의 남쪽으로 작게 돌출되는 그 앞에 암초가 흩어져 있어, 다소의 남서풍을 막는다. 그러므로 어선은 그 사이에 정박할 수 있지만 큰 파도가 일어나면 안전하지 않다. 인가 30여 호, 어업은 정어리 지예 · 방어 가자미 자망 · 삼치 끌낚시 등을 행한다.

상군면(上郡面)

북쪽은 근북면(近北面)에, 남쪽은 하군면(下郡面)에 접한다. 그 연안은 죽변만의 남서쪽 동대갑부터 완만한 만을 이루고 모두 사빈이다. 그리고 그 연해에는 곡해(曲海)·하진(下津) 두 마을이 있다.

곡해동(曲海洞, 극히)

죽변만 남쪽 모퉁이의 동대갑에서 남쪽으로 만입하는 작은 만이다. 연안의 수심은 2~7길에 달하지만 암초가 많다. 또 만은 동쪽으로 트여 있기 때문에 배를 매어두기에 편리하지 않다. 인가는 46호이고 그 대부분이 어업을 생업으로 한다. 어선 3척, 지예망 3통이 있다. 정어리·삼치·넙치의 어획이 많다. 1년 산액은 700~800원이라고 한다.

하양동(下洋洞)[52]

곡해의 남쪽에 위치한다. 상양동(上洋洞)과 한 마을을 이룬다. 상양동·하양동 모두를 칭해서 양정동(洋亭洞)이라고 한다.[53] 상양동은 읍천에 연하지만 해안에 위치하는 것은 하양동이다. 하양동은 인가가 겨우 12호이다. 농업을 주로 하고 어업은 부진하다. 어선 1척이 있다. 어획물은 넙치·문어·기타 잡어라고 한다.

하군면(下郡面)

북쪽은 상군면(上郡面)에, 남쪽은 근남면(近南面)에 접한다. 그 연안의 중앙에 다소 돌출한 것은 수전말(水傳末)이다. 이 뾰족한 끝에서 원남면 경계에 이르는 사이는 완만한 만을 형성한다. 여기에 개구하는 두 하류가 있다. 북쪽에 있는 것은 읍천이고 남쪽에 있는 것은 수산강(壽山江)이다. 하군면은 군읍이 소재하는 면으로 읍은 수전말의 서쪽

52) 앞에는 하진(下津)이라고 되어 있다.
53) 원문에는 羊亭洞으로 되어 있다.

15~16정에 있다. 읍성 부근에서 읍천 유역을 지나 수산강에 이르는 사이는 완만한 경사지이고 개척되어 있다. 그렇지만 해안은 낮은 구릉 일대에 걸쳐 있어 경사가 완만하지 않다. 도처가 자갈해안[礫濱]이고 암초도 또한 곳곳에 산재해 있다. 하군면에서 바다에 연하는 마을은 죽진(竹津)·현내(縣內)·공세(貢稅) 세 마을이다.

죽진(竹津, 쥭진)

상군면에 속하는 하양동의 남쪽에 있다. 연안이 탁 트여 있어 배를 매어두기에 편리하지 않다. 또 자갈이 많아 지예에 적합하지 않다. 인가는 30여 호이고 농촌이다. 어업은 삼치 끌낚시, 방어·대구 자망 등을 행하지만 성행하지는 않는다.

현내동(縣內洞, 현닋)

죽진의 남쪽에 있다. 연안은 다소 사빈을 형성하지만 개세는 죽진과 비슷하다. 인가는 40호 정도이고 또한 농촌이다. 그렇지만 어업은 정어리 지예, 방어·대구 자망 등을 행하는데 전자와 비교하면 비교적 볼 만하다.

공세동(貢稅洞)

현내동의 남쪽, 읍천이 개구한 북쪽에 위치한다. 어업과 기타 일반적인 개세는 전의 두 동과 큰 차이가 없다.

죽진 이하 공세동에 이르는 연안은 미역과 기타 조류의 착생이 비교적 많다.

근남면(近南面)

북쪽은 하군면(下郡面)에, 남쪽은 원남면(遠南面)에 접한다. 그 연안은 사빈과 험한 절벽이 반반이다. 근남면의 임해 마을로는 비래(飛來)·휘라(揮羅)·둔산(屯山)·세포(細浦)·흑포(黑浦)·전반(全反)·동정(洞庭) 등이다.

비래(飛來, 비리) · 휘라(揮羅, 기라) · 둔산(屯山)

모두 읍천 및 수산강의 중간에 위치하고 서로 접해 있어 한 마을을 이룬다. 연해는 읍천, 수산강의 두 하류가 끊임없이 토사를 운반하므로 수심이 전반적으로 얕다. 그렇지만 그 연안은 사빈이 이어져 있고 해저도 또한 평탄하므로 지예 사용에 적합한 곳이다. 휘라라는 마을 이름은 무릇 지예에 쓰는 그물 이름을 딴 것이다.

수산강은 밀려내려온[瀉出] 토사가 퇴적되어 그 입구가 협소하다. 또한 북동풍이 강하게 불면 때때로 폐쇄되는 경우도 적지 않지만 들어가면 다소 넓다. 수심도 또한 2~3길에 달해서 어선이 피박하기에 적당하다.

세포(細浦, 식포) · 흑포(黑浦)

모두 수산강 입구의 남쪽에 있고 서로 접해 있다. 연안 일대는 사빈이고 굴곡이 적어 배를 매어두기에 편리하지 않지만 또한 지예에 적합한 곳이다. 호수는 두 마을 합해서 60여 호, 어선 6척, 지예망 4통, 자망 9통이 있어서 어업이 다소 성행한다.

전반(全反, 젼반)

흑포의 남쪽에 이어져 있다. 해안은 사빈이고 그 형세는 흑포와 큰 차이가 없다. 호수는 40여 호, 어선 8척, 지예망 6통이 있다. 이 포 또한 이 지방 제일의 성어지이다.

동저(洞底, 동졍)54)

전반의 남쪽에 있다. 연안의 형세는 흑포 · 전반 등과 같아서 배를 매어두기에 편리하지 않다. 마을은 상하로 나뉘어 하나는 서쪽에, 하나는 동쪽 연안에 위치한다. 그 연안에 있는 것은 하동저(下洞底)이다. 호수는 통틀어 50호가 채 안 된다. 어선 4척, 지예망 3통, 자망 6통이 있다.

이상 여러 마을의 어채물은 정어리 · 방어 · 삼치 · 고등어 · 고도리 · 가자미 · 상어

54) 앞에는 동정(洞庭)이라고 되어 있다.

· 도미 · 게 · 미역 등이라고 한다.

원남면(遠南面)

북쪽은 근남면(近南面)에, 남쪽은 평해군(平海郡)에 속하는 원북면(遠北面)에 접한다. 그 연안에는 암초가 점점이 흩어진 곳이 적지 않지만 사빈도 또한 풍부하여 대체로 근남면과 비슷하다. 임해 마을으로 초산(草山) · 조천(鳥川) · 후리(厚理) · 덕신(德信) · 망양정(望洋亭) 등이 있다. 단 망양정은 군의 경계에 걸쳐 있어서 그 절반은 평해군(平海郡) 관할이다.

초산(草山, 됴산)

초산(草山)[55]은 근남면에 속하는 동정(洞庭)의 남쪽에 있다. 연안은 남쪽 일부에 암초가 흩어져 있지만 북쪽 일대는 사빈이 이어져 있어 지예를 하기에 좋은 곳이다. 게다가 남쪽 암초 사이에는 어선을 매어둘 수 있는 곳이 있다. 마을은 상 · 하 두 곳으로 이루어져 있는데, 북쪽에 있는 것은 상초산(上草山)으로 농상업[農商]을 주로 하고, 남쪽에 있는 것은 하초산(下草山)으로 어업을 주로 한다. 호수는 두 마을 모두 합쳐 100여 호이다. 본 울진군 남부 제일의 집산지이며 어업도 또한 활발하다. 어선 21척, 지예망 6통, 자망 6통이 있다.

조천(鳥川, 죠천)

조천(鳥川)[56] 초산의 남쪽에 있고, 그 연안은 사빈이다. 호수는 60여 호이고, 어선 7척, 지예망 3통, 자망 5통이 있으며 초산에 버금가는 성어지이다. 또한, 상호(商戶)가 있고, 상선(商船)의 출입이 적지 않다.

---

55) 우리음은 '됴산'으로 되어 있다.
56) 원문에는 '죠천'으로 되어 있다.

후리(厚理) · 덕신(德信)

후리(厚理)와 덕신(德信)은 순서대로 조천(鳥川)의 남쪽에 늘어서 있다. 모두 작은 마을로 각각 호수는 20여 호, 어선 2척, 지예망 1통을 가지고 있으며 단지 정어리 지예만 영위한다.

망양정(望洋亭)

망양정(望洋亭)은 울진군과 평해군에 모두 속하는 마을인데 그 중앙은 바로 울진군의 경계선으로 연안에 암초가 흩어져 있지만 남하해서 평해군 관할 지역에 이르면 사빈이다. 호수는 모두 40여 호이고, 어선은 4척, 지예망, 자망이 각각 2통 있다. 어업을 생업으로 하는 자가 많다.

제9절 평해군(平海郡)

개관

연혁

원래 고구려 때 근을어(斤乙於)이다. 고려에 이르러 군(郡)으로 삼고 지금의 이름으로 고쳤다. 그 후 예주(禮州, 지금의 寧海郡)의 속현으로 삼았다가 다시 군으로 되돌렸다. 조선도 이를 따랐고, 지금까지 이른다.

지세

지세는 산악이 중첩해서 험준한 것이 울진군과 다르지 않다. 중앙을 흐르는 두 개의 물줄기가 있는데, 서쪽 영양군(英陽郡) 경계에서 발원해서 바로 내려와 동쪽으로 흘러 동해에 들어간다. 평지는 적지만 울진군에 비해 어느 정도 낫다. 그러나 연해 부근에서는 비교적 넓고 완경사를 이루는 곳도 존재한다.

연안

연안의 형세는 곳곳에 험한 절벽이 적지 않지만 또한 사빈도 매우 많다. 갑각 중 유명한 곳이 4곳인데, 바로 하사말(下沙末, 평해군의 서북쪽에 있고 높이 375피트에 달하는 흑색 바위 절벽으로 이루어진 각角이다.) · 화모말(花母末, 하사말의 남쪽으로 약 4해리 되는 곳에 있다. 죽변에서 축산포까지의 사이에서 가장 멀리 돌출한 갑각으로, 높이 225피트의 작은 언덕을 이루는 사각沙角이다.) · 응암말(鷹岩末, 화모말의 남쪽으로 약 2해리에 있다.) · 빙장말(氷嶂末, 응암말의 남쪽 약 3해리에 있다. 높이 300피트이며 수목이 없는 둥근 봉우리를 가진 구릉이다.)이 그것이다. 그렇지만 이곳들은 약간 돌출해서 항만을 이루지 못하기 때문에 해안선은 매우 단조롭다. 그 길이는 겨우 13해리에 불과하여 경역이 협소한 것과 마찬가지로 강원도 각 군 중에서 (해안선이) 가장 짧다.

구획 및 임해면

평해군은 8개 면으로 구획된다. 그리고 바다에 연한 곳은 원북(遠北) · 근북(近北) · 남하리(南下里) · 남면(南面)의 4개 면이다. 원북면은 북쪽으로 울진군에 속하는 원남면에 접하고, 근북 이하는 차례대로 늘어서 있으며 남면은 경북 영해군(寧海郡)에 속하는 북이면(北二面)과 경계를 이룬다.

군읍

군읍인 평해는 남하면(南下面)에 있고, 계류의 오른쪽 기슭에 위치한다. 부근 토지는 평탄하고 그 형세는 군치소재지로 적당한 곳이다. 군아 외에 우체소 · 순사주재소가 있다. 북쪽은 울진군까지 80리, 남쪽은 경북 영해까지 40리이다. 도로는 험해서 왕래가 어렵다. 게다가 본군은 아직 기선의 기항지가 없다. 그러므로 교통은 해륙 모두 불편하다. 통신도 불편함을 면할 수 없다.

물산

물산은 해산(海産)을 주로 하고, 육산(陸產)은 풍부하지 않다. 그리고 해산은 울진군과 마찬가지로 정어리를 주로 한다. 고도리 · 고등어 · 방어 · 삼치 · 가자미 등도 또한 주요한 것으로 꼽힌다. 기타 식염도 생산하고 있다. 관찰도의 보고에 따르면 평해군 해산물의 연간 생산은 어류 2천여 원이고, 식염은 536석, 금액으로는 1,600여 원이다.

장시

장시는 읍하(邑下) 한 곳이 유일할 뿐이다. 개시는 음력 매 2 · 7일이고, 한 번의 집산액은 400~500원(圓)이라고 한다.

원북면(遠北面)

북쪽은 울진군에 속하는 원남면에, 남쪽은 평해군의 근북면에 접한다. 그 연안은 동북으로 면하고 사빈이 풍부하다. 임해마을은 망양(望洋) · 하사(下沙) · 기성(箕城) 세 마을이다. 망양리(望洋里)는 울진군에 걸쳐 있고, 울진군에서는 망양정(望洋亭)이라고 한다. 그 개세는 이미 서술했으므로 평해군에서는 생략한다.

하사리(下沙里)

하사리(下沙里)는 망양리의 남쪽으로 2해리 남짓, 즉 하사말(下沙末)의 남쪽에 있다. 부근의 연안은 험한 절벽으로 암초가 많지만 하사리의 북쪽으로 하사말까지의 사이는 다소 만입하여 사빈을 이룬다. 인가는 70여 호이고, 어선 9척, 지예망 3통, 자망 3통이 있으며 평해군 제일의 성어지이다.

기성리(箕城里, 긔셩)

기성리(箕城里)[57]는 하사리의 남쪽 1해리에 계류가 흘러나가는 곳에 있다. 개구의 오른쪽 기슭에 있고, 북쪽은 구릉으로 둘러싸여 있다. 서남쪽으로 평지를 옆에 두고 있으며, 동쪽으로 면하는 마을이 있는데, 이것이 바로 기성리이다. 연안은 사빈으로 굴곡이 많지 않지만 앞쪽의 북동쪽으로 암초가 가로놓여 있어서 파랑이 흩어져 버리기 때문에 소선(小船)은 그 사이에 임시로 정박할 수 있다. 이 마을은 옛날 만호가 주재하였던 곳으로 성벽이 지금도 남아있다. 이 때문에 "기성(箕城)"이라는 이름이 생긴 것이다. 인가 90여 호이고, 평해군에서 손꼽히는 큰 마을로 그 번성함이 읍성과 비견할 만하다. 주민은 농업을 주로 하지만 어업도 역시 성하다. 어선 9척, 지예망 및 자망이 각각 3통 있다.

어채물 중 가장 주요한 것은 정어리이며, 기타 고도리 · 고등어 · 방어 · 삼치 · 가자미 · 미역 등도 주요한 것에 속한다. 매년 봄이 되면 일본잠수기업자가 내어하는 자가 있다.

근북면(近北面)

북쪽은 원북면에, 남쪽은 남하리면(南下里面)에 접한다. 그 연안에는 화모말(花母末)이 돌출해 있는데, 화모말은 평해군에서 가장 멀리 돌출한 갑각인 동시에 강원도의 극동(極東)을 표시하는 것이다. 낮은 언덕[低丘]을 이루는 사각(沙角)인데, 그 부근에는 노암(露岩) · 암초가 흩어져 있는 곳이 적지 않다. 근북면에서 바다에 연하는 마을은 항곡(項谷) · 봉수(烽燧) · 표산(表山) · 구산(邱山)이다. 항곡 이하 표산까지 세 마을은 화모말의 북쪽에 위치하고, 구산만 남쪽에 있다.

항곡리(項谷里) · 봉수리(烽燧里, 봉슈)

항곡리(項谷里) · 봉수리(烽燧里)[58]는 기성(箕城)의 남쪽에 나란히 늘어서 있다. 호수는 항곡리가 14호, 봉수리가 40여 호이다. 모두 연안은 사빈으로 배를 매어두기에 편리하지 않다. 부근 일대는 완경사지로 경지가 많이 개척되었다. 주민은 오로지 농사에만 힘쓰고, 어업은 오직 농가의 부업으로 정어리 지예를 운영하는 데 그친다. 두 곳 모두

57) 원문에는 '긔셩'으로 되어 있다.
58) 원문에는 '봉슈'로 되어 있다.

정어리 지예망 1통이 있다.

표산(表山, 뵤산)

표산(表山)[59]은 봉수리의 남쪽 화모말의 북측에 있다. 연안은 사빈과 암초가 반반이다. 인가는 40호 내외이고, 대다수는 농업을 주로 하지만 어업도 역시 다소 행한다. 어선은 4척, 지예망 3통, 자망 1통을 가지고 있고, 정어리 · 삼치 · 방어 등의 어획이 많다.

구산(邱山)

구산(邱山)은 화모말의 남쪽으로 개구하는 평해군의 주요 계류의 북쪽 기슭에 있다. 연안은 북쪽 화모말에서 남쪽 남하리면의 응암말까지 약 2해리 사이는 완만한 만입을 이루고, 일대는 사빈이다. 구산에서 북쪽 화모말까지의 사이는 앞쪽에 암초가 점점이 흩어져 있지만 구산 이남은 아무런 장애가 없어서 지예의 좋은 어장이다. 이 곳도 역시 평해군의 큰 마을 중 하나로 호수는 90여 호이다. 부근은 평지가 다소 넓어 군의 주요 농업지에 속한다. 주민은 오로지 농경에 종사하지만 어업도 또한 성행한다. 주요 어채물은 정어리 · 방어 · 삼치 · 전갱이 · 도미 · 대구 등이고 어기는 정어리 · 방어는 8~9월 두 달 사이 ▲삼치 · 고등어 · 전갱이는 6~8월 ▲도미는 4~5월 ▲대구는 1~2월 경이다.

남하리면(南下里面)

북쪽은 근북면에 남쪽은 남면에 접한다. 연안은 응암말(鷹岩末)부터 빙장말(氷嶂末) 부근에 이르는 사이이며 절벽이 많지만 사빈도 적지 않다. 그리고 바다에 연하는 마을은 저장(猪場) · 직고(直古) · 구암(狗岩) · 거일(巨逸) 등이다.

저장리(猪場里, 져쟝)

저장리는 응암말의 북쪽에 있고 암초 사이에 약간의 사빈이 있을 뿐이며 계선에 편리

59) 원문에는 '뵤산'으로 되어 있다.

하지 않다. 10호 미만의 작은 마을이며 농업의 여가에 정어리 지예를 영위한다.

직고리(直古里)

직고리는 응암말의 남쪽으로 약간 만입된 사빈이다. 서남쪽은 높은 언덕으로 둘러싸여있고 북쪽에는 응암말이 있어 다소의 풍랑을 피할 수 있지만 동쪽은 완전히 트여있다. 인가 30여 호가 있고 어업을 주로 하는 자가 적지 않다.

구암리(狗岩里)

직고리의 남쪽과 접하며 북동쪽으로 향한 사빈이다. 인가는 30호 정도인데 이 마을도 어업을 주로 하는 자가 많다.

거일리(巨逸里)

거일리는 구암리의 남쪽인 휴령(鵂嶺)의 동쪽 기슭에 있다. 휴령은 빙장말의 북쪽에 솟은 봉우리이며 해발 785피트에 달한다. 서측은 완경사이지만 동측은 급경사이다. 때문에 연안도 역시 이에 따라 부근에 암초가 많다. 그럼에도 주변은 방어 자망을 영위하기에 적합하다. 방어 자망은 9~11월 초순에 걸쳐서 행한다.

위에 기록한 각 마을의 주요 어채물은 정어리 · 방어 · 가자미 · 게 등이고 미역도 역시 생산이 적지 않다.

남면(南面)

북쪽은 남하리면에 남쪽은 경상북도 영해군에 속한 북이면에 접하고 연안의 북단에는 빙장말이 돌출되어 있다. 빙장말 이남의 해안선은 서쪽으로 굴곡진 완만한 만입을 이루고 모두 사빈이다. 그리고 이 사이에 나란히 놓인 마을로는 후포(厚浦) · 하율(下栗) · 야음(也音) · 지경(地境) 등이 있다.

후리(厚理)

후리는 빙장말의 남쪽에 있는 만이다. 빙장말은 구릉을 끼고 남동쪽으로 향하여 약간 돌출되었기 때문에 만은 북서풍을 막기에 족하다. 또한 북동풍도 막아낼 수 있다. 연안은 사빈이 이어져있어 지예에 좋은 어장이다. 마을은 만의 북측에 있는데 호수는 79호이고 농업을 주로 하지만 어업도 번성하다. 어선 13척, 정어리 지예망 3통, 방어 지예망 2통, 각종 자망 7통을 가지고 있다. 어채물 및 어기 등은 앞서 언급한 각 지역과 큰 차이가 없으므로 생략한다.

이 지역부터 경상북도 축산포까지는 육로로는 40리인데 도로가 해안으로 통해서 다소 평탄하다. 또한 매년 봄이 되면 일본어선이 기항하는 경우가 적지 않다. 마을의 북쪽인 빙장말의 북측 해안에 맑은 물이 솟는데 맑고 깨끗하고 양도 많다. 선박이 급수하는 곳으로 매우 편리하다.

하율(下栗) · 야음(也音) · 지경(地境)

세 마을은 후리의 남쪽에 나란히 있으며 하율은 만입부의 중앙에, 야음과 지경은 남쪽에 위치한다. 그리고 지경은 경상북도와 강원도의 경계에 걸쳐있어서 평해군, 영해군에 나뉘어 속한다. 호수는 하율이 30여 호 ▲야음은 하율과 같다. ▲지경은 20여 호가 있다. 어업은 각 마을은 정어리 지예를 주로 한다. 방어 · 가자미 자망 · 삼치 끌낚시 등을 행하는데 다소 볼 만하다.

부경대학교 인문한국플러스사업단 해역인문학 아카이브자료총서 03

한국수산지韓國水產誌 Ⅱ-1

초판 1쇄 발행 2023년 10월 31일

지은이 (대한제국) 농상공부 수산국
옮긴이 이근우(대표번역), 서경순
펴낸이 강수걸
편 집 강나래 신지은 오해은 이소영 이선화 이혜정 김소원
디자인 권문경 조은비
펴낸곳 산지니
등 록 2005년 2월 7일 제333-3370000251002005000001호
주 소 48058 부산광역시 해운대구 수영강변대로 140 부산문화콘텐츠콤플렉스 626호
홈페이지 www.sanzinibook.com
전자우편 sanzini@sanzinibook.com
블로그 http://sanzinibook.tistory.com

ISBN 979-11-6861-210-5(94980)
979-11-6861-207-5(세트)

* 책값은 뒤표지에 있습니다.
* Printed in Korea